国家科学技术学术著作出版基金资助出版

缺陷与催化

Defect for Catalysis

王双印　主编

科学出版社
北京

内 容 简 介

本书主要围绕作者在缺陷与催化方面开展的研究工作进行了系统梳理和总结,内容包括固体缺陷化学及其发展概述、催化中的缺陷材料及其作用机制概述、碳材料缺陷与催化、金属材料缺陷与催化、金属化合物材料缺陷与催化、金属有机配位化合物缺陷与催化、负载型材料缺陷与催化等。通过催化剂表面缺陷的构筑,设计高性能催化剂,认识缺陷产生机制,理解缺陷与催化性能之间的构效关系,构建其在催化剂设计方面的应用基础,为新型催化剂的设计提供理论依据。

本书可供从事催化研究的科研工作者,以及相关学科高等院校及科研院所化学、材料、能源、环境等相关专业教师、学生使用和参考。

图书在版编目(CIP)数据

缺陷与催化=Defect for Catalysis/ 王双印主编. —北京:科学出版社,2023.12

ISBN 978-7-03-077366-1

Ⅰ. ①缺… Ⅱ. ①王… Ⅲ. ①固体–缺陷–研究 ②催化剂–研究 Ⅳ. ①O483 ②O643.36

中国国家版本馆 CIP 数据核字(2023)第 241886 号

责任编辑:万群霞 / 责任校对:王萌萌
责任印制:赵 博 / 封面设计:无极书装

科 学 出 版 社 出版
北京东黄城根北街 16 号
邮政编码:100717
http://www.sciencep.com
三河市春园印刷有限公司印刷
科学出版社发行 各地新华书店经销
*
2023 年 12 月第 一 版 开本:787×1092 1/16
2025 年 1 月第三次印刷 印张:19 3/4
字数:465 000
定价:180.00 元
(如有印装质量问题,我社负责调换)

前　　言

　　固体材料的物理与化学性质由其组成和内部原子的结合方式决定。固体中普遍存在缺陷，而且其许多性质（如电学、热学、光学、磁学、声学和力学等性质）都受到结构中缺陷的影响。近年来，固体缺陷化学的基础理论逐渐建立，材料的缺陷已经成为研究材料结构特性的核心。目前，缺陷工程在功能材料的科学研究中得到了广泛应用。特别是在热电、光电、催化、能源存储/转换等前沿领域发挥着重要的作用。

　　在催化过程中，催化剂直接影响化学反应的动力学、选择性和稳定性等重要性质。催化剂表面活性位点的物理化学性质直接影响反应分子在表面的吸脱附过程，是决定催化反应特性的重要因素。随着近几十年催化领域的发展，人们发现催化材料的表面缺陷可通过影响和改变催化活性位点处的电子、几何结构等重要性质，从而改变催化剂的催化活性。因此，催化剂中缺陷结构对催化活性的影响受到越来越多人的关注，催化材料的缺陷调控已经成为催化剂微结构制备的重要方向。固体缺陷催化剂的发展不仅促进了凝聚态物质中微结构的丰富、识别和精准制备，加深了缺陷化学与催化反应之间关联的理解，更重要的是在开发缺陷催化剂用于小分子的催化转化上取得了许多重要进展，是缺陷与催化体系的重要组成部分和研究方向。

　　尽管多年来围绕缺陷与催化取得了众多研究进展，初步探索了缺陷在催化中发挥的重要作用，开发了一些高效的缺陷催化剂，但其中仍有不少问题有待进一步理解与探究。由于缺陷的多样性和复杂性，催化剂中往往存在不同浓度、分布和类型的缺陷，缺陷浓度的不同、分布的差异及不同类型缺陷间的相互作用对催化剂活性的影响都各不相同，而这些影响仍然未能被系统、清晰地认识到。此外，催化剂缺陷化学的研究还缺乏足够的理论基础，未能形成一套系统、全面、精确的理论来指导缺陷催化剂的设计、合成。这些问题都是目前在学科前沿发展过程中面临的挑战，但也说明催化剂缺陷化学的研究已经逐渐成为前沿科学研究主题中一个非常重要的分支。

　　笔者长期从事电催化剂缺陷化学相关科学研究，积累了大量实验数据。基于以上科研成果，结合国内外缺陷与催化研究的最新进展，本书主要围绕缺陷与催化开展的研究工作进行系统论述。从缺陷化学的基础出发，系统地梳理和总结了缺陷-催化研究的起源、发展及对未来的展望，包括固体缺陷化学的基础、缺陷催化剂的合成和表征及缺陷在催化中重要作用的总结等几个方面。相信本书将为从事缺陷与催化研究的科研工作者提供一些理论指导和借鉴，也能更好地帮助相关学科科研工作者充分了解和掌握缺陷与催化领域的研究现状和发展动态，同时也为今后相关领域的发展方向提出一些新思考。

　　全书共 7 章。第 1 章对固体缺陷化学及其与发展进行总体介绍；第 2 章对催化中的缺陷材料及其作用机制进行介绍；第 3 章介绍碳材料缺陷与催化；第 4 章介绍金属材料缺陷与催化；第 5 章介绍金属化合物材料缺陷与催化；第 6 章介绍金属有机配位化合物缺陷与催化；第 7 章对负载型材料缺陷与催化进行了介绍。

　　本书撰写的具体分工如下：第 1 章由王双印、马兆玲和张怡琼撰写；第 2 章由王燕勇和谢超撰写；第 3 章由邹雨芹和陶李撰写；第 4 章由王双印、郑建云和陈晨撰写；第 5 章由刘志娟和陈如撰写；第 6 章由窦烁和霍甲撰写；第 7 章由王双印、严大峰和肖朝辉撰写；全书由王双印和王燕勇统稿、修改并审核。

　　本书大部分内容来源于作者近年来的研究成果，这些成果是在国家自然科学基金、中央组织部"青年千人计划"等项目，以及湖南省科技厅、湖南大学等单位的支持下完成。为全面、准确地反映缺陷与催化研究的进展，本书引用了大量的文献，在此一并表示最诚挚的谢意！

　　需要指出的是，关于缺陷与催化的研究已掀起了研究热潮，涉及化学、材料、能源、环境等诸多学科领域，相关文献不可胜数。由于本书涉及内容广泛，体系庞大，加之作者水平和时间所限，不足之处在所难免，敬请各位专家和读者批评指正。

作　者
2023 年 4 月

目　　录

第1章 固体缺陷化学及其发展概述

1.1 引 言

大多数天然和合成材料都是具有多层次结构的凝聚态物质，其中固体材料最常见，也是凝聚态化学重要的研究对象。本章从缺陷化学的概述出发，介绍了固体缺陷化学的基础、缺陷的种类、表达符号及其在各前沿领域的应用研究。

1.2 固体缺陷化学的概述

固体缺陷化学是研究固体材料中缺陷的产生、种类、结构、浓度，以及对其性能产生影响的学科。固体物质根据构成固体微粒之间化学键类型分为离子晶体、共价晶体、金属晶体、分子晶体等。固体在热力学温度 0K 时以最稳定的完美晶体状态存在，理想晶体中的原子、离子或分子按照一定的规则排列成理想空间点阵，形成长程有序结构，此时晶体的内部能量最低。实际晶体处在高于 0K 温度的环境中，几乎都存在原子缺失、异质原子嵌入或原子错位等偏离理想结构区域，晶体结构出现不完整。实际晶体内部偏离理想空间点阵的区域称为晶体缺陷，它能对材料的力学、光、电、磁等物理、化学性能产生重要影响。缺陷的存在对材料的性能有利有弊，在材料设计过程中，可以根据特定需要，引入合适的缺陷，实现调控材料性能的目的。因此，研究晶体缺陷是固体缺陷化学的重要内容。

1.2.1 固体缺陷化学的基本分类

晶体结构缺陷类型分类如下：按照几何形状分为点缺陷、电子缺陷、线缺陷、面缺陷和体缺陷；按照形成原因分为热缺陷、掺杂缺陷、与环境介质交换引起的缺陷、外部作用缺陷；按照组成物质的化学计量比分为化学计量缺陷和非化学计量缺陷；按照缺陷存在状态分为化学缺陷和物理缺陷；按照构成物质的微粒分为原子或离子缺陷、电子缺陷。

1. 点缺陷

点缺陷，又称零维缺陷，是指仅波及几个原子间距范围的缺陷[1]，如空位缺陷、错位缺陷、间隙缺陷、取代缺陷等(图 1.1)。晶体空间点阵位置上的原子，在高于 0K 条件下质点发生热运动，部分高能原子迁移到平衡位置留下空位，形成空位缺陷[图 1.1(a)]。晶体中的原子有可能发生位置交换，形成错位缺陷[图 1.1(b)]。当晶体空间点阵结构中平衡位置上的本体原子或外来杂质原子进入点阵间隙,形成间隙缺陷[图 1.1(c)和(d)]。当外来杂质原子取代平衡位置上的原子称为取代缺陷[图 1.1(e)]。这些未引入异质原子的缺陷,如空位缺陷、错位缺陷,都属于本征缺陷。在实际材料中空位缺陷常伴随着间隙缺陷成对出现,一般随着温度升高,缺陷浓度增加。点缺陷中本征缺陷是晶体内部质点热运动的结果,在一定温度下,本征缺陷处在不断地产生和复合消失的过程中,体系保持着动态平衡,能量处于最低状态。晶体中总是存在一定浓度的本征缺陷,这种处于平衡浓度的晶体比理想晶体在热力学上更稳定。

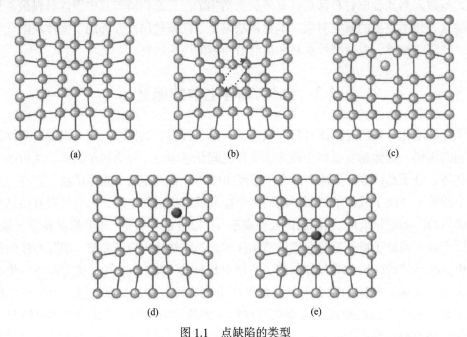

图 1.1　点缺陷的类型

(a)空位缺陷;　(b)错位缺陷;　(c)间隙缺陷(本体原子);　(d)间隙缺陷(杂质原子);　(e)取代缺陷

由外来杂质原子进入晶体产生的取代缺陷和间隙缺陷属于杂质缺陷,也称为非本征缺陷。随着外来杂质原子对晶体化学计量结构的改变,化合物的化学组成也改变,通常杂质原子进入晶体的数量一般小于 0.1%。杂质缺陷的浓度与温度无关,仅取决于杂质在晶体中的溶解度。点缺陷可以引起晶体密度、导电性、比热容、热扩散、光学性能、金属强度等性质的改变。点缺陷是热力学不稳定的缺陷,倾向于发生缔合作用形成团簇。当缺陷在空间点阵中占据相邻位置,就能够通过异性电荷之间的库仑力、偶极矩作用力、共价键作用力或者晶格的弹性作用力发生相互吸引,缔合成为多重缔合缺陷。缺陷的缔合可以发生在空位缺陷和取代缺陷之间、空位缺陷和空位缺陷之间、取代缺陷和间隙缺陷之间。

2. 电子缺陷

电子缺陷,又称电荷缺陷,是指比原子尺寸更小的缺陷[2]。从能带理论分析,半导体材料具有价带、禁带或导带。正常情况下，导带全部空着，而价带全部被电子填满。当受到外界热能或其他能量作用时，价带中电子得到能量而被激发到导带中，发生电子转移过程，形成电子-空穴对（图 1.2）。尽管保持原子排列的周期性规律，但由于晶体内电场发生变化，进而引起周期性势场的畸变，造成晶体的不完整性。在半导体中掺入微量杂质，会使掺杂半导体的载流子（自由电子或空穴）浓度大大增加，产生以电子导电或空穴导电的 n 型或 p 型半导体，显著改变半导体的导电性。

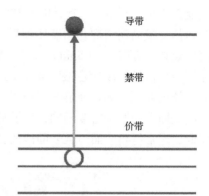

图 1.2　半导体中的电子-空穴对

3. 线缺陷

线缺陷，又称一维缺陷，是指一维方向上一列或若干原子偏离原子正常位置，形成"线"性畸变中心[3]。这种"线"性畸变，也称位错。根据位错的几何特征，位错分为两种基本类型，刃型位错和螺型位错（图 1.3）。当晶体在切应力的作用下，部分原子沿着一定的晶面和晶向发生滑移，滑移部分相对于未滑移部分发生轻微畸变，挤压出多余半原子面，形成了刃型位错。当晶体中的滑移部分与未滑移部分的边界处发生原子滑移错排，位错线呈螺旋状，则形成了螺型位错。然而，实际晶体中存在混合型位错，兼具刃型位错和螺型位错的特征，在原子位置错落区中既有半原子面又有螺旋原子面。位错具有较高的能量，结构不稳定，因此在实际晶体中，不稳定位错可以转化为较为稳定的位错，降低体系自由能。

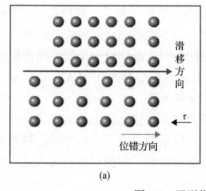
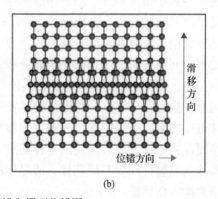

(a)　　　　　　　　　　　　　　　　(b)

图 1.3　刃型位错和螺型位错图

(a)刃型位错；(b)螺型位错

4. 面缺陷

面缺陷，又称二维缺陷，是晶体内部存在几个原子层厚的平面或曲面，其原子排列不同于晶体内部空间点阵结构，常常出现在晶体内部不同区域的边界处，对材料的理学性能具有重要影响[4]。常见的面缺陷有表面、晶界、层错、相界面等。固体材料的表面是指从三维周期结构开始破坏到真空之间的过渡区，包括近表面的几层原子面、表面吸附层及真空方向 1～1.5nm 的范围。材料表面原子部分暴露在环境中，结合的键数比内部原子减少，存在悬空键(图 1.4)。在不均匀力场作用下，表面原子会偏离其平衡位置而移向晶体内部，并影响邻近几层原子，形成点阵局域畸变，使其能量高于晶体内部原子。不同晶面上的原子密度不同，原子密度越大，晶面原子的结合的键数越少，表面能越低。因此，通常材料表面由低表面能的密排面或次密排面组成。

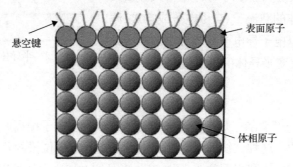

图 1.4　材料的表面原子示意图

在多晶材料中，空间取向不同的相邻晶粒(15～250μm)的交界面称为晶界。晶界处的原子在相邻晶粒不同空间取向的作用下，发生原子排列错乱，能量增高，原子极具活性。晶界处有许多空位、位错等缺陷，化学键发生键变形，结构比较疏松，容易富集杂质原子，表现出不同于晶体内部的物理性质。晶界对材料的韧性、晶间腐蚀、应力腐蚀、蠕变断裂强度、钢回火脆性、钢淬透性有重要影响。根据晶粒取向差的不同，将晶界分为大角度晶界和小角度晶界。晶界两侧晶粒的取向差一般大于 10°，称为大角度晶界。但是在晶粒内部的亚晶粒(约 1μm)之间的晶界多为小角度晶界，取向差一般小于 10°。大角度晶界的结构较复杂，原子排列很不规则，由不规则的台阶组成。晶界可看成坏区与好区交替相间组合而成。相同化学成分和结构的两个晶体沿一个公共晶面构成镜面对称的位向关系，这两个晶体称为孪晶，其公共晶面称作孪晶面(图 1.5)。在孪晶面上，两个晶体的原子排列完全吻合，邻近结构不发生任何改变。

晶体可以视为原子平层按照一定方式堆积而成，层错是指正常堆垛顺序发生原子错排，是金属晶体密排面经常出现的一种面缺陷。层错的形成不产生空间点阵畸变，但是破坏了晶体的完整性和固有周期性，使晶体的能量增加。根据层错形成方式，可分为抽出型层错和插入型层错(图 1.6)。

不同晶体结构的两相之间的分界面称为相界面，通常出现在晶粒之间的边界。相界面两侧是不同的物相，通常这两相的结构对称性不同，或点阵参数不同，或键和类型不同，这使相界面具有复杂的结构。根据两相界面处原子排列的有序程度，相界面分为共格界面、半共格界面和非共格界面(图 1.7)。共格界面在晶界上的原子同时属于两个晶体点阵，两侧晶体的点阵结构不一定呈晶面关系，晶体可以是相同的相，也可以是不同的相。半共格界面的两相晶体结构相同，但点阵参数有小于10%的误差，或夹角有少量差异。非共格界面是一种类似大角度晶界，两相晶体结构错配较大，两相原子排列完全不对应。

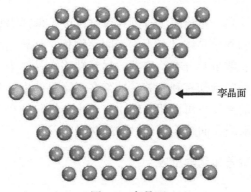

图 1.5　孪晶面

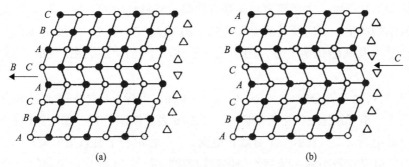

图 1.6　抽出型层错和插入型层错示意图

(a)抽出型层错；(b)插入型层错

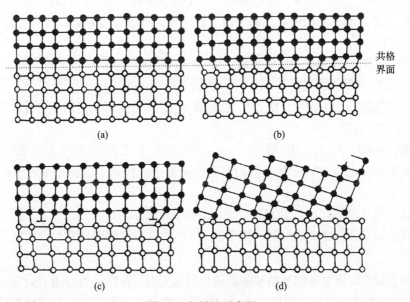

图 1.7　相界面示意图

(a)两相结构相同的共格界面；(b)两相结构不相同的共格界面；(c)半共格界面；(d)非共格界面

5. 体缺陷

体缺陷，又称三维缺陷，是指原子排列在三维尺度上偏离理想点阵，如包埋杂质、沉淀和空洞。这些缺陷和基质晶体已经不属于同一物相，是异相缺陷。体缺陷对材料性能的影响与缺陷的尺寸、数量及分布均有关。尽管缺陷在晶体中的浓度很低，但是不同类型的缺陷对晶体性质的影响却有利有弊，缺陷在实际晶体中经常共存，并相互联系，相互制约，甚至在一定的条件下可以相互转化。通常体缺陷的存在对材料的性能不利，应尽量利用点缺陷、线缺陷和面缺陷优化材料的功能。

1.2.2 固体缺陷化学的符号和化学反应

1. 固体缺陷化学的符号

在固体缺陷化学中，主要研究对象是点缺陷，将材料中的点缺陷看作化学组元，主要研究点缺陷的产生、反应及其浓度等问题。20 世纪 70 年代，克罗格(Kroger)和文克(Vink)提出了一套缺陷化学符号，用于统一描述离子晶体中可能出现的不同类型的点缺陷。

缺陷符号 A_a^b 由三部分组成：主符号 A、下标 a、上标 b。主符号 A 表示缺陷种类，如空位缺陷 V、电子缺陷 e'、空穴缺陷 h·。下标 a 表示缺陷位置，如间隙位置 i。上标 b 表示缺陷有效电荷。"·"表示一个有效正电荷；"'"表示一个有效负电荷；"×"表示电中性，电中性可以省略不标。以 MX 型化合物为例，符号 M 表示正电荷的组分，符号 X 则表示负电荷的组分，符号 F 表示杂质。

(1)空位缺陷，用符号 V 表示。在 M 或 X 位点出现空位时，用符号 V_M 或 V_X 表示，代表 M 原子或 X 原子的缺失。正离子留下的空位，有效电荷为负；负离子留下的空位，有效电荷为正。

(2)错位缺陷，用 M_X、X_M 等表示。M_X 表示 M 原子占据 X 原子的位置。X_M 的含义是 X 原子占据 M 原子的位置。

(3)间隙缺陷，用 i 表示。M_i、X_i 表示 M 或 X 原子位于晶格间隙位置。F_i 表示杂质 F 进入晶格间隙位置。

(4)取代缺陷，用 F_M、F_X 等表示。F_M 表示杂质 F 占据 M 原子的位置。F_X 表示杂质 F 占据 X 原子的位置。取代缺陷的有效电荷等于取代离子的价态减去被取代离子的价态。

(5)自由电子缺陷与空穴缺陷，分别用 e'和 h·来表示。

(6)带电缺陷。晶体中的缺陷可能带电，带电的缺陷用缺陷元素与自由电子或空穴的组合表示。

(7)缔合缺陷。当电性相反的缺陷距离足够接近时，在库仑力作用下会缔合成一组或一群，产生一个缔合中心。例如，V_M 和 V_X 发生缔合，记为$(V_M V_X)$、$(M_i X_i)$ 等。例如，在 NaCl 离子晶体中，当平衡位置上的离子缺失，空位缺陷可以写成 V_{Na}'、$V_{Cl}^·$。当离子进入间隙，间隙缺陷可以写成 Na_i、Cl_i。当取出一个 Na^+ 离子，会在原来的位置上留下一个有效负电荷，缺陷写成 V'_{Na}。加入 $CaCl_2$ 后，若 Ca^{2+} 离子位于 Na^+ 离子位置上，其缺陷符号为 $Ca^{\cdot}_{Na}$。

2. 固体缺陷化学反应

在固体中的化学反应，只有通过缺陷的相互作用才能发生和进行。缺陷的相互作用可以用缺陷反应方程式来表示。书写缺陷反应方程式时，应该遵循下列基本原则。

1）质量平衡

缺陷反应方程式两边的质量应该相等，即方程式两边缺陷主符号之和保持相等。但是注意空位不存在质量，缺陷符号的右下标表示缺陷所在的位置，对质量平衡无影响。

2）位置关系

无论基质晶体是否存在缺陷，其空间点阵中的正负离子位置数之比始终是一个常数。例如，基质晶体 M_aX_b 的位置数之比为 a/b，即 M 原子的位置数比 X 原子的位置数等于 a/b。NaCl 中正负离子位置数之比为 $1:1$，Al_2O_3 中则为 $2:3$。空位缺陷和错位缺陷发生在平衡位置上，对平衡位置数有影响。

3）电中性

缺陷反应方程式两边的有效电荷数必须相等，确保晶体呈电中性。

缺陷反应根据是否引入异质原子，分为本征缺陷反应和非本征缺陷反应。本征缺陷反应的一般方程式表示如下：

$$基质/正常格点/零 \longrightarrow 产生的缺陷$$

晶体正常格点上的质点，在热运动过程中获得能量离开平衡位置迁移到晶体的表面，在晶体内部正常格点上留下空位，而晶体内部原子运动迁移填补了空位，在新的位置产生空位，这种移动的晶格空位称为肖特基（Schottky）缺陷。这种缺陷形成时同时产生相同浓度的正离子空位和负离子空位，并不会破坏化合物元素组成的化学计量比，属于化学计量比缺陷反应。例如，$M^{2+}X^{2-}$ 形成肖特基缺陷时，晶体的 M^{2+} 和 X^{2-} 离子迁移到表面新位置上，在内部留下空位，其缺陷反应可以写为

$$M_M + X_X \longrightarrow M_M(表面) + X_X(表面) + V''_M + V^{\cdot\cdot}_X$$

或以数字 0 代表无缺陷状态：$0 \longrightarrow V''_M + V^{\cdot\cdot}_X$。

晶体中的质点发生热运动，形成相同浓度的晶格空位和自身原子间隙，这种同时产生的本征缺陷也称为弗仑克尔（Frenkel）缺陷。只有晶体致密度小，间隙位置较大，才容易形成弗仑克尔缺陷。例如，$M^{2+}X^{2-}$ 形成间隙阳离子和空位的缺陷反应可以写为

$$M_M \longrightarrow M_i + V''_M$$

形成间隙阴离子和空位的缺陷反应可以写为

$$X_X \longrightarrow X_i + V^{\cdot\cdot}_X$$

在电负性差别较小的金属间化合物 $M^{2+}X^{2-}$ 中，容易发生错位缺陷，缺陷反应可以写为

$$M_M + N_X \rightleftharpoons M_X + X_M$$

非化学计量比金属化合物中也存在本征结构缺陷反应，主要针对缺氧金属氧化物、富氧金属氧化物、缺金属金属氧化物、富金属金属氧化物。在缺氧金属氧化物 MO_{1-x} 中，主导缺陷是氧空位和电子缺陷，缺陷化学反应方程式为 $O_O \longrightarrow V_O (V_O^{\cdot\cdot} + 2e') + 1/2O_2 (气态)$，可见每个电中性的氧空位束缚两个电子。在富氧金属氧化物 MO_{1+x} 中，缺陷反应是氧进入结构间隙位置，吸收周围晶体电子，增加了新的间隙位和空位，而正常氧离子位置数不发生变化，缺陷化学反应方程式为 $1/2O_2 (气态) \longrightarrow O_i (O_i^{''} + 2h^{\cdot})$，每个电中性的间隙氧束缚两个空穴。在缺金属金属氧化物 $M_{1-x}O$ 中，缺陷反应是氧进入结构并增加新的氧离子位置数，引起金属空位缺陷和空穴缺陷，缺陷化学反应方程式为 $1/2O_2 (气态) \longrightarrow V_M (V_M^{''} + 2h^{\cdot}) + O_O$。在富金属金属氧化物 $M_{1+x}O$ 中，缺陷反应是释放氧，金属离子进入间隙，主导缺陷是间隙金属缺陷和电子缺陷，缺陷化学反应方程式为 $M (气态) \longrightarrow M_i (M_i^{\cdot\cdot} + 2e')$。由上可知，在金属氧化物中氧缺失和金属缺失，都会引起空位缺陷，而富氧和富金属情况都会增加新的间隙缺陷，为了保持晶体中性，必须束缚相应电荷的电荷或者空穴。

半导体材料受到辐射，在价带和导带之间发生电子转移，价带留下一个自由电子空穴，形成电子-空穴对，自由电子的缺陷反应方程式写为 $0 \longrightarrow e' + h^{\cdot}$。晶体结构内部如果存在同种元素的离子歧化，或者不同离子的相互变价，就可以发生变价离子之间的价电子转移电子缺陷反应。例如 Fe^{3+} 的歧化，$2Fe_{Fe} (Fe^{3+}) \longrightarrow Fe^{\cdot} (Fe^{4+}) + Fe' (Fe^{2+}) (0 \longrightarrow e' + h^{\cdot})$，在 $FeTiO_3$ 结构中，Fe^{2+} 与 Ti^{4+} 之间发生价电子转移，$Fe_{Fe} (Fe^{2+}) + Ti_{Ti} (Ti^{4+}) \longrightarrow Fe_{Fe}^{\cdot} (Fe^{3+}) + Ti_{Ti}' (Ti^{3+})$ $(0 \longrightarrow e' + h^{\cdot})$。

非本征缺陷反应由异质元素掺杂产生，异质离子取代掺杂平衡位置，同时会伴随间隙缺陷或空位缺陷。非本征缺陷反应的一般方程式表示如下：

$$杂质 \xrightarrow{基质} 产生的各种缺陷$$

杂质进入基质晶体时，一般杂质的正负离子分别替换基质的正负离子位置，这样基质晶体的晶格畸变小，有利于形成缺陷。掺杂元素与基质晶体离子发生等价替换时，缺陷的浓度发生改变，只影响材料性质。在不等价掺杂替换时，在影响材料性质同时缺陷浓度相应改变，缺陷反应会产生间隙缺陷或空位缺陷。例如 $CaCl_2$ 加入 KCl 中，发生正负离子掺杂替换，缺陷反应方程式可以有以下几种：

$$CaCl_2 \xrightarrow{KCl} Ca_K^{\cdot} + 2Cl_{Cl} + V_i'$$

$$CaCl_2 \xrightarrow{KCl} Ca_K^{\cdot} + 2Cl_{Cl} + V_K'$$

1.3 固体缺陷化学在材料中的应用与发展

1.3.1 缺陷材料在储能领域的应用

随着全球社会经济和信息技术的高速发展,能源稀缺及环境问题是当今社会普遍存在的两个重大难题,因此开发利用高效环保可持续的新能源电池器件越来越受到大家的重视。作为电池器件的重要组成部分,电极材料决定了电池的综合性能,对电池整体性能起着至关重要的作用。近年来,缺陷工程被认为是改善电极材料电子结构和物化性质的有效方法,并得到了广泛的应用。其中点缺陷是缺陷化学研究的主要内容,主要分为两大类:本征缺陷和非本征缺陷。本征缺陷,是由晶格原子的热振动引起的,对研究晶体而言是本征的组成部分,缺陷的形成并不改变整体晶体的组成。本征缺陷又包括肖特基缺陷和弗仑克尔缺陷两大类。对于非本征缺陷,则是由杂质原子或者杂质离子嵌入晶格所引起的,因此也称为掺杂缺陷。不同的缺陷类型,对电极材料本身的物理和化学性质都有着非常重要的影响。在电极材料中,可控构筑缺陷不仅能够有效促进离子的扩散和电荷转移,而且为金属离子或中间体提供更多的存储位点/吸附位点/活性位点,并且有利于保持材料的结构灵活性和稳定性,从而提升电池的整体性能。因此,有效地构筑缺陷及深入理解缺陷在电池电极反应过程中的作用机制是至关重要的。

目前,大多数可充电电池是通过将外来离子(Li^+、Na^+、K^+、Zn^{2+}等)在正负极材料之间嵌入/脱出得到的,被称为"摇椅"电池。由于电池的容量大小主要取决于电极材料理论位点上容纳锂离子数量的多少。因此,向纳米材料中引入缺陷、掺杂、位错结构等几何位点,可以存储更多的锂离子,有效地提高锂离子电池电化学性能,在电极材料上构筑缺陷的策略逐渐引起研究者们的关注。对于一个给定的电极材料,其组成、晶体结构和形貌都可以决定反应速率和转移过程,并可以通过调控修饰来改变整体电化学性能。缺陷的形成有利于提高金属离子在材料中的插层效率,可以通过材料的缺陷来改变热力学和改善动力学,从而直接影响金属离子的嵌入和脱出,缺陷还可以降低相邻氧层之间的应力和静电排斥,直接改变金属离子在插层过程中必须克服的迁移能和扩散障碍。另外,缺陷的存在增加了系统的表面能,可作为促进电化学相变的成核位点。由于缺陷能直接改变材料化学和结构特性,近年来引起了人们的极大兴趣,其中包括阴离子缺陷、阳离子缺陷、掺杂缺陷、本征缺陷及无定型化等。

1. 阴离子缺陷

在过渡金属氧化物(TMO)中,氧空位缺陷是目前最常见的阴离子缺陷,其形成能较低而且易形成。氧空位的存在有效地调控了过渡金属氧化物的表面电子结构和物理化学性质,因此在应用中起着至关重要的作用。在二次电池中,氧空位缺陷的形成能够诱导金属氧化物中的电子结构发生变化,从而影响电子和离子的传输,并且在电极/电解质界面处。氧空位的存在不仅可以通过改变表面热力学来促进锂化过程中的相变,而且可以很好地保持电极表面形貌的完整性,从而改善材料在充放电过程中的倍率性能和循环性能[5]。例如，Ma 等[6]利用硫模板和静电纺丝的方法成功地制备了碳纳米纤维包覆的氧空位掺杂的 SnO_{2-x} 纳米粒子材料作为钠离子电池负极，表现出优异的电化学性能。对于未处理的 SnO_2 材料来说，界面的不稳定及充放电过程中较大的体积膨胀限制了材料的实际应用。在多孔碳纳米纤维中均匀包覆具有氧空位的 SnO_{2-x} 纳米材料制作的电池阳极材料可以在充放电过程中保持形态和结构，并得到较高的可逆容量、长循环稳定性及优异的倍率性能。为了探讨氧空位浓度对锂离子电池负极材料 SnO_2 电化学性能的影响，Li 等[7]利用畸变校正透射电镜在原子尺度上观察到了 SnO_2 中的氧缺陷浓度，材料的表面电子性质和间隙状态可以通过氧缺陷的浓度来控制。除了 SnO_2，其他的过渡金属氧化物如 MnO 因其成本低、高比容量和环境友好等优点，常被用作锂离子电池的电极材料。然而由于 MnO 在充放电过程中的结构重组，从而容易导致循环稳定性和倍率性能衰减较快。如图 1.8 所示，Zou 等[8]利用还原气氛热处理的方法得到了富含氧缺陷的 MnO 六边形纳米片，应用于锂离子电池的负极材料。通过扫描透射电镜（STEM）分析结合 X 射线吸收近边结构（XANES）的分析与 R 空间 Feff 模型拟合结果表明纳米片中氧空位的存在。这种富含缺陷的 MnO 纳米片结构作为锂离子电池负极材料表现出优异的循环稳定性（1.0A/g 时稳定循环 1000 圈，容量保持率为 88.1%），这种性能的提升主要归因于氧空位能够补偿 MnO 纤锌矿结构的内部非零偶极矩，抑制其结构重组，而且氧空位的引入加快了电荷转移过程，有利于锂离子的迁移和扩散。

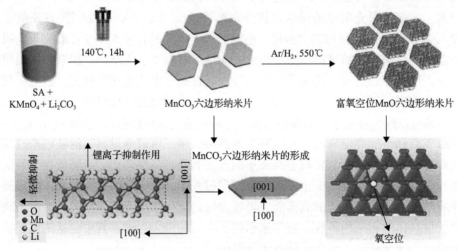

图 1.8　利用还原法制备富含氧缺陷的氧化锰六边形纳米片（扫码见彩图）

SA-海藻酸钠（sodium alginate）

除了锂、钠离子电池以外，近几年，锌离子电池由于其具有成本低、资源丰富、可燃性低、二价阳离子作为电荷载体等优点，具有良好的发展前景。然而目前存在的水系锌离子正极材料均具有一定的问题，因此发展具有可逆 Zn^{2+} 嵌入/脱出能力的高性能正极材料具有重要意义。Lu 课题组利用电沉积的方法在碳布上电镀了一层厚度约为 $2.3\mu m$ 的 $ZnMn_2O_4$ 薄膜，并通过简单高效热处理的方法引入了氧空位，最后包覆了一层聚噻吩进行电极的保护[9]。这种独特的缺陷型复合材料在 $0.5mA/cm^2$ 下具有 $221mA \cdot h/g$ 的高比容量。此外，基于这种材料组装成的柔性固态锌离子电池(ZIBs)也具有 273.4W·h/kg 的高能量密度。通过实验结果和理论计算表明，材料中阴离子缺陷的引入会增加 Zn^{2+} 在晶格内的静电排斥作用，从而有利于 Zn^{2+} 的快速嵌入脱出，同时能够增加电子导电性、优化 Zn^{2+} 扩散动力学、降低 Zn 空位形成能量和 Zn 迁移能垒。除了锌锰氧化物外，Lu 课题组利用热处理的方法在钴酸镍($NiCo_2O_4$)纳米片上引入氧缺陷并同时在表面进行磷化，制备了具有富氧空位和表面 PO_4^{3-} 修饰的超薄钴酸镍纳米片(P-$NiCo_2O_{4-x}$纳米片)，作为高性能的 ZIBs 正极材料[10]。得益于电导率显著提高及活性位点数量的增加，P-$NiCo_2O_{4-x}$ 纳米片的电极容量以及倍率性能显著提升。

除了阴离子缺陷的构筑，也可以在构筑缺陷的基础上，进一步修饰缺陷来改善电极材料的性能。例如，Wang 课题组利用等离子体在氩气气氛下处理 SnS_2 纳米片材料，可以在表面引入丰富的硫空位缺陷，当材料暴露在空气中，氧原子很容易填充在硫原子空缺的位置，形成具有内电荷转移的 n 型 SnS_2/p 型 SnO_2 的异质结构，用作锂离子电池的负极材料，具有很好的导电性，循环稳定性和倍率性能也得到了提升[11]。从实验结果分析来看，等离子体刻蚀的最佳时间是 10min，刻蚀之后的纳米片由很多纳米颗粒堆积而成。电化学测试结果表明，富缺陷的 SnS_2/SnO_2 异质结构具有更低的电荷转移电阻。在电流密度为 200mA/g 下，初始比容量达到 1496mA·h/g，循环 200 圈之后，容量仍能保持在 998mA·h/g，然而未经等离子体处理的 SnS_2 在同样的电流密度下，循环 200 圈之后，容量保留率仅为 39%。因此，构筑表面缺陷及构建内电荷转移的 p-n 异质结构可以缓冲电极材料在循环过程中的体积膨胀，有效地促进锂离子插层和电子扩散，从而实现了优异的电化学性能。

2. 阳离子缺陷

缺陷工程能够有效地调控功能纳米材料的内在特性，从而获得特定的光、电、磁及催化等性能。在电化学能源存储领域，阴离子缺陷如金属氧化物中氧空位，能够提高电极材料中电荷的转移；而阳离子空位如金属氧化物中金属空位，能够提供额外的活性位点，提高电极材料的电化学能源存储能力。最近，在电极材料中制造阳离子空位已经被证实会增加锂离子插入和存储能力，其中阳离子空位能够为额外的阳离子的插入提供热力学上有利的驱动力。例如，阳离子缺陷型尖晶石 γ-Fe_2O_3 和锐钛矿 TiO_2 纳米粒子[12,13]已经证明了阳离子空位可以为锂离子的插入提供额外的阳离子插层位点，从而可以有效地提升锂离子的插层能力。有研究报道[14]在空心 Fe_2O_3 纳米颗粒中存在高浓度的阳离子空位(图 1.9)，可以在不改变结构的情况下有效地进行锂离子的可逆性嵌入/脱出。

对二维纳米材料,特别是对真正单层的二维纳米片(组成二维层状材料的基本构成单元)进行缺陷工程调控，能够充分地将材料内、外表面的缺陷用于电化学反应的过程中。二维原子薄层纳米片由于其充分暴露的表面活性位点和原子尺度厚度，被认为是极具发展前景的电化学储能电极材料。例如，Xiong 等[15]报道了一种基于具有 Ti 金属空位的二维单层氧化钛($Ti_{0.87}O_2$)纳米片和氮掺杂石墨烯纳米片的超晶格结构，并将其应用于钠离

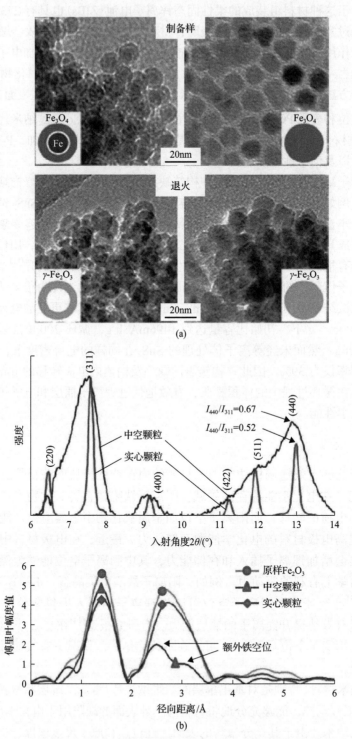

图 1.9　富缺陷空心氧化铁纳米颗粒的物理结构表征

(a)退火后中空、实心氧化铁颗粒的透射图像；(b)氧化铁颗粒的 X 射线衍射(XRD)和扩展 X 射线吸收精细结构(EXAFS)图

子电池负极，表现出超高的比容量、优异的低温倍率性能和循环性能。与三维结构和片状纳米材料相比，这些真正单层纳米片使所有的阳离子空位均能够有效地被利用。此外，这种层层交替互相堆积的分子尺寸复合结构，能够最大程度上提高材料的整体电荷传输性能。并且通过密度泛函理论(DFT)计算和动力学分析表明了一种可逆的钠离子插层过程，在充放电过程中这种超晶格负极材料没有产生明显的结构坍塌和相变。与之前报道的氧化钛纳米结构(如锐钛矿型、金红石型等)相比，$Ti_{0.87}O_2$ 纳米片由于其单层形貌和阳离子缺陷等特点，在存储钠离子方面具有广阔的应用前景。这种独特的超晶格是由带有相反电荷的 $Ti_{0.87}O_2$ 单层纳米片和阳离子聚合物修饰的氮掺杂石墨烯纳米薄片以相互交替堆叠模式层层自组装，并经过热处理过程合成，研究表明，钠离子通过可逆的插层机制在这种超晶格结构中进行存储，在充放电过程，钠离子在超晶格的层间和 Ti 金属空位进行可逆地嵌入和脱出，整体的超晶格结构没有发生明显的相变和结构坍塌，从而实现优异的电化学性能。

正极材料由于具有能量密度高、循环寿命长、成本低等优点，也是促进碱金属离子电池发展的重要因素。富锂过渡金属氧化物通过过渡金属离子和氧离子的氧化还原反应，从而获得了比较高的比容量。Li 等[16]利用缺陷策略成功地制备了含阳离子缺陷的富钠过渡金属氧化物用作钠离子电池的正极材料，锰金属空位的存在使这种材料具有高的电化学性能和结构稳定性，在钠离子嵌入和脱出的过程中，具有较高的可逆性的氧化还原反应性。材料中存在的阳离子缺陷是实现材料中高可逆氧化还原反应及其高结构稳定性的关键，同步辐射数据研究表明，主要的电荷补偿分别是由氧离子的氧化还原反应和 Mn^{3+}/Mn^{4+}氧化还原反应主导。除此之外，可充电水系锌离子电池也是一种具有吸引力的廉价、安全、绿色的储能技术，但由于其高容量正极和兼容电解质的限制，难以实现令人满意的循环性能。Zhang 等[17]通过低温溶液法成功地合成了富含阳离子缺陷的 $ZnMn_2O_4$ 用作锌离子电池正极。这种特殊的结构，有利于促进离子在结构中的嵌入/脱出，实现了锌的有效储存，而且可以大大提升电池的性能，可以适合于大规模生产使用。

3. 掺杂缺陷

掺杂常被用于实现杂原子(如 N、O、S、P)引入，从而调控复合材料的层间距和电子结构，进一步优化性能。Wang 课题组利用等离子体技术在氩气/氢气混合气氛下处理中空金属有机骨架化合物(h-ZIF-8)，使得表面有机配体被刻蚀，形成配位不饱和的锌位点，有效地激发了锌原子的活性，这种表面不饱和的缺陷结构容易结合外界的氧原子，从而在 h-ZIF-8 表面形成了超细 ZnO 纳米颗粒[18]。从实验结果分析来看，等离子体刻蚀的最佳时间是 3h，而且在刻蚀后材料表面形成了更多的介孔，在充放电循环过程中，大量的微孔和介孔有利于缓冲体积应变，促进锂离子的迁移。材料独特的中空骨架及表面均匀负载的超细氧化锌颗粒，能够有效提高 h-ZIF-8@ZnO 的储锂性能。

此外，石墨常被广泛应用于商业锂离子电池当中，但由于其较低的容量(372mA·h/g)和较差的离子扩散动力学，锂电池的能量密度和功率密度受到了严重限制。而钠离子半径比锂离子半径更大(分别为 1.02Å 和 0.76Å)，从而使钠离子在石墨化合物中插层比较难，因此纯石墨材料不利于钠离子电池的应用。而硬碳材料由于其内部独特的结构可以提供较多的孔隙和大的比表面积使离子可以通过嵌入和吸附显著增强储锂/钠能力,从而经常被用作锂/钠离子电池的负极材料。然而,由于硬碳比较低的石墨化程度使其导电性和电化学性能都受到了严重的制约。目前,有一些研究方法表明利用在硬碳中引入石墨化微晶区域可以提高其导电性或者引入掺杂缺陷,同样也可以增加硬碳材料的储锂/钠离子的活性位点,有效地改善材料的导电性和电荷转移等。

如图 1.10 所示,Huang 等[19]通过将镍二价离子与碳前驱体预螯合,在 850℃温度下,合成了具有丰富缺陷的氮掺杂、纳米石墨化区域共耦合的氮掺杂硬碳纳米球壳(N@gCNs),作为电极材料表现出优异的储锂/钠性能。研究者通过密度泛函理论及原位拉曼(Raman)分析发现,缺陷的引入不仅可以促进电荷转移,而且大大增加了储锂/钠活性位点,显著改善材料的电化学性能。电化学测试结果表明,所制得的氮掺杂石墨化硬碳球壳在锂离子电池中展现出了 1253mA·h/g 的可逆容量,其可逆容量在 100mA/g 电流密度下 100 次循环后仍可保持在 1236mA·h/g;将该材料用于钠离子存储,在 100mA/g 电流密度下展现出了 325mA·h/g 的高可逆容量,在 200 次循环仍可保持在 174mA·h/g。该材料优异的电化学稳定性归因于其独特的氮掺杂耦合富缺陷石墨化结构,这种独特的结构不仅可以

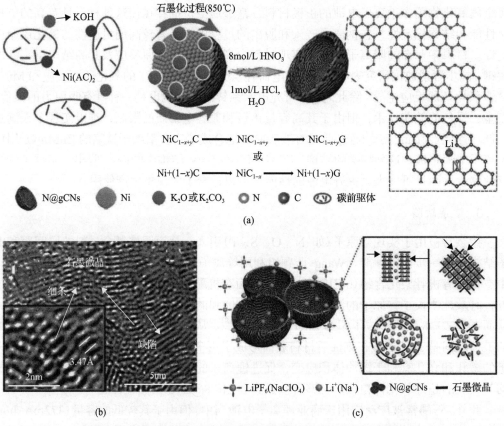

图 1.10　富缺陷硬碳纳米球壳的形成过程以及结构表征与机理研究

(a)氮掺杂硬碳纳米球壳的合成示意图;(b)氮掺杂硬碳纳米球壳的高倍透射电镜图;
(c)氮掺杂硬碳纳米球壳中的储锂/钠的机理图

增强硬碳纳米壳的电荷转移能力和离子扩散动力学，同时其特有的敞开型壳层结构可以缓解材料在离子嵌入过程中的体积膨胀问题。

最近，Guo 课题组[20]利用静电纺丝法将 ZnO 纳米球、聚丙烯腈(PAN)和二甲基甲酰胺(DMF)构筑了一类超高吡咯/吡啶-N 掺杂的项链状中空碳(NHC)材料作为新型高性能自支撑钾离子电池(PIBs)负极材料。制备的 NHC 薄膜具有丰富的分级微/介孔/大孔、项链状中空结构、超高的吡咯/吡啶-N 掺杂和高比表面积，可促进钾离子的嵌入/脱出，抑制材料在充放电过程中的体积膨胀，有效改善了电池的循环稳定性。理论计算表明，吡咯/吡啶-N 掺杂可以有效地改变碳的电荷密度分布，促进钾离子向 NHC 电极的吸附，从而促进钾离子的存储。电化学结果表明，NHC 在 100mA/g 电流密度下，具有 293.5mA·h/g 的高可逆比容量，以及表现出优异的倍率(在 2000mA/g 电流密度下为 204.8mA·h/g)和良好的循环性能(在 1000mA/g 电流密度下经过 1600 次循环后容量为 161.3mA·h/g)。

4. 本征缺陷

除了杂原子掺杂缺陷外，无掺杂的碳材料缺陷主要包括边缘缺陷和拓扑缺陷，很多研究表明通过无掺杂碳材料的缺陷工程，可以在材料中构建大量的活性位点，从而显著提升材料的电化学性能。受到杂原子掺杂引起碳基局域电子重排的观点启发，Wang 课题组对石墨烯模型进行了理论模拟，发现边缘碳原子具有很高的电荷密度，这表明边缘缺陷也会引起碳基电荷密度的重排[21]。目前，有研究表明，可以通过引入孔隙或是利用剥离、刻蚀等技术有效地构筑边缘位缺陷。Mai 课题组以 3,4,9,10-苝四甲酸二酐热解获得的常规软碳化合物为原料，通过微波诱导剥离策略得到微孔软碳纳米片[22]。结构分析表明，剥层后表面积从 19.1m^2/g 增加到 471.2m^2/g，微孔体积增加超过 100 倍，石墨烯层边缘上的有利缺陷得到了显著增加。并通过动力学分析确定了电容主导的钠离子存储机理，并利用原位 X 射线衍射分析揭示了钠离子嵌入体相的行为。由于微孔和边缘处的缺陷协同增强了动力学并提供了额外的储钠位点，这种材料具有高比容量(232mA·h/g)和在 1000mA/g 电流密度下 103mA·h/g 的优异倍率容量。此外，其作为钾离子电池(具有高可逆容量 291mA·h/g、在电流密度 2400mA/g 下较高的倍率容量 117mA·h/g)和钠离子基全碳双离子全电池(电池级容量为 61mA·h/g，平均电压为 4.2V)的高性能负极，也表现出优异的电化学性能。为了进一步研究硬碳材料中缺陷浓度和表面积(孔隙度)对电化学性能(包括可逆比容量、操作电压和初始库仑效率等)的影响，Cao 课题组设计实验并系统地研究了具有相似整体架构硬碳的缺陷含量和孔隙度对电化学性能的影响[23]。该工作提出石墨层中的缺陷与初始库仑效率直接相关，缺陷会捕获钠离子并产生排斥其他钠离子的电场，降低了低压插层容量。所得低缺陷和孔隙度的硬碳电极获得了高达 86.1%的初始库仑效率(纯硬碳材料导电炭黑为 94.5%)，其可逆比容量为 361mA·h/g，表现出较好的循环稳定性(在 100 次循环后，容量仍能保留 93.4%)。

1.3.2　缺陷材料在催化领域的应用

近年来，众多科研工作者致力于开发各种催化剂来提升相关反应的性能。缺陷材料由于其优异的电子特性而备受研究者关注。缺陷的存在可以对电催化剂表面的电子结构及物理化学特性产生积极的影响作用，在催化剂中引入缺陷可以有效地调控材料的局域原子结构、电子结构、化学性质或电导率等，从而进一步影响材料的物理化学性能及电化学性能。在本节中，我们将分别介绍缺陷材料在电催化领域、光（电）催化领域、热催化领域的应用。

1. 缺陷材料在电催化领域的应用

电催化在构建新型可持续能源存储与转换器件中扮演极其关键的角色，能够实现电能、清洁化学能源的相互转换，并且不产生任何的污染，解决现代发展的能源环境问题。电催化过程可以将来源丰富的二氧化碳、水、氮气等转化为碳氢化合物、氢气及氨气等化合物，制备出的氢气及碳氢化合物可以作为新型能源载体，用于各种燃料电池进行发电，而相应的氨气可以进一步转化为农作物肥料。电催化过程还可以借助电池体系将自然界中产生的风能、太阳能、势能等进行存储，错峰使用，减少化石能源的开发。这种基于电催化过程所构建的理想可持续循环系统是人类一直追求的目标，可以看出相关电极反应在其中扮演着极为重要的角色。合适的电催化剂能够有效降低反应活化能，大幅度提升电极反应速率，从而提升相关器件性能。缺陷材料近年来受到极大的关注，其在原子尺度上调控催化剂表面电子结构，调节活性位点的局域配位环境，使其对反应中间物种具有最佳的吸脱附性质，有望指导科学家开发寻找最理想的电催化剂，解决电化学相关器件中相关的关键问题。电催化剂表面缺陷能够有效调节催化剂的电子结构，提升导电性或引起电荷重排，从而优化催化剂表面对反应中间物种的吸附能，提升其催化活性。本小节将围绕各类缺陷在电催化反应中的作用，分析探讨近期缺陷相关的国内外的突破性成果，总结相关经验，有望对未来的工作提供一些指导价值。

1）金属单质催化剂本征缺陷

金属单质，尤其是贵金属，由于其具有导电性好、电化学稳定性高等优点，长期以来被广泛用于电催化研究。金属催化剂通常具有丰富的表面结构，包括边缘、角和台阶等，这些结构或多或少地降低了表面原子的配位数，从而调控其对反应物种的吸附脱附。因此，理论科学家建立相关的模型对各种金属电催化剂进行了系统的模拟计算研究，进而建立相关催化反应的催化活性火山图，为优异催化剂的设计提供指导意见。近些年，合成技术的进一步可控及相关表征设备的快速发展，可以帮助我们在实验上尽量观测催化活性与金属表面电子结构之间的关联。在金属催化体系中，金属表面台阶位是一种典型的表面缺陷。大量的研究结果表明，金属表面台阶位由于具有金属不饱和配位原子、金属悬挂键，因此具有更高的活性，通常作为催化活性中心。早年，Lebedeva 等使用电化学分析及原位红外方法研究 Pt 表面台阶位催化 CO 的活性。结果表明，具有台阶的缺陷位点是 CO 的吸附及催化氧化位点，性能显著高于完整表面位点[24,25]。而后相关研究在各种催化体系中得以开展，如甲醇氧化、氮气还原（NRR）、氧气还原（ORR）等。随着电子显微学的快速发展，研究者可以在原子尺度上观测金属催化剂表面结构，从而进一步明晰其构效关系。近年来，通过各种工艺方法制备丰富台阶位的金属缺陷催化剂也成为研究的热点。Xu 课题组利用晶种诱导的方法合成了具有丰富高指数晶面的金/钯纳米晶,其具有大量的边缘位点及表面缺陷,显著提高了其乙醇的氧化活性[26]。Sun 课题组利用电化学方波方法成功制备了具有高指数晶面的 Pt 二十四面体,通过进一步控制合成条件,可以对 Pt 二十四面体尺寸进行控制[27],如图 1.11(a)所示。由于表面具有大量的台阶位等高活性位点,该团队制备出的 Pt 二十四面体表现出很高的电催化小分子(如甲酸、乙醇等)氧化的性能。与商业化的 Pt/C 相比,其性能成倍增加,在燃料电池等领域具有很大的应用潜力。近几年电化学合成氨,由于其反应条件温和,可以在常温常压条件下固定 N_2,得到了广泛的研究。张新波教授课题组合成了 Au 二十四面体,如图 1.11(b)所示,二十四面体金表面暴露大量的台阶位缺陷,这些位点可以作为 N_2 的吸附解离活性中心,相比于完整平面具有更高的活性,相关 DFT 计算也可以辅助证明这一结论[28]。最近,Xia 课题组采用(电)化学腐蚀的方法对 Pt 基催化剂的近表面结构和组分进行调控,从而获得了具有一维结构的串状 PtNi 纳米笼结构,如图 1.11(c)所示,从高倍透射电子显微镜(HRTEM)可以看出该催化剂具有很多台阶位、晶界缺陷,这种结构影响催化剂电子结构,实现了高稳定性的一维结构和高活性的合金空心结构的有效结合,从而大幅提升了 PtNi 合金催化剂在全电池中服役水平和寿命[29]。

金属单质电催化剂研究主要集中在贵金属上,但是贵金属资源储量低,价格昂贵,不利于相关能源存储、转化器件的商业化。因此,开发设计非贵金属高效催化剂显得尤为重要。相关结果表明,非贵金属中的应力缺陷同样可以极大提升其性能。Du 课题组采用激光烧蚀物理技术,制备出具有高密度的堆垛层错纳米 Ag 颗粒,层错将导致 Ag 配位数降低及拉伸应变增大,进而提高反应物种吸附能,将近乎惰性的 Ag 转化为接近 Pt/C 的高活性析氢反应(HER)催化剂。制备出的 Ag 催化剂具有较高的活性、导电性、耐久性和较低的价格,可作为工业上替代 Pt 的催化剂[30]。

2) 碳基缺陷催化剂

碳材料具有导电性好、比表面积大、稳定性好等优点,在电化学领域具有广泛的应用。2009 年 Dai 课题组[31]成功制备出垂直取向的氮掺杂碳纳米管阵列,发现其具有很好的 ORR 性能,打开了碳材料在电催化领域应用研究的大门。此后,各种杂原子掺杂的碳材料以及相关的复合材料被广泛报道,具有很好的电催化活性,如 ORR、HER、析氧反应(OER)等。杂原子掺杂引入碳骨架中,能够引起电荷重排,调控其电子结构,从而将 O_2 的吸附模型由端式吸附变为桥式吸附,削弱了 O—O 键能,提高了 ORR 反应的电化学活性。杂原子掺杂可以引起毗邻 C 原子的电子结构发生改变。大量研究结果表明,无论是电负性较高的元素(如 N)或电负性较低的元素(如 B),都可以形成正电荷中心(如 C^+ 或 B^+),从而降低氧气的吸附自由能,增强催化反应活性。另外,研究者进一步探究双原子或三原子甚至更多原子同时掺杂,来制备多功能的高活性催化剂。引入杂原子调节 C 原子的电子结构可以有效调节其催化性能,受此启发,Wang 课题组通过理论计算对比石墨烯模型中碳原子表面电荷分布,可以惊喜地发现,相比于面内碳,石墨烯本身边缘具有更高的电荷密度,进而可能带来不同的性能。因此,其团队自主设计了图 1.12 所示电化学微操作平台,对石墨片进行微区电化学测试,结果显示,

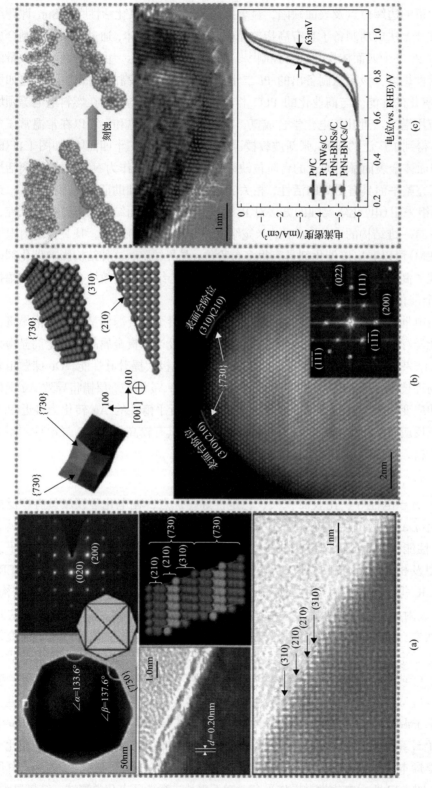

图 1.11　高台阶位的金属缺陷催化剂

(a) 具有高指数晶面的Pt二十四面体的透射电子显微镜图；(b) Au二十四面体晶体结构示意图及其球差矫正透射电镜图(AC-STEM)；(c) 串状PtNi
纳米笼结构的制备示意图及其物化性能表征；RHE为标准氢电极；NWs为纳米线；BNSs为束状纳米线；BNCs为束状纳米笼；RHE为可逆氢电极

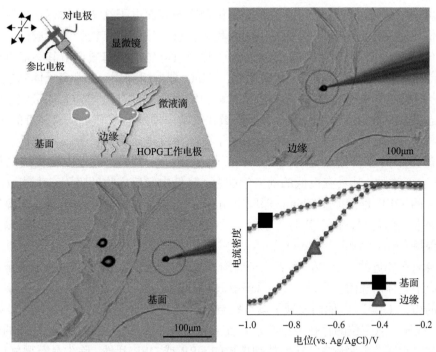

图 1.12　电化学微操作平台测试石墨烯模型 (HOPG) 电极表面不同位点电化学活性

边缘活性明显优于面内活性，首次实验结合理论直接证明了碳边缘活性高于基面活性。在保持碳结构完整的情况下，增加碳材料的边缘缺陷可有助于提高其催化活性[32]。基于此，该课题组进一步运用等离子技术，在石墨烯表面刻蚀产生很多表面孔洞，从而暴露更多的边缘结构，制备出无杂原子掺杂的缺陷碳催化剂，其性能超过众多杂原子掺杂的碳材料催化剂[33]。随着研究的深入，碳本征缺陷受到了更多的关注，研究者也设计开发出系列性能理想的催化剂。除了边缘缺陷以外，碳面内本征缺陷同样可能具有更高的活性，如五元环、七元环等非六元环结构[34,35]。Yao 课题组利用 N 原子掺杂再高温去除 N 原子方法，制备了丰富本征缺陷的碳材料，其是对 HER、OER、ORR 均表现出优异性能的多功能催化剂，进一步推动了缺陷碳领域的发展[36]。近来该课题组将本征缺陷碳与杂原子掺杂优势组合，制备出丰富边缘碳或者非六元环缺陷的 Fe-N-C 催化剂，可以进一步提高其性能。

3）过渡金属化合物电催化剂缺陷化学

与碳材料及金属单质相比较，过渡金属化学物在多相电催化领域同样具有很大的潜力。不同于金属单质组分催化剂，过渡金属化合物由于组成元素的多样性、结构多样性，具有多种多样的性质。近年来，过渡金属氧化物、磷化物、硫化物、氮化物等及其相关的复合材料被广泛地用作 ORR、OER 反应催化剂。随着研究的逐步深入，缺陷在过渡金属电催化剂中的作用也被广泛报道。在过渡金属化合物中引入缺陷，可以调控电子结构，提高其本征活性。因此，我们将主要从金属化合物中空位型缺陷，结合相关研究成果，讨论相关缺陷对催化过程的影响，其包括阴离子空位、阳离子空位。

阴离子空位可以有效地调控过渡金属化合物的表面电子结构和物理化学性质，因此在电催化应用中起着至关重要的作用。其中，氧空位由于其较低的形成能，是过渡金属氧化物中最常见的典型缺陷类型。氧化物中氧空位能够有效调节其表面电子态，改变其能带结构，从而影响其电催化活性。Wang 课题组利用 Ar 等离子体刻蚀技术在 Co_3O_4 表面构筑氧缺陷，如图 1.13 所示，氧缺陷的形成可以在 Co_3O_4 的带隙中形成新的能隙态，原占据氧 2p 轨道的两个电子离域在氧缺陷周围的三个 Co^{3+} 及邻近的氧原子，增加了材料表面电子离域度，而离域的电子更易激发进入导带，提高导电性。因氧缺陷所暴露出来的金属位点更易与—OH 基团键合而在 OER 过程中转化成高活性的 CoOOH 表面物种，其具有更低的动力学能垒，降低中间反应物的吸附自由能ΔG，最终得到优异的 OER 性能[37]。Zheng 课题组用 $NaBH_4$ 还原的方法制备了具有丰富缺陷的 Co_3O_4 纳米线催化剂，由于其弱还原性，只在催化剂表面产生了丰富的氧空位缺陷，体相仍然保持 Co_3O_4 结构[38]。Co_3O_4 晶体失去一个氧原子后，原先占据氧原子 2p 轨道的两个电子游离在邻近的三个 Co^{3+} 和氧原子周围，增加电子离域，构建新的局域微环境，有利于反应中间体的吸附。另外，Qiao 课题组也报道了引入氧空位提高其他金属氧化物催化性能的相关工作[39,40]。他们发现了具有氧空位的 CoO、NiO 单晶纳米棒表现出良好 OER 和 ORR 性能。氧空位的存在可以有效调整 CoO、NiO 的电子结构，保证快速的电荷转移和优化对中间体的吸附能，从而达到理想的 ORR 或 OER 活性。除尖晶石型氧化物外，钙钛矿氧化物作为经典的 OER 催化剂，一直以来备受关注，得到广泛研究[41,42]。在 ABO_3 型钙钛矿的结构中，A 和 B 位点都可以通过掺杂不同金属元素，调控其物理化学性质。结果表明，在钙钛矿氧化物中引入氧空位同样可以影响其 OER 性能。Wu 课题组使用 H_2 还原及金属掺杂的方法，提高其 e_g 轨道电子填充度，增强其 OER 性能。合适的氧空位浓度，能够调节钙钛矿的电子态，氢还原保持晶体结构的同时提高电子传导，因此，优化的催化剂具有极好的 OER 性能[43]。Shao 课题组对钙钛矿催化剂进行了系统的研究，

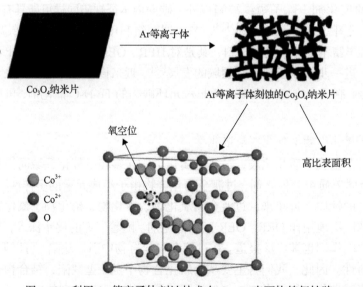

图 1.13　利用 Ar 等离子体刻蚀技术在 Co_3O_4 表面构筑氧缺陷

大量结果也表明了氧空位在催化反应中发挥一定作用[44,45]。在引入氧空位的同时，进一步调控其他影响催化活性的因素，可以进一步提高其催化活性。

除氧空位之外，常见的阴离子空位还有硫空位、磷空位等，过渡金属硫化物中硫空位或磷化物中磷空位对电催化的作用也被广泛研究[46-48]。研究者使用各种各样的策略在不同硫化物中引入硫空位，提高其 HER、OER 性能。MoS_2 作为典型的过渡金属二维材料，其边缘缺陷位点具有很高的 HER 活性[49]。Jaramillo 课题组使用氧化硅作为模板，制备出多孔的 MoS_2[50]。Xie 等[51]用水热法控制制备富硫空位的 MoS_2，表现出极高的 HER 活性。

除此之外，阳离子缺陷也是调控电催化剂电子特性及催化特性的策略之一。金属本身具有多重轨道，因此其空位可能带来意想不到的特性。但是通常来讲，金属空位的形成能较高，使其相关研究更具有挑战性。即便如此，研究者还是通过各种方法制备出了金属空位缺陷催化剂，并进一步研究其在催化作用中的作用机制。例如，Chen 课题组率先报道了一种室温快速合成的方法制备缺陷丰富的尖晶石纳米晶，其含有丰富的 Mn 或 Co 金属空位缺陷，表现出较高的 ORR 和 OER 电催化活性[52]。DFT 计算对比研究了氧在两个典型表面金属空位缺陷处的吸附。结果表明，Co 或 Mn 缺陷位点可以调节其表面氧结合能力，从而影响其 ORR 和 OER 表现。Shao 课题组在 ABO_3 型钙钛矿中引入 A 位缺陷，A 位点的金属缺陷可以使其产生一定数量 Fe^{4+} 物种，其具有最优 e_g 轨道填充的物种（$t_{2g}^3 e_g^1$）。根据 Shao-Horn's 原理，过渡金属表面金属 e_g 电子填充数为 1 时，其具有最佳的电子构型用于催化 ORR 和 OER。因此，形成 Fe^{4+}（$t_{2g}^3 e_g^1$）物种可以促进电催化过程[53]。Xiao 课题组利用二乙烯三胺(DETA)插层合成二维 $CoSe_2$ 纳米片，通过配位键将 Co 离子和 DETA 分子结合在一起。进一步超声处理，DETA 可以从晶格中去除部分 Co 离子，导致超薄纳米片中形成丰富的阳离子 Co 空位[54]。Zou 课题组同样开发出分子插层方法，制备不同的阳离子催化剂，如 TiO_2[55]、ZnO[56]、Co_3O_4[57]等。他们的研究发现，Co^{2+} 相比 Co^{3+} 具有更低的形成能，因此催化剂中具有大量的 Co^{2+} 阳离子空位缺陷。钴空位导致了电子离域，提高其导电性，并调控了反应中间产物的吸附能，从而影响其性能。Zhang 课题组报道了由具有 Ni 金属空位的 NiO 和具有 O 空位的 TiO_2 构成的 OER 催化剂[58]。超薄 NiO 层表面具有大量的 Ni 空位，可以改变 Ni^{2+} 的电子结构，形成理想的 Ni^{3+} 轨道，占位接近理想情况（$t_{2g}^6 e_g^1$）。在电催化过程中，Ni 空位的存在可以提高电导率，促进电荷转移，不饱和位点可以优化 OH 的吸附，进而提升其 OER 性能。

此外，阳离子缺陷通常在缺陷位形成"正电"空位，有助于水分子或羟基基团的吸附，促进相应羟基氢氧化物的衍变。近年来，层状双金属氢氧化物(LDHs)由于其独特的结构、组分可调等优点，被广泛用于电催化研究。由于其多组分性，因此有效控制单一金属缺陷，对比不同缺陷的催化作用显得尤为重要。近年来，Wang 课题组在 NiFe LDH 中引入少量的 Zn、Al，分别占据 NiFeLDH 中 Ni^{2+}、Fe^{3+} 的位置，再用碱性溶液对合成的 NiZnFe LDH、NiAlFe LDH 刻蚀，即可选择性产生 Ni^{2+}、Al^{3+} 金属空位［图 1.14(a)］[59]。结果表明，相比三价 Fe 空位，二价 Ni 空位的引入，可以降低相关反应中间产物能垒［图 1.14(b)］，实现更好的 OER 催化性能。该课题组进一步利用金属氧之间的键能差

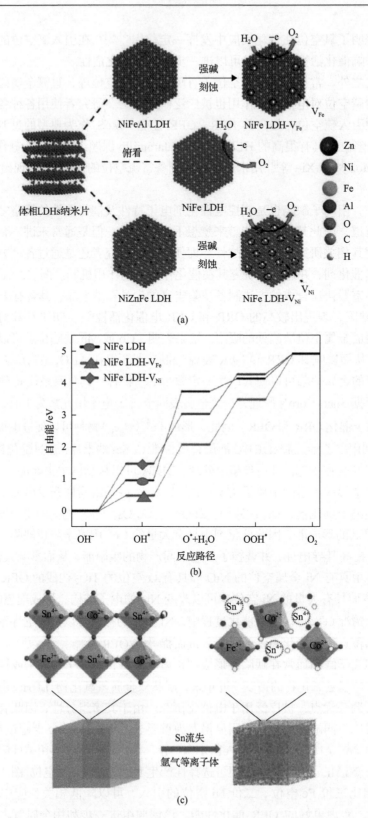

(a)

(b)

(c)

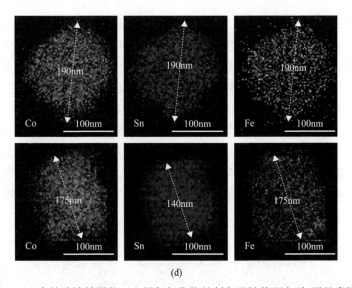

(d)

图 1.14 富缺陷镍铁层状双金属氢氧化物的制备及性能研究(扫码见彩图)

(a)选择性制备镍、铁金属空位示意图;(b)反应路径理论计算;(c)等离子选择性构筑缺陷示意图;(d)构筑缺陷前后元素分布图

异,在合成催化剂时引入结合能较低的金属,进而选择性去除,产生金属空位[60]。首先合成 SnCoFe 钙钛矿氢氧化物(即 SnCoFe)前驱体,进而使用氩气等离子体刻蚀 SnCoFe[图 1.14(c)]。如图 1.14(d)元素分布显示,等离子处理后 SnCoFe 直径明显降低,Sn 元素直径明显短于 Co、Fe 元素,这样就选择性地构筑了更多的 Sn 占位,形成缺陷位点,调控 Co、Fe 位点的电子结构,降低其配位数,从而显著提升其催化活性。当然,构筑阳离子缺陷的方法还不完全可控,还需要研究者进一步探索,精准制备不同缺陷,明确其结构,从而对比其对催化反应的作用,建立清晰的构效关系。

4)其他缺陷(位错、晶相等)

阳离子和阴离子对化合物的物理化学性质都有很大的影响,一定程度上调控其电子结构,影响其对反应中间产物的吸附,促进催化活性。除此以外,晶体结构中还存在一些其他类型的晶格缺陷,如晶格位错、扭曲等,也可能对其电子结构产生显著的影响[61,62]。因此,研究者也开展了大量的工作去探究晶格位错等缺陷对电催化性能的影响。Alshareef 课题组在碳纤维基础上成功制备了金属性 $Co_{0.85}Se$ 和 Ni 掺杂的 $Co_{0.85}Se$ 纳米管阵列[63]。Ni 掺杂引起 $Co_{0.85}Se$ 晶格产生位错,形成大量的缺陷位,晶格缺陷及应力的影响,使其 OER 显著增强。Wang 课题组也成功制备出丰富晶格位错型氮化物催化剂,其同样具有很高的 OER 活性。此外,许多研究结果表明一些非晶材料比晶体材料具有更高的催化活性,尤其在 HER 领域,如 MoS_2 相关材料[64]。

无定型催化剂通常具有较多配位不饱和的金属中心,因此普遍认为非晶态催化剂比晶体有更多的活性位点、更高的活性。这也可以被认为是一种晶体缺陷类型。近年来,关于无定型催化剂的研究也备受关注。Strasser 课题组[65]使用原位技术测试结晶 Co_3O_4 在 OER 过程的变化,结果表明,在 OER 过程中,其表面会形成一定厚度的无定型氧化层，并且过程可逆。当无定型 Co_3O_4 在表面形成时，催化剂的 OER 活性明显提高，说明表面的无定型层才是催化的真正活性位点。然而，如何准确地制备具有无定型缺陷的催化剂仍然是一个很大的挑战。Cui 课题组在电池领域具有很多突破的成果，近年来，其团队将电池充放电技术用于研究晶体材料无定型化对其电催化性能的影响，具有一定的指导作用[66,67]。如图 1.15 所示，过渡金属氧化物经历充放电过程，破坏其晶体结构，会产生晶格缺陷，形成大量的晶界，使其逐渐无定型化[68]。此过程创造了众多晶界，可以作为额外的活性位点，形成新的催化中心，提高其性能。但是如果进一步增加循环次数，可能破坏其完整的结构，不利于物质传输。性能测试表明，只要进行两次充放电循环，就可以显著提升多种氧化物的 OER 性能，具有一定的普适性，对设计开发新的富缺陷的 OER 催化剂具有一定的指导作用。

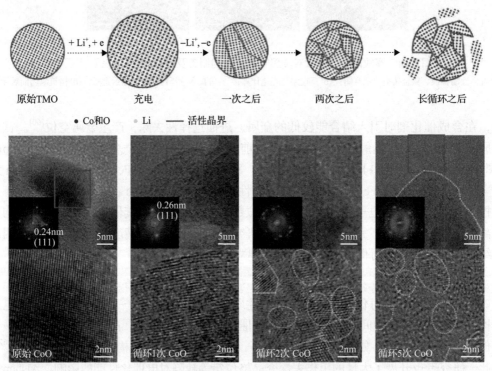

图 1.15　过渡金属氧化物在充放电过程中结构变化

5) 缺陷位点的修饰

单质材料及过渡金属化合物材料中引入缺陷，能够有效调控其电子结构，提高其反应位点的活性，优化相关反应中间物种的吸附能，提升催化活性。缺陷位点往往具有配位不饱和位点，形成悬挂键，因此缺陷位点往往较为活泼。除引入缺陷位点直接作为催化位点，提高其活性之外，可以进一步利用缺陷位点活泼性高的特点，在缺陷位点引入新的原子或基团，从而使其具有特定的功能。

Wang 课题组[69]近日报道了使用 P 原子修饰 Co_3O_4 中氧空位的相关工作，赋予其 HER 性能(图 1.16)。Co_3O_4 被广泛用于 OER 研究，但其 HER 性能较差，而过渡金属磷化物通常具有很好的 HER 性能。在等离子构筑表面氧缺陷的过程中引入高活性 P 物种，将产生的氧空位原位 P 填充，在催化剂表面形成丰富的 Co-P，赋予其新的 HER 活性。另外，P 的填充还能够引起其电子结构发生改变，优化 Co^{2+}、Co^{3+} 比例，同时也提高了其 OER 活性。基于缺陷位点进一步修饰的理念，所设计的催化剂表现出极其优异的双功能性质。另外，Yao 课题组[70,71]也用这种设计理念制备了多种高活性催化剂，其课题组主要关注缺陷碳锚定金属原子相关领域。利用缺陷碳锚定单原子金属 Ni，相比于缺陷碳，其 HER、OER 性能都得到非常明显的提高，这为设计负载型催化剂提供一定的指导作用[70]。基于此该课题组进一步开发了多种缺陷锚定的电催化剂，如缺陷碳锚定的 Co-Pt 双原子催化剂等，都表现出极其优异的性能[71]。

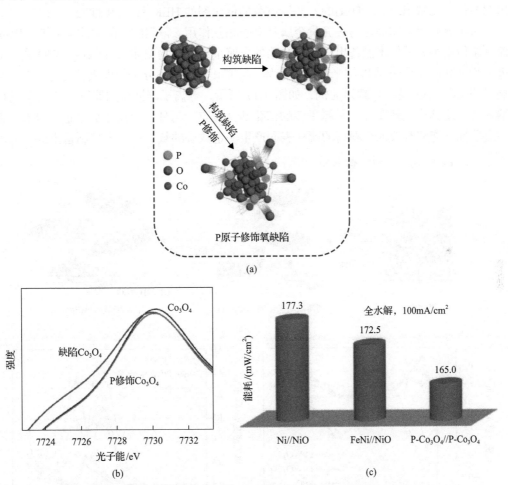

图 1.16 P 原子修饰 Co_3O_4 表面氧缺陷位的示意图及其性能研究

(a)P 原子修饰 Co_3O_4 中氧空位的示意图；(b)催化剂的同步辐射 XAS 表征图；(c)全水解性能对比图

通过在载体上构筑缺陷来锚定修饰催化剂材料，在电催化中也发挥极其重要的作用。调控相关载体的电子结构，能够有效促进载体-催化剂之间的相互作用，提升其催化活性或稳定性。在载体中引入缺陷同样能够有效调控其电子结构，所以研究载体中缺陷对催化的作用显得同样重要。碳材料，尤其石墨烯基碳材料，因其具有导电性好、比表面积大、质量轻等优点，被广泛用作负载型催化剂的载体。近年来，众多计算结果表明，石墨烯结构中缺陷能够有效固定贵金属纳米粒子，优化相关反应过程的中间体，提升其氧还原、二氧化碳还原、甲醇氧化等相关催化活性。缺陷载体能够与催化剂组分形成电子相互作用，一方面可以稳定催化剂，另外可以调节其电子结构，优化性能。Yao 课题组用富缺陷的石墨烯作为 HER、OER 催化剂 NiFe 层状双金属氢氧化物（NiFe LDH）的载体，剥离制备的超薄纳米片与富缺陷的石墨烯纳米片自组装形成复合材料[72]。其理论结果表明，不同缺陷位点对其电荷分布影响有差别，缺陷石墨烯载体与催化剂 NiFe LDH 之间具有电子相互作用。电化学测试结果也表明，具有缺陷的石墨烯载体的复合催化剂表现出明显优于无缺陷或者少缺陷的石墨烯负载的催化剂的 HER 和 OER 性能。

过渡金属氧化物通常与表面贵金属具有强相互作用，得到广泛的关注与研究。Wang 课题组使用等离子技术制备出系列富缺陷的过渡金属氧化物载体，如 CeO_2、WO_3 等，并进一步将其用作贵金属 Pt 纳米粒子的载体，研究其对甲醇小分子的电氧化催化性能的影响[73,74]。以 WO_3 纳米片载体为例，如图 1.17 所示，等离子刻蚀作用能够有效剥离 WO_3 纳米片，使其形成超薄片，暴露更多的催化活性位点。另外，等离子放电过程具有一定的还原性，能够有效地在剥离的薄片表面产生一定数量的氧空位。再将制备出的富缺陷

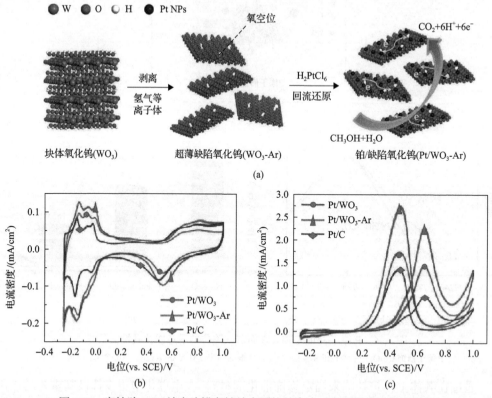

图 1.17　富缺陷 WO_3 纳米片锚定铂纳米颗粒的合成示意图及催化性能研究

(a) 富缺陷 WO_3 超薄纳米片和 Pt/WO_3-Ar 的合成示意图；(b) 在通氮气饱和的 0.5mol/L H_2SO_4 中扫速为 50mV/s 的循环伏安曲线；(c) 在通氮气饱和的 1mol/L CH_3OH+0.5mol/L H_2SO_4 中扫速为 50mV/s 的循环伏安曲线；SCE 为饱和甘汞电极

的 WO₃ 超薄纳米片用来负载 Pt 纳米粒子，可以发现氧空位的存在为 Pt 的负载提供了更多的位点，因此其制备出的催化剂，Pt 金属颗粒分散性更均匀。另外，氧空位的存在有效地调控其电子结构，与 Pt 金属颗粒之间具有一定的电荷转移，形成强相互作用，从而影响其催化性能。电化学测试结果证实了氧空位的积极作用，如图 1.17 所示，富缺陷的 WO₃ 超薄纳米片负载的 Pt 纳米粒子具有明显优于本征 WO₃ 纳米片负载的 Pt 纳米粒子的甲醇氧化性能，显示出载体缺陷的积极作用。Wang 课题组同样深入研究了使用富氧缺陷 CeO₂ 负载 Pt 的催化性能，发现氧缺陷的存在，能够有效调控载体本身以及催化剂 Pt 的电子结构，界面相互作用促进电荷转移，进一步提升其甲醇氧化性能。另外，相关研究成果表明在 OER 电催化反应体系中，使用缺陷型 CeO₂ 可以调控 Co₃O₄ 催化剂的电子结构，优化反应中间体的吸附能，促进其 OER 活性[75,76]。

2. 缺陷材料在光催化领域的应用

能源和环境问题是 21 世纪最大的挑战之一，开发高效的绿色能源和环境友好的污染物消除技术已成为紧迫任务。基于半导体的光催化技术被认为是解决全球能源安全问题的最有效方法，可以有效地收集和转换太阳能生产化学燃料用于解决能源和环境问题。缺陷化半导体光催化材料已经被广泛应用于光电催化反应，如光催化 CO₂ 还原、光催化 N₂ 还原、光催化分解水、光催化废水降解、光催化有机反应。光催化是半导体光催化剂在太阳光中某些波长光子能量的驱动下，其表面和体内被激发产生分离的电子-空穴对，由于电子-空穴对具有强氧化还原性，从而将促进界面催化反应发生，其实质是将太阳光直接转化为化学能，经历光吸收、电荷转移与分离、表面催化反应三个基本步骤。传统半导体材料在光催化过程中对光的吸收范围窄、产生的电子-空穴对复合率高，难以吸附和活化反应分子，限制了光催化的效率和稳定性能。近年来，缺陷工程广泛用于调节光催化剂电子能带结构、载流子转移和构建表面活性位点，经过缺陷改性后能够提高光吸收能力，促进光致电子-空穴对的分离，增加对活性分子的吸附能力和界面反应动力学[77-83]。根据半导体光催化剂中缺陷的原子结构，光催化剂分为零维点缺陷光催化剂、一维线缺陷光催化剂、二维面缺陷光催化剂及三维体缺陷光催化剂。根据固体光催化剂中的组分数，光催化剂分为单组分光催化剂和多组分光催化剂。缺陷分布情况有三种：表面、体相和多组分界面。

缺陷在光催化材料中的作用表现在用于提高半导体光催化剂的光吸收能力、电荷分离和调节表面反应的特性。

1) 缺陷提高光催化剂的光吸收能力

光催化剂对光的吸收能力取决于半导体材料的能带结构。通常半导体材料能够吸收的光子能量等于或大于自身带隙能量。当半导体具有较宽的带隙，其仅能吸收太阳光中 5% 的紫外光。通过在半导体材料表面引入缺陷，能够降低光催化剂的带隙宽度，拓宽光吸收范围至可见光和近红外光区，提高近 10 倍的光吸收能力。在大量光子能量的驱动下，光催化剂中电子由价带激发到导带，形成导带有电子、价带有空穴的光生电子-空穴对。除了光吸收变化和特殊的局域电子结构特征外，缺陷的存在引起的其他协同效应也应引起关注。例如，富氧 TiO_2 的晶格参数发生改变，扩展高温 CO_2 稳定光还原的应用；黑二氧化钛中的界面偶极子效应，加速了电荷载流子的分离，增强了 CO_2 光还原性能；具有氧空位的氧化钼（MoO_{3-x}）、氧化钨（WO_{3-x}）、氧化铋（Bi_2O_{3-x}）和具有阳离子空位的金属硫属化合物（如 $Cu_{2-x}S$）在适宜的氧空位浓度条件下，表现出局部表面等离子体共振特征[84-88]。

2）缺陷提高光催化剂中电荷分离

光子和空穴在半导体材料中容易发生复合，仅有极小部分电荷到达材料表面，严重降低了光催化效率。光催化剂中缺陷诱导的电子态不仅扩展了电子激发过程中的光吸收，而且为光生载流子在价带或导带内的能量弛豫提供了途径，从而影响载流子动力学。当光产生的载流子在半导体中传输时，体缺陷和表面缺陷在电子和空穴的转移和分离中起着重要作用[89]。此外，多组分杂化光催化剂，如半导体-金属、半导体-半导体、半导体-碳，在这些杂化光催化体系中，电荷的产生和消耗可以同时发生在不同的组件中，电荷的转移是通过组分界面从一个组件转移到另一个组件，通过界面电荷转移实现了不同组分上电子与空穴的空间分离，有效抑制了电子与空穴的复合（图 1.18）。

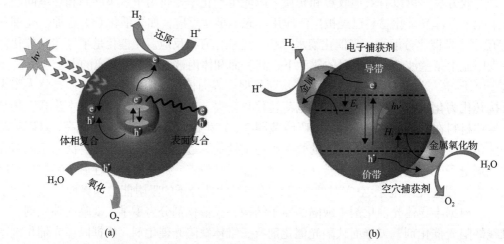

图 1.18　单组分（a）和多组分（b）光催化剂的电子-空穴对

E_t 为能量差；h' 为空穴；hv 为辐射能量；H_t 为空穴捕获剂获得的能量

在光辐射下，光生载流子的分离和传输直接影响光电极的催化能力。通过等离子体与 Nb 掺杂的双重协同作用，调节 NiO_x/Ni/黑 Si 光电阳极的氧空位浓度和种类，产生更多的氧负离子，增强光阳极中光生载流子的快速分离和传输（图 1.19）[90]。

除了调节缺陷浓度的方法，构筑梯度缺陷调控更能有效增强载流子的分离和传输。例如，利用具有梯度氧缺陷的结晶态 TiO_2 作为保护层，实现了效率和稳定性的去耦合作用，获得了高效且稳定的 Si 基光电极（图 1.20）[91]。TiO_2 结晶保护层具有高密度结构，为光电阴极提供了增强的稳定性，同时能够保护内部的梯度氧缺陷，这为载流子提供了传输通道，满足了光电阴极的高效需求。Si 基光电阴极显示了 $35.3mA/cm^2$ 的饱和光电流密度，能够在强碱电解质中 $10mA/cm^2$ 光电流密度下稳定运行超过 100h。

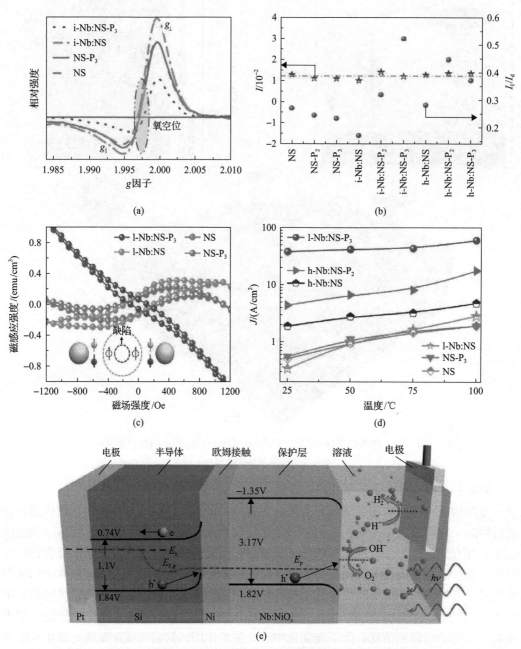

图 1.19　固态光电阳极的性质表征和能带结构(扫码见彩图)

(a)电子顺磁共振谱；(b)在光照(Il)与黑暗(Id)条件下的电子顺磁共振强度；(c)室温迟滞曲线；(d)温度-电流密度图；
(e)NiO$_x$/Ni/黑 Si 光电阳极能带结构图；NS 为 NiO$_x$/黑 Si；NS-P$_3$ 为 300W 等离子体处理 NiO$_x$/黑 Si；NS-P$_2$ 为 200W 等离子
体处理 NiO$_x$/黑 Si；l-Nb:NS 为低浓度 Nb 掺杂的 NiO$_x$/黑 Si；h-Nb:NS 为高浓度 Nb 掺杂的 NiO$_x$/黑 Si；E_n 空穴准费米能级；
$E_{F,p}$ 为电子准费米能级；E_p 为保护层费米能级；10e=79.5775A/m；emu 为电磁系电量单位，1emu=10C

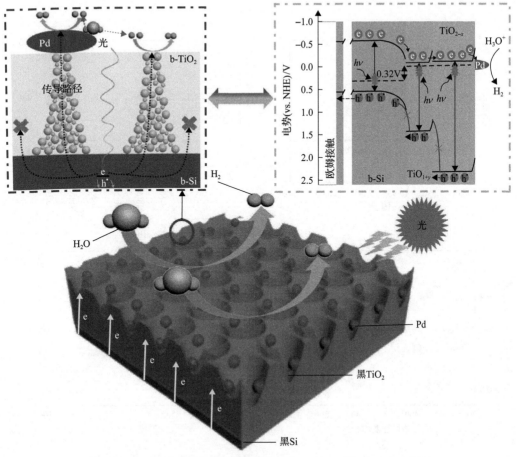

图 1.20　Pd 纳米颗粒/黑色 TiO₂/b-Si 光电阴极还原水的机理示意图

NHE 为氢电极

3) 缺陷调节光催化剂表面反应

反应物在半导体表面的吸附和活化能力较差，极大地限制了半导体的光催化活性，通过缺陷工程可以改善光催化剂的表面催化反应。材料表面缺陷处的悬键及不饱和配位原子，具有热力学不稳定性，有利于反应物分子的吸附和活化。表面缺陷常带有正电荷或负电荷，通过静电相互作用促进负电荷或正电荷反应物的吸附。有些空位缺陷和掺杂缺陷可以直接参与表面活化反应，而局限于表面缺陷的大量载流子也有利于被吸附分子的活化。目前，半导体-助催化剂、光收集-导电材料杂化催化剂体系被广泛开发，用于提高反应物的吸附和活化。除了光催化中三个主要作用，缺陷工程在提高光催化性能方面也发挥了一些其他作用，例如，在光催化过程中促进激子的离解，在形成光催化杂化材料时选择性沉积其他组分。

不同的缺陷类型对半导体光催化剂的调控角度不同，例如，体缺陷能够扩大光催化剂的光吸收范围，表面缺陷可以引入光催化反应的高活性位点。在缺陷工程调控策略中，线缺陷和面缺陷并不改变或很少改变化学计量成分，但点缺陷会改变光催化剂的化学计量比，更能够提升半导体材料的导电性，使调控手段占据主导地位。在点缺陷调控中，

空位缺陷是一种重要的调控手段,如离子化合物中的阴离子空位和阳离子空位(金属氧化物的氧空位、金属硫化物的硫空位、铋基化合物和钛基化合物的阳离子空位)、共价化合物中原子自间隙引起的空位缺陷[92]。另一种缺陷调控手段是通过掺杂异质原子来调节半导体光催化剂的组成。异质离子/原子可以替换晶格中离子/原子的位置,或者进入晶格的间隙位置。一般而言,取代原子/离子的半径基本与被取代原子/离子的半径相当,而进入间隙位置的原子/离子的半径要尽量减小。尽管缺陷工程是一项复杂而又至关重要的光催化技术,但是缺陷的精确控制仍然是一个巨大的挑战,这使缺陷工程在光催化领域的未来具有了机遇和挑战。

　　点缺陷是普遍存在于半导体催化材料中的本征缺陷。材料的催化功能是由其电子结构和表面性质决定的。材料中的空位对其能带、表面电子结构、表面吸附/解离能力、电荷迁移、反应性等化学性质起着至关重要的作用。光催化剂的空位缺陷分为阴离子空位(氧空位、硫空位、氮空位、卤素空位等)、阳离子空位(钛空位、铋空位、碳空位等),以及阴离子和阳离子的空位组合。阴离子空穴工程可以有效地调节光催化剂的电子结构和能带结构,减少原子配位数,提供更多的活性中心,对提高光催化效率起着重要作用。氧空位作为一种重要的阴离子缺陷形式,在光催化水裂解中得到了广泛的研究。大多数光催化剂都是电子型金属氧化物纳米颗粒,其导电性来源于氧空位,因此含氧空位光催化剂的报道非常多。例如,Ye 课题组利用部分还原 TiO$_2$ 纳米管阵列的氧空位,将 TiO$_2$ 纳米管阵列的光催化活性从紫外区扩展到可见光区,并提高其电导率和电荷迁移率。表面氧空位作为电荷的载流子陷阱和吸附位点,电荷转移到吸附物种抑制表面电荷的重组,而体相氧空位倾向于作为电荷的载流子陷阱发生重组(图 1.21)[93]。

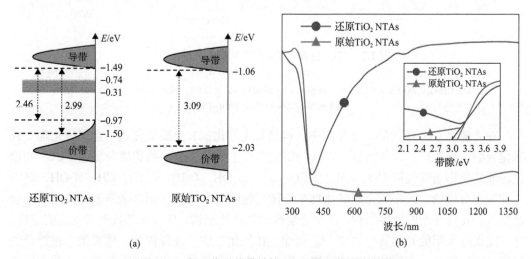

图 1.21　氧空位对能带结构(a)和光吸收(b)的影响

NTAs 为纳米管阵列

　　多组分杂化材料界面处可以实现杂原子掺杂和氧空位的共生,协同提升光催化性能。例如,通过构建 TiO$_2$ 纳米纤维/红磷核壳异质结构,表面磷涂层增强可见光的吸收,在两者界面处 TiO$_2$ 晶格中掺杂磷离子,进而在 TiO$_2$ 表面引入氧空位,促进了电子有效转移到光催化剂表面活性位点，从而协同提升光催化效率[94]。同样，在不同层数的海绵状网络 $BiVO_4$ 膜中发现，氧空位和 V^{4+} 的协同作用能够提升可见光的稳定吸收，进而提高电荷分离效率和电荷转移效率(图 1.22)[95]。

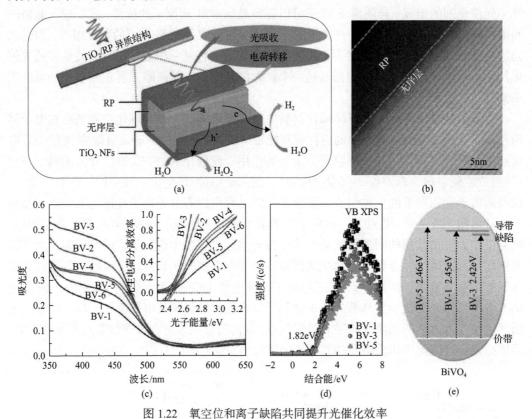

图 1.22　氧空位和离子缺陷共同提升光催化效率

(a)TiO_2/RP 复合材料的电荷转移过程；(b)TiO_2/RP 复合材料的 STEM 图像；(c)多层 $BiVO_4$ 的紫外可见吸收光谱；(d)多层 $BiVO_4$ 的高分辨 X-射线光电子能谱；(e)多层 $BiVO_4$ 的能带结构；RP 为红磷；BV 为 $BiVO_4$ 膜；
VB 为价带；XPS 为 X 射线光电子能谱

在光催化 CO_2 还原的光催化剂中，典型的光催化剂有金属氧化物、金属硫化物、铋基化合物、钙钛矿、氮化物等，涉及的缺陷类型主要是空位缺陷和掺杂缺陷。CO_2 光催化还原的产物通常包括 CO、CH_4、HCOOH、CH_3OH、C_2H_6、C_2H_4、CH_3CH_2OH，甚至一些烃类有机物。大多数金属氧化物半导体只能吸收紫外线，而掺杂剂或空位的引入会改变这些光催化剂的能带结构，甚至完全改变其晶体结构，从而使其具有可见光响应性，并可能促进太阳能光的转换效率[95]。例如，在氧化钛中实施氮掺杂、硼掺杂、铈掺杂、铋掺杂、钇掺杂，在氧化铈中掺杂锆、铜等元素，在金属硫化物中掺杂碳，这些在异质元素掺杂的过程中常伴随着氧空位的形成。除了氧空位，在氮化物中制造氮空位、金属化合物中的金属离子缺失也常被用作优化光催化剂的手段。例如，在 CeO_2 中掺杂不同摩尔分数 Zr，发现 Zr 掺杂有利于 Ce^{3+} 和氧空位的生成，可以调节 CeO_2 中氧空位的数量，提高其比表面积及对 CO_2 的表面吸附能力。瞬态光电流响应测量结果表明，Zr 掺杂后 CeO_2 电荷分离增强，从而增强 CeO_2 对 CO_2 的光还原活性(图 1.23)[96]。

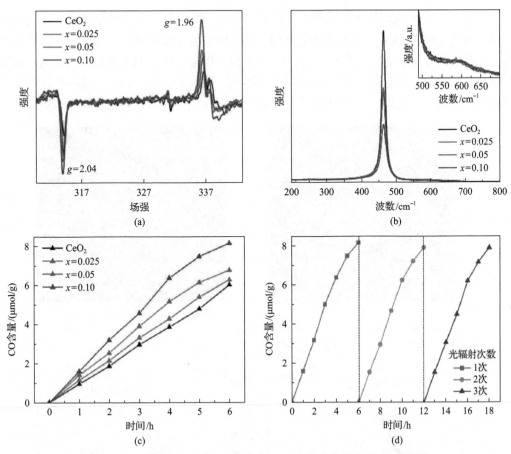

图 1.23　Zr 掺杂 CeO₂ 增强光催化 CO₂ 反应的电荷分离(扫码见彩图)

(a) CeO₂ 和 Ce$_{1-x}$Zr$_x$O₂ 的电子自旋共振图；(b) CeO₂ 和 Ce$_{1-x}$Zr$_x$O₂ 的拉曼光谱图；(c) CeO₂ 和 Ce$_{1-x}$Zr$_x$O₂ 在 CO₂
光还原反应中的 CO 产率；(d) 在模拟太阳光照射下 Ce$_{0.9}$Zr$_{0.1}$O₂ 的 CO₂ 还原反应稳定性

　　尽管催化剂产氢已有大量文献研究报道，但它们都或多或少存在一些缺点，如对可见光响应差、光照下发生光致腐蚀、光生电子-空穴对复合过快等，这些缺点都限制着其在光催化领域的应用。光催化分解水制氢的关键是寻找高效、稳定、宽光谱吸收的光催化材料，水才会被光激发的空穴和电子分别氧化还原为氧气和氢气。目前的光催化材料有金属氧化物、金属硫化物、金属氧氮化合物、氧硫化合物及它们的纳米复合材料等，如 TiO₂、Co₃O₄、CeO₂、BiVO₄、BiO$_m$X$_n$(X = Cl、Br、I)的三元化合物[97-104]。由于生成能低，在光催化剂中阴离子空位很常见，包括 O、S、N 等。这些阴离子空位可以有效地调整光催化剂的电子、能带结构和位点的活性，从而影响光催化性能。除了金属氧化物中的氧空位外，金属硫化物和金属氮化物中的阴离子空位如 S、N 空位也有报道。例如，含 S 空位的 ZnS 微球对电解水的光催化活性表明，随着 S 空位浓度的增加，ZnS 微球的光催化活性增加。含 S 空位的 ZnIn₂S₄ 单分子层，具有独特的电子性质，使载流子的寿命更长，其光催化产氢效率高于 ZnIn₂S₄ 双分子层和单分子层 S 空位引起的电子结构(图 1.24)[97]。

　　在石墨化的 C₃N₄(g-C₃N$_x$)中引入氮空位[98]，使光吸收边发生红移，而红移的大小与氮缺陷的数量有关，且含氮空位的 g-C₃N$_x$ 表现出比原始 g-C₃N₄ 更优异的光催化性能(图 1.25)。

相比具有低生成能的空位和阴离子缺陷，阳离子缺陷具有较高的生成能，因而难以控制。报道发现在 TiO_2 中引入钛空位，TiO_2 的电导率由 n 型转变为 p 型，电荷迁移率升高，室温铁磁性强于钴掺杂纳米 TiO_2。与正常 TiO_2 相比，缺陷 TiO_2 在电解水和有机物降解方面，表现出比普通 TiO_2 更高的光催化析氢性能，这是由于其在 TiO_2 内部和半导体/电解质界面上更有效的电荷转移(图 1.26)[99]。同样，锌缺陷也使 ZnO 表现出类似的现象。

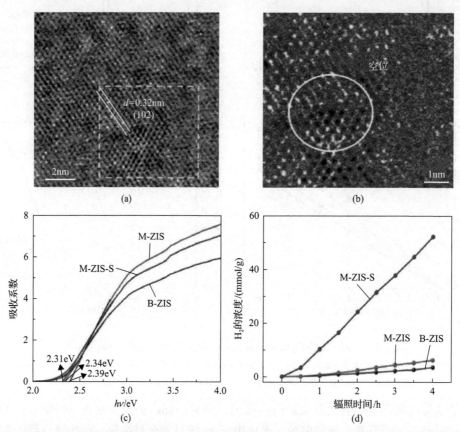

图 1.24　双层 In_2S_4(B-ZIS)、单层 $ZnIn_2S_4$(M-ZIS)和含氧空位的单层 In_2S_4(M-ZIS-S)的光催化水分解
(a)样品 M-ZIS-S 的高分辨透射电镜图；(b)样品 M-ZIS-S 的微观区域原子分布图；(c)样品的光禁带值；
(d)样品光催化析氢产率；E 为能量

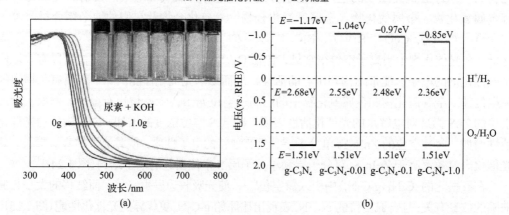

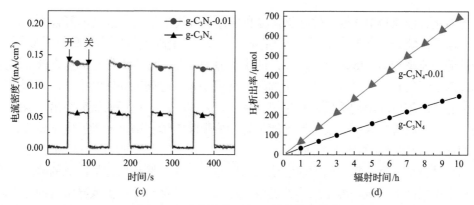

图 1.25　含氮空位 g-C$_3$N$_x$ 的光催化性能

(a)不同 KOH 浓度下制备 g-C$_3$N$_x$ 的紫外线可见漫反射光谱；(b)g-C$_3$N$_4$ 和 g-C$_3$N$_x$ 的能带结构图；(c)g-C$_3$N$_4$ 和 g-C$_3$N$_x$ 的瞬态光电流响应图；(d)g-C$_3$N$_4$ 和 g-C$_3$N$_x$ 的氢气析出率图

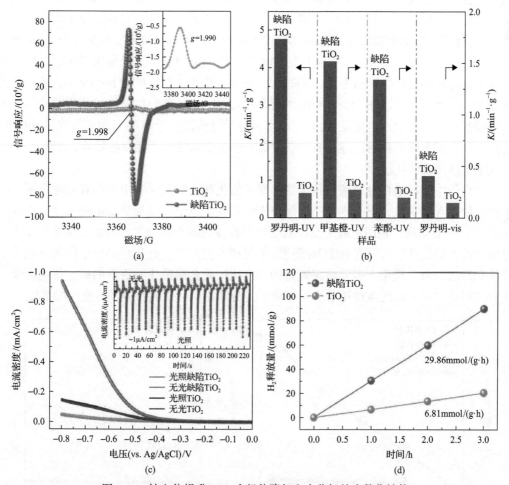

图 1.26　钛空位提升 TiO$_2$ 有机物降解和水分解的光催化性能

(a)TiO$_2$ 和缺陷 TiO$_2$ 的电子顺磁共振谱图；(b)TiO$_2$ 和缺陷 TiO$_2$ 的有机污染物光降解反应速率图；(c)TiO$_2$ 和缺陷 TiO$_2$ 的电流-电压(I-V)曲线图(插图：瞬态光电流图)；(d)TiO$_2$ 和缺陷 TiO$_2$ 的产氢效率图；g 为 g 因子，是电子自旋共振波谱中描述电子的一个重要参数，表征磁场的共振位置；UV 为紫外光；vis 为可见光光催化合成氨(NH_3)是一种有望在温和条件下替代哈伯法高温高压氨合成的可持续方案。但是传统光催化剂的 N_2 量子产量很低,太阳能化学转换效率最高仅为 0.1%,固定活性低,速率约为 $100\mu mol/(g \cdot h)$,催化动力学缓慢,催化氨气合成速率低。因此,在设计用于氨气合成的半导体光催化剂时,利用缺陷工程调节和修饰半导体光催化剂中金属中心局部配位环境的手段,越来越受到研究者的关注。最近的研究突出了缺陷工程的潜力,用于改善半导体光催化剂的能带边和能带隙能量,增强光激发电子转移,以及促进 N_2 在半导体表面的吸附和活化。

纳米过渡金属氧化物表面的氧空位在氮还原反应中依然是研究最广泛的缺陷光催化剂。氧空位周围的局域环境是典型的富电子环境,通常会产生低价或异常价的金属阳离子,其局域电子结构与体晶格不同。这些氧空位位点与 N_2 结合强烈,而它们周围的富电子阳离子通过电子转移促进吸附 N_2 的还原从而达到正常价态。对于光催化还原 N_2 得到 NH_3 的合成通常被认为是一个六电子转移反应,即 $N_2 + 6H^+ + 6e \longrightarrow 2NH_3$,第一电子从光催化剂转移到 N_2,使 $N\equiv N$ 三键不稳定被认为是最困难的固定 N_2,而表面氧空位在提升 N_2 还原速率达到实际应用方面具有重要作用。近年来,研究发现相对于 TiO_2 等三维光催化材料,氧空位对二维氧卤化铋($BiOCl$、$BiOBr$、BiO 等)光催化氮还原过程中的光激发电荷转移过程的影响更大。如图 1.27 所示,在富含氧空位的 $BiOBr$ 中,其光子能量(2.06eV)远小于原始 $BiOBr$(BOB)的能带隙(2.81eV),氧空位诱导的能带隙缺陷能级能够抑制 $BiOBr$ 纳米片电荷复合,氧空位作为电子俘获位点增强 N_2 还原[100]。除了 $BiOBr$,实际上大多数金属氧化物通过表面氧空位都能引起光激发电子寿命的延长,能够促进 N_2 的吸附、活化和转化过程。

阴离子空位缺陷在金属硫化物和氮化碳光催化剂上的光反应中也起着关键作用。金属硫化物引入硫空位,周围将会产生配位不饱和相邻原子,增加局部电子密度,并促进 N_2 吸附。一般来说,表面负离子空位浓度随着粒径的减小而增大,因此二维纳米片或一维纳米线状的光催化剂更有利于 N_2 还原。但是研究发现金属硫化物的硫空位的形成不受尺寸和形貌控制。理论上多元金属硫化物具有比一元金属硫化物更低的硫空位生成能,更容易形成空位,因此通过调节金属阳离子类型和比例可以间接调控硫空位的浓度。

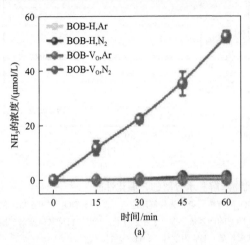

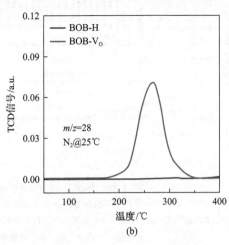

(a)　　　　　　　　　　　　　　　(b)

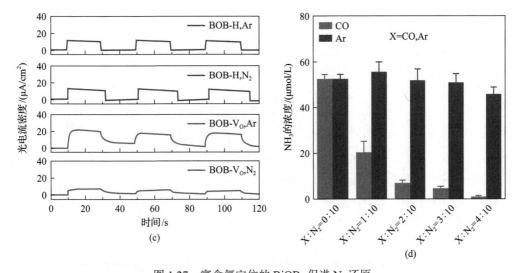

图 1.27　富含氧空位的 BiOBr 促进 N_2 还原

(a)不同条件下氧空位 BiOBr 光催化生成 NH_3 产率；(b)氧空位 BiOBr 的 N_2 脱附曲线图；(c)CO 对氧空位 BiOBr 的固氮作用产率影响；(d)氧空位 BiOBr 瞬态光电流响应；V_O 指氧空位；H 指没有氧空位

　　光催化降解技术作为一种廉价、清洁的环境修复技术，在废水、废气修复中的应用受到了广泛关注。通过光催化降解，已经从水环境中去除大量的持久性重金属离子和有机污染物（染料、药品、农药、个人护理产品、内分泌干扰物）。光催化重金属离子是利用从电子-空穴对中分离出来的导带电子，将活性高的金属离子催化还原为低氧化态和低毒性的金属离子，要求导带最小值应该高于重金属离子还原的还原电位。光催化有机污染物是利用羟基自由基（·OH）的强氧化能力，将有机化污染物氧化成二氧化碳和水。通过电子-空穴对中分离出来的价带空穴激发氧化反应，要求价带最大值应该低于水或氢氧根离子氧化生成羟基自由基的氧化还原电位（图 1.28）。大量研究发现在金属氧化物（如 TiO_2、CeO_2、ZnO、NiO、Fe_3O_4、SnO、Cu_2O、$BiVO_4$、WO_3 等）和二维材料（石墨烯、石墨化氮化碳、黑磷、氮化硼）中引入空位缺陷，都能够有效提升光催化废水降解的性能[101]。

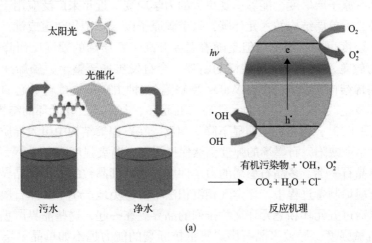

(a)

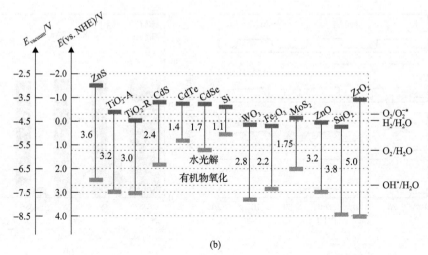

图 1.28　光催化废水降解机理图 (a) 及常用的半导体光催化剂的带隙能 (b)

　　半导体表面缺陷在光催化过程中起着至关重要的作用,并已经成功地应用于设计一系列提高催化性能的二维光催化剂。二维光催化剂中合理设计表面缺陷的研究成果分为 4 个重点:表面空位、表面功能修饰、表面杂化结构和表面结构畸变。通过引入各种表面缺陷,可以大大优化光催化过程的关键点(光激发电子-空穴对的光吸收、分离和输运,以及表面氧化还原化学反应)。

1.3.3　缺陷材料在力学领域的应用

　　固体材料的力学性能是在常温、静负荷作用下,材料表现出的抵抗变形和断裂的能力,主要评价指标有强度、塑性、硬度、韧性等。受温度、周围介质、制备方式等影响,在工程材料加工制造过程或者纳米材料合成制备过程中,不可避免地会产生缺陷,其可以改变材料的结构性能。体缺陷对工程材料的力学性能具有负面影响,缺陷周围的化学键较弱,降低了材料的强度和硬度性能,损害了器件的稳定性和寿命。

　　目前针对纳米缺陷材料的力学研究主要集中在石墨烯、氮化硼等少数二维材料。二维纳米材料具有原子层厚度,能够承受更大的力学应变,近年来广泛应用于电光器件。石墨烯是一种二维单层结构的六元环碳,每个碳原子以 sp^2 杂化轨道成键。随着石墨烯的层数增加,硬度也相应增加。但是随着温度升高,石墨烯的硬度反而降低。石墨烯的抗断裂能力较差,一旦发生碳碳键的断裂,会自发扩展至整个石墨烯片,导致脆性断裂。在石墨烯结构中引入 Stone-Wales 型缺陷(一种由碳碳键旋转引起的本征缺陷,碳原子数目不发生改变,仅发生六元碳环与五元环、七元环、九元环的结构转化)或空位缺陷区域(图 1.29),力学性能明显下降。相反,在石墨烯结构中引入异质杂原子,形成高密度的非本征缺陷,石墨烯的弹性仍然保持不变,断裂强度略有减小。

　　相比于单晶石墨烯,多晶石墨烯的力学性能通常由其晶粒的大小和晶界的原子结构所决定。在石墨烯制备过程中,化学气相沉积法不可避免地产生了多晶石墨烯。晶粒和晶粒之间可以通过五元环和七元环交替排列的晶界黏在一起,这些晶界严重削弱了多晶石墨烯膜的机械强度,导致多晶石墨烯膜抵抗断裂的能力远不如单晶单层石墨烯,其

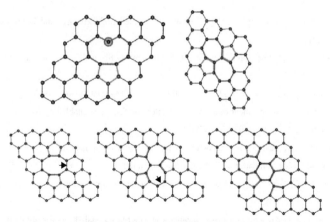

图 1.29　石墨烯中 Stone-Wales 型缺陷结构(扫码见彩图)

断裂载荷比单晶石墨烯的低一个数量级。当在多晶石墨烯膜上施加压力时，石墨烯首先会沿着晶界发生撕裂进而破坏整个晶体。

1.4　结论与展望

　　尽管多年来研究者们围绕固体缺陷化学取得了众多研究进展，初步探索了缺陷在功能材料中发挥的重要作用，并开发了一些高效的缺陷电极或催化剂材料，但其中仍有不少问题没有研究清楚。由于缺陷种类的多样性和复杂性，材料中往往存在不同浓度、分布和类型的缺陷，缺陷浓度的不同、分布的差异及不同类型缺陷间的相互作用对材料性能的影响都各不相同，而这些影响仍然需要被研究者们系统而清晰地去探索。此外，固体缺陷化学的研究还缺乏足够的理论基础，未能形成一套系统、全面、精确的理论来指导缺陷功能材料的设计与合成。这些问题都是目前在学科前沿发展过程中面临的挑战，但也说明缺陷化学的研究已经逐渐成为前沿科学研究主题中一个非常重要的分支。因此，本章节从固体缺陷化学的基础出发，介绍了缺陷化学研究的起源与发展。尤其是缺陷化学在催化领域的发展应用，已经成为当今研究的热点。研究表明在催化剂中引入不同类型的缺陷，调控催化剂的电子结构，可以影响其对反应中间体的吸脱附，进而优化催化反应活性。一方面，通过在催化剂中引入缺陷位点，调控其本征活性，促进催化反应活性；另一方面，由于缺陷位点活性较高，可以在缺陷位点引入具有特定功能的新元素，调控催化剂使其具有多功能催化作用。许多研究发现催化剂的缺陷对其催化活性有着重要的影响，同时各种各样的缺陷催化剂也被开发出来。尽管如此，缺陷与催化活性之间的关系仍有待厘清。下一章节将重点讲述固体缺陷与催化活性的内在关系，强调缺陷对催化的重要性，为今后高效催化剂的进一步开发与机理研究提供指导。

参 考 文 献

[1] Fang T T. Defects of Crystalline Materials[M]//Fang T T. Elements of Structures and Defects of Crystalline Materials. Amsterdam: Elsevier, 2018: 81.

[2] Fang T T. Point Defects in Crystalline Materials[M]//Fang T T. Elements of Structures and Defects of Crystalline Materials. Amsterdam: Elsevier, 2018: 83-127.

[3] Fang T T. Line Defects in Crystalline Solids[M]//Fang T T. Elements of Structures and Defects of Crystalline Materials[M]. Amsterdam: Elsevier, 2018: 129-167.

[4] Kroger F A. Defect chemistry in crystalline solids[J]. Annual Reviews of Material Science, 1977, 7: 449-475.

[5] Xu Y, Zhou M, Wang X, et al. Enhancement of sodium ion battery performance enabled by oxygen vacancies[J]. Angewandte Chemie International Edition, 2015, 54(30): 8768-8771.

[6] Ma D, Li Y, Mi H, et al. Robust SnO_{2-x} nanoparticle-impregnated carbon nanofibers with outstanding electrochemical performance for advanced sodium-ion batteries[J]. Angewandte Chemie International Edition, 2018, 57(29): 8901-8905.

[7] Li N, Du K, Liu G, et al. Effects of oxygen vacancies on the electrochemical performance of tin oxide[J]. Journal of Materials Chemistry A, 2013, 1(5): 1536-1539.

[8] Zou Y, Zhang W, Chen N, et al. Generating oxygen vacancies in MnO hexagonal sheets for ultralong life lithium storage with high capacity[J]. ACS Nano, 2019, 13(2): 2062-2071.

[9] Zhang H, Wang J, Liu Q, et al. Extracting oxygen anions from $ZnMn_2O_4$: Robust cathode for flexible all-solid-state Zn-ion batteries[J]. Energy Storage Materials, 2019, 21: 154-161.

[10] Zeng Y, Lai Z, Han Y, et al. Oxygen-vacancy and surface modulation of ultrathin nickel cobaltite nanosheets as a high-energy cathode for advanced Zn-ion batteries[J]. Advanced Materials, 2018, 30(33): 1802396.

[11] Zhang Y, Ma Z, Liu D, et al. p-Type SnO thin layers on n-type SnS_2 nanosheets with enriched surface defects and embedded charge transfer for lithium ion batteries[J]. Journal of Materials Chemistry A, 2017, 5(2): 512-518.

[12] Hahn B P, Long J W, Mansour A N, et al. Electrochemical Li-ion storage in defect spinel iron oxides: the critical role of cation vacancies[J]. Energy & Environmental Science, 2011, 4(4): 1495-1502.

[13] Li W, Corradini D, Body M, et al. High substitution rate in TiO_2 anatase nanoparticles with cationic vacancies for fast lithium storage[J]. Chemistry of Materials, 2015, 27(14): 5014-5019.

[14] Koo B, Xiong H, Slater M D, et al. Hollow iron oxide nanoparticles for application in lithium ion batteries[J]. Nano Letters, 2012, 12(5): 2429-2435.

[15] Xiong P, Zhang X, Zhang F, et al. Two-dimensional unilamellar cation-deficient metal oxide nanosheet superlattices for high-rate sodium ion energy storage[J]. ACS Nano, 2018, 12(12): 12337-12346.

[16] Li Y, Wang X, Gao Y, et al. Native vacancy enhanced oxygen redox reversibility and structural robustness[J]. Advanced Energy Materials, 2019, 9(4): 1803087.

[17] Zhang Y, Lu Y, Feng S, et al. On-site evolution of ultrafine ZnO nanoparticles from hollow metal-organic frameworks for advanced lithium ion battery anodes[J]. Journal of Materials Chemistry A, 2017, 5(43): 22512-22518.

[18] Zhang N, Cheng F, Liu Y, et al. Cation-deficient spinel $ZnMn_2O_4$ cathode in $Zn(CF_3SO_3)_2$ electrolyte for rechargeable aqueous Zn-ion battery[J]. Journal of the American Chemical Society, 2016, 138(39): 12894-12901.

[19] Huang S, Li Z, Wang B, et al. N-doping and defective nanographitic domain coupled hard carbon nanoshells for high performance lithium/sodium storage[J]. Advanced Functional Materials, 2018, 28(10): 1706294.

[20] Yang W, Zhou J, Wang S, et al. Freestanding film made by necklace-like N-doped hollow carbon with hierarchical pores for high-performance potassium-ion storage[J]. Energy & Environmental Science, 2019, 12: 1605.

[21] Tao L, Qiao M, Jin R, et al. Bridging the surface charge and catalytic activity of a defective carbon electrocatalyst[J]. Angewandte Chemie, 2019, 131(4): 1031-1036.

[22] Yao X, Ke Y, Ren W, et al. Defect-rich soft carbon porous nanosheets for fast and high-capacity sodium-ion storage[J]. Advanced Energy Materials, 2019, 9(6): 1803260.

[23] Xiao L, Lu H, Fang Y, et al. Low-defect and low-porosity hard carbon with high coulombic efficiency and high capacity for practical sodium ion battery anode[J]. Advanced Energy Materials, 2018, 8(20): 1703238.

[24] Lebedeva N, Koper M, Feliu J V, et al. Role of crystalline defects in electrocatalysis: Mechanism and kinetics of co adlayer oxidation on stepped platinum electrodes[J]. The Journal of Physical Chemistry B, 2002, 106(50): 12938-12947.

[25] Lebedeva N, Rodes A, Feliu J, et al. Role of crystalline defects in electrocatalysis: Co adsorption and oxidation on stepped platinum electrodes as studied by *in situ* infrared spectroscopy[J]. The Journal of Physical Chemistry B, 2002, 106(38): 9863-9872.

[26] Zhang L F, Zhong S L, Xu A W. Highly branched concave Au/Pd bimetallic nanocrystals with superior electrocatalytic activity and highly efficient SERS enhancement[J]. Angewandte Chemie International Edition, 2013, 52(2): 645-649.

[27] Tian N, Zhou Z Y, Sun S G, et al. Synthesis of tetrahexahedral platinum nanocrystals with high-index facets and high electro-oxidation activity[J]. Science, 2007, 316(5825): 732-735.

[28] Bao D, Zhang Q, Meng F L, et al. Electrochemical reduction of N_2 under ambient conditions for artificial N_2 fixation and renewable energy storage using N_2/NH_3 cycle[J]. Advanced Materials, 2017, 29(3): 1604799.

[29] Tian X, Zhao X, Su Y Q, et al. Engineering bunched Pt-Ni alloy nanocages for efficient oxygen reduction in practical fuel cells[J]. Science, 2019, 366(6467): 850-856.

[30] Li Z, Fu J Y, Feng Y, et al. A silver catalyst activated by stacking faults for the hydrogen evolution reaction[J]. Nature Catalysis, 2019, 2(12): 1107-1114.

[31] Gong K, Du F, Xia Z, et al. Nitrogen-doped carbon nanotube arrays with high electrocatalytic activity for oxygen reduction[J]. Science, 2009, 323(5915): 760-764.

[32] Shen A, Zou Y, Wang Q, et al. Oxygen reduction reaction in a droplet on graphite: Direct evidence that the edge is more active than the basal plane[J]. Angewandte Chemie International Edition, 2014, 53(40): 10804-10808.

[33] Tao L, Wang Q, Dou S, et al. Edge-rich and dopant-free graphene as a highly efficient metal-free electrocatalyst for the oxygen reduction reaction[J]. Chemical Communications, 2016, 52(13): 2764-2767.

[34] Zhu J, Huang Y, Mei W, et al. Effects of intrinsic pentagon defects on electrochemical reactivity of carbon nanomaterials[J]. Angewandte Chemie International Edition, 2019, 58(12): 3859-3864.

[35] Wu Q, Yang L, Wang X, et al. From carbon-based nanotubes to nanocages for advanced energyconversion and storage[J]. Accounts of Chemical Research, 2017, 50(2): 435-444.

[36] Jia Y, Zhang L, Du A, et al. Defect graphene as a trifunctional catalyst for electrochemical reactions[J]. Advanced Materials, 2016, 28(43): 9532-9538.

[37] Xu L, Jiang Q Q, Xiao Z H, et al. Plasma-Engraved Co_3O_4 nanosheets with oxygen vacancies and high surface area for the oxygen evolution reaction[J]. Angewandte Chemie, 2016, 55(17): 5277-5281.

[38] Zhang T, Wu M Y, Yan D Y, et al. Engineering oxygen vacancy on NiO nanorod arrays for alkaline hydrogen evolution[J]. Nano Energy, 2018, 43: 103-109.

[39] Ling T, Yan D Y, Jiao Y, et al. Engineering surface atomic structure of single-crystal cobalt(Ⅱ)oxide nanorods for superior electrocatalysis[J]. Nature Communications, 2016, 7(1): 1-8.

[40] Suntivich J, May K J, Gasteiger H A, et al. A perovskite oxide optimized for oxygen evolution catalysis from molecular orbital principles[J]. Science, 2011, 334(6061): 1383-1385.

[41] Kim J, Yin X, Tsao K C, et al. $Ca_2Mn_2O_5$ as oxygen-deficient perovskite electrocatalyst for oxygen evolution reaction[J]. Journal of the American Chemical Society, 2014, 136(42): 14646-14649.

[42] Zhu Y, Zhou W, Chen Z G, et al. $SrNb_{0.1}Co_{0.7}Fe_{0.2}O_{3-\delta}$ perovskite as a next-generation electrocatalyst for oxygen evolution in alkaline solution[J]. Angewandte Chemie International Edition, 2015, 54(13): 3897-3901.

[43] Guo Y, Tong Y, Chen P, et al. Engineering the electronic state of a perovskite electrocatalyst for synergistically enhanced oxygen evolution reaction[J]. Advanced Materials, 2015, 27(39): 5989-5994.

[44] Xu X, Su C, Zhou W, et al. Co-doping strategy for developing perovskite oxides as highly efficient electrocatalysts for oxygen evolution reaction[J]. Advanced Science, 2016, 3(2): 1500187.

[45] Chen D, Chen C, Baiyee Z M, et al. Nonstoichiometric oxides as low-cost and highly-efficient oxygen reduction/evolution catalysts for low-temperature electrochemical devices[J]. Chemical Reviews, 2015, 115(18): 9869-9921.

[46] Duan J, Chen S, Ortíz-Ledón C, et al. Phosphorus vacancies boost electrocatalytic hydrogen evolution by two orders of magnitude[J]. Angewandte Chemie International Edition, 2020, 132(21): 8258-8263.

[47] Li S, Geng Z, Wang X, et al. Optimizing the surface state of cobalt-iron bimetallic phosphide via regulating phosphorus vacancies[J]. Chemical Communications, 2020, 56(17): 2602-2605.

[48] Wang X, Zhang Y, Si H, et al. Single-atom vacancy defect to trigger high-efficiency hydrogen evolution of MoS_2[J]. Journal of the American Chemical Society, 2020, 142(9): 4298-4308.

[49] Jaramillo T F, Jørgensen K P, Bonde J, et al. Identification of active edge sites for electrochemical H_2 evolution from MoS_2 nanocatalysts[J]. Science, 2007, 317(5834): 100-102.

[50] Kibsgaard J, Chen Z, Reinecke B N, et al. Engineering the surface structure of MoS_2 to preferentially expose active edge sites for electrocatalysis[J]. Nature Materials, 2012, 11(11): 963.

[51] Xie J, Zhang H, Li S, et al. Defect-rich MoS_2 ultrathin nanosheets with additional active edge sites for enhanced electrocatalytic hydrogen evolution[J]. Advanced Materials, 2013, 25(40): 5807-5813.

[52] Cheng F, Shen J, Peng B, et al. Rapid room-temperature synthesis of nanocrystalline spinels as oxygen reduction and evolution electrocatalysts[J]. Nature Chemistry, 2011, 3(1): 79-84.

[53] Zhu Y, Zhou W, Yu J, et al. Enhancing electrocatalytic activity of perovskite oxides by tuning cation deficiency for oxygen reduction and evolution reactions[J]. Chemistry of Materials, 2016, 28(6): 1691-1697.

[54] Liu Y, Cheng H, Lyu M, et al. Low overpotential in vacancy-rich ultrathin $CoSe_2$ nanosheets for water oxidation[J]. Journal of the American Chemical Society, 2014, 136(44): 15670.

[55] Wang S, Pan L, Song J J, et al. Titanium-defected undoped anatase TiO_2 with p-type conductivity, room-temperature ferromagnetism, and remarkable photocatalytic performance[J]. Journal of the American Chemical Society, 2015, 137(8): 2975-2983.

[56] Pan L, Wang S, Mi W, et al. Undoped ZnO abundant with metal vacancies[J]. Nano Energy, 2014, 9: 71-79.

[57] Zhang R, Zhang Y C, Pan L, et al. Engineering cobalt defects in cobalt oxide for highly efficient electrocatalytic oxygen evolution[J]. ACS Catalysis, 2018, 8(5): 3803-3811.

[58] Zhao Y, Jia X, Chen G, et al. Ultrafine NiO nanosheets stabilized by TiO_2 from monolayer NiTi-LDH precursors: An active water oxidation electrocatalyst[J]. Journal of the American Chemical Society, 2016, 138(20): 6517-6524.

[59] Wang Y, Qiao M, Li Y, et al. Tuning surface electronic configuration of NiFe LDHs nanosheets by introducing cation vacancies (Fe or Ni) as highly efficient electrocatalysts for oxygen evolution reaction[J]. Small, 2018, 14(17): 1800136.

[60] Chen D, Qiao M, Lu Y R, et al. Preferential cation vacancies in perovskite hydroxide for the oxygen evolution reaction[J]. Angewandte Chemie International Edition, 2018, 57(28): 8691-8696.

[61] Behrens M, Studt F, Kasatkin I, et al. The active site of methanol synthesis over $Cu/ZnO/Al_2O_3$ industrial catalysts[J]. Science, 2012, 336(6083): 893-897.

[62] Liu Y, Hua X, Xiao C, et al. Heterogeneous spin states in ultrathin nanosheets induce subtle lattice distortion to trigger efficient hydrogen evolution[J]. Journal of the American Chemical Society, 2016, 138(15): 5087-5092.

[63] Xia C, Jiang Q, Zhao C, et al. Selenide-based electrocatalysts and scaffolds for water oxidation applications[J]. Advanced Materials, 2016, 28(1): 77-85.

[64] Morales-Guio C G, Hu X. Amorphous molybdenum sulfides as hydrogen evolution catalysts[J]. Accounts of Chemical Research, 2014, 47(8): 2671-2681.

[65] Seh Z W, Kibsgaard J, Dickens C F, et al. Combining theory and experiment in electrocatalysis: Insights into materials design[J]. Science, 2017, 355(6321): eaad4998.

[66] Liu Y, Wang H, Lin D, et al. Electrochemical tuning of olivine-type lithium transition-metal phosphates as efficient water oxidation catalysts[J]. Energy Environmental Science, 2015, 8(6): 1719-1724.

[67] Bergmann A, Martinez-Moreno E, Teschner D, et al. Reversible amorphization and the catalytically active state of crystalline Co_3O_4 during oxygen evolution[J]. Nature Communications. 2015, 6: 8625.

[68] Wang H, Lee H W, Deng Y, et al. Bifunctional non-noble metal oxide nanoparticle electrocatalysts through lithium-induced conversion for overall water splitting[J]. Nature Communications, 2015, 6: 7261.

[69] Xiao Z, Wang Y, Huang Y C, et al. Filling the oxygen vacancies in Co_3O_4 with phosphorus: An ultra-efficient electrocatalyst for overall water splitting[J]. Energy & Environmental Science, 2017, 10(12): 2563-2569.

[70] Zhang L, Jia Y, Gao G, et al. Graphene defects trap atomic Ni species for hydrogen and oxygen evolution reactions[J]. Chem, 2018, 4(2): 285-297.

[71] Zhang L, Fischer J M T A, Jia Y, et al. Coordination of atomic Co-Pt coupling species at carbon defects as active sites for oxygen reduction reaction[J]. Journal of the American Chemical Society, 2018, 140(34): 10757-10763.

[72] Jia Y, Zhang L, Gao G, et al. A heterostructure coupling of exfoliated Ni-Fe hydroxide nanosheet and defective graphene as a bifunctional electrocatalyst for overall water splitting[J]. Advanced Materials, 29(17): 1700017, 1700018.

[73] Zhang Y, Shi Y, Chen R, et al. Enriched nucleation sites for Pt deposition on ultrathin WO_3 nanosheets with unique interactions for methanol oxidation[J]. Journal of Materials Chemistry A, 2018, 6(45): 23028-23033.

[74] Tao L, Shi Y, Huang Y C, et al. Interface engineering of Pt and CeO_2 nanorods with unique interaction for methanol oxidation[J]. Nano Energy, 2018, 53: 604-612.

[75] He X, Yi X, Yin F, et al. Less active CeO_2 regulating bifunctional oxygen electrocatalytic activity of Co_3O_4@N-doped carbon for Zn-air battery[J]. Journal of Materials Chemistry A, 2019, 7(12): 6753-6765.

[76] Ying L, Chao M, Qinghua Z, et al. 2D electron gas and oxygen vacancy induced high oxygen evolution performances for advanced Co_3O_4/CeO_2 nanohybrids[J]. Advanced Materials, 2019, 31(21): 1900062.

[77] Ma J, Long R, Liu D, et al. Defect engineering in photocatalytic methane conversion[J]. Small Structures, 2022, 3: 2100147.

[78] Guo Q, Zhou C Y, Ma Z B, et al. Fundamentals of TiO_2 photocatalysis: Concepts, mechanisms, and challenges[J]. Advanced Materials, 2019, 31: 26.

[79] Buzzetti L, Crisenza G E M, Mclchiorre P. Mechanistic studies in photocatalysis[J]. Angewandte Chemie International Edition, 2019, 58: 3730-3747.

[80] Bai S, Zhang N, Gao C, et al. Defect engineering in photocatalytic materials[J]. Nano Energy, 2018, 53: 296-336.

[81] Wang D, Li X B, Han D, et al. Engineering two-dimensional electronics by semiconductor defects[J]. Nano Today, 2017, 16: 30-45.

[82] Long M, Zheng L. Engineering vacancies for solar photocatalytic applications[J]. Chinese Journal of Catalysis, 2017, 38: 617-624.

[83] Xiong J, Di J, Xia J, et al. Surface defect engineering in 2D nanomaterials for photocatalysis[J]. Advanced Functional Materials, 2018, 28: 1801983.

[84] Liu J, Wei Z, Shangguan W. Defects engineering in photocatalytic water splitting materials[J]. ChemCatChem, 2019, 11: 6177-6189.

[85] Zhu Y, Li J, Dong C L, et al. Red phosphorus decorated and doped TiO_2 nanofibers for efficient photocatalytic hydrogen evolution from pure water[J]. Applied Catalysis B: Environmental, 2019, 255: 117764.

[86] Wu J M, Chen Y, Pan L, et al. Multi-layer monoclinic $BiVO_4$ with oxygen vacancies and V^{4+} species for highly efficient visible-light photoelectrochemical applications[J]. Applied Catalysis B: Environmental, 2018, 221: 187-195.

[87] Pan R, Liu J, Zhang J. Defect engineering in 2D photocatalytic materials for CO_2 reduction[J]. ChemNanoMat, 2021, 7: 737-747.

[88] Xu T, Sun L. 5-Structural Defects in Grapheme[M]//Stehr J, Buyanova I, Chen W. Defects in Advanced Electronic Materials and Novel Low Dimensional Structures. Sawton Cambridge: Woodhead Publishing, 2018: 137-160.

[89] Banhart F, Kotakoski J, Krasheninnikov A V. Structural defects in graphene[J]. ACS Nano, 2011, 5: 26-41.

[90] Zheng J, Lyu Y, Wang R, et al. Defect-enhanced charge separation and transfer within protection layer/semiconductor structure of photoanodes[J]. Advanced Materials, 2018, 30: 1801773.

[91] Zheng J, Lyu Y, Wang R, et al. Crystalline TiO_2 protective layer with graded oxygen defects for efficient and stable silicon-based photocathode[J]. Nature Communications, 2018, 9: 3572.

[92] Zheng J Y, Bao S H, Guo Y, et al. Anatase TiO_2 films with dominant {001} facets fabricated by direct-current reactive magnetron sputtering at room temperature: Oxygen defects and enhanced visible-light photocatalytic behaviors[J]. ACS Applied Materials & Interfaces, 2014, 6: 5940-5946.

[93] Zheng J, Zhou H, Zou Y, et al. Efficiency and stability of narrow-gap semiconductor-based photoelectrodes[J]. Energy & Environmental Science, 2019, 12: 2345-2374.

[94] Zheng J, Bao S, Jin P. $TiO_2(R)/VO_2(M)/TiO_2(A)$ multilayer film as smart window: Combination of energy-saving, antifogging and self-cleaning functions[J]. Nano Energy, 2015, 11: 136-145.

[95] Ghosh U, Majumdar A, Pal A. 3D macroporous architecture of self-assembled defect-engineered ultrathin g-C_3N_4 nanosheets for tetracycline degradation under LED light irradiation[J]. Materials Research Bulletin, 2021, 133: 111074.

[96] Maarisetty D, Baral S S. Defect engineering in photocatalysis: Formation, chemistry, optoelectronics, and interface studies[J]. Journal of Materials Chemistry A, 2020, 8: 18560-18604.

[97] Zheng J, Lyu Y, Qiao M, et al. Tuning the electron localization of gold enables the control of nitrogen-to-ammonia fixation[J]. Angewandte Chemie, 2019, 58: 18604-18609.

[98] Zheng J, Lyu Y, Qiao M, et al. Photoelectrochemical synthesis of ammonia on the aerophilic-hydrophilic heterostructure with 37.8% efficiency[J]. Chem, 2019, 5: 617-633.

[99] Shi R, Zhao Y, Waterhouse G I N, et al. Defect engineering in photocatalytic nitrogen fixation[J]. ACS Catalysis, 2019, 9: 9739-9750.

[100] Kumar A, Raizada P, Hosseini-Bandegharaei A, et al. C-, N-vacancy defect engineered polymeric carbon nitride towards photocatalysis: Viewpoints and challenges[J]. Journal of Materials Chemistry A, 2021, 9: 111-153.

[101] Jeon J P, Kweon D H, Jang B J, et al. Enhancing the photocatalytic activity of TiO_2 Catalysts[J]. Advanced Sustainable Systems, 2020, 4: 709-713.

[102] Shoneye A, Chang J S, Chong M N, et al. Recent progress in photocatalytic degradation of chlorinated phenols and reduction of heavy metal ions in water by TiO_2-based catalysts[J]. International Materials Reviews, 2021.

[103] Liu H, Wang C Y, Wang G X. Photocatalytic advanced oxidation processes for water treatment: Recent advances and perspective[J]. Chemistry-An Asian Journal, 2020, 15: 3239-3253.

[104] Kumar A, Raizada P, Khan A A P, et al. Phenolic compounds degradation: Insight into the role and evidence of oxygen vacancy defects engineering on nanomaterials[J]. The Science of the Total Environment, 2021, 800: 149410.

第2章 催化中的缺陷材料及其作用机制概述

2.1 引 言

催化技术在现代工业生产中应用广泛，在各种原料和化学中间体的合成生产中起到了重要的作用。催化反应过程中，催化剂可以直接改变化学反应的反应动力学、反应速率及选择性等重要指标，因此高效催化剂的合成、调控及其改性是催化领域研究中极其重要的方向。大多数的催化反应通常发生在催化材料和反应物种之间的多相界面上（如固/气界面、固/液界面，甚至固/液/气三相界面），反应物在界面上转变为产物通常要经过向反应界面扩散、吸附、化学反应、脱附及从反应界面向外扩散等过程[1,2]。催化材料的物理化学性质特别是表界面性质是调节反应物种吸脱附过程的关键因素，对催化剂的晶体结构、表面原子排布及表界面特性进行设计与调控，研究催化剂与反应间的"构效关系"是多相催化研究的核心问题[1,2]。

近几十年，随着催化领域的发展，人们在催化材料的合成及其活性与结构之间的"构效关系"方面开展了大量的研究，并取得了很多重要的进展，主要通过调控材料表面原子排布、材料中的应力、杂原子掺杂、表面微环境等策略来促进催化反应的发生。其中，缺陷在催化材料中普遍存在，尤其是在纳米级催化材料的合成和改性过程中，更易形成缺陷结构。缺陷普遍存在于材料中，尤其在纳米级的催化材料中具有复杂、多样的特点。它的类型、浓度、分布及扩散和反应性质对材料的物理化学性质都有着直接的调节作用，从而直接影响了催化反应过程中反应物与催化活性位之间的相互作用，催化剂的活性、选择性及稳定性都与材料中缺陷的结构相关。因此，催化材料的缺陷化学影响受到越来越多人的关注，关于催化材料的缺陷调控、构筑及其与催化活性间的"构效关系"已经成为催化剂微结构制备和机理研究的重要方向[3-7]。随着材料的合成、表征及催化领域研究的快速发展，人们对催化材料中缺陷类型、表征及其发挥的作用和应用等方面的认识和理解都在不断加深。

本章围绕缺陷与催化的主题，介绍了固体缺陷与催化活性的内在关系，从催化的角度认识材料中缺陷的种类和基本特性，聚焦催化剂中缺陷的表征与可控构筑方法，总结了缺陷在催化反应中起到的几类基本作用，希望通过对缺陷与催化活性的关系的理解，能够给读者们提供一个较为清晰、完整的视角了解目前关于催化剂缺陷化学的研究进展。

2.2 催化材料的缺陷类型及表征方法

随着催化与材料领域的研究成为热点，更多新的材料及其合成、改性方法被开发出来，同时材料表征方法也不断地发展和丰富，人们对缺陷的认识也在不断加深。

2.2.1 催化材料中的缺陷类型

常见的催化材料中，由于组成、成键方式及结构的复杂性和多样性，特定的催化材料中的缺陷有更多样的表现形式，从而对材料性质的影响也各不相同。

1. 碳材料的缺陷

碳材料中，具有二维平面结构的石墨烯就是一种典型的催化材料，理想的石墨烯晶格是由碳原子通过共价的 C—C 和 C═C 键连接而成的平面六元环结构，而石墨烯晶格的独特性是它能够通过形成非六边形环来重构，因此石墨烯的结构中可以有很多种缺陷类型[8]。例如，石墨烯中的点缺陷就包括 Stone-Wales 缺陷、单空位缺陷、双空位缺陷、吸附原子缺陷等拓扑缺陷，其中 Stone-Wales 缺陷是由两个五元环和两个七元环组成，被称为 SW(55-77) 缺陷；六元环中单个碳原子的缺失形成五元环与九元环相连的结构，即单空位缺陷；双空位缺陷则根据缺陷的位置可以有几种不同的构型，包括由两个五元环和一个八元环组成的 V2(5-8-5)、三个七元环和三个五元环组成的 V2(555-777) 和四个七元环、四个五元环及一个六元环组成的 V2(5555-6-7777) 等；吸附原子缺陷因吸附原子的位置和类型不同而呈现更多的缺陷类型。线缺陷也是石墨烯中常见的缺陷，包括脱臼型的位错缺陷及石墨烯边缘的几种缺陷，如扶手型(armchair)和之字型(zigzag)等几种典型的缺陷类型；而在双层石墨烯中，还存在着一些面缺陷。此外，杂原子在碳材料中作为填隙原子、替代原子或者缺陷位点吸附原子等可以形成多种类型的掺杂缺陷。这些碳材料的缺陷都会改变周围碳原子的电荷分布，从而影响它们在催化过程中与反应物的吸附能和相互作用，从而使碳材料的催化活性被激活或改变[9]。

2. 金属材料的缺陷

除了碳材料，金属材料具有良好的结构可调性和导电性，特别是具有 d 轨道的过渡金属元素，是最常见的催化材料之一。这些过渡金属催化材料具有多种晶体结构，也存在多种缺陷结构。例如，金属晶体的表面可能存在一些原子的缺失，即空位缺陷，当其他的金属原子掺杂在金属中可以形成掺杂缺陷，根据掺杂的方式不同具体的缺陷类型也不同[10]；金属表面台阶位的原子具有与平面上原子不同的配位数，这样的表面台阶位属于缺陷结构中的线缺陷，常见于很多纳米级的金属晶体表面，常被认为是具有更高催化活性的位点[11]；一些金属材料中还会出现孪晶结构、晶界及堆垛层错等面缺陷[12,13]，位于这些缺陷结构位置的原子也常具有一些特殊的电子和吸附性质；金属中的体相缺陷则多以孔洞的形式存在，特别是在一些多孔纳米金属和二维金属纳米材料中较常见[14]。无论是在合成过程中出现的，还是在材料改性时有意引入的缺陷结构，对金属催化剂的催化性能都有着重要的影响。

3. 过渡金属化合物的缺陷

常见的无机金属化合物特别是过渡金属氧化物、硫族化合物等常被用于催化反应，并且因为其组成元素的种类和晶体结构丰富多样，其缺陷的表现形式也多变。以空位缺陷为例，可以根据化合物中所带电荷不同，将缺陷分为阴离子空位和阳离子空位，它们对材料的电子结构影响也各不相同。在金属氧化物中，阴阳离子空位分别命名为氧空位和金属空位，其中氧空位是最常见的一种缺陷类型，无论是表面还是体相中的氧空位，在催化过程中都会起到一定的作用[15-18]。金属空位也会改变相邻金属位点的电子结构甚至材料整体的电荷分布，从而对催化材料的活性产生一定影响[19,20]。此外，在多元金属氧化物中金属缺陷则有更复杂多变的表现形式，多种金属缺陷在催化材料中的协同作用则更为复杂，仍需进一步厘清。在硫族化合物中，阴离子缺陷表现为硫族元素缺陷，如硫缺陷、硒缺陷和碲缺陷等[21,22]。除了空位缺陷，掺杂缺陷也是常见的缺陷类型，无论是阳离子和阴离子都可以实现部分掺杂，从而改变材料的特性[23]。金属有机配位化合物是一类金属离子与有机配体通过配位键的方式进行连接而形成的材料，特别是近些年来被开发出的金属有机框架（metal organic frameworks, MOFs）材料在催化领域得到了广泛的研究和应用[24]。MOFs 中的缺陷类型主要以结构中配体连接桥的缺失及某些不饱和的金属配位点的形式存在，这些缺陷结构对其催化性质有着至关重要的影响[25,26]。

上述缺陷结构对材料的几何结构和电子结构有很大的影响，研究材料的缺陷并进行调控，是合成高效催化剂的重要途径。然而，由于缺陷结构复杂多变，研究缺陷与催化活性之间的"构效关系"更加困难，需要对不同材料的缺陷结构及其各自的性质进行更深入细致的研究，以了解缺陷对多相催化的影响。

2.2.2　催化材料中缺陷的表征方法

尽管几十年前一些研究人员就提出了"固体缺陷化学"的概念，并且建立了一套相关的基础理论，但当时的表征技术并不能将材料中的微观缺陷清晰地认识和识别。随着近些年材料科学的不断发展及材料表征手段的不断丰富和提升，材料中微观结构的神秘面纱逐渐被揭开，固体缺陷化学也从最初的理论预测、宏观测量发展到了微观分辨。而对于缺陷结构，人们也逐渐认识到催化剂中的缺陷对催化活性有着重要影响[27]。研究缺陷对催化剂的作用，首先就要识别缺陷结构。因此，利用有效的物理、化学表征手段对催化剂的缺陷进行清晰地认识是十分重要的。目前材料的表征手段主要可分为两类，一类是谱学方法，材料中的微观结构会改变材料对接收到的谱学信号的响应，根据测试材料吸收或发射出的谱学信号来研究材料的物理性质及化学组成的变化。另一类是显微成像技术，通过这些技术可以观察到材料的纳米级甚至原子级的微观结构，直观地认清材料的结构。

1. 谱学表征方法

随着缺陷材料的研究受到关注，很多材料物理、化学表征技术已被用于表征材料中的缺陷结构。在早期缺陷催化剂的研究中，X 射线衍射（XRD）和 X 射线光电子能谱（XPS）是最常用的催化剂的表征手段[28-53]。例如，Wu 课题组[28]利用 XRD 和 XPS 对钙钛矿氧化物型催化剂进行表征，探究了缺陷结构对其催化 NH_3 氧化的影响，发现当有其他金属元素掺杂进入氧化物中，会引起 XRD 特征峰宽化，这说明了材料的结晶尺寸减小，即代表晶体的缺陷程度增加。XRD 特征峰的偏移，代表晶格参数的变化，往往对应着晶格的膨胀或扭曲等缺陷结构。XRD 主要适用于识别结构明确、结晶性好的催化剂中的缺陷，如具有特定晶型的金属、金属氧化物等晶体结构，其中缺陷结构会引起衍射信号发生明显且有规律的变化。

　　XPS 作为一种对表面灵敏的表征方法，通过获得材料表面的化学价态和成键信息来识别催化剂的表面缺陷，例如，根据掺杂前后金属元素和氧元素的 XPS 结合能变化，判断材料中存在的缺陷类型（如氧空位、金属空位等）。由于 XPS 是通过分析表面元素的结合能来分析催化剂表面原子组成和电子结构，因此并不能准确地对表面缺陷进行定量，只能通过对比定性地判断缺陷的形成和变化。此外，拉曼（Raman）光谱也常用于分析材料表面化学键的振动频率信号来研究材料表面结构，在催化过程中的原位跟踪还可获得表面结构的动态变化。Corma 课题组[30]利用拉曼光谱证明了 CeO_2 在促进 Au 催化 CO 氧化过程中的表面缺陷位点处氧物种的形成；Herman 课题组[31]也通过声子软化的拉曼分析方法定量地测试了 CeO_2 中氧空位的浓度并证明了其在 CO 氧化过程中起到的作用；Mazali 课题组[32]通过原位拉曼光谱技术研究了 CeO_2 纳米棒表面可逆氧空位的生成。拉曼光谱除了用于 CeO_2 氧空位的研究[33]，也可用于表征石墨烯中的缺陷程度，常用拉曼光谱中 D 峰峰强度与 G 峰峰强度的比值（I_D/I_G）进行表示，比值越大说明缺陷浓度越高，石墨烯平面六元环的结构越不完整[8]。

　　缺陷的形成直接影响着材料的电子结构，很多半导体中也会出现电子缺陷，因此电子顺磁共振/电子自旋共振（EPR/ESR）谱也可用于检测材料中的缺陷，最常用于表征半导体氧化物中的氧空位缺陷。EPR 主要测试的是材料中未成对电子对外加磁场的共振响应信号，根据特定的磁场强度、频率、峰型和振幅来判断未成对电子的特性。例如，Wang 课题组[29,34]利用 EPR 对半导体氧化物进行表征，确定了半导体氧化物的缺陷结构。如图 2.1（a）所示，根据 EPR 信号可以确认 TiO_2 中存在的氧空位及 Ti^{3+} 离子，并根据信号的强弱对比可以定性得出材料中氧空位浓度的高低。除了 EPR，正电子湮没技术（PAT）对材料中缺陷引起的电子结构变化也很灵敏，根据正电子在固体中的湮没辐射而得出物质内部微观结构、电子动量分布及缺陷状态等信息。如图 2.1（b）所示，Liu 等[35]通过对比富缺陷超薄 $CoSe_2$ 纳米片与体相 $CoSe_2$ 的正电子寿命，确认了超薄纳米片中丰富的 Co 缺陷。近些年，随着同步辐射光源技术的发展，X 射线吸收光谱（XAS）被更多地用于材料的深入表征。通过分析 XAS 数据，不仅可以得到元素的价态信息，还可以根据 X 射线吸收精细结构（XAFS）进一步地分析原子的配位环境、原子间距及成键类型等信息，得到较清晰的材料结构信息。因此，在催化材料的研究中，XAFS 也越来越多地被使用。例如，Zhang 课题组[36]通过测试 NiO/TiO_2 纳米片的 XAFS 数据来分析 Ni 和 Ti 原子周围的配位环境，发现了材料中 NiO 存在 Ni 空位缺陷而 TiO_2 中存在 O 空位缺陷，如图 2.1（c）所示；Wang 课题组[37]通过 XAFS 分析了富缺陷的 CoFe LDH 中金属原子的配位环境，发现 Co—O 和 Fe—O 键的信号都有相应减弱，证明了材料中丰富的氧空位缺陷[图 2.1（d）]。谱学类的表征手段虽然对材料的化学组成、电子结构及光学响应等性质有着较高的灵敏度，但主要依靠收集统计意义的信号来分析材料的性质，因此，在表征缺陷的分布、浓度及局部的微观缺陷结构上存在不足。

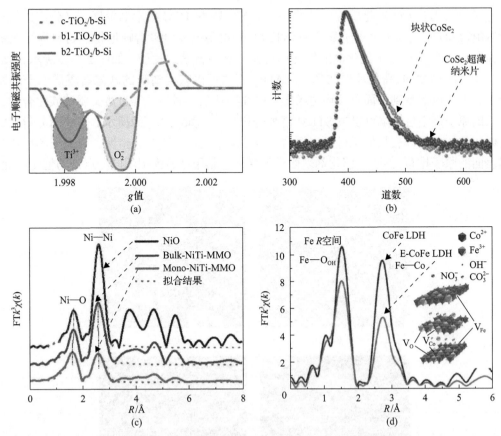

图 2.1　缺陷的谱学表征示例谱图(扫码见彩图)

(a)不同缺陷程度的 TiO_2/b-Si 的 EPR 谱图[29]；(b)体相 $CoSe_2$ 和 $CoSe_2$ 超薄纳米片的正电子寿命谱图[35]；(c)Mono-NiTi-MMO 及对照样品的 XANES Ni K-边的 R 空间谱图[30]；(d)CoFe LDH 的 XANES Fe k-边的 R 空间谱图[37]；b-Si 为黑硅(black-Si)；b1 和 b2 表示对 TiO_2 处理的时间不同所获得氧空位结构不同的两个样品的指代；Bulk-NiTi-MMO 为由块状(非二维)的 NiTi LDH 转化而得到的 NiTi 混合金属氧化物(mix metal oxide，MMO)；Mono-NiTi-MMO 为由单层(monolayer)NiTi LDH 转化而得到的单层 NiTi 混合金属氧化物；E-CoFe LDH 指 EG(乙二醇)处理后所得的缺陷 LDH 材料；$FTk^3 \chi(k)$ 表示通过对 X 射线吸收谱近边吸收精细结构谱(XANES)数据进行傅里叶变换(FT)后所得的 R 空间数据，可表示转换后的信号强度

2. 显微成像技术

相比谱学类的表征手段，显微成像技术可以更清晰、直观地观察材料中的微观缺陷结构。随着电子显微技术的发展，几类重要的电子显微镜都在材料的微观结构表征上发挥着重要的作用，包括扫描电子显微镜(SEM)、透射电子显微镜(TEM)、原子力显微镜(AFM)和扫描隧道显微镜(STM)。最近，STM 和 TEM 因具有更高的分辨率而常被用于研究催化剂的原子级缺陷结构[38,39]。如图 2.2(a)所示，Esch 等[40]利用高分辨 STM 结合理论计算揭示了 CeO_2(111)晶面的表面和亚表面的氧空位的局域结构，并发现氧空位形成时剩余的电子会转移到周围的 Ce 原子上，从而明确了缺陷的形成机制及其引起的局域电子结构改变。如图 2.2(b)所示，Hou 课题组[41]通过 STM 研究了 80K 温度下 CO 在 TiO_2(110)晶面上的吸附位点，发现了 CO 吸附过程与前人研究所提出的机理不一致，

促进了对其催化 CO 氧化反应机理的深入理解。随着 TEM 技术的发展，高分辨透射电镜（HRTEM）和扫描透射电子显微镜（STEM）等设备已经可以清晰地得到材料原子级的图像[42]，近年来单原子催化剂的发展也得益于这一技术的发展。如图 2.2（c）所示，Yao等利用 HRTEM 的高角环形暗场（HAADF）模式可以获得清晰的缺陷石墨烯原子级图像，其中可以观察到平面六元环边缘出现的几类缺陷；对于二维过渡金属硫族化合物，表面的原子级空位缺陷可以被 STEM 清晰分辨[43-45]，如图 2.2（d）所示。这些高分辨度的显微成像技术可以表征催化材料表面的局域缺陷结构和缺陷分布情况，有助于解析催化剂表面的原子排布，便于对催化剂表面进行建模并利用计算模拟不同位点处的催化活性。

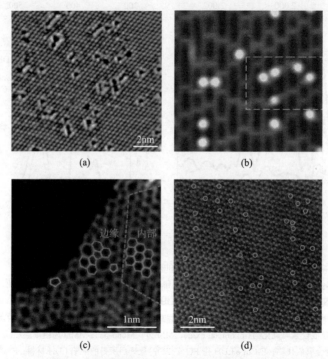

图 2.2　缺陷的显微成像示例图（扫码见彩图）

(a) 含有缺陷的 CeO_2 的 STM 图像[40]；(b) CO 吸附在 TiO_2(111) 上的 STM 图像[41]；(c) 缺陷石墨烯的 STEM 图像[45]；(d) 含有硫空位的 WS_2 的 STEM 图像[44]

随着研究不断深入，缺陷的表征手段越来越丰富，逐渐出现了谱学与成像结合的方法，进一步地解析材料中的微观缺陷结构。例如，利用针尖增强拉曼光谱（TERS）结合形貌成像构建材料缺陷的分布图[46,47]；利用扫描电镜与光致发光光谱结合研究材料缺陷对其光电性质的影响[48]；利用将 HRTEM 与晶格参数统计结合起来的几何相分析（GPA）得到材料组成、晶型及缺陷在 TEM 中的分布成像[49]。同时，这些表征技术已开始被用于原位表征缺陷在催化过程中的结构演变及活性中心的真实结构[50,51]，一些常用于表面测试的谱学技术，如和频光谱（SFG）[52]、表面作用光谱（SAS）[53]等也将会逐渐被用于缺陷催化剂的研究中。尽管现在缺陷的表征技术在不断地发展和提升，人们对缺陷的认识也在不断加深，但由于缺陷的种类繁多、结构复杂多变，仍需要有更精准、先进的表征技术促进深入理解缺陷与催化活性的关系。

2.3　固体缺陷与催化活性的内在关系

催化领域发展到如今已有 100 多年的历史，从最初对催化活性中心的发现，到后来的 Sabatier 原理、火山形曲线、活化反应速率理论和 d 能带中心理论等理论的提出及各种实践的发展，人们对催化过程的认识也逐步加深。催化反应一般发生在催化剂与反应物的表界面处，其中最重要的过程是涉及反应的物种在活性位点的吸/脱附，根据萨巴蒂尔（Sabatier）原理，反应物种在催化位点的吸附能既不能太强也不能太弱，而催化位点的微观结构（包括几何结构和电子结构等）是影响反应吸附能的主要因素。催化剂的缺陷结构因其往往处于高能量位，相比其他位点更活泼，活化某些分子发生反应的活性更高。早在几十年前，就已经有一些研究发现催化剂中的缺陷对其催化活性有着重要的影响，少量的缺陷就能大幅度提高催化剂的催化活性。Gai-Boyes 认为氧化物催化剂中的缺陷对催化起到了重要作用，但由于体系复杂还未能深入理解其中的机制[54]；1993 年，Maier[55,56]在总结固体缺陷化学时提出，在异相催化中催化剂的缺陷及其体相传输与催化反应高度相关，因此催化剂的缺陷化学对异相催化有着重要影响。同样，之后的一些研究表明缺陷在催化剂中的体相扩散和转移，是影响催化反应活性和选择性的重要因素[57-59]。

目前，随着能源转换技术和纳米技术进一步的发展，纳米材料催化剂的研究在催化领域已成为前沿热点，而缺陷催化剂在包括电催化、光催化、热催化等各个方向的研究和应用也越来越多。同时，人们发现缺陷在催化剂中起到的作用并不是单一地作为活化分子的位点，而是多方面的，并且随着研究的深入，人们已经可以通过设计催化剂的缺陷结构实现对缺陷作用的丰富和拓展，以合成具有更高活性、更多功能的催化剂。根据多年围绕缺陷-催化这一主题的研究成果及综述论文，本节初步总结了缺陷影响催化反应活性的作用机制及其动态演变过程[60-100]。

2.3.1　缺陷材料催化的反应机制

1. 缺陷直接作为反应活性位

在早期的研究中，人们发现催化剂的活性与缺陷密度密切相关。从固体缺陷化学的角度看，缺陷可以使催化剂中形成更多的不饱和配位原子，有利于反应分子的吸附。因此，许多研究提出缺陷位点可以直接作为吸附位点来提高催化活性。氧空位作为过渡金属氧化物中最常见的缺陷类型，在多相催化中起着非常重要的作用[10,16,60,61]。特别是在 CeO_2 中，氧空位缺陷容易形成和去除，因此 CeO_2 中的氧空位对 O_2 的吸附和扩散有很大的促进作用。如图 2.3（a）所示，杂原子掺杂 CeO_2 中的氧空位可以吸附并激活 O_2 分子，促进 CO 氧化反应[62]。氧空位也可以作为其他小分子如 CO_2 的吸附位点，促进 CO_2 的偶联或氢化[14,45]。例如，Liu 等[63]发现在 CO_2 和甲醇合成碳酸二甲酯（DMC）的过程中，Zr 掺杂到 CeO_2 纳米棒中产生的氧空位可作为 CO_2 的吸附位，相邻的 Ce 原子位可以同时吸附甲醇。如图 2.3（b）所示，随着表面氧空位浓度的增加，CO_2 吸附量和 DMC 产率都增加，由此证实了 Zr 掺杂 CeO_2 中产生的氧空位能直接促进反应分子的吸附和催化活性。

除 CeO_2 外，TiO_2 中的氧空位对小分子吸附也起着重要作用。Hirai 课题组发现 TiO_2 产生氧空位之后，缺陷位原本桥连的 Ti^{4+} 会变成 Ti^{3+} 并作为吸附 N_2 分子的位点[图 2.3(c)]，从而激活 TiO_2 光催化 N_2 还原反应(NRR)的活性，比较 N_2 吸附前后富氧空位 TiO_2 的 EPR 谱图[图 2.3(d)]，发现 N_2 吸附处理后对应于氧空位($g=2.004$)的信号消失[64]。结合漫反射红外傅里叶变换(DRIFT)等表征，证实了 N_2 确实吸附在氧空位上；同时也证实了 TiO_2 用于光催化 N_2 还原的活性随着表面氧空位和 Ti^{3+} 物种的增加而提高。对于 MOFs 基催化剂，不饱和配位的金属位点或缺失连接桥等缺陷结构对其催化活性至关重要[26]。这些缺陷的位置可作为路易斯(Lewis)酸位进行催化反应，具有与沸石催化剂相似的催化性能。最近的一些研究也报道了通过调整 MOFs 中的配体缺陷来改善 MOFs 的催化性能的策略[65-68]。

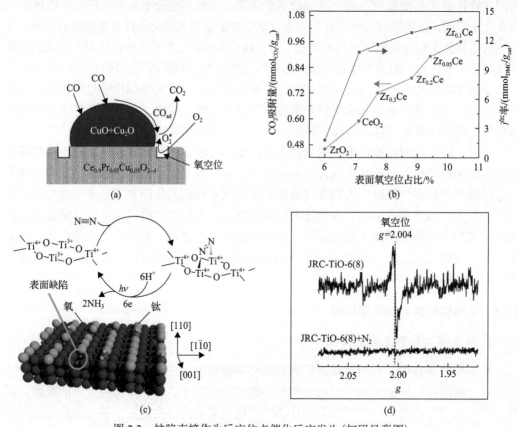

图 2.3　缺陷直接作为反应位点催化反应发生(扫码见彩图)

(a)氧空位在催化 CO 氧化中的作用示意图[62]；(b)催化剂活性、CO_2 吸附量与表面氧空位浓度的关系[63]；(c)富氧缺陷 TiO_2 光催化 N_2 还原示意图；(d) N_2 吸附前后富氧空位 TiO_2 的 EPR 谱图[64]

　　此外，金属基催化剂的晶界、台阶等表面缺陷也是活性分子吸附的活性中心。Wu 等[69]利用空间分辨率为 25nm 的同步辐射红外纳米光谱技术绘制了金属颗粒不同区域催化活性的图像。结果表明，低配位金属颗粒的边缘比金属颗粒的顶部平坦区域具有更高的催化活性。因此，许多研究工作证明，缺陷位可以作为活性分子的直接吸附位，更有利于吸附过程。尽管缺陷处的催化活性相对无缺陷位点处的要高很多，但并不是缺陷越多越好，缺陷过多会破坏催化剂的结构从而影响稳定性。另外，即使是利用可控的手段构筑催化剂中的缺陷结构，缺陷的分布也是无序的，这种无序是缺陷位点具有高能量有利于反应分子活化的根源。如果催化剂中的缺陷是有序结构，能量均匀分布，缺陷位点在催化中的优势将会受到较大的削弱。

2. 改变表面电子结构，优化反应吸附能

正如前面提到，早期的研究往往将缺陷与分子的活化关联起来，认为缺陷位点就是活化分子的直接作用位点。但随着材料与催化科学的发展，人们渐渐认识到，并不是所有缺陷都直接作为活性位点，也不是所有缺陷都能提升催化剂的活性。在大多数催化剂中，缺陷都会改变催化剂的电子结构，而电子结构的改变会直接影响到反应物种与活性位点的吸附能，从而影响催化反应的动力学及选择性。近年来随着理论计算化学的发展，人们对于微观结构与吸附能的关系认识更加深刻，尤其在电催化剂的设计中缺陷对电子结构的影响受到了极大的关注。也正是因为缺陷对催化剂表面吸附能的改变，才能使缺陷作为活性位点，但在某些催化剂中，缺陷并不直接吸附反应分子，而是通过调节催化位点的电子结构来促进反应发生的。以碳基电催化剂的发展为例，最初研究人员发现杂原子掺杂的碳材料比无掺杂的有更优异的 ORR 性能，性能提升的原因是杂原子与周围碳原子电负性的差异引起的碳原子上电荷分布的改变，这样的电荷重排会导致碳原子与 O_2 分子及反应中间体的吸附能发生变化，从而改变了反应动力学。此外，催化剂除掺杂外的本征缺陷的作用并未被认识，Wang 课题组[70]利用电化学微操作平台证明了高定向热解石墨（HOPG）边缘碳的 ORR 催化活性高于基面的活性，结合理论计算可以发现边缘碳有更多的电荷富集[图 2.4(a)]，优化了 ORR 过程中对反应中间体的吸附能，从而加速了反应动力学。之后又结合扫描离子电导显微镜（SICM）和开尔文探针显微镜（KPFM）对富缺陷的 HOPG 进行表征，验证了缺陷处的电荷富集现象[71]。如图 2.4(c)中的电催化性能-表面电荷量的火山形曲线，通过实验结合相应理论计算的结果，发现了碳基催化剂的 OER、HER、ORR 催化反应活性对缺陷的依赖性，随着缺陷增加提高了表面电荷的富集，催化活性会逐渐提升，但当缺陷太多导致表面电荷量过高时，催化活性也随之下降。因此我们可以发现，缺陷改变电子结构对催化剂活性的改变起着决定性的作用，很多缺陷催化剂的研究中也发现了这样的依赖性。除了碳材料，过渡金属催化剂表面的缺陷也会改变缺陷附近原子的配位环境，影响着金属的 d 带中心电子密度，而这是决定金属与反应分子间吸附作用强弱的描述符，直接改变了催化剂的活性[72]。目前已经有很多富含缺陷的金属催化剂被合成并用于各种催化反应，如 ORR[6,73]、HER[13]、NRR[4,74,75]、CO_2 还原[76]、醇氧化[7,77]等，在这些反应中通过调控催化剂缺陷的浓度、分布、种类可以优化催化剂的活性。

类似地，缺陷调控金属过渡氧化物的能带结构对于提高催化剂的活性也起着重要作用。但并不是缺陷越多，催化性能越好。基于分子轨道理论和能带结构理论，图 2.4(d)和(e)中的示意模型简要阐明了过渡金属氧化物的能带结构与氧中间体吸附能之间的强相关性[78]。如图 2.4(d)所示，氧中间体在不同金属位上的吸附强度不同，有的太强，有的太弱。根据图 2.4(e)中的能带结构图，氧物种的吸附能取决于金属 d 能带相对于费米能级的位置。同时，氧缺陷通过在金属氧化物的能带结构中引入带隙态，提高了氧在金属表面的吸附能。因此，引入氧缺陷可以提高具有弱氧吸附能的金属氧化物的 OER 催化活性，反之，氧缺陷会降低具有强氧吸附能的金属氧化物的 OER 催化活性。如图 2.4 所示，Zn 空位缺陷可以改善 $ZnIn_2S_4$ 纳米片的电荷密度，促进光吸收的同时也调控了对 CO_2 的吸附能，从而增强了将 CO_2 还原成 CO 的催化活性[90]。除无机金属基催化剂外，MOFs 的缺陷工程如配体掺杂及生成不饱和配位金属中心等，可广泛用于调节多相催化活性（包括热催化、光催化和电催化）。例如，Wang 课题组利用配体掺杂来调整 ZIF-8 中金属中心的电子结构以提高电催化 CO_2 还原活性[79]。

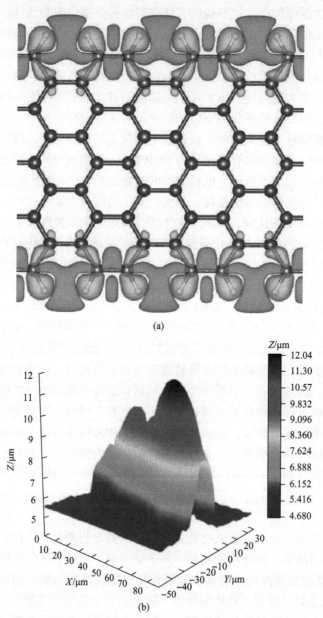

(a)

(b)

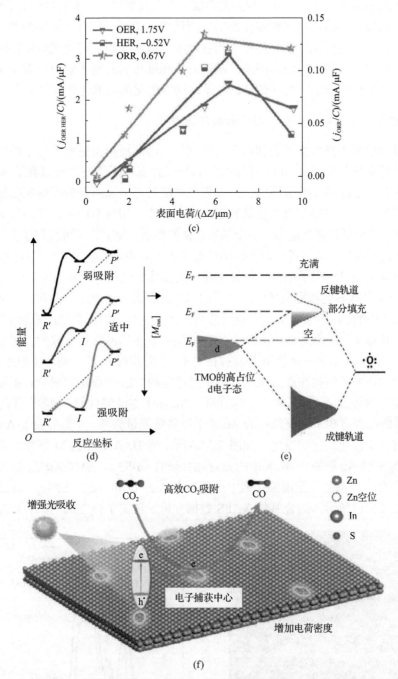

图 2.4　缺陷改变表面电子结构，优化反应吸附能(扫码见彩图)

(a)HOPG 的结构模型和边缘碳位的电荷积累；(b)SICM 测量富缺陷 HOPG 的三维形貌图；(c)表面电荷量与 OER、HER 和 ORR 电催化性能的火山关系图[71]；(d)催化剂反应性与中间体吸附强度关系示意图；(e)氧中间体与金属 d 带键合作用的机理图[78]；(f)Zn 空位对提高 $ZnIn_2S_4$ 纳米片对 CO_2 的光吸附和电荷密度的影响示意图[90]；Z 为扫描离子电导显微镜中与表面电荷相关的探针移动的高度值，用来表征材料的表面电荷强度分布；ΔZ 为测试电极的移动高度；j/C 为将反应的电流密度(j)对双电层电容(C)进行归一化所得到的值

　　从固体缺陷化学的观点来看，缺陷的形成通常会改变周围原子的局部电子结构分布。因此，大多数缺陷都能提高多相催化剂的表面活性。然而，只有当缺陷浓度合适时，催化剂才能具有最佳的催化活性。此外，当各种电子效应作用于催化剂时，很难区分缺陷对催化剂表面电子结构的影响。因此，缺陷对多相催化剂的电子效应还需要系统深入研究，其中寻找最佳的缺陷结构和最佳的电子结构对催化剂的催化性能至关重要。

　　3. 缺陷位点吸附异质原子，形成新的活性中心

　　由于缺陷位处于高能量状态和具有高反应性，因此缺陷位更容易与某些原子或基团键合从而降低系统能量。Pacchioni 课题组[80]曾通过计算吸附能的方式研究了 SiO_2 的几种缺陷结构对部分金属离子的吸附能，结果发现缺陷处对金属离子的吸附能明显高于无缺陷处，这可能是因为缺陷位点往往具有更高的表面能，相对不稳定，容易与某些原子或基团重新结合以降低体系的能量。由于具备这样的性质，缺陷除了可以与反应分子结合从而活化分子促进催化反应，还可以在缺陷位点引入不同的异质原子，形成新的活性中心，同时也结合缺陷独特的电子结构，使异质原子的催化活性得到改善。Szanyi 课题组[81]将 Pt 原子锚定在具有不饱和配位结构的 Al^{3+} 的 Al_2O_3 表面，并通过一系列的表征证明这种缺陷锚定的 Pt 就是异相催化反应中的活性相，之后也有人利用类似的机制锚定 PtSn 金属簇用于异相催化[82]。最近，利用氧化物的缺陷锚定金属催化剂也成为合成单原子催化剂的一种常用方法，Datye 课题组[83]通过在 CeO_2 表面捕获 Pt 原子制备了单原子催化剂，证明了捕获的单原子结构在高温烧结过程中是稳定的。Li 课题组[84]将 Au 单原子吸附在 TiO_2 的氧空位处得到 Au/TiO_2 单原子催化剂，Au 原子在缺陷处与 Ti 原子形成 Ti—Au—Ti 键，这样的结构有利于稳定孤立的 Au 原子以降低能量势垒，从而增强了 Au 的竞争吸附能力，有利于催化反应的发生。如图 2.5(a)所示的 HAADF-STEM 图像，观察到分散在缺陷 TiO_2 上的 Au 单原子(圆圈中的光点)的结构(Au-SA)。根据 Au L_3-边 XAFS 数据的傅里叶变换(FT)图谱，发现催化剂中主要存在 Au—O 和 Au—Ti 两种 Au 原子的配位环境，如图 2.5(b)所示。结合其他 XAFS 数据分析，证实了孤立的 Au 原子锚定在 TiO_2

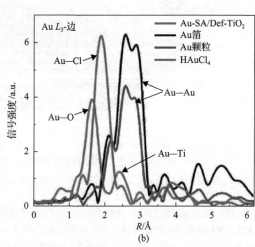

(a)　　　　　　　　　　　　　　(b)

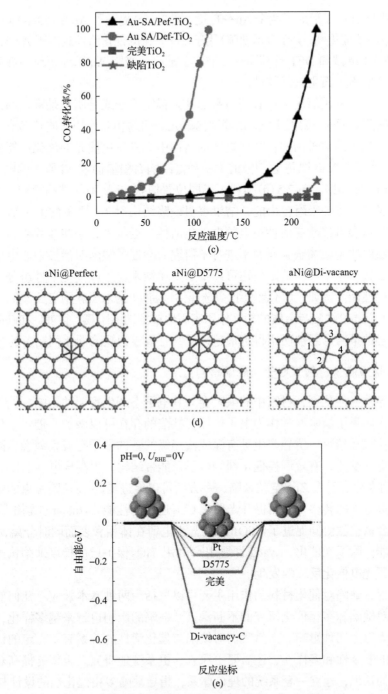

图 2.5　缺陷位点吸附异质原子及其对催化活性的影响

(a) Au-SA/Def-TiO$_2$ 的 HAADF-STEM 图像(圈中的亮点为 Au 原子); (b) Au-SA/Def-TiO$_2$ 和对比样品的 Au L_3-边傅里叶变换的 R 空间 XAFS 图谱; (c) 四种催化剂对 CO 氧化的催化性能; (d) 捕获 Ni 原子的石墨烯缺陷位点的结构模型; (e) 不同结构的 Ni 原子和 Pt 对氢中间体吸附的自由能[84]; Au-SA/Pef-TiO$_2$ 为完美 TiO$_2$(无缺陷)锚定的 Au 单原子催化剂; Ni@perfect 为完美石墨结构中嵌入的 Ni 原子; Ni@D5775 为在 5775 碳缺陷(一种碳缺陷的结构)位的 Ni 原子; Ni@Di-vacancy 为在 Di-空位缺陷位的 Ni 原子; U_{RHE} 为相对可逆氢电极的电压; D5775 表示 5775 碳缺陷; Di-vacancy-C 为 Di-空位碳缺陷

的缺陷位,并与 Ti 原子形成了两个 Au—Ti 键。图 2.5(c)揭示了 Au-SA/Def-TiO$_2$(缺陷 TiO$_2$ 锚定的 Au 单原子催化剂,Def 表示缺陷)用于 CO 氧化的催化活性远高于 Au-SA/Per-TiO$_2$。通过原位 DRIFT 测试和 DFT 计算研究,证实了缺陷位吸附 Au 单原子结构在降低反应能垒和消除竞争吸附方面更具优越性。

在电催化中,利用氧化物或者碳材料的缺陷锚定原子或基团也是常用的催化剂合成策略,通过缺陷处原子与锚定原子/簇等结构单元之间的相互作用,使其形成具有不同于体相催化剂中原子的电子结构,往往这样的活性中心具备更优异的催化性能,或者独特的反应选择性[85-87]。Yao 课题组[88]报道了一种富缺陷石墨烯捕获 Ni 原子的电催化剂,用于高效的 HER 和 OER。图 2.5(d)描述了不同位置捕获 Ni 物种的结构模型,图 2.5(e)显示了相应的氢中间体的吸附自由能,结果表明缺陷结构对 Ni 原子的电子结构和吸附能有显著影响,这会直接改变活性位点的电催化活性。近年来,一些实验或理论工作也对用于催化的缺陷锚定或捕获金属原子进行了研究,验证了缺陷对活性中心电子结构的独特影响。除了锚定原子外,缺陷位还可以锚定金属纳米粒子或其他活性组分,以调节活性中心的催化性能。例如,Lin 课题组[89]选择性地将 Pt 纳米团簇附着到碳纳米管的缺陷位上,发现可以通过缺陷与金属的相互作用牢固地锚定纳米团簇。目前,在缺陷位点引入新的活性中心的策略已经被使用得越来越广泛,有望成为缺陷催化剂制备的重要方向。

4. 引入缺陷能级,调节电子、能带结构

对于半导体光催化剂,材料中的缺陷会对其电子态产生重要的影响。例如金属化合物半导体中,阴离子缺陷通常作为电子供体,缺陷的存在可以增加光催化过程中的供体密度,同时可以在禁带内诱导产生具有深或浅能级的新的电子态或束缚态;而阳离子缺陷可以作为电子受体,有效调控催化剂的电子及能带结构,提高导电性。Xie 课题组[90]在 ZnIn$_2$S$_4$ 纳米片上引入 Zn^{2+}空位缺陷,一方面可以促进 CO$_2$ 在缺陷位点的吸附,另一方面可以促进电子的转移,从而提升光催化 CO$_2$ 还原的性能;Huang 课题组[91]利用宏观自发极化耦合氧空位协同促进了 BiOIO$_3$ 的光生电荷在体相和表面同时分离,促进 CO$_2$ 光还原的性能。除了光催化,Wang 课题组[29]利用 TiO$_2$ 保护层的梯度缺陷构建电荷传输通道,加速了光电催化反应的发生。

一般来说,缺陷对催化材料的作用主要可以概括为两种基本效应:几何效应和电子效应。随着对缺陷和多相催化研究的不断深入,缺陷的影响也越来越多样化,大部分影响可以概括为以上四种影响。虽然我们对缺陷与催化活性的关系有了一定的认识,但由于缺陷结构的复杂性和多样性,还需要更深入、更系统地研究。希望能提高对缺陷与催化作用关系的认识,建立一套系统的理论体系,指导缺陷多相催化剂的设计与合成。

2.3.2　缺陷材料催化过程中的重构和动态演变

一般来说,催化剂的活性与其结构特征和电子构型密切相关。尤其是对于电催化氧化反应来说,高价态的过渡金属阳离子是水氧化过程中典型的高活性位点。然而,过渡金属阳离子在非反应条件下倾向于以更稳定的低氧化态存在。先前的研究已经发现过渡金属基电催化剂，包括氧化物、非氧化物、氢氧化物、合金及 NiCo-MOF 和 CoFe-MOF 等金属有机框架[5,13]及 MOFs 衍生的材料[14]。例如，MOF 衍生的双金属磷化物（FeNiP/C）作为预催化剂，在实际的电催化反应过程中，它们在应用的电位下被原位氧化成更有活性的物种。在这方面，基于几个描述符的结构活性关系已经被提出，以合理设计电催化剂。然而，电催化水分解，特别是阳极析氧反应（OER）过程中催化剂的表面结构和组成的动态重建，使催化活性的预测复杂化。随着原位技术在电解水研究中的应用，研究人员发现在碱性条件下 OER 反应过程中，电催化剂通过表面重构在原位形成实际活性物种，并伴有氧化态的增加。因此，深入地了解表面重构过程对于建立明确的结构、组成和性能关系是追求高效电催化剂的关键。然而，要实现高电催化活性，还需要探索以下几个问题：①表面重建的引发剂和途径的识别；②建立结构、组成与电催化活性之间的关系；③合理操作原位催化剂表面重建。

由于缺陷处的能量较高，某些缺陷并不稳定，会经过重构形成新的结构，而往往重构而成的结构成为催化反应的活性位点。例如，Schmidt 课题组[92]报道了多种金属氧化物在催化 OER 过程中材料的表面动态重构，如图 2.6（a）所示。同样，Strasser 课题组[93]揭示了 OER 过程中晶体 Co_3O_4 材料的可逆非晶化。如图 2.6（b）所示，Chen 课题组[94]利用氧缺陷诱导 Co_3O_4 材料的表面重构，在 Co_3O_4 表面制备出 CoO 的薄层，电催化性能测试结果证实了这种核壳结构的催化剂比纯 Co_3O_4 具有更高的 OER 活性和稳定性。Wang 课题组[95]利用 Ar 等离子体刻蚀技术在 Co_3O_4 纳米片面内引入大量氧空位诱导 CoO 形成，精细构筑 Co_3O_4/CoO 异相界面使其同时具有 CoO 的高活性和 Co_3O_4 的高稳定性来促进 OER 发生，异相界面形成后电催化剂的 OER 性能提升明显。同时计算研究表明，在氧空位存在下位于 Co_3O_4 中四面体 $8a$ 位点的 Co^{2+} 更容易迁移到邻近的间隙八面体 $16c$ 位形成 CoO。Co_3O_4/CoO 异相界面形成后能够进一步降低反应能垒，加速 OER 发生。因此，不稳定的缺陷结构可能通过重组提高催化活性的稳定性。最近，Wang 课题组[96]以 Co_3O_4 晶体和具有富氧空位的 Co_3O_4（V_O-Co_3O_4）两种材料为模型催化剂，系统研究了 Co_3O_4 基电催化剂的缺陷作用机理。通过一系列表征方法研究了 OER 过程中缺陷位的动态行为和重构过程。如图 2.6（c）所示，一系列 XPS 测试结果表明，随着外加电位的增加，V_O-Co_3O_4 的氧空位相对量明显减少，这也与图 2.6（d）中两种催化剂中 M—O 键相对含量的变化一致，这证实了 V_O-Co_3O_4 中氧缺陷电化学过程中的结构演化。结合电化学测试结果和其他表征方法，如原位 X 射线吸收精细结构和电化学阻抗，提出了电催化过程中氧缺陷的结构演化可以促进低电位下 Co-OOH* 活性物种的形成，促进了 OER 电催化性能的提升。

Wang 课题组[97]将晶体结构的 $Ni_{1.5}Sn$ 纳米颗粒嵌入到非晶 $triMPO_4$（三金属磷酸盐）的载体上，合成了一种 $Ni_{1.5}Sn@triMPO_4$ 材料，研究发现这种独特的晶体-非晶的核壳纳米结构协同促进了电化学过程中材料表面结构的动态演变。由于 Sn 具有低的空位形成能，PO_4^{3-} 的氧缺陷位具有高的吸附能，这种独特的晶体-非晶纳米结构协同加速了活性 Ni(Fe)OOH 的表面重构。与对照样品相比，这种双相微晶玻璃在表面重构后显著降低了 OER 的过电位。结果证明，残余 PO_4^{3-} 和内在的氧缺陷位点诱导电子态的重新分布，从而优化了 OH* 和 OOH* 中间体在金属羟基氧化物上的吸附，提高了 OER 活性。

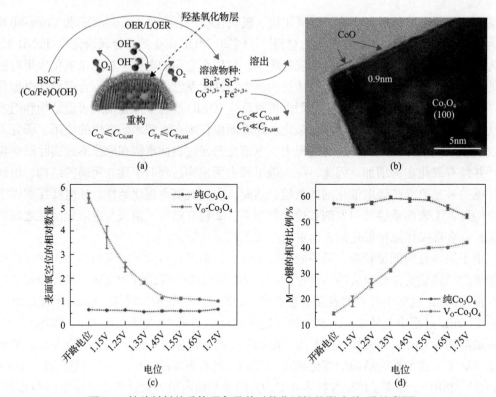

图 2.6 缺陷材料的重构现象及其对催化活性的影响(扫码见彩图)

(a)钙钛矿氧化物自组装活性氧层的重构及形成机理示意图;(b)Co_3O_4@CoO 单晶纳米立方体的 TEM 图;材料的表面氧空位相对含量(c)和 M—O 键相对比例(d)随电位变化的图谱;LOER 表示晶格氧析出;BSCF 为 $Ba_{0.5}Sr_{0.5}Co_{0.8}Fe_{0.2}O_{3-\delta}$ 氧化物的简称;C 为离子浓度

此外,催化剂表面结构的动态变化在催化中也扮演着重要的作用,如 CeO_2 的氧空位就具有典型的缺陷动态变化特征。研究发现 CeO_2 的氧空位可以随着催化过程中 O_2 的浓度和温度等条件变化,发生可逆性地出现和消除,而且氧空位可在催化剂表面进行转移,促进 O_2 的活化和在体相中的扩散,这对于非均相催化是至关重要的[15,98]。在固体氧化物燃料电池体系中,氧空位既能作为吸附位点活化分子,也是氧离子在电解质中迁移的传导媒介,不断地发生动态的变化,氧空位的浓度会影响氧离子的迁移率,这对燃料电池体系的反应效率至关重要[99]。此外,在不同的反应条件下,缺陷的稳定性和动态结构演化行为也会发生变化。对于 CeO_2 来说,表面氧空位在富氧气氛下可以被填充,在贫氧气氛下可以再生。除大气外,气体压力、反应溶液 pH 和外加电场(如电场和磁场)对缺陷动态结构演化也有不同的影响。因此,研究特定反应条件/环境下的动态结构演化成为缺陷多相催化的一个重要研究方向,需要对其进行更详细的表征和讨论。

目前,研究人员对催化剂缺陷的动态变化越来越关注,也更全面地认识缺陷在催化中扮演的角色。缺陷通过诱导催化剂表面重构,得到具有高活性的催化活性位,或通过催化过程中缺陷的动态平衡促进反应中的吸附、扩散等过程,这些在未来的研究中将会得到更多的关注,也会成为催化剂缺陷研究的一个新思路[100]。

尽管我们对催化剂缺陷与催化活性之间的关系有了一定的认识,但由于缺陷结构的复杂性和多样性，仍然需要通过深入而系统的研究，在现有认识的基础上不断完善，最终形成一套系统性的理论体系指导缺陷催化剂的设计合成。

2.4　缺陷催化材料的可控构筑

几乎所有的催化材料中都存在缺陷，而缺陷的分布、浓度和类型往往是复杂而无序的。为了明确缺陷与催化活性之间的关系，并可控地制备出具有实际应用价值的高效缺陷催化剂，需要探索催化剂缺陷的可控构筑方法。随着纳米合成和微纳制造技术的发展，人们找到了一些制备具有特定缺陷结构的催化剂的方法，主要包括直接合成和对已有催化材料进行改性等几类方法。

2.4.1　直接合成缺陷催化材料

许多材料在合成过程中已经形成了缺陷。通过控制合成条件和方法，可以制备出具有不同缺陷结构的催化剂。例如，可以在特定条件下直接合成具有丰富的高指数晶面暴露的金属纳米晶，这类材料表面具有更多的台阶位缺陷[6]。Li 课题组[101]发现了一种动力学控制金属间化合物纳米晶体表面结构和构造缺陷的方法。该方法可以合成立方形、凹立方形和富缺陷立方形 Pt_3Sn 金属间化合物纳米晶，其中富缺陷催化剂对甲酸氧化表现出优越而稳定的催化性能。此外，还可以通过一些不同的方法合成包含位错、晶界、孪晶等缺陷的金属催化材料[59,102,103]。对于一些二维材料来说，将纳米片的厚度减少到原子水平会增加包括空位、空穴、边缘等材料缺陷[14,104]。最近 Yao 课题组[105]报道了一种碳拓扑缺陷定向合成方法，采用 Zn 诱导边缘工程策略合成了不同碳基体的碳材料，通过 N 掺杂过程和控制特定的 N 掺杂去除模型，合成了一类具有确定拓扑缺陷类型的碳材料，并明确揭示了特定拓扑缺陷类型对碳催化剂电催化性能的贡献。

2.4.2　催化材料的缺陷构筑改性

1. 还原法

对于非层状结构的材料，通常采用氢气气氛加氢等高温处理方法在表层形成阴离子空位。例如，Mao 课题组[106]利用 H_2 高温处理的方法，成功地在 TiO_2 表面引入氧空位缺陷。在高温处理过程中，H_2 将 TiO_2 还原，并使表面层的原子结构、电子结构和化学性质发生变化，具有氧空位缺陷的 TiO_2 的颜色由白色变为黑色，大大增加了光的吸收区域，提高了光催化活性。除了 H_2，其他还原性气氛或者惰性气氛下高温热处理也可以形成氧空位缺陷。例如，Zhang 课题组[11]报道了通过氨气辅助还原策略合成富含氧空位且无氮掺杂的氧化钨，由于氢原子和氮原子可以在过渡金属氧化物表面夺取氧原子，从而形成大量的氧空位，大大提升了 CO_2 的转换效率。除了引入氧空位以外，高温热处理还可以实现氮缺陷、硫缺陷等的引入[107]。

另外，通过使用一些还原性的化学试剂，如硼氢化钠、水合肼、乙二醇等，也可以在半导体材料表面形成空位缺陷。如图 2.7 所示，Zheng 课题组[108]利用 $NaBH_4$ 合成了具有丰富氧空位缺陷的介孔四氧化三钴。实验数据和理论计算结果表明，Co_3O_4 表面的 Co 被 $NaBH_4$ 还原成低价态的氧化钴，表面产生了大量的氧空位缺陷，从而导致了新带隙态的形成，在这种情况下，材料表面的电子结构发生了变化，可以确保快速的电荷转移和对中间体的最佳吸附能量。同时，氧空位还可以作为表面电子捕获位点，促进电荷分离，最终促进反应的发生，从而使材料具有更高的电导率和电催化活性。

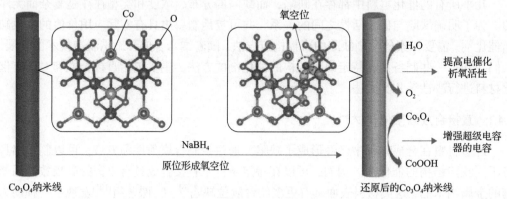

图 2.7　$NaBH_4$ 还原 Co_3O_4 原位生成氧空位的示意图（扫码见彩图）[108]

2. 化学刻蚀法

利用强酸强碱溶液刻蚀，使材料的某些金属元素被溶解，从而形成大量的阳离子缺陷。例如，Zhou 等[37]报道了利用一定浓度的硝酸溶液浸泡层状双金属氢氧化物（CoFe LDH），引入钴缺陷、铁缺陷、氧缺陷等多种缺陷，酸蚀的 LDHs 在碱性条件下比原始的 LDHs 具有更好的氧析出性能、较小的塔费尔（Tafel）斜率和良好的耐久性。酸腐蚀可以改善材料的电子结构，引入缺陷并提供更多的活性位点，从而显著提高了材料的电催化活性。除了酸碱刻蚀以外，电化学法刻蚀也是一种构筑缺陷的有效方法。Hu 课题组利用电化学方法成功地刻蚀了钙钛矿氢氧化物 [$CoSn(OH)_6$]，该催化剂具有良好的催化活性，其主要原因是通过选择性刻蚀氢氧化锡生成了分级纳米孔 CoOOH 颗粒[109]。晶体中氧空位缺陷对催化剂活性的形成起着至关重要的作用。除了形成氧缺陷之外，Frank 课题组[110]利用电化学方法对 MoS_2 表面进行脱硫，在不同的电位及不同反应时间的条件下所得到的 MoS_2 材料表面具有不同浓度的硫空位缺陷，从而调控并优化了材料表面的电子结构以及电化学特性，实现了优异的析氢催化活性。

3. 溶剂热法

过渡金属二硫化物、层状氧化物等二维半导体材料因其具有低成本、资源丰富等特点，近年来吸引了越来越多的关注[111]。研究表明可以通过溶剂热法在二维材料表面制造缺陷，利用有机溶剂的插层剥离来制造表面的晶格畸变等缺陷，从而有效地调节材料的物理化学特性。Xie 课题组[112]利用二乙烯三胺（DETA）溶剂插层到体相 $CoSe_2$ 再剥离得到含丰富钴空位的纳米片。如图 2.8 所示，DETA 溶剂插层到体相 $CoSe_2$ 中形成层状杂化中间体 CoSe$_2$/DETA 结构，由于 Co 原子与 DETA 通过配位键结合在一起，经过超声处理可将 Co 原子从晶格中分离出来，导致了超薄纳米薄片上 Co 空位的形成，从而实现了更好的电催化性能。Lu 课题组[113]通过溶剂热法成功地制备出了一种层间距宽化并富有缺陷的二硫化钒纳米片。由于有机溶剂分子以及在反应过程中产生的铵离子等的插层作用，该溶剂热法制备的二硫化钒纳米片层间距宽化至 1.0nm，这种层间距的宽化引起晶格的畸变而引入众多的缺陷，丰富的缺陷赋予材料更多的活性位点，并使得材料的电子结构发生变化，理论计算表明，层间距的宽化可以降低缺陷的形成能，使材料更容易形成缺陷。

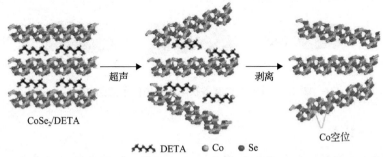

图 2.8　CoSe$_2$ 超薄纳米薄片中钴空位的形成示意图(扫码见彩图)[112]

4. 机械球磨法

球磨法是一种高效和经济的方法，可以大量合成和暴露空位及边缘缺陷。机械球磨法可以在机械球磨作用力下将二维层状材料剥离成微米级或者纳米级的片。例如，有研究表明将商业化的 MoS$_2$ 和三聚氰胺(作为氮掺杂剂的前驱体)混合进行机械球磨，成功地合成了边缘富含缺陷的氮掺杂 MoS$_2$ 纳米片。在球磨之后，这种特殊结构的薄层 MoS$_2$ 纳米片边缘可以产生丰富的缺陷位点，而且在球磨之中引入氮原子掺杂，可以进一步形成掺杂缺陷，实现对 MoS$_2$ 材料的表面电子结构及电催化性能的调控和优化。除了利用球磨法对金属化合物进行处理形成缺陷外，Deng 等[114]直接通过对石墨材料的球磨制备了纳米尺寸的石墨烯，石墨纳米片的尺寸减小可以显著提高氧的电催化活化，这主要归因于锯齿形边缘上的碳缺陷诱导含氧基团的形成。Song 课题组[115]在氩气气氛下将膨胀石墨烯(EG)进行球磨处理制备了缺陷石墨烯(DGB)，可控地在石墨烯片层上引入了自掺杂缺陷结构，同时显著提高材料的堆积密度。如图 2.9 所示，球磨时的机械作用力使 EG 的片层内和边缘上引入大量的本征缺陷，这些缺陷结构可以作为离子吸附储存的活性位点，以团簇的"小岛"形式分布在 sp^2 碳形成的导电"河流"中，构成 sp^2/sp^3 杂化结构。而且球磨对石墨烯具有显著的致密化效果，球磨后的 EG 原本的有序片层结构被破坏，转变成团块形貌，片层内部和边缘位置被引入大量的无序结构。该研究揭示了本征缺陷对碳材料电化学性能的影响和储能机理，为设计开发高性能致密碳电极材料提供了思路。

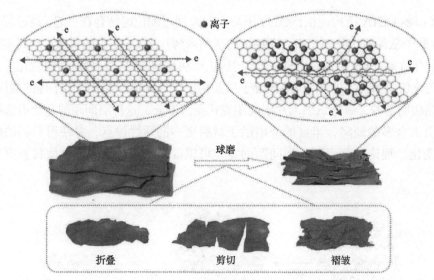

图 2.9　球磨处理制备缺陷石墨烯的示意图[114]

5. 等离子体技术

　　除了上述方法之外，目前常用的等离子体技术也是在纳米材料表面产生缺陷的有效手段。等离子体是除了固态、气态、液态之外的物质的第四种状态，是由具有相等数量的正负电荷的原子、分子、离子及自由基组成。等离子体的激发主要是足够的能量作用于气体分子时分子发生了电离。相比于前面的合成方法，等离子体方法可以避免高温和漫长的反应时间，在不破坏材料纳米结构的同时，可以快速地在材料表面构筑缺陷、掺杂等。如今，低温等离子体因为具有较高的电子温度、较低的气体温度及高能的特性，在材料的合成和表面改性中具有广泛的应用[116]。

　　Dou 等[117]已经报道，利用等离子体技术在晶体材料中控制合成了各种缺陷来优化调控材料表面的电子结构及化学性质。如图 2.10 所示，Tao 等[118]通过氩气等离子体刻蚀的方法在碳材料表面制造丰富本征缺陷，透射电镜显示了等离子体处理的石墨烯上产生许多纳米级的孔和边缘缺陷。这种缺陷型石墨烯具有优异的氧还原性能，结果表明缺陷位点

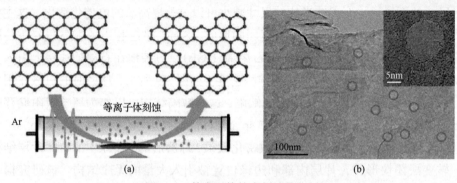

图 2.10　等离子体技术刻蚀催化剂
(a)等离子体制备富缺陷的石墨烯；(b)等离子体处理后石墨烯的 TEM 图像[117]

具有类似杂原子改变周边碳电子特性的作用，也指出早期设计的杂原子掺杂碳基催化剂所体现出的优异性能，除了电子效应之外，还须考虑掺杂过程不可避免引入的本征缺陷的贡献，进一步拓展了碳催化剂研究的思路。除了对碳基材料本征缺陷的构筑，过渡金属氧化物缺陷的构筑也有利于调控材料的表面结构、价态、电子特性等。

Xu 等[119]利用 Ar 等离子体刻蚀技术在 Co_3O_4 表面构筑氧缺陷，原始的 Co_3O_4 呈现完整的纳米片结构。如图 2.11 所示，等离子体刻蚀后 Co_3O_4 纳米片呈现疏松多孔状，透射电镜显示这种多孔纳米片结构是由相互连接的 Co_3O_4 纳米粒子组成，从而增加了表面积，暴露出更多的活性位点。氧缺陷的形成可以在 Co_3O_4 的带隙中形成新的能隙态，增加了材料表面电子的离域度，而离域的电子更易激发进入导带，从而提高导电性。因氧缺陷所暴露出来的金属位点更易与 OH^- 基团键合而在氧析出过程中转化成高活性的羟基氧化钴表面物种，其具有更低的动力学能垒，降低中间反应物的吸附自由能，最终得到优异的电催化性能。Wang 等[120]利用等离子体技术以钴基 LDH 为研究对象，在材料中构筑多元缺陷，研究其电催化氧析出行为。因阳离子具有较高的缺陷形成能，为了成功地构筑阳离子缺陷，需大幅增加材料表面能，等离子体技术能够去除钴基 LDH 层间溶剂和阴离子，破坏层与层静电相互作用，实现了 LDH 的高效剥离，获得高表面能，并原位制造丰富的多元缺陷，提高了电催化性能。

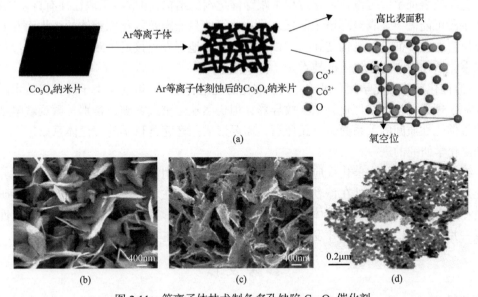

图 2.11　等离子体技术制备多孔缺陷 Co_3O_4 催化剂

(a) 等离子体技术制备具有氧空位和高表面积的 Co_3O_4 的示意图；(b)～(d) 等离子体处理前后 Co_3O_4 的形貌表征[118]

虽然上述方法已经能够在催化剂中构建各种缺陷，并初步控制缺陷的某些参数，但仍需要寻找更简单、高效、可控的缺陷构建方法。为了满足工业生产对催化剂的巨大需求，需要进一步发展大规模的缺陷催化材料制备方法。

2.5　结论与展望

随着固体催化理论、纳米技术及材料表征技术的快速发展，关于缺陷催化剂的合成、表征及催化应用的研究越来越多，缺陷在催化中的作用也越来越受到重视。在基础研究层面，缺陷催化已成为化学、材料等学科的前沿热点研究方向，针对缺陷工程的催化剂设计、开发和大规模制备等研究也逐渐增多。

尽管目前关于催化剂缺陷化学的研究热度在不断上升，但仍有许多科学问题和工程问题未能解决。其中最典型的包括以下几方面。

(1) 材料缺陷的可控构筑：由于材料中缺陷的复杂性，虽然已有不少方法可以构筑缺陷，但想要定性、定量地进行可控构筑，还有较大的难度，然而缺陷的位置、分布、浓度和种类等会极大地影响催化剂的催化活性，要想将缺陷催化剂大规模应用于实际催化生产中，必须继续开发更多可控制备催化剂的方法。

(2) 催化过程中缺陷的动态过程：催化过程中，由于缺陷位点的能量往往较高，有利于反应物种的吸附，缺陷在催化过程中的稳定性一直被人质疑，而且异相催化剂在催化过程中持续地产生活性位点，这些活性位点的结构并不是一成不变的，而是一个动态平衡的过程，因此跟踪缺陷在催化过程中的动态演变和真实结构，变得尤为重要。虽然已有一些原位表征手段可以在催化过程中跟踪催化剂的结构，但这些手段往往有许多限制，某些手段可能需要在真空环境中测试，另一些可能只能跟踪催化剂整体的结构而并非是催化反应发生界面处的结构变化。所以，仍需不断地开发更接近于跟踪真实催化过程和真实催化活性中心的原位表征技术。

(3) 催化剂缺陷化学相关理论：关于催化的理论有不少，近些年由于计算机技术的快速发展，理论化学也在催化领域大放异彩，但仍然缺乏重大突破，特别是微观缺陷结构与宏观催化性质间的关系尚未真正厘清，需要形成一套完善科学的理论体系以指导催化剂缺陷化学研究的进一步发展。

综上所述，缺陷在催化反应中起到了不可或缺的作用。作为催化领域的重要部分，催化剂缺陷化学的研究处在蓬勃发展的阶段，同时也存在着许多机遇与挑战，需要研究人员在现有的基础上完善研究体系，以达到清晰、深入、系统地认识缺陷与催化活性的关系，并运用理论指导实践开发出更多高效的催化剂，在实际应用中发挥重要作用。

参 考 文 献

[1] Schlögl R. Heterogeneous catalysis[J]. Angewandte Chemie International Edition, 2015, 54: 3465-3520.

[2] Xu W, Thapa K B, Ju Q, et al. Heterogeneous catalysts based on mesoporous metal-organic frameworks[J]. Coordination Chemistry Reviews, 2018, 373: 199-232.

[3] Jia J, Qian C, Dong Y, et al. Heterogeneous catalytic hydrogenation of CO_2 by metal oxides: Defect engineering-perfecting imperfection[J]. Chemical Society Reviews, 2017, 46: 4631-4644.

[4] Yan D, Li H, Chen C, et al. Defect engineering strategies for nitrogen reduction reactions under ambient conditions[J]. Small Methods, 2018, 3(6): 1800331.

[5] Yan D, Li Y, Huo J, et al. Defect chemistry of nonprecious-metal electrocatalysts for oxygen reactions[J]. Advanced Materials, 2017, 29: 1606459.

[6] Xu X, Zhang X, Sun H, et al. Synthesis of Pt-Ni alloy nanocrystals with high-index facets and enhanced electrocatalytic properties[J]. Angewandte Chemie International Edition, 2014, 53: 12522-12527.

[7] Gao D, Yang S, Xi L, et al. External and internal interface-controlled trimetallic PtCuNi nanoframes with high defect density for enhanced electrooxidation of liquid fuels[J]. Chemistry of Materials, 2020, 32: 1581-1594.

[8] Banhart F, Kotakoski J, Krasheninnikov A V. Structural defects in graphene[J]. ACS Nano, 2011, 5: 26-41.

[9] Zhu J, Mu S. Defect engineering in carbon-based electrocatalysts: Insight into intrinsic carbon defects[J]. Advanced Functional Materials, 2020, 30: 2001097.

[10] Zhang Z, Wang Y, Lu J, et al. Pr-Doped CeO_2 catalyst in the prins condensation-hydrolysis reaction: Are all of the defect sites catalytically active?[J]. ACS Catalysis, 2018, 8: 2635-2644.

[11] Liu D, Wang C, Yu Y, et al. Understanding the nature of ammonia treatment to synthesize oxygen vacancy-enriched transition metal oxides[J]. Chem, 2019, 5: 376-389.

[12] Dong W, Liu Y, Zeng G, et al. Regionalized and vectorial charges transferring of $Cd_{1-x}Zn_xS$ twin nanocrystal homojunctions for visible-light driven photocatalytic applications[J]. Journal of Colloid and Interface Science, 2018, 518: 156-164.

[13] Li Z, Fu J Y, Feng Y, et al. A silver catalyst activated by stacking faults for the hydrogen evolution reaction[J]. Nature Catalysisx, 2019, 2: 1107-1114.

[14] Yan Y, Li X, Tang M, et al. Tailoring the edge sites of 2D Pd nanostructures with different fractal dimensions for enhanced electrocatalytic performance[J]. Advanced Science, 2018, 5: 1800430.

[15] Campbell C T, Peden C H F. Oxygen vacancies and catalysis on ceria surfaces[J]. Science, 2005, 309: 713.

[16] Yu K, Lou L L, Liu S, et al. Asymmetric oxygen vacancies: The intrinsic redox active sites in metal oxide catalysts[J]. Advanced Science, 2020, 7: 1901970.

[17] Brazdil J F, Glaeser L C, Grasselli R K. An investigation of the role of bismuth and defect cation vacancies in selective oxidation and ammoxidation catalysis[J]. Journal of Catalysis, 1983, 81: 142-146.

[18] Gao P, Chen Z, Gong Y, et al. The role of cation vacancies in electrode materials for enhanced electrochemical energy storage: Synthesis, advanced characterization, and fundamentals[J]. Advanced Energy Materials, 2020, 10(14): 1903780.

[19] Zhuang L, Jia Y, He T, et al. Tuning oxygen vacancies in two-dimensional iron-cobalt oxide nanosheets through hydrogenation for enhanced oxygen evolution activity[J]. Nano Research, 2018, 11: 3509-3518.

[20] Wang X, Zhang Y, Si H, et al. Single-atom vacancy defect to trigger high-efficiency hydrogen evolution of MoS_2[J]. Journal of the American Chemical Society, 2020, 142: 4298-4308.

[21] Xu L, Tetreault A R, Pope M A. Chemical insights into the rapid, light-induced auto-oxidation of molybdenum disulfide aqueous dispersions[J]. Chemistry of Materials, 2020, 32: 148-156.

[22] Liu Y, Cheng H, Lyu M, et al. Low overpotential in vacancy-rich ultrathin $CoSe_2$ nanosheets for water oxidation[J]. Journal of the American Chemical Society, 2014, 136: 15670-15675.

[23] Yang W, Zhang L, Xie J, et al. Enhanced photoexcited carrier separation in oxygen-doped $ZnIn_2S_4$ nanosheets for hydrogen evolution[J]. Angewandte Chemie International Edition, 2016, 55: 6716-6720.

[24] Valvekens P, Vermoortele F, de Vos D. Metal-organic frameworks as catalysts: The role of metal active sites[J]. Catalysis Science & Technology, 2013, 3: 1435-1445.

[25] Fang Z, Bueken B, de Vos D E, et al. Defect-engineered metal-organic frameworks[J]. Angewandte Chemie International Edition, 2015, 54: 7234-7254.

[26] Canivet J, Vandichel M, Farrusseng D. Origin of highly active metal-organic framework catalysts: Defects? Defects![J]. Dalton Transactions, 2016, 45: 4090-4099.

[27] Xiao Z, Xie C, Wang Y, et al. Recent advances in defect electrocatalysts: Preparation and characterization[J]. Journal of Energy Chemistry, 2021, 53: 208-225.

[28] Yu Z, Gao L, Yuan S, et al. Solid defect structure and catalytic activity of perovskite-type catalysts La$_{1-x}$Sr$_x$NiO$_{3-\lambda}$ and La$_{1-1.333x}$Th$_x$NiO$_{3-\lambda}$[J]. Journal of the Chemical Society, Faraday Transactions, 1992, 88: 3245-3249.

[29] Zheng J Y, Lyn Y H, Wang R L, et al. Crystalline TiO$_2$ protective layer with graded oxygen defects for efficient and stable silicon-based photocathode[J]. Nature Communications, 2018, 9(1): 3572.

[30] Guzman J, Carrettin S, Corma A. Spectroscopic evidence for the supply of reactive oxygen during CO oxidation catalyzed by gold supported on nanocrystalline CeO$_2$[J]. Journal of the American Chemical Society, 2005, 127: 3286-3287.

[31] Lee Y, He G, Akey A J, et al. Raman analysis of mode softening in nanoparticle CeO$_{2-\delta}$ and Au-CeO$_{2-\delta}$ during CO oxidation[J]. Journal of the American Chemical Society, 2011, 133: 12952-12955.

[32] Silva I D C, Sigoli F A, Mazali I O. Reversible oxygen vacancy generation on pure CeO$_2$ nanorods evaluated by *in situ* Raman spectroscopy[J]. The Journal of Physical Chemistry C, 2017, 121: 12928-12935.

[33] Wu Z, Li M, Howe J, et al. Probing defect sites on CeO$_2$ nanocrystals with well-defined surface planes by Raman spectroscopy and O$_2$ adsorption[J]. Langmuir, 2010, 26: 16595-16606.

[34] Zheng J, Lyu Y, Xie C, et al. Defect-enhanced charge separation and transfer within protection layer/semiconductor structure of photoanodes[J]. Advanced Materials, 2018, 30: e1801773.

[35] Liu Y, Cheng H, Lyu M, et al. Low overpotential in vacancy-rich ultrathin CoSe$_2$ nanosheets for water oxidation[J]. Journal of the American Chemical Society, 2014, 136: 15670-15675.

[36] Zhao Y, Jia X, Chen G, et al. Ultrafine NiO nanosheets stabilized by TiO$_2$ from monolayer NiTi-LDH precursors: An active water oxidation electrocatalyst[J]. Journal of the American Chemical Society, 2016, 138: 6517-6524.

[37] Zhou P, Wang Y, Xie C, et al. Acid-etched layered double hydroxides with rich defects for enhancing the oxygen evolution reaction[J]. Chemical Communications, 2017, 53: 11778-11781.

[38] Wolf M J, Castleton C W M, Hermansson K, et al. STM Images of anionic defects at CeO$_2$(111)-a theoretical perspective[J]. Frontiers in Chemistry, 2019, 7: 212.

[39] Nazriq N K M, Krüger P, Yamada T K. Carbon monoxide stripe motion driven by correlated lateral hopping in a 1.4 × 1.4 monolayer phase on Cu(111)[J]. The Journal of Physical Chemistry Letters, 2020, 11: 1753-1761.

[40] Esch F, Fabris S, Zhou L, et al. Electron localization determines defect formation on ceria substrates[J]. Science, 2005, 309: 752.

[41] Zhao Y, Wang Z, Cui X, et al. What are the adsorption sites for CO on the reduced TiO$_2$(110)-1 × 1 Surface?[J]. Journal of the American Chemical Society, 2009, 131: 7958-7959.

[42] Song D, Zhang X, Lian C, et al. Visualization of dopant oxygen atoms in a Bi$_2$Sr$_2$CaCu$_2$O$_{8+\delta}$ superconductor[J]. Advanced Functional Materials, 2019, 29: 1903843.

[43] Jeong H Y, Jin Y, Yun S J, et al. Heterogeneous defect domains in single-crystalline hexagonal WS$_2$[J]. Advanced Materials, 2017, 29: 1605043.

[44] Liu H, Wang C, Zuo Z, et al. Direct visualization of exciton transport in defective few-layer WS$_2$ by ultrafast microscopy[J]. Advanced Materials, 2020, 32: 1906540.

[45] Jia Y, Zhang L, Du A, et al. Defect graphene as a trifunctional catalyst for electrochemical reactions[J]. Advanced Materials, 2016, 28: 9532-9538.

[46] Huang T X, Cong X, Wu S S, et al. Probing the edge-related properties of atomically thin MoS$_2$ at nanoscale[J]. Nature Communications, 2019, 10: 5544.

[47] Pfisterer J H K, Baghernejad M, Giuzio G, et al. Reactivity mapping of nanoscale defect chemistry under electrochemical reaction conditions[J]. Nature Communications, 2019, 10: 5702.

[48] Lin Y, Gao T, Pan X, et al. Local defects in colloidal quantum dot thin films measured via spatially resolved multi-modal optoelectronic spectroscopy[J]. Advanced Materials, 2020, 32(11): 1906602.

[49] Ponti A, Raza M H, Pantò F, et al. Structure, defects, and magnetism of electrospun hematite nanofibers silica-coated by atomic layer deposition[J]. Langmuir, 2020, 36: 1305-1319.

[50] Plodinec M, Nerl H C, Girgsdies F, et al. Insights into chemical dynamics and their impact on the reactivity of Pt nanoparticles during CO oxidation by operando TEM[J]. ACS Catalysis, 2020, 10: 3183-3193.

[51] Klein J, Chesnyak V, Löw M, et al. Selective modification and probing of the electrocatalytic activity of step sites[J]. Journal of the American Chemical Society, 2020, 142: 1278-1286.

[52] Deng G H, Qian Y, Wei Q, et al. Interface-specific two-dimensional electronic sum frequency generation spectroscopy[J]. The Journal of Physical Chemistry Letters, 2020, 11: 1738-1745.

[53] Liu Y, Wu Z, Naschitzki M, et al. Elucidating surface structure with action spectroscopy[J]. Journal of the American Chemical Society, 2020, 142: 2665-2671.

[54] Gai-Boyes P L. Defects in oxide catalysts: Fundamental studies of catalysis in action[J]. Catalysis Reviews, 1992, 34: 1-54.

[55] Maier J. Defect chemistry: Composition, transport, and reactions in the solid state; part Ⅰ: Thermodynamics[J]. Angewandte Chemie International Edition in English, 1993, 32: 313-335.

[56] Maier J. Defect chemistry: Composition, transport, and reactions in the solid state; part Ⅱ: Kinetics[J]. Angewandte Chemie International Edition in English, 1993, 32: 528-542.

[57] Beyerlein R A, Choi-Feng C, Hall J B, et al. Effect of steaming on the defect structure and acid catalysis of protonated zeolites[J]. Topics in Catalysis, 1997, 4: 27-42.

[58] Sadykov V A, Tikhov S F, Tsybulya S V, et al. Role of defect structure in structural sensitivity of the oxidation reactions catalyzed by dispersed transition metal oxides[J]. Journal of Molecular Catalysis A-Chemical, 2000, 158: 361-365.

[59] Iwaoka H, Arita M, Horita Z. Hydrogen diffusion in ultrafine-grained palladium: Roles of dislocations and grain boundaries[J]. Acta Materialia, 2016, 107: 168-177.

[60] Sun L, Huang X, Wang L, et al. Disentangling the role of small polarons and oxygen vacancies in CeO$_2$[J]. Physical Review B, 2017, 95: 245101.

[61] Zhang G, Ji Q, Zhang K, et al. Triggering surface oxygen vacancies on atomic layered molybdenum dioxide for a low energy consumption path toward nitrogen fixation[J]. Nano Energy, 2019, 59: 10-16.

[62] Pu Z Y, Liu X S, Jia A P, et al. Enhanced activity for CO oxidation over Pr- and Cu-doped CeO$_2$ catalysts: Effect of oxygen vacancies[J]. The Journal of Physical Chemistry C, 2008, 112: 15045-15051.

[63] Liu B, Li C, Zhang G, et al. Oxygen vacancy promoting dimethyl carbonate synthesis from CO$_2$ and methanol over Zr-doped CeO$_2$ nanorods[J]. ACS Catalysis, 2018, 8: 10446-10456.

[64] Hirakawa H, Hashimoto M, Shiraishi Y, et al. Photocatalytic conversion of nitrogen to ammonia with water on surface oxygen vacancies of titanium dioxide[J]. Journal of the American Chemical Society, 2017, 139: 10929-10936.

[65] Chen X, Lyu Y, Wang Z, et al. Tuning Zr$_{12}$O$_{22}$ node defects as catalytic sites in the metal-organic framework hcp UiO-66[J]. ACS Catalysis, 2020, 10: 2906-2914.

[66] Wang W, Sharapa D I, Chandresh A, et al. Interplay of electronic and steric effects to yield low-temperature CO oxidation at metal single sites in defect-engineered HKUST-1[J]. Angewandte Chemie International Edition, 2020, 59: 10514-10518.

[67] Yang D, Gaggioli C A, Ray D, et al. Tuning catalytic sites on Zr$_6$O$_8$ metal-organic framework nodes via ligand and defect chemistry probed with tert-butyl alcohol dehydration to isobutylene[J]. Journal of the American Chemical Society, 2020, 142: 8044-8056.

[68] Ji P, Drake T, Murakami A, et al. Tuning lewis acidity of metal-organic frameworks via perfluorination of bridging ligands: Spectroscopic, theoretical, and catalytic studies[J]. Journal of the American Chemical Society, 2018, 140: 10553-10561.

[69] Wu C Y, Wolf W J, Levartovsky Y, et al. High-spatial-resolution mapping of catalytic reactions on single particles[J]. Nature, 2017, 541: 511-515.

[70] Shen A L, Zou Y Q, Wang Q, et al. Oxygen reduction reaction in a droplet on graphite: Direct evidence that the edge is more active than the basal plane[J]. Angewandte Chemie, 2015, 53: 10804-10808.

[71] Tao L, Qiao M, Jin R, et al. Bridging the surface charge and catalytic activity of a defective carbon electrocatalyst[J]. Angewandte Chemie International Edition, 2019, 58(4): 1019-1024.

[72] Chattot R, Bordet P, Martens I, et al. Building practical descriptors for defect engineering of electrocatalytic materials[J]. ACS Catalysis, 2020, 10: 9046-9056.

[73] Fichtner J, Watzele S, Garlyyev B, et al. Tailoring the oxygen reduction activity of Pt nanoparticles through surface defects: A simple top-down approach[J]. ACS Catalysis, 2020, 10: 3131-3142.

[74] Bao D, Zhang Q, Meng F L, et al. Electrochemical reduction of N_2 under ambient conditions for artificial N_2 fixation and renewable energy storage using N_2/NH_3 cycle[J]. Advanced Materials, 2017, 29: 1604799.

[75] Shi R, Zhao Y, Waterhouse G I N, et al. Defect engineering in photocatalytic nitrogen fixation[J]. ACS Catalysis, 2019, 9: 9739-9750.

[76] Zhu W, Zhang L, Yang P, et al. Formation of enriched vacancies for enhanced CO_2 electrocatalytic reduction over AuCu alloys[J]. ACS Energy Letters, 2018, 3: 2144-2149.

[77] Farias M J S, Cheuquepán W, Tanaka A A, et al. Identity of the most and least active sites for activation of the pathways for CO_2 formation from the electro-oxidation of methanol and ethanol on platinum[J]. ACS Catalysis, 2020, 10: 543-555.

[78] Tao H B, Fang L, Chen J, et al. Identification of surface reactivity descriptor for transition metal oxides in oxygen evolution reaction[J]. Journal of the American Chemical Society, 2016, 138: 9978.

[79] Dou S, Song J, Xi S, et al. Boosting electrochemical CO_2 reduction on metal-organic frameworks via ligand doping[J]. Angewandte Chemie International Edition, 2019, 58: 4041-4045.

[80] Lopez N, Illas F, Pacchioni G. Adsorption of Cu, Pd, and Cs atoms on regular and defect sites of the SiO_2 surface[J]. Journal of the American Chemical Society, 1999, 121: 813-821.

[81] Kwak J H, Hu J, Mei D, et al. Coordinatively unsaturated Al^{3+} Centers as binding sites for active catalyst phases of platinum on γ-Al_2O_3[J]. Science, 2009, 325: 1670.

[82] Shi L, Deng G M, Li W C, et al. Al_2O_3 Nanosheets rich in pentacoordinate Al^{3+} ions stabilize Pt-Sn clusters for propane dehydrogenation[J]. Angewandte Chemie International Edition, 2015, 54: 13994-13998.

[83] Jones J, Xiong H, Delariva A T, et al. Thermally stable single-atom platinum-on-ceria catalysts via atom trapping[J]. Science, 2016, 353: 150.

[84] Wan J, Chen W, Jia C, et al. Defect effects on TiO_2 nanosheets: Stabilizing single atomic site Au and promoting catalytic properties[J]. Advanced Materials, 2018, 30: 1705369.

[85] Klein B P, Harman S E, Ruppenthal L, et al. Enhanced bonding of pentagon-heptagon defects in graphene to metal surfaces: Insights from the adsorption of azulene and naphthalene to Pt(111)[J]. Chemistry of Materials, 2020, 32: 1041-1053.

[86] Li J C, Maurya S, Kim Y S, et al. Stabilizing single-atom iron electrocatalysts for oxygen reduction via ceria confining and trapping[J]. ACS Catalysis, 2020, 10: 2452-2458.

[87] Xie C, Chen W, Du S, et al. *In situ* phase transition of WO_3 boosting electron and hydrogen transfer for enhancing hydrogen evolution on Pt[J]. Nano Energy, 2020, 71: 104653.

[88] Zhang L, Yi J, Gao G, et al. Graphene defects trap atomic Ni species for hydrogen and oxygen evolution reactions[J]. Chem, 2018, 4: 285-297.

[89] Xu Y, Lin X. Selectively attaching Pt-nano-clusters to the open ends and defect sites on carbon nanotubes for electrochemical catalysis[J]. Electrochim Acta, 2007, 52: 5140-5149.

[90] Jiao X, Chen Z, Li X, et al. Defect-mediated electron-hole separation in one-unit-cell $ZnIn_2S_4$ layers for boosted solar-driven CO_2 reduction[J]. Journal of the American Chemical Society, 2017, 139: 7586-7594.

[91] Chen F, Ma Z, Ye L, et al. Macroscopic spontaneous polarization and surface oxygen vacancies collaboratively boosting CO_2 photoreduction on $BiOIO_3$ single crystals[J]. Advanced Materials, 2020, 32(11): 1908350.

[92] Fabbri E, Nachtegaal M, Binninger T, et al. Dynamic surface self-reconstruction is the key of highly active perovskite nano-electrocatalysts for water splitting[J]. Nature Materials, 2017, 16: 925-931.

[93] Bergmann A, Martinez-Moreno E, Teschner D, et al. Reversible amorphization and the catalytically active state of crystalline Co_3O_4 during oxygen evolution[J]. Nature Communications, 2015, 6: 8625.

[94] Tung C W, Hsu Y Y, Shen Y P, et al. Reversible adapting layer produces robust single-crystal electrocatalyst for oxygen evolution[J]. Nature Communications, 2015, 6: 8106.

[95] Liu Z, Xiao Z, Luo G, et al. Defects-induced in-plane heterophase in cobalt oxide nanosheets for oxygen evolution reaction[J]. Small, 2019, 15: 1904903.

[96] Xiao Z, Huang Y C, Dong C L, et al. Operando identification of the dynamic behavior of oxygen vacancy-rich Co_3O_4 for oxygen evolution reaction[J]. Journal of the American Chemical Society, 2020, 142: 12087-12095.

[97] Li S, Li Z, Ma R, et al. A glass-ceramic with accelerated surface reconstruction toward the efficient oxygen evolution reaction[J]. Angewandte Chemie International Edition, 2021, 60: 3773-3780.

[98] Chiang Y M, Lavik E B, Kosacki I, et al. Defect and transport properties of nanocrystalline CeO_{2-x}[J]. Applied Physics Letters, 1996, 69: 185-187.

[99] Wang Q, Hou J, Fan Y, et al. $Pr_2BaNiMnO_{7-\delta}$ double-layered ruddlesden-popper perovskite oxides as efficient cathode electrocatalysts for low temperature proton conducting solid oxide fuel cells[J]. Journal of Materials Chemistry A, 2020, 8: 7704-7712.

[100] Yu L, Ruzsinszky A, Yan Q. Chemisorption can reverse defect-defect interaction on heterogeneous catalyst surfaces[J]. The Journal of Physical Chemistry Letters, 2019, 10: 7311-7317.

[101] Rong H, Mao J, Xin P, et al. Kinetically controlling surface structure to construct defect-rich intermetallic nanocrystals: Effective and stable catalysts[J]. Advanced Materials, 2016, 28: 2540-2546.

[102] He Y, Tang P, Hu Z, et al. Engineering grain boundaries at the 2D limit for the hydrogen evolution reaction[J]. Nature Communications, 2020, 11: 57.

[103] Chen Z, Wang T, Liu B, et al. Grain-boundary-rich copper for efficient solar-driven electrochemical CO_2 reduction to ethylene and ethanol[J]. Journal of the American Chemical Society, 2020, 142: 6878-6883.

[104] Jia Y, Zhang L, Du A, et al. Defect graphene as a trifunctional catalyst for electrochemical reactions[J]. Advanced Materials, 2016, 28: 9532-9538.

[105] Wang X, Jia Y, Mao X, et al. A directional synthesis for topological defect in carbon[J]. Chem, 2020 6 (8) : 2009-2023.

[106] Chen X, Liu L, Yu P Y, et al. Increasing solar absorption for photocatalysis with black hydrogenated titanium dioxide nanocrystals[J]. Science, 2011, 331: 746.

[107] Niu P, Yin L C, Yang Y Q, et al. Increasing the visible light absorption of graphitic carbon nitride (melon) photocatalysts by homogeneous self-modification with nitrogen vacancies[J]. Advanced Materials, 2014, 26: 8046-8052.

[108] Wang Y, Zhou T, Jiang K, et al. Reduced mesoporous Co_3O_4 nanowires as efficient water oxidation electrocatalysts and supercapacitor electrodes[J]. Advanced Energy Materials, 2014, 4: 1400696.

[109] Song F, Schenk K, Hu X. A nanoporous oxygen evolution catalyst synthesized by selective electrochemical etching of perovskite hydroxide CoSn (OH) $_6$ nanocubes[J]. Energy & Environmental Science, 2016, 9: 473-477.

[110] Tsai C, Li H, Park S, et al. Electrochemical generation of sulfur vacancies in the basal plane of MoS_2 for hydrogen evolution[J]. Nature Communications, 2017, 8: 15113.

[111] Tan C, Zhang H. Two-dimensional transition metal dichalcogenide nanosheet-based composites[J]. Chemical Society Reviews, 2015, 44: 2713-2731.

[112] Liu Y, Cheng H, Lyu M, et al. Low overpotential in vacancy-rich ultrathin $CoSe_2$ nanosheets for water oxidation[J]. Journal of the American Chemical Society, 2014, 136: 15670-15675.

[113] Zhang J, Zhang C, Wang Z, et al. Synergistic interlayer and defect engineering in VS_2 nanosheets toward efficient electrocatalytic hydrogen evolution reaction[J]. Small, 2018, 14: 1703098.

[114] Deng D, Yu L, Pan X, et al. Size effect of graphene on electrocatalytic activation of oxygen[J]. Chemical Communications, 2011, 47: 10016-10018.

[115] Dong Y, Zhang S, Du X, et al. Boosting the electrical double-layer capacitance of graphene by self-doped defects through Ball-Milling[J]. Advanced Functional Materials, 2019, 29 (24) : 1901127.

[116] Zhang Y, Rawat R S, Fan H J. Plasma for rapid conversion reactions and surface modification of electrode materials[J]. Small Methods, 2017, 1: 1700164.

[117] Dou S, Tao L, Wang R, et al. Plasma-assisted synthesis and surface modification of electrode materials for renewable energy[J]. Advanced Materials, 2018, 30(21): 1705850.

[118] Tao L, Wang Q, Dou S, et al. Edge-rich and dopant-free graphene as a highly efficient metal-free electrocatalyst for the oxygen reduction reaction[J]. Chemical Communications, 2016, 52: 2764-2767.

[119] Xu L, Jiang Q, Xiao Z, et al. Plasma-engraved Co_3O_4 nanosheets with oxygen vacancies and high surface area for the oxygen evolution reaction[J]. Angewandte Chemie International Edition, 2016, 55: 5277-5281.

[120] Wang Y, Zhang Y, Liu Z, et al. Layered double hydroxide nanosheets with multiple vacancies obtained by dry exfoliation as highly efficient oxygen evolution electrocatalysts[J]. Angewandte Chemie International Edition, 2017, 56: 5867-5871.

第 3 章　碳材料缺陷与催化

3.1　引　　言

日益严重的能源和环境问题对现有能源利用提出更多要求，如高效、可持续、环保友好和安全。电化学能量存储和转换装置，包括燃料电池、金属-空气电池、水分解装置、二氧化碳(CO_2)还原和固氮技术有望满足未来的能源需求，因此引起了极大的关注。然而，这些系统的应用受到其自身的速率决定步骤，即各种电极反应，包括氢氧化反应(HOR)、氧还原反应、析氢反应、析氧反应、CO_2还原反应(CO_2RR)或氮还原反应的阻碍。这种逐步反应涉及吸附/解吸和电子多个中间体的转移过程，需要克服一定量的过电位，提高反应活化能。因此，必须在电极表面加载一些通常称为催化剂的活性装饰物，以显著调整反应物分子和关键中间体的结合能，并促进电化学反应过程中电极上的电子转移过程。寻找具有快速传质和电荷转移能力、可观的活性位点密度、高电导率的合格催化剂已成为探索电催化反应的中心任务。迄今为止，最常用的催化剂仍然是贵金属催化剂，但其受限于资源稀少、价格昂贵、稳定性和抗毒能力较弱等问题。鉴于这种情况，必须开发具有与贵金属相当的电催化活性和更好的耐用性的基于地球丰富元素的催化剂作为替代方案，以摆脱对贵金属的依赖。

在贵金属催化剂的替代品中，碳材料具有许多优点，包括但不限于以下几点：①来源广泛，价格便宜；②多样且可控的架构；③极好的化学耐用性；④优良的导电性；⑤发达且相互连接的孔隙结构。尽管有这些优势，与贵金属基催化剂相比，纯碳材料的电催化性能要差得多。关于高性能碳基电催化剂的大量探索可以追溯到戴黎明课题组[1]于 2009 年发表的氮掺杂碳纳米管(NCNTs)方面的开创性工作。之后，通过将杂原子和/或过渡金属原子结合到碳基体中，可以触发碳基催化剂显著促进的电催化活性。对于杂原子掺杂碳可以促进电催化活性主要归因于电荷密度重新分布，由于杂原子的掺入而形成的碳骨架具有不同的电负性。具体而言，杂原子破坏了碳平面 π 连接的完整性，并且依次优化相邻碳的电荷状态原子，使它们成为潜在的活性位点。同时，过渡金属-氮-碳(M-N-C)化合物，如单原子过渡金属掺杂(Fe、Co、Mn 等)化合物，也被认为是潜在的催化剂。它们出色的电催化性能通常归结为适当地对丰富的 M_x-N_y 活性物质的吸附/解吸行为。

目前，随着认识的深入，发现无掺杂碳纳米材料的催化活性也可以通过在碳骨架内合理调节碳的本征缺陷而得到。基于热力学第二定律，不存在缺陷的晶体材料是不存在的，这一定律同样适用于碳纳米材料。即使具有极高石墨化程度的石墨烯或高度取向的热解石墨(HOPG)，它们仍然有边缘缺陷，更不用说传统的低温热解法合成的碳纳米材料。只要存在固有的碳缺陷，它们或多或少会影响碳框架的整体电荷状态，从而增加潜在的活性位点密度并提高碳纳米材料的整体电催化性能。这就是为什么碳的内在缺陷研究正在成为碳基电催化剂的研究热点，内在缺陷作用机制的探讨在催化机理的深入研究方面必不可少。

　　早期缺陷研究主要集中在多孔结构对于碳的传质和传荷影响，以及模糊地将碳基的优越性能归因于整体缺陷程度，碳材料中缺陷结构和催化活性之间的关系尚不清楚。幸运的是，随着逐渐应用多样化的先进电子显微镜和光谱技术，碳基催化剂的缺陷位点可以被直接观察和验证。缺陷位点周围的功函数特征、不同缺陷位点的分析、实际过程中关键中间体的吸附/解吸行为的理论模拟计算，以及对催化反应路径的进一步理解，使本征碳缺陷的重要性得到广泛认可。

　　如上所述，碳基纳米材料中的常规缺陷位点包括固有碳缺陷（直接在没有任何掺杂剂的共轭网络中，如边缘、空位、孔洞或拓扑缺陷）、外在的缺陷（主要是杂原子或单金属原子掺杂）和两者的复合体系。缺陷工程首先是指通过各种精细加工，将目标缺陷物种有效地引入合成碳框架，旨在获得缺陷诱导的、高活性、高耐久性的碳基催化剂。一旦获得有缺陷的碳纳米材料，具体的构型和缺陷密度需要通过非原位（*ex-*）、准原位（*quasi-*）和原位（*in situ*）等手段来现场评估。因此，它还涵盖了缺陷物种的物理表征，这可以通过电子显微镜图像或光谱分析结果来实现。此外，缺陷碳基电催化剂的活性评估应该强调内在缺陷位点的贡献并排除其他贡献的影响。最重要的是，这些研究旨在了解特定缺陷位点对催化剂电荷状态和实际作用机制的影响，从而阐明不同缺陷种类对不同电催化反应的活性起源。最后，缺陷工程还应涉及缺陷碳基电催化剂的宏量制备，试图促进其工业应用，这在国内鲜有研究。毫无疑问，缺陷工程注定成为未来碳基催化剂研究的中心课题。

　　本章中，我们总结了碳材料的本征缺陷类型和常见的合成、表征方法及缺陷态碳的电荷状态和在各种反应（HER、OER、ORR、CO_2RR、NRR）中的电催化性能。在目前的研究中，研究者们常常基于理论模拟和实验验证进行深入研究。在缺陷碳材料中，固有的碳缺陷是催化特性研究的切入点与重点，尤其是固有缺陷的本征活性及与外在缺陷的协同作用。在本章中，我们对缺陷碳材料中缺陷位点的表征和评价手段进行了总结，同时，对目前缺陷工程中存在的问题给出了可行的解决方案。

3.2　碳缺陷纳米材料合成与表征

3.2.1　碳缺陷纳米材料可控合成与制备

　　根据热力学第二定律，碳纳米材料本身具有一定数量的缺陷位点以保持结构的最低能量。缺陷位点由于其不饱和的配位结构及特殊的电子结构，往往对某些特定的反应具有优异的催化活性。但是，未经处理的碳材料，其表面的缺陷浓度往往达不到反应的要求。因此，通过特定的手段，合成具有可控缺陷浓度的碳材料对于提高材料的催化性能是非常有必要的。

　　目前，富缺陷碳材料的合成方法，从合成路径上可大致分为两类：一类是自下而上法，即通过在原料中加入含杂原子化合物、金属盐等方式，引入异质原子，合成固有缺陷丰富的碳材料；另一类是自上而下法，即通过在低缺陷浓度的碳材料上，通过酸处理、煅烧等物理化学手段，引入更多缺陷位点，提高缺陷浓度。两类合成路径和流程，如图3.1所示。

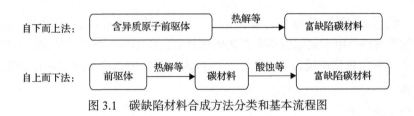

图 3.1　碳缺陷材料合成方法分类和基本流程图

1. 自下而上法

自下而上法的优点在于合成路径较为简单。例如，一种常见的合成策略是将含异质原子的碳前驱体高温碳化，即可获得异质原子掺杂的富缺陷碳材料。前驱体的种类丰富多样，一般为含异质原子有机物、生物质材料、MOFs 材料等。本小节将总结利用自下而上法合成缺陷碳材料的方法，详细介绍如下。

1) 热聚法

杂原子引入是合成缺陷碳材料的常用方式。由于电子结构与晶体参数不同，杂原子的引入会带来更丰富的缺陷位点数量。在碳材料的掺杂中，氮是一种代表性的元素。石墨氮化碳($g-C_3N_4$)由于其制备简便、独特的电子结构及较高的物理化学稳定性已被广泛用于催化领域。通过尿素、三聚氰胺、二氰二胺、氰酰胺和硫脲等含氮前驱体的热聚合原位碳化，可以得到石墨氮化碳；在此过程中，改变前驱体的比例或升温的程序，都会对氮化碳的结构造成影响，产生具有不同种类和浓度的缺陷氮化碳。例如，An 课题组利用不同比例的草酸与三聚氰胺混合研磨，随后在空气中 550℃煅烧 4h，制得不同比例的碳和缺陷共改性的氮化碳($C_x-C_3N_4$)。与直接使用三聚氰胺前体合成的块状氮化碳相比，光催化双酚 A 降解的速率提高了 21 倍[2]。这是由于碳与缺陷共改性的作用可以调整材料的能带结构，促进了太阳能的利用。另外，Fu 团队通过将氨基磺酸与三聚氰胺的混合粉末在 560℃共同热聚 2h，合成了富碳缺陷的氮化碳[3]。这种材料具有丰富的 C-(N)$_3$ 缺陷位点。类似地，Shi 团队通过将热聚草酸与尿素在 580℃热解，合成了富氧位点的氮化碳[4]。而 Li 课题组通过 900℃热聚碳毡上的多巴胺，合成了富氮缺陷的氮化碳，用作锌溴电池的电极材料[5]；Luo 课题组通过在热聚尿素的过程中加入不同浓度的 KCl，合成了具有氰酰胺缺陷边缘的结晶氮化碳，可以改变缺陷的浓度进而实现对氮化碳电子能带结构的调节[6]；Li 课题组利用尿素和甲酸铵共同热聚的方式，合成了富氧和孔缺陷的氮化碳[7]。

前体的处理方式也会影响所合成材料中缺陷的性质。例如，Zhong 团队在热解前将三聚氰胺与质子酸于 180℃下水热 12h，合成了具有丰富缺陷的六边形管状氮化碳，与三聚氰胺直接热聚制备的氮化碳相比，缺陷位点数量大大提高了[8]。Jiang 课题组制备了具有表面碳缺陷的磷掺杂管状 $g-C_3N_4$(P-TCN)。为了引入了磷掺杂和碳缺陷[9]，在超分子前驱体的热聚合过程中，先将三聚氰胺与焦磷酸钠在 180℃下水热 10h，随后在 500℃下热解 4h，最终合成了磷掺杂的富碳缺陷氮化碳。

2) 模板法

模板法被用于合成具有微孔结构的缺陷碳材料，在微孔结构上原位热聚形成的碳材料往往具有更多的缺陷。Dai 课题组在热聚尿素时，先加入由高岭石粉合成的微孔二氧化硅模板，随后通过酸洗将模板去除，合成了富边缘缺陷的石墨氮化碳[10]。由富集的基面孔引起的具有额外电子缺陷的多孔氮化碳在氧化过程中具有更高的电催化活性。Hu 课题组通过高温下向氧化镁模板中注入苯，原位热聚合制成具有五边形和锯齿形边缘缺陷的碳纳米管[11]。

3) 化学气相沉积

Zhou 课题组采用液体化学气相沉积技术，在石英管中注入含氮碳氢化合物作为碳/氮前体，二茂铁作为碳/铁前体，在高温（≥750℃）下合成碳纳米管[12]。整个合成过程均采用流速为 1000SCCM（标准状态下 1mL/min）的 Ar/H_2 混合气（80∶20，体积比）环境。用 90%乙腈（ACN）和 10%二氰胺在不同生长温度下合成含有 ACN 前体的 NCNTs。在氩气环境下从室温加热到所需的温度，前驱体溶液通过石英管中的注射泵以 12mL/h 的速度注射。在氩气环境中冷却反应炉后收集 NCNTs 样品。通过在类似的生长条件下注入苯和二茂铁溶液，合成了原始的碳纳米管阵列。含氮的碳纳米管由于氮的引入，富含缺陷位点。

此外，化学气相沉积也可以在模板上进行。Berger 等[13]利用类似的方法在氧化铝和氧化铁模板上合成了缺陷碳纳米管材料。

4) 磁控溅射法

Lu 课题组通过磁控溅射的方法，合成了一系列碳纳米纤维，在氮气环境下进行溅射，可以获得氮掺杂的富缺陷纳米纤维[14]。

2. 自上而下法

当材料固有缺陷无法满足反应的需要时，可以通过一些物理化学手段在原有材料的基础上引入更多的缺陷。

1) 高温煅烧法

Yang 课题组的工作是一个典型的例子，将单层石墨烯置于不同的气氛和温度下煅烧，可以得到不同种类的缺陷[15]。在 600℃与氨气氛围下加热 1h，可以得到氮掺杂的石墨烯，氮的引入会导致石墨烯产生缺陷位点。而在 1000℃与氩气氛围下处理 1h，可以得到富含碳缺陷的石墨烯。Zhong 课题组也报道了类似的流程，首先热解尿素形成大块的氮化碳，随后升高温度继续加热以制得薄层氮化碳，然后在氩气保护下，与硒粉混合加热合成硒掺杂的氮化碳薄层，或是独自加热合成富氮空位的氮化碳薄层[16]。

2) 剥层法

Jia 课题组报道了氯离子剥层制备薄层氮化碳的方法，将块状氮化碳在不同浓度的盐酸中 120℃水热 4h 以制备薄层氮化碳，剥层过程中会产生丰富的缺陷[17]。

3) 等离子体刻蚀法

Ostrikov 课题组报道了等离子体处理碳布的方法，介质阻挡放电（DBD）等离子体处理 20min，碳布表面刻蚀产生了丰富的缺陷，用作锚定催化剂的位点[18]。

3.2.2　碳缺陷纳米材料的物理表征

探索碳基纳米材料的缺陷位点的最大困难在于其表征方法。在早期研究，从可见的孔隙率和结构变形来看，可以肯定碳框架内存在大量缺陷位点，但是无法识别其缺陷的类型。因此，早期无法从实验的角度解释特定缺陷类型在不同反应中发挥的实际作用。最近，先进表征手段快速发展并被广泛用于碳缺陷材料的表征。碳缺陷材料的表征方法通常可以分为直接观察手段和间接光谱验证。

1. 直接观察手段

碳本征缺陷的直接可视化通常依赖于高分辨率显微技术。早期形貌的观察通常使用透射电子显微镜（TEM）和高分辨率透射电子显微镜（HRTEM）。HRTEM 的空间分辨率能够可视化与基底平面可区分的边缘和较大的通过对比度区分的孔，但不足以对空位和拓扑缺陷进行成像[19]。在 2007 年，末永等添加了像差校正器，将 HRTEM 空间分辨率提高到约 0.14nm，并且首先观察到热处理单壁碳纳米管（2273K）含有接近异常扭结的碳缺陷[20]。例如，Baek 课题组[21]通过 HRTEM 的表征手段直观观察到了碳纳米片中的空洞缺陷，如图 3.2(b) 所示。但大多数情况下，HRTEM 只能可视化常规的碳晶格条纹，而不是所需的六边形网络和所制备的碳纳米材料中的轻微固有缺陷，这主要受表征手段的

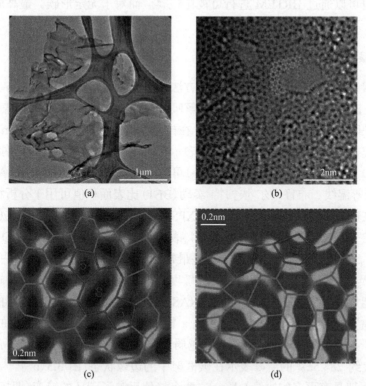

图 3.2　缺陷碳材料表征图像

(a)碳纳米片的 TEM 图像；(b)碳纳米片的 HRTEM 图像；(c)、(d)缺陷碳材料的高角度环形暗场扫描
透射电镜(HAADF-STEM)图像

空间分辨率和碳纳米材料有限的石墨化程度的影响[21]。

随着显微技术及更先进的电子显微镜的发展，如扫描透射电子显微镜，可直接用于观察碳框架内的固有碳缺陷。其中，高角度环形暗场扫描具有像差校正的透射电子显微镜（AC-HAADF-STEM）是最常用的一种，它可以避免复杂的衍射对比和相干成像，从而直接反映更精细的结构信息；相对于明场图像，暗场图像似乎更有利于缺陷的观察[22]。这种电子显微镜可以将样品放大到亚纳米甚至原子级规模，足以可视化碳基催化剂中的蜂窝状结构。2020年，Yao课题组利用HAADF-STEM的表征手段在0.2nm的尺度下直接观看到了不同类型的碳缺陷，如图3.2(c)和(d)所示[23]。STEM、能量色散X射线谱（EDS）或电子能量损失谱（EELS）可以进一步实现了亚埃级元素的辨别。另一种用于原子分辨率成像的电子显微镜是扫描隧道显微镜（STM）。STM通常用于观察石墨化程度高的石墨烯纳米带。与STEM相比较，STM的成像往往较为模糊，通常利用其过滤和模拟功能来实现清晰成像。

值得注意的是，加速电压对于本征碳缺陷的可视化至关重要。虽然加速电压越大，空间分辨率越高。但对于缺陷部位的观察，稍微低一点的加速电压是至关重要的，主要是为了减少辐射电子束对碳骨架的损坏，特别是对内在碳缺陷主要的边缘位置定位。与传统的120/200kV相比，观察缺陷碳结构使用80kV甚至60kV更值得推荐[24]。此外，碳基纳米材料的石墨化程度也会影响直接观察。即使没有像差校正，高石墨化石墨烯的六边形碳网络也可以通过HRTEM进行可视化观察。而对于无定形碳，最高放大倍数下的HRTEM图像无法读取潜在的原子信息。

2. 非直接证明手段

除了直接可视化手段，还有很多表征方法可以间接分析固有的碳缺陷。在早期的研究中，拉曼光谱（Raman spectra）、N_2吸附-解吸等温线和X射线光电子能谱（XPS）被用来粗略地反映缺陷碳基纳米材料的缺陷程度。在拉曼光谱中，D波段在$1350cm^{-1}$附近表示缺陷和无序感应，而G波段约在$1580cm^{-1}$处表示石墨化sp^2杂化产生的特征网络。因此，拉曼光谱中的D波段与G波段的强度比（I_D/I_G）可以用作缺陷程度描述符，如图3.3(a)所示。N_2吸附-解吸等温线、布鲁诺尔-埃梅特-泰勒（BET）比表面积值可用于分析材料的多孔结构，以及潜在边缘和内在缺陷位点[25]。在XPS谱线中，通过拟合键的存在（C—sp^2、C—sp^3、C—N、C—O、C=O），可以分析碳材料表面官能团的含量，尤其是3D拓扑变形（即内在碳缺陷）。这三种表征方法是最早也是最常用于碳缺陷验证的表征方法[26]。

X射线吸收光谱（XAS）具有出色的灵敏度，可被用于精确测量碳中的缺陷物种纳米材料。光子能量范围从280eV到300eV，XAS显示的多个峰可归因于不同的碳基结构特征。其中，主要高峰在285.5eV，被认为是π^*特征峰，该峰是由于sp^2结构的$1s→\pi^*$跃迁-杂交碳环原子所形成的。π^*特征峰的强度越弱，证明sp^2的六边形网络破坏越严重。除了π^*特征峰，大约284.5eV的肩峰表示在碳框架中的边缘状态[图3.3(b)][27]，肩峰强度越高，证明碳框架具有更多的边缘缺陷。这两个峰值反映了碳环的畸变（即拓扑缺陷）和边缘状态，因此可以用作内在碳缺陷检测的指标。其他典型峰也可能被认为是存在于碳骨架内的缺陷物种。因此，精细的XAS用于揭示原子的几何构型，必将成为碳材料内在缺陷的最有效表征工具。

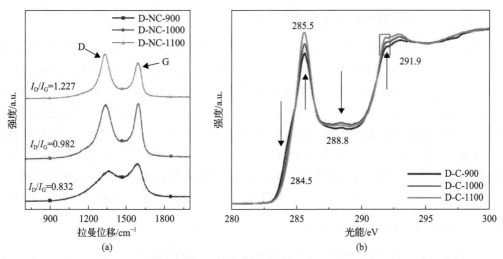

图 3.3 缺陷碳材料的光谱图

(a)缺陷碳材料的 Raman 光谱;(b)缺陷碳材料的 C K-边光谱;D-NC-900 表示缺陷氮掺杂碳材料处理温度为 900℃;D-C-900 表示缺陷碳材料处理温度为 900℃;类似同理解

另外,开尔文探针力显微镜(KPFM)可以用于检测表面形态和局部功函数(Φ),并确定原子尺度下电子电荷状态[28]。一般来说,给电子能力的差异是由表面缺陷状态的变化引起的。内在缺陷可能导致局部碳网络中的电荷重新分布,从而通过监测表面电荷变化即可反映缺陷程度。通过紫外光电子能谱(UPS)来识别表面的给电子能力的局部功函数,便可以准确识别碳骨架上的吸附氧物种。扫描离子电导显微镜(SICM)也是一种观察碳材料缺陷的有效表征手段,它可以通过监测扩散层和 Z 轴反馈信号来监测碳骨架的表面电荷分布,从而识别碳材料的缺陷物种[29]。

此外,其他一些表征方法也已应用于缺陷碳材料的研究。正电子湮没技术(PAS)是分析本征缺陷最有效的方法之一,通过正电子寿命的检测,便可以识别碳骨架中的空位型缺陷以及缺陷的浓度[30]。电子顺磁共振(EPR)也用于评估一些缺陷物种,它通过材料自身未成对电子诱导磁性的产生,从而识别碳材料缺陷的类型和浓度[31]。电化学反应过程中缺陷位点动态识别和观察对于识别反应的真实活性位点至关重要。目前,已经有部分表征手段可以在电化学反应过程中原位识别材料的缺陷类型和浓度。例如,结合电化学针尖增强拉曼光谱(EC-TERS)和 EC-STM 可以实时研究金属单晶电极上的局部缺陷浓度,并可以推广到碳基纳米材料表面缺陷的原位测量[32,33]。

3.3 碳缺陷纳米材料的催化应用

碳材料在氧化脱氢、选择加氢、合成氨、氨分解制氢及燃料电池等多相催化领域具有广阔的应用前景。通过对碳材料进行缺陷工程改性,能够有效提升其在催化中的催化特性,促进催化活性。以下内容主要从电催化、光(电)催化及热催化几个方面来介绍缺陷碳材料在催化中的应用。

3.3.1 碳缺陷纳米材料在电催化方面的应用

碳材料具有优异的导电性、较高的比表面积，在电催化反应中能提供较大的电化学活性面积，在电催化反应中有着广泛的应用。碳材料的缺陷主要有两大类，即碳材料本身碳原子周期性结构破坏的本征缺陷和杂原子掺杂引入的掺杂缺陷。本节主要介绍本征缺陷碳纳米材料和掺杂缺陷碳纳米材料在电化学中的应用。其中常见的本征缺陷有点缺陷、线缺陷、面缺陷和体缺陷等，而掺杂缺陷是杂原子的引入所致。很显然，当材料的周期性或者部分原子缺失之后，材料的电子结构会发生变化，进而改变反应过程中反应物及各种中间、最终产物在材料表面的吸附能，从而实现电催化性能的优化。此外，碳材料特殊的性质使其可作为单原子催化剂或负载型催化剂的载体，本节对此也进行了简单介绍。

1. 掺杂缺陷在电催化中的应用

自 2009 年戴黎明教授课题组成功开发氮掺杂垂直碳纳米管阵列并用于 ORR 反应[34]，引入掺杂缺陷作为一种有效改变碳材料的电子结构和电催化性能的方式，受到了广泛的研究[35-39]。如图 3.4(a)所示，通过用与碳原子不同电荷的杂原子取代邻位会改变碳原子的电荷和自旋状态，其电荷改变会调节碳材料的功函数及吸附自由能进而构建催化活性位点[40-43]。如图 3.4(b)所示，氮原子掺杂会使碳骨架网络大 π 共轭体系的碳原子发生电荷转移，使附近的碳原子带有正电。氧气在碳材料表面的吸附也由端式吸附（pauling mode）变为桥式吸附（yeager mode），降低了吸附自由能[图 3.4(c)][34,44]。此外，氮掺杂还能够降低碳纳米管的能带，增加 O—O 键的距离，促进碳材料与氧气分子之间的电荷转移[图 3.4(d)][45]。此外，以高度取向的热解石墨（HOPG）为模型电极通过刻蚀以及氮掺杂，能够在 HOPG 电极上构筑不同类型的氮掺杂位点[图 3.4(e)]，DFT 理论计算和实验证明了吡啶型氮原子周围具有路易斯酸性位点的碳原子是 ORR 反应的活性

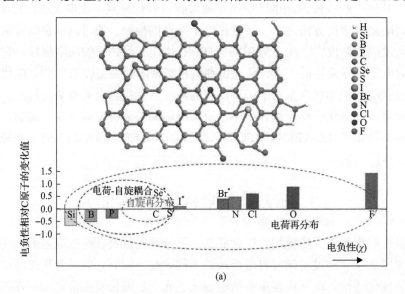

(a)

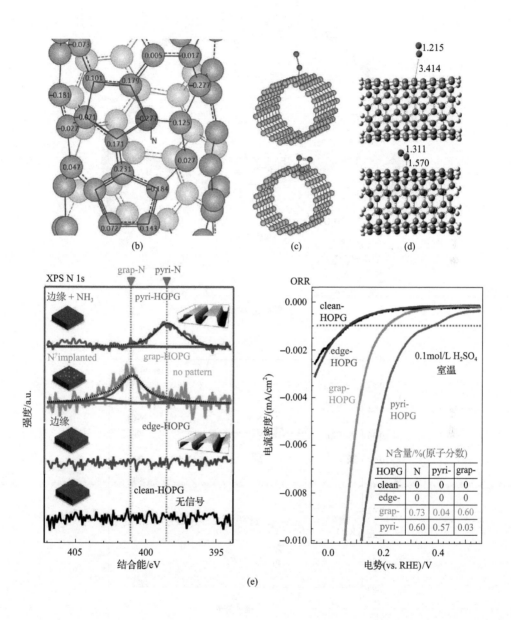

(b)

(c)

(d)

(e)

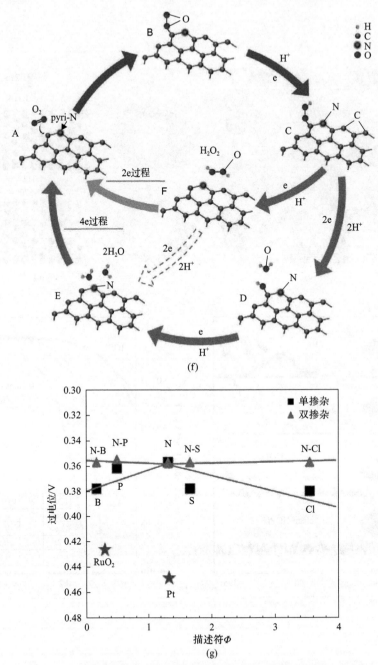

图 3.4　不同掺杂碳材料的理论计算及反应模型结果(扫码见彩图)

(a)不同杂原子掺杂的碳材料示意图,上图为不同杂原子掺杂的石墨烯示意图,下图为杂原子的电荷量图;(b)DFT计算分析得到的氮掺杂碳纳米管电荷分布图;(c)氧分子在未掺杂和氮掺杂碳纳米管上不同的吸附方式,上图为端式吸附,下图为桥式吸附;(d)氧分子在未掺杂和氮掺杂碳纳米管上吸附之后键长的变化[45];(e)HOPG电极表面可控构筑不同的掺氮种类的 N 1s XPS 谱图结果和氧还原反应活性测试结果;(f)在氮掺杂碳材料上氧还原反应的反应路径;(g)单掺杂、双掺杂碳纳米材料的 ORR/OER 反应活性理论计算结果;pyri-HOPG 为吡啶氮掺杂 HOPG;N implanted 为氮嵌入;grap-HOPG 为石墨氮掺杂 HOPG;clean-HOPG 为无掺杂无缺陷的 HOPG

位点[46]。图 3.4(f)是氮掺杂碳材料催化剂 ORR 反应路径示意图，氧原子首先吸附在氮原子旁边的碳上(物种 B)，再通过电子的转移形成中间产物*OOH 物种(物种 C)，之后*OOH 物种会通过直接的 4 电子过程或者动力学缓慢的 2+2 电子反应过程转化为水，并吸附。

电负性大于碳原子的杂原子的掺杂，可以引起碳材料电荷转移效应，例如，O(电负性为 3.44)或 N(电负性为 3.04)掺杂能够使碳骨架网络具有正电性从而构建活性位点。但有趣的是，相比碳原子具有更低的电负性的原子，如 B(电负性为 2.04)，也能打破碳骨架网络的 sp^2 杂化，改变碳骨架网络本身的电荷分布。B 能够接受碳原子的电子使碳材料的费米能级向导带移动，同时加快 ORR 反应[47]。研究显示，不管是高电负性(如 N)或者低电负性(如 B)原子掺杂，都能形成正电荷位点(C^+或 B^+)，降低氧气的吸附自由能，增强 ORR 反应活性[48-52]。除此之外，B-N 掺杂的双掺杂碳材料，N-S-P 掺杂的三掺杂碳材料都表现出优异的电催化性能[45,53-56]。如图 3.4(g)所示，双掺杂的碳材料相比单掺杂的碳材料显示出优异的 ORR 和 OER 催化性能。由此可见，通过杂原子掺杂构建的电荷转移效应，能够有效提升碳材料的电催化性能。

2. 碳本征缺陷在电催化中的应用

如上所述，杂原子掺杂引入的分子内电荷调控能够在碳骨架网络上调控电荷分布，构建电催化活性位点。电荷的重排能够从吸附能、活性位点和能带结构几个方面，提升催化剂的催化反应活性。除了杂原子引入的电荷转移效应之外，碳材料上的本征缺陷也能够改变碳骨架网络的电荷分布，构建活性位点，增加材料的电催化活性。根据热力学第二定律，缺陷或非规整结构是材料的固有属性，任何材料都存在缺陷[57,58]。除了常见的边缘缺陷是材料中连续性的破坏，点缺陷(空位缺陷、Stone-Wales 缺陷等)及线缺陷(界面缺陷和位错)在材料中都是难以避免的。对于这些缺陷，特定的碳原子的缺失或者重构，会打破碳骨架网络原有的电荷排布从而提升电催化性能。另外，缺陷区域通常会由其他的基团进行饱和配位，进一步优化碳材料的电催化性能。

碳材料的边缘缺陷具有特殊的电子结构和高催化活性，因此受到了很多的关注与研究[59]。相比非缺陷碳原子，边缘碳原子显示出两倍的活性和四倍的比电容，以及更高的电子传导速率[60,61]。与此同时，边缘碳原子相比面上碳原子具有更高的电荷密度。利用这一点，Wang 课题组通过搭建的电化学微操作平台，使用 HOPG 作为工作电极直接验证了石墨边缘碳相比石墨面上碳具有更好的 ORR 催化活性[62]。如图 3.5(a)所示，通过微电极及空气饱和微液滴在 HOPG 电极表面不同的位置(边缘位置和面上位置)进行氧还原反应性能测试，线性扫描伏安曲线(LSV)的结果证明 HOPG 电极上石墨边缘位置相比石墨面上位置具有更好的氧还原反应性能。与此同时，DFT 计算结果也显示石墨边缘位置相比石墨面上位置具有更高的电荷密度[图 3.5(b)]。在边缘缺陷中，zigzag(之字形)缺陷上未配对的 π 电子能够有效加快碳原子与氧分子之间的电荷传递，使反应中间体 *OOH 更容易生成[63]。此外，他们还利用等离子体对石墨烯进行刻蚀制备高性能的粉体催化剂，如图 3.4(c)和(d)所示，经过等离子体刻蚀之后石墨烯表面产生了丰富的边缘缺陷，同时

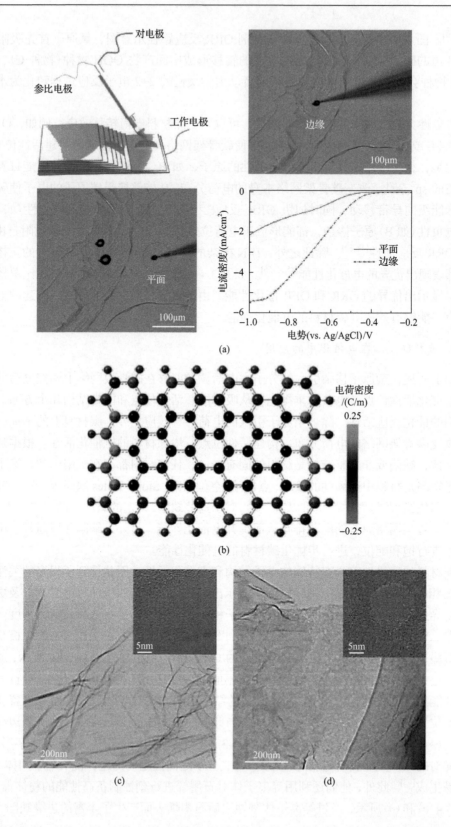

(a)

(b)

(c)   (d)

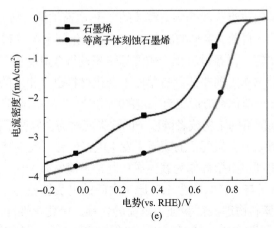

图 3.5　石墨烯催化性能结果及模型、表征图

(a)电化学微操作平台测试 HOPG 电极表面不同位点电催化活性；(b)DFT 理论计算模拟石墨烯片层的电荷分布；(c)完整石墨烯片层的 TEM 图片；(d)氩气等离子体刻蚀之后富缺陷石墨烯 TEM 图片；(e)原始石墨烯和经过氩气等离子体刻蚀之后的缺陷石墨烯的 ORR 测试结果(氧气饱和的 0.1mol/dm³ KOH)

石墨烯整体的结构得到了保存。该结构使边缘缺陷得到充分地暴露，同时保持了石墨烯良好的导电性，经过等离子体刻蚀后催化剂表现出优异的氧还原性能。

除了边缘缺陷之外，在碳材料面上的本征拓扑缺陷(非六元环结构，如五元环碳或七元环碳)能够引起材料的局部高斯弯曲、材料变形及电荷的重新杂化。这些电荷的变化能够增强材料的电催化性能[64]。Xia 课题组通过对碳材料中不同的缺陷结构的 ORR 性能进行计算分析，结果显示碳材料中线缺陷显示出与铂相当的 ORR 反应活性[65]。Yao 课题组利用高温去除掺氮石墨烯中的氮元素，成功制备了富含本征缺陷的非掺杂碳材料，很多本征缺陷可以通过球差矫正透射电镜观测到。电化学性能测试表明缺陷碳显示出优异的 ORR、OER 和 HER 电催化性能[22]。Hu 课题组以 MgO 为模板，制备了非掺杂的纳米盒子碳，显示出优异的 ORR 活性，DFT 计算证明 Zigzag 边缘和五元环缺陷显示出优异的 ORR 活性[66]。此外，杂原子掺杂和本征缺陷共同促进电荷调控的碳材料也显示出优异的电催化活性，受到了广泛的关注与研究[67-72]。

3. 其他

除了常规的缺陷以外，碳材料本身独特的性质，也为电催化剂的设计开发提供了新平台。碳材料在单原子电催化剂、碳基复合电催化剂等方面也有广泛的研究，本节对相关研究进行了总结。

1)碳载金属单原子电催化

理论上，单原子催化剂可实现 100%的原子利用率，在电催化领域表现出了巨大应用前景[73-75]。金属单原子与载体之间强的相互作用和电荷转移，使单原子催化剂具备独特的电子结构，从而增强其电催化活性[76-81]。近年来，金属氮碳单原子催化剂(MN$_x$C，M=Fe、Co、Ni 和 Mn 等)由于其丰富的活性位点、可调控的结构和优异的电导率等优点，被认为是目前最有可能替代贵金属电催化剂的材料之一[82-89]。在 MN$_x$C 催化剂中，N 等杂原子能够为金属单原子提供锚定位点，改变碳基载体的电子/电荷结构，M-N$_x$ 结构被认为是单原子催化剂的活性中心[90]。目前，常见的碳基单原子电催化剂主要是利用 MOFs 材料的多孔骨架结构对金属原子锚定，再经过碳化、酸洗等步骤进行合成制备[83,91-96]，石墨烯或者其他金属有机大分子化合物作为前驱体制备单原子催化材料也有相应的报道[79,85-87,97-105]。

碳材料缺陷在单原子催化剂方面也有一定的应用[78,106-109]，碳缺陷位点能够打破材料原有的电荷平衡，碳骨架网络的重构或者碳原子的缺失能够为金属原子提供锚定位点[110,111]。与此同时，缺陷位金属原子会与配位的碳原子发生电荷转移，改变其电子结构从而提升电催化性能。Yao 课题组利用石墨烯作为载体成功制备了镍单原子催化剂(A-Ni@DG)[112]，由于 C(电负性 2.5)原子与 Ni(电负性 1.9)原子之间的电负性差异，电荷会从 Ni 原子转移到 C 原子，理论计算和物理表征验证了电荷的转移，电化学性能测试显示缺陷碳锚定 Ni 单原子催化剂显示出优异的 OER 和 HER 催化性能。此外，该团队还制备了富缺陷载体配位的 Co-Pt 金属单原子催化剂[113]，由于金属 Co 原子和 Pt 原子之间电荷的重新排布，该催化剂表现出优异的 ORR 催化活性。

2)碳基非金属材料异质结/复合物电催化

由于不同材料之间不同的功函数/电子结构，通过构筑具有不同功函数材料的异质结也是调节材料电荷提升电催化反应的有效途径[38,114-117]。此外，与两个单一组分相比，石墨烯与纳米管之间的相互接触产生的 3D 结构，为电化学反应提供了丰富的催化位点。通过化学气相沉积法生长的氮掺杂的碳纳米管和石墨烯的自组装结构，显示出了优异的电催化性能[118-125]。此外，石墨烯量子点具有易调控的电子结构和丰富的边缘结构，其在电催化领域具有优异的潜力，但较差的导电性制约了其使用[126-131]。Dai 课题组利用石墨烯纳米带负载碳量子点并用于 ORR 催化，量子点与碳材料之间能够产生电荷转移。复合材料中丰富的缺陷和纳米带与量子点之间的界面是电化学反应的活性位点[132]。Yu 课题组利用剥离的黑磷与氮掺杂石墨烯成功制备了一种非金属的 2D/2D 异质结材料，并将其用于高效的水电解催化剂[133]。由于黑磷(约 4.7eV)与石墨烯(约 4.5eV)具有不同的功函数，黑磷与掺氮石墨烯之间的电荷转移使黑磷带负电，进而有效促进 HER；而掺氮石墨烯带正电，有效催化 OER 的进行，使该催化体系表现出优异的电化学水分解性能。

3)金属-碳异质结复合物

在设计制备高性能的电催化剂时，金属通常作为活性位点或者模板牺牲剂[133,135]。但是在大多数情况下，金属元素很难从碳材料中完全清除，即使微量的金属或者金属化合物杂质也可以作为电催化反应的活性位点。对于碳载的金属化合物，碳基材料不仅可以作为金属化合物的载体，同时对金属化合物的电子结构也具有调控作用[136-138]。例如，降低最高占据分子轨道(highest occupied molecular orbital, HOMO)和最低未占据分子轨道(lowest unoccupied molecular orbital, LUMO)打开碳材料的能带，弯曲半导体的导带都能够在界面处构建优异的化学活性位点。与此同时，碳材料与金属之间的接触可改变金属化合物的拉缩应力，这也是一种有效改变材料电催化性能的方式[139]。

Huang 课题组制备了一种 MnO$_x$ 与碳纳米管复合的优异的 ORR 电催化剂，由于 MnO$_x$

与碳纳米管之间强相互作用，构建的正电荷网络使得材料具有优异的 ORR 催化活性[140]。Yu课题组在掺氮石墨烯表面原位生长 CoSe$_2$ 纳米棒[141]，掺氮石墨烯与 CoSe$_2$ 之间有着很明显的电荷转移，能够有效地调节金属化合物的 e_g 填充轨道，优化氧气的吸附自由能进而促进OER 电化学反应，显示出优异的电催化性能。Yao 课题组将带有正电荷的 Ni-Fe 双金属氢氧化物纳米片(Ni-Fe LDHNS)与带负电缺陷石墨烯进行组装，由于 Ni-Fe LDHNS 材料与缺陷石墨烯之间存在电子转移，在石墨烯缺陷处会产生明显的电荷富集。电荷在缺陷石墨烯表面的富集能够有效增强石墨烯的 HER 电催化性能，而失去电子的 LDHs 的 OER 性能也得到提高，使得 Ni-Fe LDHNS 与掺氮石墨烯的复合材料显示出优异的水电解性能[142]。除此之外，利用碳材料对金属进行包覆，金属材料与碳材料之间的强相互作用在有效调控两者之间电荷的同时，也能避免金属材料直接与严酷的电化学环境接触从而防止材料腐蚀[143-146]。过渡金属的电子能够通过包覆的碳材料传导到碳外表面催化反应的进行，同时有效地防止过渡金属的溶解失活[147]。Deng 课题组开发了一种薄层石墨烯包覆的 CoNi 金属颗粒(铠甲催化剂)用于酸性体系 HER 催化[148]。区别于传统的碳载金属材料，与 CoNi 金属材料接触的石墨烯会产生明显的电荷重排，促进 *H 稳定吸附，因此提高了 HER 活性。

3.3.2　碳缺陷纳米材料在光(电)催化方面的应用

在 20 世纪 70 年代首次报道了二氧化钛电极的光催化活性之后[149]，光催化已经成为各学科技术的前沿[150-152]，特别是在环境修复(即废水处理、表面自清洁和空气净化)和能量转换领域掀起了研究热潮。异/均相光催化主要使用宽带隙 n 型半导体作为光催化材料，如氧化钛[152]。其光吸收机制是当能量大于或等于带隙的光照射到半导体纳米粒子上时，其价带中的电子将被激发跃迁到导带，在价带上留下相对稳定的空穴，形成电子-空穴对并迁移至催化剂表面。催化剂表面的光生载流子(电子/空穴对)是决定光催化反应效率的重要因素，其产生之后主要有三种归宿：电子-空穴对发生重组后以光或热的形式耗散能量、表面迁移形成光电流及与电子供体或受体结合发生反应。

大多数光催化剂面临的一个主要缺点是光子效率低，导致大部分的光无法被利用。例如，作为基准材料二氧化钛的光利用率低于 4%[153,154]。在过去的几十年里，人们为了提高光催化剂的性能做出了许多努力。例如，研制具有更好可见光吸收能力的光催化剂，通过掺杂调控能带结构降低光生载流子的复合率[155-158]，染料表面敏化[159,160]。其中，最具代表性的是将光催化剂固定在惰性多孔载体上[161]。科学家通过许多不同的制备途径将半导体与各种不同形式和形态的碳材料耦合，以增强半导体/碳复合材料在紫外-可见光范围内的光谱响应[162-170]。

由于碳本身的结构特征差异，不同碳材料作为半导体载体的作用有很大的不同。例如，对于具有高电子迁移率的碳，如碳纳米管和石墨烯，半导体/碳复合材料的光催化性能的增强主要归因于碳材料和半导体之间有强的界面电子效应，有利于通过碳基质的 π 电子密度的离域来分离光生载流子[165]。例如，Wang 课题组[171]采用化学气相沉积法制备的不同缺陷密度的三维石墨烯网络(3DGN)对二氧化钛光催化剂进行了修饰。根据得到的苯酚和罗丹明 B 的分解速率常数，发现采用中等缺陷密度的 3DGN 与二氧化钛进行复合，在紫外光和可见光光照下光催化剂的催化性能都得到了显著提高。如图 3.6 所示，电子顺磁共振谱和扫描隧道电子显微镜表征结果表明，复合催化剂的光催化活性与 3DGN 的缺陷密度密切相关。3DGN 的表面缺陷位点可以作为活性位点来有效地吸附污染物，这是分解过程的关键前提。此外，3DGN 的表面缺陷可以进一步作为实现 3DGN 和二氧化钛之间紧密接触的桥梁，增强了它们之间的电子传递能力。

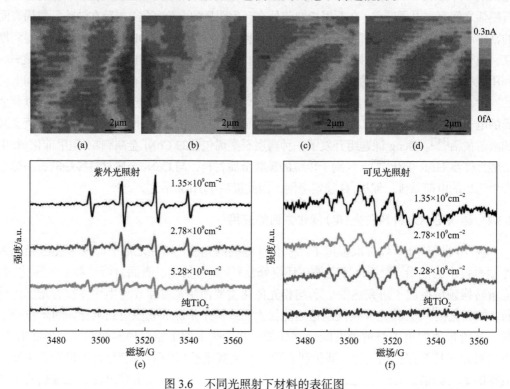

图 3.6　不同光照射下材料的表征图

(a)、(c)无光照和(b)、(d)可见光照射下不同缺陷密度的 3DGN 的扫描隧道电子显微镜图；紫外光照射(e)和可见光照射(f)的电子顺磁共振谱

此外，利用缺陷工程在碳材料上构筑缺陷，改变价带结构，能够显著地提高光催化性能。例如，在氧离子的解吸过程中会呈现出较高的表面能，在碳纳米管(CNTs)上产生空位、局部晶格重排序和管间重定向等，从而在带隙中引入缺陷态。2009 年，Luo 等[172]利用热处理技术制备了富缺陷的碳纳米管，并首次报道了其光催化能力。研究表明，具有高缺陷密度的碳纳米管在可见光的激发下会产生电子-空穴对，从而发生光催化氧化，实现过氧化氢的光催化降解。碳纳米管的电学性能不仅受管的直径和螺旋度的影响，还取决于管的缺陷数量，缺陷对碳纳米管的光催化性能有着重要影响，见图 3.7。

表面等离激元共振(surface plasmon resonance, SPR)由于其独特的光与物质相互作用的特性，有望提高催化剂的光催化性能，近年来引起人们极大的重视。其机理是在 SPR 过程中，金属(Au、Ag、Cu、Al 等)表面的价电子在一定的外场(如光照)作用下产生集体振荡的效应，金属纳米粒子表面产生强电磁场和高浓度的高能光生电荷(电子-空穴对)参与表面催化反应。具有缺陷结构的碳材料有望更好地利用 SPR 效应，进一步提高光催化性能。例如，Giri 课题组[173]利用缺陷工程在石墨烯表面构筑缺陷并与 Au 原子进行复合，与光催化效率为 30% 的原始石墨烯相比，Au 功能化后的缺陷石墨烯和氧化石墨烯薄膜的催化效率分别为 70% 和 85%。如图 3.8(a) 和 (b) 所示，缺陷的存在有助于锚定 Au 纳米粒子，使二者更加紧密地接触。如图 3.8(c) 所示，Au 纳米粒子 (Au NPs) 在提高光催化活性中发挥双重作用。首先，由于 Au NPs 与基底拥有强相互作用，Au NPs 的电子能够

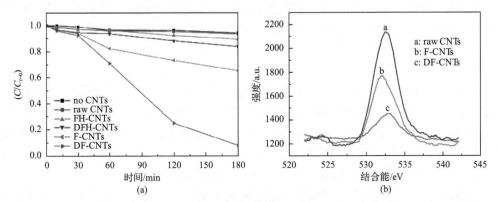

图 3.7　不同 CNTs 的催化性能及表征结果

(a) 不同 CNTs 的 H_2O_2 降解性能图；(b) raw CNTs、F-CNTs 和 DF-CNTs 的 O 1s XPS 谱；no CNTs 表示无碳纳米管；raw CNTs 表示未经处理的碳纳米管

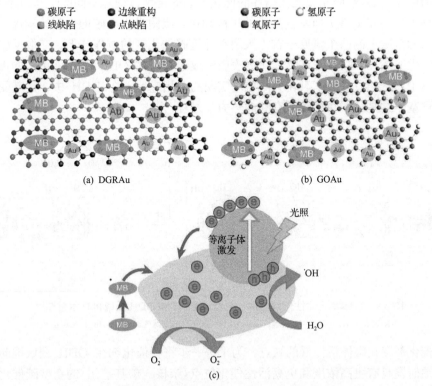

图 3.8　石墨烯/氧化石墨烯与 Au NPs 的原子模型 (扫码见彩图)

(a) 富缺陷石墨烯；　(b) 氧化石墨烯；　(c) 光催化剂的催化机理

转移到富缺陷石墨烯或氧化石墨烯上；其次，在 SPR 过程中，Au NPs 的电子会发生跃迁，这些被激发的电子会迁移到表面。Au NPs 表面积累的电子将通过与富缺陷石墨烯和氧化石墨烯纳米片的 Au—C 键转移到石墨烯纳米片上，从而触发光催化活性。

3.3.3　碳缺陷纳米材料在热催化方面的应用

与电催化和光(电)催化一样，缺陷碳材料在热催化反应中也有较多的应用，本节从脱氢、氧化和还原反应三个方面介绍了碳缺陷材料在热催化中的应用。

1. 脱氢反应

在 19 世纪 60 年代，人们发现在乙苯的氧化脱氢(ODH)中，表面被碳覆盖的氧化铁催化剂仍具有活性[174]，首次发现碳本身可能也有氧化脱氢活性。与传统碳材料〔炭黑、活性炭(AC)、石墨〕相比，有序结构的纳米碳材料(富勒烯、碳纳米管、石墨烯、纳米金刚石等)材料表现出更高的活性和稳定性。此外，与金属或金属氧化物相比，有序结构的碳具有许多优势，如更好的酸碱耐受性、更大的比表面积及更高的电子和/或热的传导性。烃类的脱氢反应，尤其是苯乙烯脱氢及轻质烃脱氢至相应的烯烃，是首个从纳米碳独特的性能获利的反应[175,176]。这些反应同样也是研究和评估最多的。通常来说，脱氢有两种过程：氧化脱氢和直接脱氢。有趣的是，酮类和醌类的羰基是 ODH 和直接脱氢(DDH)过程中的催化中心。然而完成催化循环的催化中心的再生过程是不同的[177]。ODH 和 DDH 可能的分子机理如图 3.9 所示。烃类的扩散和化学吸附发生在碳催化剂的酮羰基上。反应物相邻两个碳上的两个氢原子首先吸附在邻近碳催化剂的酮羰基上，夺取反应物的氢原子后，生成烯烃产物，并在碳催化剂表面形成羟基。在 ODH 中，催化剂的再生是通过氧气分子(分子氧)将羟基氧化为酮羰基实现的。相应地，在 DDH 中，羟基受热分解变回酮羰基，这是一个在高温下有利的热力学过程[178]。

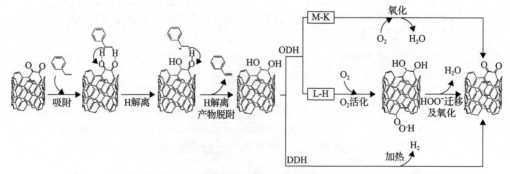

图 3.9　以酮基为活性位点的催化剂催化 ODH 和 DDH 反应机理示意图[179]

M-K 为 Mars-van-Krevelen 机理；L-H 为朗缪尔-欣谢尔伍德(Langmuir-Hinshelwood)机理

碳催化剂存在整体活性低的缺点，为了进一步将碳催化剂在 ODH 领域推向实际应用，必须研发具有更高浓度和更高活性催化位点(亲核酮羰基基团)的新型碳催化剂，更重要的是，在反应条件下可以避免进一步氧化。让碳催化剂原位生成对反应有利的位点同时抑制"坏"位点的生成对于反应来说是有利的。Liu 等发现正丁烷的 ODH 过程能够诱导纳米金刚石晶格重排，由立方 sp^3 杂化转变为 sp^2 杂化富勒烯壳层，提供了在 ODH 过程中具有高选择性的碳表面[180]。含有具有一定程度 sp^3 杂化的碳原子的强弯曲和强应变的石墨表面，似乎是选择性产生表面喹啉基团的合适基底，可有效抑制亲电氧物种如羧酸及其酸酐的形成。在碳基底掺杂 N，尤其是石墨氮键和结构，同样被证明有增强 ODH 活性的能力[181]。这是由于石墨氮原子将电子传递给石墨片，增加了电子密度和迁移率。此外，丙烯因富电子石墨表面与丙烯不饱和碳碳键之间的斥力从表面脱附，也可加速氧分子活化，使得催化中心再生，降低 ODH 反应的整体活化能[182]。

通过密度泛函理论计算，Tang 和 Cao[183]推测了在氧化石墨烯（GO）表面丙烷 ODH 过程的活性位点和催化机理。其归因于高的电子密度，GO 表面的环氧基团可能是 C—H 活性位点。丙烷第一个 C—H 断裂通过环氧基团夺取氢实现，并形成丙基，这一过程是丙烷转换为丙烯的决速步骤。活性位点周围的—OH 基团可以显著提升环氧基团的活性并促进对 H 的捕捉。此外，在外部电场下，GO 表面氧功能基团位点很容易通过扩散进行调整，这增加了 GOs 对丙烷 ODH 的反应性。最近，Grant 等报道了通常被认为是非活性材料的六边形氮化硼和氮化硼纳米管，在丙烷 ODH 方面表现出了独特意外的催化性能，对丙烯生成选择性达到了 77%。氮化硼材料能够显著避免过度氧化生成 CO 或 CO_2，同时副产物仅有乙烯（13%）[184]。基于催化实验、光谱分析和从头建模，研究提出了可能的机理假设，认为氧末端扶椅硼氮边缘是催化反应的催化活性位点，中间体可能是类似过氧化物的 B—O—ON 扶椅边缘。

Wang 等[185]也通过实验证实了集合缺陷可以直接活化碳氢化合物的假设，他们合成了一种 sp^2/sp^3 杂化混合的金刚石/石墨复合物，并将其用作丙烷的 DDH 的非金属碳催化剂。由于表面含氧基团在 DDH 过程中脱附或消耗掉，他们发现丙烷中的 C—H 键可以被表面未覆盖的缺陷位点活化，之后丙基中间体上的氢被夺取形成丙烯。最后，氢从表面脱附形成氢气，从而实现催化循环闭环。该机理总结在图 3.10 中。由于碳催化剂具有多种多样的活性位点，因此 DDH 过程可能包含了图 3.9 和图 3.10 中的机理。

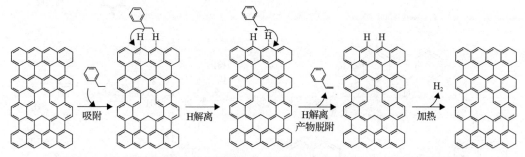

图 3.10　以边缘缺陷为活性部位的催化剂催化乙基苯（EB）DDH 反应机理示意图

2. 氧化反应

广义上讲，ODH 也是一种氧化反应，主要发生在气相中。所需产物是轻质烯烃。在本节中，我们将专注于碳氢化合物的液相氧化，用于生产高附加值含氧功能化合物如过氧化物、醛、醇、酮、酸或酯。目前，这些过程主要通过过渡金属基催化剂的催化实现。

空气或氧分子是最环保的氧化剂，但氧气的三线态结构导致双氧的活化需要强烈的条件，如相对较高的温度和压力，但这种情况下会导致反应物种的过度氧化，降低目标产物的选择性。H_2O_2、叔丁基过氧化氢(TBHP)及其他有机过氧化物通常用作替代氧化剂。碳催化剂可激活这些过氧基氧化剂的活性，提升催化反应效率。

与 CNTs 和金刚石相比，石墨烯材料尤其是石墨烯纳米片、石墨烯纳米带和多孔石墨烯(指在基面上存在纳米孔的石墨烯材料)含有更丰富的边缘缺陷[186-188]。边缘的特性在整体电子特性和催化性质方面起到了重要作用。石墨烯纳米带中的之字形边缘碳原子可能活化大部分分子，如氢气和氧气的部分自由基[189]。由 Loh 课题组报道的使用多孔非金属碳催化剂催化胺的氧化偶联是验证这一原理的恰当的例子[190]，如图 3.11 所示，这种催化剂是通过对 Hummer 法制得的 GO 进行连续的碱处理和酸处理得到的。碳催化剂的载量低至 5%(质量分数)情况下，在无溶剂开放条件下，可获得 98%亚胺产率，该催化性能表现可媲美甚至超过过渡金属催化剂。

另一项使用还原氧化石墨烯(rGO)无金属催化剂催化氧气分子氧化脱硫反应的研究表明，rGO 催化剂能有效地从燃料中去除多种含硫化合物，并具有良好的重复使用性[191]。各种表征、实验表明，羰基在氧化过程中起到重要的作用。rGO 中的缺陷如空穴等，可在反应条件下原位生成羰基基团，从而提升催化性能。然而，羰基基团本身并没有直接

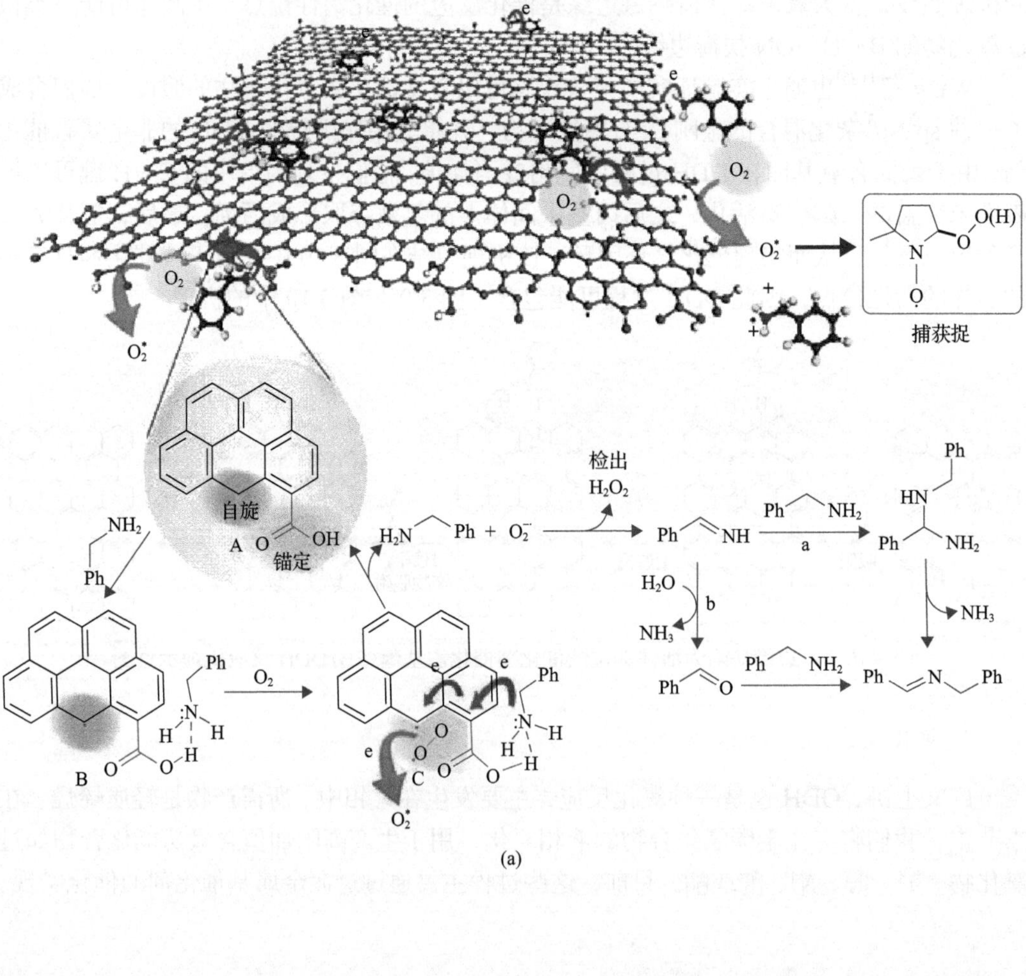

(a)

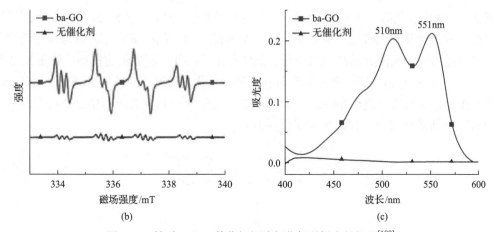

图 3.11　针对 ba-GO 催化初级胺氧化偶联提出的机理[188]

(a)氧化机理示意图；(b)有或无催化剂时的 DEPR 谱图；(c)有或无催化剂的反应体系的紫外-可见吸收光谱；ba-GO 指经过碱处理和酸处理的氧化石墨烯

参与活性氧的形成，其吸电子的特性减少了周围碳原子的电子数量，从而促进分子氧的吸附和活化。之后，强吸附的分子氧转变为吸附态的超氧阴离子自由基(rGO-O$_2^-$)。同时含硫底物转变为硫为中心的阳离子自由基，并于带负电的 rGO-O$_2^-$ 反应，生成最终产物砜。

除了石墨基底平面和其上的缺陷位点(自然存在或人为引入)外，在碳基底引入杂原子(O、N、B、P、S 等)，能够形成物理化学和电子性质可调控的新缺陷位点，从而可获得最佳催化性能[192-194]。氧的掺杂可在石墨基底和边缘上引入多种含氧官能团，含氧官能团在反应前直接攻击反应物，需要使用分子氧或过氧化物等氧化剂再生催化中心。Bielawski 课题组率先将 GO 作为非金属催化剂催化反应，证实了一系列的催化氧化反应可用 GO 进行催化，如醇、硫醇和硫化物的氧化[195]，以及 C—H 氧化[196]、各种烷烃的水合[197]及烯烃的聚合[198]等。已报道的理论计算和实验指出，环氧功能基团在氧化反应中起到了重要的作用。Hutchings 课题组证明 GO 可用作在无溶剂、引发剂和金属条件下链烯烃的低温有氧环氧化反应的有效催化剂[199]。催化该反应至少需要氧化程度 15%的GO，并且氧化程度为 25%时，催化性能最佳。催化反应的含氧功能基团尚未确定，但指出以 Hummer 法[200]制备的 GO 比 Hofmann 法[201]制备的 GO 的催化性能要差。

与氧原子不同，N 和 B 与 C 原子的原子半径接近。掺杂前驱体不同及掺杂过程中施加的温度不同，两者都可以形成表面官能团或作为不同键构型的取代掺杂方式。人们研究了氮掺杂和氮与硼共掺杂的碳材料应用于催化氧化反应，与未掺杂相比，催化活性有了很大的提高。对于一些反应，硼氮共掺杂可以进一步提高催化活性。但硼掺杂的碳材料应用于催化氧化反应，催化效率却没有得到提升，这可能是由于硼的缺电子性质，诱导了石墨烯表面的电子防御[202]。Long 等[203]研究了氮掺杂石墨烯纳米片，作为苯甲醇有氧选择性氧化的无金属催化剂。他们发现在掺杂在石墨烯晶格中的三种氮(吡啶氮、吡咯氮和石墨氮)中，石墨氮含量与催化性能之间具有良好的线性关系，因此石墨氮是催化活性中心。动力学分析表明，催化氧化具有较低的活化能[(56.1±3.5)kJ/mol]，接近于贵金属基催化剂(Ru/Al$_2$O$_3$ 催化剂的表观活化能为 51.4kJ/mol)。该催化过程中形成 sp^2 N-O$_2$

中间态,并催化氧化醇直接到醛,无 H_2O_2 及羧酸等副产物生成(图 3.12)。Watanabe 等[204]将氮掺杂的活性炭作为催化醇有氧氧化的无金属催化剂,同样证明石墨氮为催化活性位点,在催化过程中吸附并活化氧气分子。他们提出了一种不同的催化机理,如图 3.13 所示,与 ORR 过程相似,氮掺杂并不参与氧化剂的活化。相反,由于电荷密度增加和(或)自旋密度增加,与掺杂氮相邻的碳原子完成这一过程[205],其也指出石墨氮物种在反应中可能转变为低活性氧化物种,导致催化剂失活。

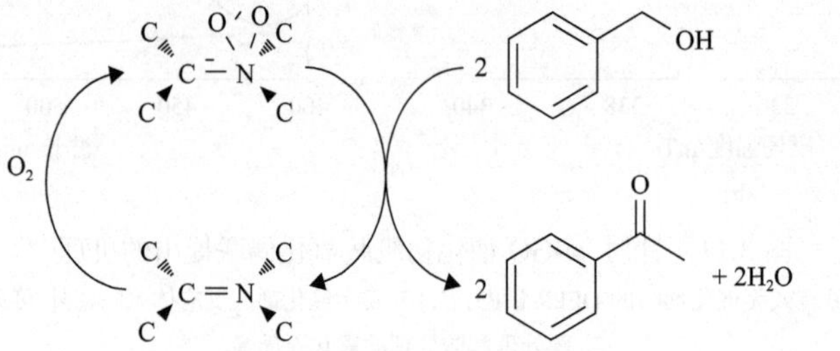

图 3.12　氮掺杂石墨烯纳米片上醇有氧氧化的反应途径[203]

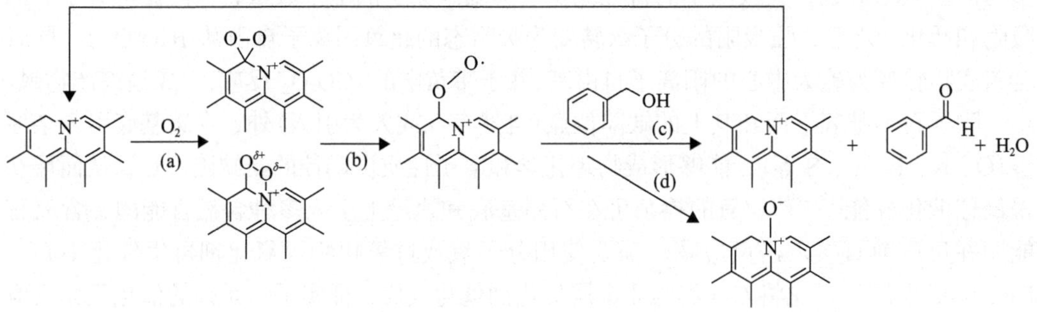

图 3.13　氮掺杂活性炭催化苯甲醇有氧氧化可能的反应路径[204]

(a)氧分子吸附;(b)氧自由基生成;(c)醇氧化生成醛及活性位点再生;(d)活性位点(石墨氮)转变为非活性位点(氧化氮),导致催化剂失活

3. 还原反应

在制药和精细化工中一些有机反应通常以氢气为氢源,进行加氢或还原。由于 H—H 键键能大,双原子分子氢气在催化剂表面的解离吸附,是催化过程的核心步骤。在设计催化剂时,首要考虑的是氢在催化颗粒表面吸附的难易程度。碳材料具有极大的比表面积,广泛应用于催化剂分散载体,催化各种反应。Schimmel 等[206]研究了氢与活性炭、碳纳米纤维和单壁碳纳米管(SWCNTs)的相互作用,结果表明,常温常压下,氢气以物理吸附方式吸附在芳香碳表面,通过芳香碳表面解离激活氢气分子(分子氢)似乎是不可行的[207]。在 2009 年,Xu 课题组证明了富勒烯可作为一种活化氢气的新型非金属加氢催化剂[208],在大气压、氢气和室温光照射下,对硝基苯加氢得到苯胺反应具有较高的收率和选择性。C_{60} 和 C_{60}^- 阴离子之间存在协同作用,当二者比为 2∶1(质量比)时,催化反应达到了 100%转化率和 100%选择性,而在无光照条件下转化率为 0%。利用电感耦合等离子体质谱法(ICP-MS)对催化剂中残留的金属元素进行了检测,发现在富勒烯中存在痕

量的金属，如 Co、Cr、Fe、Cu、Ag。当单独使用这些金属催化硝基苯加氢时，催化性能并没有明显提升，这表明富勒烯对加氢反应的催化性能来源于 C_{60} 而非残留的金属。

Muhler 课题组报道了 N 功能化的多壁碳纳米管(MWCNTs)可以激活分子氢，催化 1,5-环辛二烯加氢[209]。其催化活性源于含氮官能团和表面缺陷的存在，而 MWCNTs 上的含氧官能团及其相关缺陷对加氢活性的贡献并不明显。最近，Xiao 课题组[210]报道了 N 掺杂还原氧化石墨烯对蒽的深度加氢具有很高的催化活性，在石墨烯中不同构型的 N 掺杂，起到不同的催化作用。首先，N 原子的引入使得石墨烯结构中有更多的空位，这有利于氢的吸附和解离。此外，位于石墨烯结构边缘的吡啶氮原子，可以修饰相邻碳原子的能带和电子结构。N 的电负性高于 C，使在邻近的碳原子上产生了净正电荷，增强了从分子氢吸引电子的能力，使 H—H 键更容易解离。同时，石墨氮和 sp^2 杂化 C=C 结构的协同作用，增强了 π-π 相互作用，使更容易活化蒽。蒽的活化与氢解吸附的协同作用，是 N 掺杂石墨烯催化活性的主要来源。此外，N 掺杂 rGO 对各种多环芳烃的加氢反应都是有效的。

3.4　结论与展望

通过对碳材料进行缺陷调控，能够有效改变碳材料物理化学性质，提升其催化性能。通过对缺陷的认识、可控构筑以及利用，本章为后续设计或优化催化剂提供了一定的借鉴作用。同时，针对上面的结论，本章也对以后的工作或者现在的工作的不足之处做出以下展望。

(1)针对缺陷对材料性能的促进作用。目前，对于材料的缺陷测试定量的方法还很单一，尤其是原子尺度上的定量分析。但是，影响材料催化性能的因素很多，开发先进的表征技术，如同步辐射、中子散射等手段，对精准定量分析材料中缺陷的影响具有重要意义。

(2)在缺陷精准控制上。虽然 HOPG 等模型催化剂及各种高精端的表征手段使催化剂的研究更加准确，但是众多的表征手段也有着各自的劣势。同时，影响材料缺陷的因素也很多，借助高端的表征手段，开发新的模型催化剂和原位表征手段用于检测材料合成或构筑缺陷的过程，对于研究材料本征活性及催化活性位点是必不可少的。

(3)催化剂催化反应过程监测。缺陷或材料电荷的增加能够有效促进材料的电催化性能。但是，缺陷位点在实际工况下所处的状态或者电荷在施加电压的情况下的分布还很少有研究。利用各种先进的理论计算或原位表征测试分析工况下材料的电荷及缺陷的演变能够为设计催化剂提供更强有力的支持。

(4)除了材料的缺陷之外，其他重要因素，如活性位点数、三相界面及助催化剂等方面也是研究中需要注重考虑的因素。合理的电极结构、丰富的活性位点是优化催化剂的前提。

(5)催化剂的缺陷调控大多还停留在实验室阶段，与实际应用还有很大差距。同时，催化剂设计制备时，量通常较小，对于大批量的催化剂设计制备也是应该关注的一点。

面向实际应用，催化剂批量制备对于研究具有更加重要的意义。

总的来说，缺陷是影响材料催化性能的重要因素，缺陷对于催化剂催化性能的影响需要更多的关注。通过分析催化剂的结构、电子结构及其与电催化性能之间的联系能够有效地提升对缺陷催化剂设计的理解，为设计高性能催化剂提供指导。同时，面向实际应用也是今后工作的重要方向。

参 考 文 献

[1] Gong K, Du F, Xia Z, et al. Nitrogen-doped carbon nanotube arrays with high electrocatalytic activity for oxygen reduction[J]. Science, 2009, 323(5915): 760-764.

[2] Wu M, He X, Jing B, et al. Novel carbon and defects co-modified g-C₃N₄ for highly efficient photocatalytic degradation of bisphenol A under visible light[J]. Journal of Hazardous Materials, 2020, 384: 121323.

[3] Gao B, Dou M, Wang J, et al. Efficient persulfate activation by carbon defects g-C₃N₄ containing electron traps for the removal of antibiotics, resistant bacteria and genes[J]. Chemical Engineering Journal, 2021, 421: 131677.

[4] Zhang Z, Cui L, Zhang Y, et al. Regulation of carboxyl groups and structural defects of graphitic carbon nitride via environmental-friendly glucose oxidase ring-opening modulation[J]. Applied Catalysis B: Environmental, 2021, 297: 120441.

[5] Lu W, Xu P, Shao S, et al. Multifunctional carbon felt electrode with N-rich defects enables a long-cycle zinc-bromine flow battery with ultrahigh power density[J]. Advanced Functional Materials, 2021, 31(30): 2102913.

[6] Yuan J, Tang Y, Yi X, et al. Crystallization, cyanamide defect and ion induction of carbon nitride: Exciton polarization dissociation, charge transfer and surface electron density for enhanced hydrogen evolution[J]. Applied Catalysis B: Environmental, 2019, 251: 206-212.

[7] Jing L, Xu Y, Zhou M, et al. Novel broad-spectrum-driven oxygen-linked band and porous defect co-modified orange carbon nitride for photodegradation of eisphenol A and 2-mercaptobenzothiazole[J]. Journal of Hazardous Materials, 2020, 396: 122659.

[8] Wan S, Ou M, Wang Y, et al. Protonic acid-assisted universal synthesis of defect abundant multifunction carbon nitride semiconductor for highly-efficient visible light photocatalytic applications[J]. Applied Catalysis B: Environmental, 2019, 258: 118011.

[9] Guo S, Tang Y, Xie Y, et al. P-doped tubular g-C₃N₄ with surface carbon defects: Universal synthesis and enhanced visible-light photocatalytic hydrogen production[J]. Applied Catalysis B: Environmental, 2017, 218: 664-671.

[10] Zhang Z, Lu L, Lv Z, et al. Porous carbon nitride with defect mediated interfacial oxidation for improving visible light photocatalytic hydrogen evolution[J]. Applied Catalysis B: Environmental, 2018, 232: 384-390.

[11] Jiang Y, Yang L, Sun T, et al. Significant contribution of intrinsic carbon defects to oxygen reduction activity[J]. ACS Catalysis, 2015, 5(11): 6707-6712.

[12] Sharma P P, Wu J, Yadav R M, et al. Nitrogen-doped carbon nanotube arrays for high-efficiency electrochemical reduction of CO₂: On the understanding of defects, defect density, and selectivity[J]. Angewandte Chemie-International Edition, 2015, 54(46): 13701-13705.

[13] Berger F J, de Sousa J A, Zhao S, et al. Interaction of luminescent defects in carbon nanotubes with covalently attached stable organic radicals[J]. ACS Nano, 2021, 15(3): 5147-5157.

[14] Tan G, Bao W, Yuan Y, et al. Freestanding highly defect nitrogen-enriched carbon nanofibers for lithium ion battery thin-film anodes[J]. Journal of Materials Chemistry A, 2017, 5(11): 5532-5540.

[15] Yu X, Lai S, Xin S, et al. Coupling of iron phthalocyanine at carbon defect site via π-π stacking for enhanced oxygen reduction reaction[J]. Applied Catalysis B: Environmental, 2021, 280: 119437.

[16] Zhang Y, Wang Y, Di M, et al. Synergy of dopants and defects in ultrathin 2D carbon nitride sheets to significantly boost the photocatalytic hydrogen evolution[J]. Chemical Engineering Journal, 2020, 385: 123938.

[17] Dong C, Ma Z, Qie R, et al. Morphology and defects regulation of carbon nitride by hydrochloric acid to boost visible light absorption and photocatalytic activity[J]. Applied Catalysis B: Environmental, 2017, 217: 629-636.

[18] Chen D, Xu Z, Chen W, et al. Mulberry-inspired nickel-Niobium phosphide on plasma-defect-engineered carbon support for high-performance hydrogen evolution[J]. Small, 2020, 16(43): 2004843.

[19] Yao N, Lordi V. Young's modulus of single-walled carbon nanotubes[J]. Journal of Applied Physics, 1998, 84(4): 1939-1943.

[20] Suenaga K, Wakabayashi H, Koshino M, et al. Imaging active topological defects in carbon nanotubes[J]. Nature Nanotech, 2007, 2: 358-360.

[21] Jung S M, Park J, Shin D, et al. Paramagnetic carbon nanosheets with random hole defects and oxygenated functional groups[J]. Angewandte Chemie-International Edition, 2019, 58(34): 11670-11675.

[22] Jia Y, Zhang L, Du A, et al. Defect graphene as a trifunctional catalyst for electrochemical reactions[J]. Advanced Materials, 2016, 28(43): 9532-9538.

[23] Wang X, Jia Y, Mao X, et al. A directional synthesis for topological defect in carbon[J]. Chem, 2020, 6(8): 2009-2023.

[24] Schaeublin R. Nanometric crystal defects in transmission electron microscopy[J]. Microscopy Research and Technique, 2006, 69(5): 305-316.

[25] Beams R, Cancado L G, Novotny L. Raman characterization of defects and dopants in graphene[J]. Journal of Physics-Condensed Matter, 2015, 27(8): 008002.

[26] Vovk G, Chen X H, Mims C A. *In situ* XPS studies of perovskite oxide surfaces under electrochemical polarization[J]. Journal of Physical Chemistry B, 2005, 109(6): 2445-2454.

[27] Wang W, Shang L, Chang G, et al. Intrinsic carbon-defect-driven electrocatalytic reduction of carbon dioxide[J]. Advanced Materials, 2019, 31(19): 1808276.

[28] Collins L, Kilpatrick J I, Kalinin S V, et al. Towards nanoscale electrical measurements in liquid by advanced KPFM techniques: A review[J]. Reports on Progress in Physics, 2018, 81(8): 086101.

[29] Tao L, Qiao M, Jin R, et al. Bridging the surface charge and catalytic activity of a defective carbon electrocatalyst[J]. Angewandte Chemie-International Edition, 2019, 58(4): 1019-1024.

[30] Eugenio Macchi C. Nanostructures subsurface characterization using positron annihilation spectroscopy[J]. Materia-Rio de Janeiro, 2013, 18(4): 1425-1435.

[31] Zheng J, Lyu Y, Xie C, et al. Defect-enhanced charge separation and transfer within protection layer/semiconductor structure of photoanodes[J]. Advanced Materials, 2018, 30(31): 1801773.

[32] Zhong J H, Zhang J, Jin X, et al. Quantitative correlation between defect density and heterogeneous electron transfer rate of single layer graphene[J]. Journal of the American Chemical Society, 2014, 136(47): 16609-16617.

[33] Scepanovic M, Grujic-Brojcin M, Vojisavljevic K, et al. Raman study of structural disorder in ZnO nanopowders[J]. Journal of Raman Spectroscopy, 2010, 41(9): 914-921.

[34] Gong K, Du F, Xia Z, et al. Nitrogen-doped carbon nanotube arrays with high electrocatalytic activity for oxygen reduction[J]. Science, 2009, 323(5915): 760-764.

[35] Yang H B, Miao J, Hung S F, et al. Identification of catalytic sites for oxygen reduction and oxygen evolution in N-doped graphene materials: Development of highly efficient metal-free bifunctional electrocatalyst[J]. Science Advances, 2016, 2(4): e1501122.

[36] Liu X, Dai L. Carbon-based metal-free catalysts[J]. Nature Reviews Materials, 2016, 1(11): 16064.

[37] Zheng Y, Jiao Y, Qiao S Z. Engineering of carbon-based electrocatalysts for emerging energy conversion: From fundamentality to functionality[J]. Advanced Materials, 2015, 27(36): 5372-5378.

[38] Zhu Y P, Guo C, Zheng Y, et al. Surface and interface engineering of noble-metal-free electrocatalysts for efficient energy conversion processes[J]. Accounts of Chemical Research, 2017, 50(4): 915-923.

[39] Zhang J, Xia Z, Dai L. Carbon-based electrocatalysts for advanced energy conversion and storage[J]. Science Advances, 2015, 1(7): e1500564.

[40] Zhao S, Wang D W, Amal R, et al. Carbon-based metal-free catalysts for key reactions involved in energy conversion and storage[J]. Advanced Materials, 2019, 31(9): 1801526.

[41] Zhang L, Lin C Y, Zhang D, et al. Guiding principles for designing highly efficient metal-free carbon catalysts[J]. Advanced Materials, 2019, 31(13): 1805252.

[42] Ferre-Vilaplana A, Herrero E. Charge transfer, bonding conditioning and solvation effect in the activation of the oxygen reduction reaction on unclustered graphitic-nitrogen-doped graphene[J]. Physical Chemistry Chemical Physics, 2015, 17(25): 16238-16242.

[43] Cheon J Y, Kim J H, Kim J H, et al. Intrinsic relationship between enhanced oxygen reduction reaction activity and nanoscale work function of doped carbons[J]. Journal of the American Chemical Society, 2014, 136(25): 8875-8878.

[44] Hu X B, Wu Y T, Li H R, et al. Adsorption and activation of O_2 on nitrogen-doped carbon nanotubes[J]. The Journal of Physical Chemistry C, 2010, 114(21): 9603-9607.

[45] Wang S, Zhang L, Xia Z, et al. BCN graphene as efficient metal-free electrocatalyst for the oxygen reduction reaction[J]. Angewandte Chemie-International Edition, 2012, 51(17): 4209-4212.

[46] Guo D, Shibuya R, Akiba C, et al. Active sites of nitrogen-doped carbon materials for oxygen reduction reaction clarified using model catalysts[J]. Science, 2016, 351(6271): 361-365.

[47] Wang D W, Su D. Heterogeneous nanocarbon materials for oxygen reduction reaction[J]. Energy & Environmental Science, 2014, 7(2): 576-591.

[48] Ma Z, Dou S, Shen A, et al. Sulfur-doped graphene derived from cycled lithium-sulfur batteries as a metal-free electrocatalyst for the oxygen reduction reaction[J]. Angewandte Chemie-International Edition, 2015, 54(6): 1888-1892.

[49] Yang L, Jiang S, Zhao Y, et al. Boron-doped carbon nanotubes as metal-free electrocatalysts for the oxygen reduction reaction[J]. Angewandte Chemie-International Edition, 2011, 50(31): 7132-7135.

[50] Jeon I Y, Zhang S, Zhang L, et al. Edge-selectively sulfurized graphene nanoplatelets as efficient metal-free electrocatalysts for oxygen reduction reaction: The electron spin effect[J]. Advanced Materials, 2013, 25(42): 6138-6145.

[51] Liu Z, Fu X, Li M, et al. Novel silicon-doped, silicon and nitrogen-codoped carbon nanomaterials with high activity for the oxygen reduction reaction in alkaline medium[J]. Journal of Materials Chemistry A, 2015, 3(7): 3289-3293.

[52] Liu Z W, Peng F, Wang H J, et al. Phosphorus-doped graphite layers with high electrocatalytic activity for the O_2 reduction in an alkaline medium[J]. Angewandte Chemie-International Edition, 2011, 50(14): 3257-3261.

[53] Wang X, Wang J, Wang D, et al. One-pot synthesis of nitrogen and sulfur co-doped graphene as efficient metal-free electrocatalysts for the oxygen reduction reaction[J]. Chemical Communications, 2014, 50(37): 4839-4842.

[54] Zhang J, Qu L, Shi G, et al. N,P-codoped carbon networks as efficient metal-free bifunctional catalysts for oxygen reduction and hydrogen evolution reactions[J]. Angewandte Chemie-International Edition, 2016, 55(6): 2230-2234.

[55] Zhou Y, Leng Y, Zhou W, et al. Sulfur and nitrogen self-doped carbon nanosheets derived from peanut root nodules as high-efficiency non-metal electrocatalyst for hydrogen evolution reaction[J]. Nano Energy, 2015, 16: 357-366.

[56] Zhao Z, Xia Z. Design principles for dual-element-doped carbon nanomaterials as efficient bifunctional catalysts for oxygen reduction and evolution reactions[J]. ACS Catalysis, 2016, 6(3): 1553-1558.

[57] Banhart F, Kotakoski J, Krasheninnikov A V. Structural defects in graphene[J]. ACS Nano, 2011, 5(1): 26-41.

[58] Jia Y, Chen J, Yao X. Defect electrocatalytic mechanism: Concept, topological structure and perspective[J]. Materials Chemistry Frontiers, 2018, 2(7): 1250-1268.

[59] Su D S, Perathoner S, Centi G. Nanocarbons for the development of advanced catalysts[J]. Chemical Reviews, 2013, 113(8): 5782-5816.

[60] Sharma R, Baik J H, Perera C J, et al. Anomalously large reactivity of single graphene layers and edges toward electron transfer chemistries[J]. Nano Letters, 2010, 10(2): 398-405.

[61] Tang C, Zhang Q. Nanocarbon for oxygen reduction electrocatalysis: Dopants, edges, and defects[J]. Advanced Materials, 2017, 29(13): 1604103.

[62] Shen A, Zou Y, Wang Q, et al. Oxygen reduction reaction in a droplet on graphite: Direct evidence that the edge is more active than the basal plane[J]. Angewandte Chemie-International Edition, 2014, 53(40): 10804-10808.

[63] Tao L, Wang Q, Dou S, et al. Edge-rich and dopant-free graphene as a highly efficient metal-free electrocatalyst for the oxygen reduction reaction[J]. Chemical Communications, 2016, 52(13): 2764-2767.

[64] Mehmood F, Pachter R, Lu W, et al. Adsorption and diffusion of oxygen on single-layer graphene with topological defects[J]. Journal of Physical Chemistry C, 2013, 117(20): 10366-10374.

[65] Zhang L, Xu Q, Niu J, et al. Role of lattice defects in catalytic activities of graphene clusters for fuel cells[J]. Physical Chemistry Chemical Physics, 2015, 17(26): 16733-16743.

[66] Jiang Y, Yang L, Sun T, et al. Significant contribution of intrinsic carbon defects to oxygen reduction activity[J]. ACS Catalysis, 2015, 5(11): 6707-6712.

[67] Jeon I Y, Choi H J, Jung S M, et al. Large-scale production of edge-selectively functionalized graphene nanoplatelets via ball milling and their use as metal-free electrocatalysts for oxygen reduction reaction[J]. Journal of the American Chemical Society, 2013, 135(4): 1386-1393.

[68] Chai G L, Hou Z, Shu D J, et al. Active sites and mechanisms for oxygen reduction reaction on nitrogen-doped carbon alloy catalysts: Stone-Wales defect and curvature effect[J]. Journal of the American Chemical Society, 2014, 136(39): 13629-13640.

[69] Zhang L, Niu J, Dai L, et al. Effect of microstructure of nitrogen-doped graphene on oxygen reduction activity in fuel cells[J]. Langmuir, 2012, 28(19): 7542-7550.

[70] Liu Z, Zhao Z, Wang Y, et al. *In situ* exfoliated, edge-rich, oxygen-functionalized graphene from carbon fibers for oxygen electrocatalysis[J]. Advanced Materials, 2017, 29(18): 1606207.

[71] Zhu J, Huang Y, Mei W, et al. Effects of intrinsic pentagon defects on electrochemical reactivity of carbon nanomaterials[J]. Angewandte Chemie-International Edition, 2019, 58(12): 3859-3864.

[72] Wang Y, Tao L, Xiao Z, et al. 3D carbon electrocatalysts *in situ* constructed by defect-rich nanosheets and polyhedrons from NaCl-sealed zeolitic imidazolate frameworks[J]. Advanced Functional Materials, 2018, 28(11): 1705356.

[73] Qiao B, Wang A, Yang X, et al. Single-atom catalysis of CO oxidation using Pt_1/FeO_x[J]. Nature Chemistry, 2011, 3(8): 634-641.

[74] Zhu C, Fu S, Shi Q, et al. Single-atom electrocatalysts[J]. Angewandte Chemie-International Edition, 2017, 56(45): 13944-13960.

[75] Zhang Y, Guo L, Tao L, et al. Defect-based single-atom electrocatalysts[J]. Small Methods, 2019, 3(9): 1800406.

[76] Fei H, Dong J, Feng Y, et al. General synthesis and definitive structural identification of MN_4C_4 single-atom catalysts with tunable electrocatalytic activities[J]. Nature Catalysis, 2018, 1(1): 63-72.

[77] Qu Y, Li Z, Chen W, et al. Direct transformation of bulk copper into copper single sites via emitting and trapping of atoms[J]. Nature Catalysis, 2018, 1(10): 781-786.

[78] Tao L, Lin C Y, Dou S, et al. Creating coordinatively unsaturated metal sites in metal-organic-frameworks as efficient electrocatalysts for the oxygen evolution reaction: Insights into the active centers[J]. Nano Energy, 2017, 41: 417-425.

[79] Li X, Huang X, Xi S, et al. Single cobalt atoms anchored on porous N-doped graphene with dual reaction sites for efficient Fenton-like catalysis[J]. Journal of the American Chemical Society, 2018, 140(39): 12469-12475.

[80] Wang Y, Mao J, Meng X, et al. Catalysis with two-dimensional materials confining single atoms: Concept, design, and applications[J]. Chemical Reviews, 2019, 119(3): 1806-1854.

[81] Alarawi A, Ramalingam V, He J H. Recent advances in emerging single atom confined two-dimensional materials for water splitting applications[J]. Materials Today Energy, 2019, 11: 1-23.

[82] Li J, Chen M, Cullen D A, et al. Atomically dispersed manganese catalysts for oxygen reduction in proton-exchange membrane fuel cells[J]. Nature Catalysis, 2018, 1(12): 935-945.

[83] Gong S, Wang C, Jiang P, et al. Designing highly efficient dual-metal single-atom electrocatalysts for the oxygen reduction reaction inspired by biological enzyme systems[J]. Journal of Materials Chemistry A, 2018, 6(27): 13254-13262.

[84] Song P, Luo M, Liu X, et al. Zn single atom catalyst for highly efficient oxygen reduction reaction[J]. Advanced Functional Materials, 2017, 27(28): 1700802.

[85] Qiu H J, Ito Y, Cong W, et al. Nanoporous graphene with single-atom nickel dopants: An efficient and stable catalyst for electrochemical hydrogen production[J]. Angewandte Chemie-International Edition, 2015, 54(47): 14031-14035.

[86] Chen W, Pei J, He C T, et al. Rational design of single molybdenum atoms anchored on N-doped carbon for effective hydrogen evolution reaction[J]. Angewandte Chemie-International Edition, 2017, 56(50): 16086-16090.

[87] Zhu Y, Sun W, Luo J, et al. A cocoon silk chemistry strategy to ultrathin N-doped carbon nanosheet with metal single-site catalysts[J]. Nature Communications, 2018, 9: 3861.

[88] He Y, Hwang S, Cullen D A, et al. Highly active atomically dispersed CoN4 fuel cell cathode catalysts derived from surfactant-assisted MOFs: Carbon-shell confinement strategy[J]. Energy & Environmental Science, 2019, 12(1): 250-260.

[89] Li B Q, Zhao C X, Chen S, et al. Framework-porphyrin-derived single-atom bifunctional oxygen electrocatalysts and their applications in Zn-air batteries[J]. Advanced Materials, 2019, 31(19): 1900592.

[90] Wang A, Li J, Zhang T. Heterogeneous single-atom catalysis[J]. Nature Reviews Chemistry, 2018, 2(6): 65-81.

[91] Yin P, Yao T, Wu Y, et al. Single cobalt atoms with precise N-coordination as superior oxygen reduction reaction catalysts[J]. Angewandte Chemie-International Edition, 2016, 55(36): 10800-10805.

[92] Chen Y, Ji S, Wang Y, et al. Isolated single iron atoms anchored on N-doped porous carbon as an efficient electrocatalyst for the oxygen reduction reaction[J]. Angewandte Chemie-International Edition, 2017, 56(24): 6937-6941.

[93] Chen W, Pei J, He C T, et al. Single tungsten atoms supported on MOF-derived N-doped carbon for robust electrochemical hydrogen evolution[J]. Advanced Materials, 2018, 30(30): 1800396.

[94] Pan F, Zhang H, Liu K, et al. Unveiling active sites of CO2 reduction on nitrogen-coordinated and atomically dispersed iron and cobalt catalysts[J]. ACS Catalysis, 2018, 8(4): 3116-3122.

[95] Yan C, Li H, Ye Y, et al. Coordinatively unsaturated nickel-nitrogen sites towards selective and high-rate CO2 electroreduction[J]. Energy & Environmental Science, 2018, 11(5): 1204-1210.

[96] Jiang R, Li L, Sheng T, et al. Edge-site engineering of atomically dispersed Fe-N4 by selective C-N bond cleavage for enhanced oxygen reduction reaction activities[J]. Journal of the American Chemical Society, 2018, 140(37): 11594-11598.

[97] Wu H, Li H, Zhao X, et al. Highly doped and exposed Cu(I)-N active sites within graphene towards efficient oxygen reduction for zinc-air batteries[J]. Energy & Environmental Science, 2016, 9(12): 3736-3745.

[98] Cheng Q, Yang L, Zou L, et al. Single cobalt atom and N codoped carbon nanofibers as highly durable electrocatalyst for oxygen reduction reaction[J]. ACS Catalysis, 2017, 7(10): 6864-6871.

[99] Liu J, Jiao M, Lu L, et al. High performance platinum single atom electrocatalyst for oxygen reduction reaction[J]. Nature Communications, 2017, 8: 15938.

[100] Lei C, Wang Y, Hou Y, et al. Efficient alkaline hydrogen evolution on atomically dispersed Ni-Nx species anchored porous carbon with embedded Ni nanoparticles by accelerating water dissociation kinetics[J]. Energy & Environmental Science, 2019, 12(1): 149-156.

[101] Fei H, Dong J, Feng Y, et al. General synthesis and definitive structural identification of MN4C4 single-atom catalysts with tunable electrocatalytic activities[J]. Nature Catalysis, 2018, 1(1): 63-72.

[102] Li Q, Chen W, Xiao H, et al. Fe isolated single atoms on S, N codoped carbon by copolymer pyrolysis strategy for highly efficient oxygen reduction reaction[J]. Advanced Materials, 2018, 30(25): 1800588.

[103] Yin J, Fan Q, Li Y, et al. Ni—C—N nanosheets as catalyst for hydrogen evolution reaction[J]. Journal of the American Chemical Society, 2016, 138(44): 14546-14549.

[104] Wang Z L, Hao X F, Jiang Z, et al. C and N hybrid coordination derived Co—C—N complex as a highly efficient electrocatalyst for hydrogen evolution reaction[J]. Journal of the American Chemical Society, 2015, 137(48): 15070-15073.

[105] Zhang X, Guo J, Guan P, et al. Catalytically active single-atom niobium in graphitic layers[J]. Nature Communications, 2013, 4: 1924.

[106] Liu G, Robertson A W, Li M M J, et al. MoS$_2$ monolayer catalyst doped with isolated Co atoms for the hydrodeoxygenation reaction[J]. Nature Chemistry, 2017, 9(8): 810-816.

[107] Yang S, Kim J, Tak Y J, et al. Single-atom catalyst of platinum supported on titanium nitride for selective electrochemical reactions[J]. Angewandte Chemie-International Edition, 2016, 55(6): 2058-2062.

[108] Tao L, Shi Y, Huang Y C, et al. Interface engineering of Pt and CeO$_2$ nanorods with unique interaction for methanol oxidation[J]. Nano Energy, 2018, 53: 604-612.

[109] Wan J, Chen W, Jia C, et al. Defect effects on TiO$_2$ nanosheets: Stabilizing single atomic site Au and promoting catalytic properties[J]. Advanced Materials, 2018, 30(11): 1705369.

[110] Chen Y, Ji S, Chen C, et al. Single-atom catalysts: Synthetic strategies and electrochemical applications[J]. Joule, 2018, 2(7): 1242-1264.

[111] Qu Y, Chen B, Li Z, et al. Thermal emitting strategy to synthesize atomically dispersed Pt metal sites from bulk Pt metal[J]. Journal of the American Chemical Society, 2019, 141(11): 4505-4509.

[112] Zhang L, Jia Y, Gao G, et al. Graphene defects trap atomic Ni species for hydrogen and oxygen evolution reactions[J]. Chem, 2018, 4(2): 285-297.

[113] Zhang L, Fischer J M T A, Jia Y, et al. Coordination of atomic Co-Pt coupling species at carbon defects as active sites for oxygen reduction reaction[J]. Journal of the American Chemical Society, 2018, 140(34): 10757-10763.

[114] Tian G L, Zhang Q, Zhang B, et al. Toward full exposure of "active sites": Nanocarbon electrocatalyst with surface enriched nitrogen for superior oxygen reduction and evolution reactivity[J]. Advanced Functional Materials, 2014, 24(38): 5956-5961.

[115] Du A, Sanvito S, Li Z, et al. Hybrid graphene and graphitic carbon nitride nanocomposite: Gap opening, electron-hole puddle, interfacial charge transfer, and enhanced visible light response[J]. Journal of the American Chemical Society, 2012, 134(9): 4393-4397.

[116] Han Q, Cheng Z, Gao J, et al. Mesh-on-mesh graphitic-C$_3$N$_4$@graphene for highly efficient hydrogen evolution[J]. Advanced Functional Materials, 2017, 27(15): 1606352.

[117] Liu Z, Zhao Z, Wang Y, et al. *In situ* exfoliated, edge-rich, oxygen-functionalized graphene from carbon fibers for oxygen electrocatalysis[J]. Advanced Materials, 2017, 29(18): 1606207.

[118] Chen P, Xiao T Y, Qian Y H, et al. A nitrogen-doped graphene/carbon nanotube nanocomposite with synergistically enhanced electrochemical activity[J]. Advanced Materials, 2013, 25(23): 3192-3196.

[119] Tian G L, Zhao M Q, Yu D, et al. Nitrogen-doped graphene/carbon nanotube hybrids: *In situ* formation on bifunctional catalysts and their superior electrocatalytic activity for oxygen evolution/reduction reaction[J]. Small, 2014, 10(11): 2251-2259.

[120] Zhang Y, Jiang W J, Zhang X, et al. Engineering self-assembled N-doped graphene-carbon nanotube composites towards efficient oxygen reduction electrocatalysts[J]. Physical Chemistry Chemical Physics, 2014, 16(27): 13605-13609.

[121] Sa Y J, Park C, Jeong H Y, et al. Carbon nanotubes/heteroatom-doped carbon core-sheath nanostructures as highly active, metal-free oxygen reduction electrocatalysts for alkaline fuel cells[J]. Angewandte Chemie-International Edition, 2014, 53(16): 4102-4106.

[122] Lee J S, Jo K, Lee T, et al. Facile synthesis of hybrid graphene and carbon nanotubes as a metal-free electrocatalyst with active dual interfaces for efficient oxygen reduction reaction[J]. Journal of Materials Chemistry A, 2013, 1(34): 9603-9607.

[123] Ma Y, Sun L, Huang W, et al. Three-dimensional nitrogen-doped carbon nanotubes/graphene structure used as a metal-free electrocatalyst for the oxygen reduction reaction[J]. Journal of Physical Chemistry C, 2011, 115(50): 24592-24597.

[124] Liang J, Du X, Gibson C, et al. N-doped graphene natively grown on hierarchical ordered porous carbon for enhanced oxygen reduction[J]. Advanced Materials, 2013, 25(43): 6226-6231.

[125] Higgins D C, Hoque M A, Hassan F, et al. Oxygen reduction on graphene-carbon nanotube composites doped sequentially with nitrogen and sulfur[J]. ACS Catalysis, 2014, 4(8): 2734-2740.

[126] Liu Y, Wu P. Graphene quantum dot hybrids as efficient metal-free electrocatalyst for the oxygen reduction reaction[J]. ACS Applied Materials & Interfaces, 2013, 5(8): 3362-3369.

[127] Li Y, Zhao Y, Cheng H, et al. Nitrogen-doped graphene quantum dots with oxygen-rich functional groups[J]. Journal of the American Chemical Society, 2012, 134(1): 15-18.

[128] Zhou X, Tian Z, Li J, et al. Synergistically enhanced activity of graphene quantum dot/multi-walled carbon nanotube composites as metal-free catalysts for oxygen reduction reaction[J]. Nanoscale, 2014, 6(5): 2603-2607.

[129] Wang M, Fang Z, Zhang K, et al. Synergistically enhanced activity of graphene quantum dots/graphene hydrogel composites: A novel all-carbon hybrid electrocatalyst for metal/air batteries[J]. Nanoscale, 2016, 8(22): 11398-11402.

[130] Hu C, Yu C, Li M, et al. Nitrogen-doped carbon dots decorated on graphene: A novel all-carbon hybrid electrocatalyst for enhanced oxygen reduction reaction[J]. Chemical Communications, 2015, 51(16): 3419-3422.

[131] Haque E, Kim J, Malgras V, et al. Recent advances in graphene quantum dots: Synthesis, properties, and applications[J]. Small Methods, 2018, 2(10): 1800050.

[132] Jin H, Huang H, He Y, et al. Graphene quantum dots supported by graphene nanoribbons with ultrahigh electrocatalytic performance for oxygen reduction[J]. Journal of the American Chemical Society, 2015, 137(24): 7588-7591.

[133] Yuan Z, Li J, Yang M, et al. Ultrathin black phosphorus-on-nitrogen doped graphene for efficient overall water splitting: Dual modulation roles of directional interfacial charge transfer[J]. Journal of the American Chemical Society, 2019, 141(12): 4972-4979.

[134] Dou S, Tao L, Huo J, et al. Etched and doped Co_9S_8/graphene hybrid for oxygen electrocatalysis[J]. Energy & Environmental Science, 2016, 9(4): 1320-1326.

[135] Li G, Yu J, Jia J, et al. Cobalt-cobalt phosphide nanoparticles@nitrogen-phosphorus doped carbon/graphene derived from cobalt ions adsorbed *Saccharomycete* yeasts as an efficient, stable, and large-current-density electrode for hydrogen evolution reactions[J]. Advanced Functional Materials, 2018, 28(40): 1801332.

[136] Li X H, Antonietti M. Metal nanoparticles at mesoporous N-doped carbons and carbon nitrides: Functional Mott-Schottky heterojunctions for catalysis[J]. Chemical Society Reviews, 2013, 42(16): 6593-6604.

[137] Liang Y, Wang H, Diao P, et al. Oxygen reduction electrocatalyst based on strongly coupled cobalt oxide nanocrystals and carbon nanotubes[J]. Journal of the American Chemical Society, 2012, 134(38): 15849-15857.

[138] Zhou W, Zhou J, Zhou Y, et al. N-doped carbon-wrapped cobalt nanoparticles on N-doped graphene nanosheets for high-efficiency hydrogen production[J]. Chemistry of Materials, 2015, 27(6): 2026-2032.

[139] Zhou M, Zhang A, Dai Z, et al. Strain-enhanced stabilization and catalytic activity of metal nanoclusters on graphene[J]. Journal of Physical Chemistry C, 2010, 114(39): 16541-16546.

[140] Yang Z, Zhou X, Nie H, et al. Facile construction of manganese oxide doped carbon nanotube catalysts with high activity for oxygen reduction reaction and investigations into the origin of their activity enhancement[J]. ACS Applied Materials & Interfaces, 2011, 3(7): 2601-2606.

[141] Gao M R, Cao X, Gao Q, et al. Nitrogen-doped graphene supported $CoSe_2$ nanobelt composite catalyst for efficient water oxidation[J]. ACS Nano, 2014, 8(4): 3970-3978.

[142] Jia Y, Zhang L, Gao G, et al. A heterostructure coupling of exfoliated Ni-Fe hydroxide nanosheet and defective graphene as a bifunctional electrocatalyst for overall water splitting[J]. Advanced Materials, 2017, 29(17): 1700017.

[143] Deng J, Deng D, Bao X. Robust catalysis on 2D materials encapsulating metals: Concept, application, and perspective[J]. Advanced Materials, 2017, 29(43): 1606967.

[144] Deng D, Novoselov K S, Fu Q, et al. Catalysis with two-dimensional materials and their heterostructures[J]. Nature Nanotechnology, 2016, 11(3): 218-230.

[145] Zhang H, Ma Z, Duan J, et al. Active sites implanted carbon cages in core shell architecture: Highly active and durable electrocatalyst for hydrogen evolution reaction[J]. ACS Nano, 2016, 10(1): 684-694.

[146] Yang W, Liu X, Yue X, et al. Bamboo-like carbon nanotube/Fe$_3$C nanoparticle hybrids and their highly efficient catalysis for oxygen reduction[J]. Journal of the American Chemical Society, 2015, 137(4): 1436-1439.

[147] Tran D T, Kshetri T, Nguyen D C, et al. Emerging core-shell nanostructured catalysts of transition metal encapsulated by two-dimensional carbon materials for electrochemical applications[J]. Nano Today, 2018, 22: 100-131.

[148] Deng J, Ren P, Deng D, et al. Enhanced electron penetration through an ultrathin graphene layer for highly efficient catalysis of the hydrogen evolution reaction[J]. Angewandte Chemie-International Edition, 2015, 54(7): 2100-2104.

[149] Fujishima A, Honda K. Electrochemical photolysis of water at a semiconductor electrode[J]. Nature, 1972, 238(5358): 37, 38.

[150] Herrmann J M. Heterogeneous photocatalysis: Fundamentals and applications to the removal of various types of aqueous pollutants[J]. Catalysis Today, 1999, 53(1): 115-129.

[151] Kudo A, Miseki Y. Heterogeneous photocatalyst materials for water splitting[J]. Chemical Society Reviews, 2009, 38(1): 253-278.

[152] Li K, An X, Park K H, et al. A critical review of CO$_2$ photoconversion: Catalysts and reactors[J]. Catalysis Today, 2014, 224: 3-12.

[153] Pelaez M, Nolan N T, Pillai S C, et al. A review on the visible light active titanium dioxide photocatalysts for environmental applications[J]. Applied Catalysis B: Environmental, 2012, 125: 331-349.

[154] Etacheri V, Di Valentin C, Schneider J, et al. Visible-light activation of TiO$_2$ photocatalysts: Advances in theory and experiments[J]. Journal of Photochemistry and Photobiology C-Photochemistry Reviews, 2015, 25: 1-29.

[155] Yu J C, Ho W K, Yu J G, et al. Efficient visible-light-induced photocatalytic disinfection on sulfur-doped nanocrystalline titania[J]. Environmental Science & Technology, 2005, 39(4): 1175-1179.

[156] Minero C, Mariella G, Maurino V, et al. Photocatalytic transformation of organic compounds in the presence of inorganic anions. 1. Hydroxyl-mediated and direct electron-transfer reactions of phenol on a titanium dioxide-fluoride system[J]. Langmuir, 2000, 16(6): 2632-2641.

[157] Asahi R, Morikawa T, Ohwaki T, et al. Visible-light photocatalysis in nitrogen-doped titanium oxides[J]. Science, 2001, 293(5528): 269-271.

[158] Sakthivel S, Kisch H. Daylight photocatalysis by carbon-modified titanium dioxide[J]. Angewandte Chemie-International Edition, 2003, 42(40): 4908-4911.

[159] Cho Y M, Choi W Y, Lee C H, et al. Visible light-induced degradation of carbon tetrachloride on dye-sensitized TiO$_2$[J]. Environmental Science & Technology, 2001, 35(5): 966-970.

[160] Bae E, Choi W. Highly enhanced photoreductive degradation of perchlorinated compounds on dye-sensitized metal/TiO$_2$ under visible light[J]. Environmental Science & Technology, 2003, 37(1): 147-152.

[161] Choi H, Stathatos E, Dionysiou D D. Sol-gel preparation of mesoporous photocatalytic TiO$_2$ films and TiO$_2$/Al$_2$O$_3$ composite membranes for environmental applications[J]. Applied Catalysis B: Environmental, 2006, 63(1-2): 60-67.

[162] Leary R, Westwood A. Carbonaceous nanomaterials for the enhancement of TiO$_2$ photocatalysis[J]. Carbon, 2011, 49(3): 741-772.

[163] Xia X H, Jia Z H, Yu Y, et al. Preparation of multi-walled carbon nanotube supported TiO$_2$ and its photocatalytic activity in the reduction of CO$_2$ with H$_2$O[J]. Carbon, 2007, 45(4): 717-721.

[164] Stankovich S, Dikin D A, Dommett G H B, et al. Graphene-based composite materials[J]. Nature, 2006, 442(7100): 282-286.

[165] Wang W D, Serp P, Kalck P, et al. Visible light photodegradation of phenol on MWNT-TiO$_2$ composite catalysts prepared by a modified sol-gel method[J]. Journal of Molecular Catalysis A-Chemical, 2005, 235(1-2): 194-199.

[166] Ocampo-Perez R, Sanchez-Polo M, Rivera-Utrilla J, et al. Enhancement of the catalytic activity of TiO$_2$ by using activated carbon in the photocatalytic degradation of cytarabine[J]. Applied Catalysis B: Environmental, 2011, 104(1-2): 177-184.

[167] Williams G, Seger B, Kamat P V. TiO$_2$-graphene nanocomposites. UV-assisted photocatalytic reduction of graphene oxide[J]. ACS Nano, 2008, 2(7): 1487-1491.

[168] Matos J, Laine J, Herrmann J M. Effect of the type of activated carbons on the photocatalytic degradation of aqueous organic pollutants by UV-irradiated titania[J]. Journal of Catalysis, 2001, 200(1): 10-20.

[169] Zhang Y, Tang Z R, Fu X, et al. TiO_2-graphene nanocomposites for gas-phase photocatalytic degradation of volatile aromatic pollutant: is TiO_2-graphene truly different from other TiO_2-carbon composite materials?[J]. ACS Nano, 2010, 4(12): 7303-7314.

[170] Zhang H, Lv X, Li Y, et al. P_{25}-graphene composite as a high performance photocatalyst[J]. ACS Nano, 2010, 4(1): 380-386.

[171] Tang B, Chen H, He Y, et al. Influence from defects of three-dimensional graphene network on photocatalytic performance of composite photocatalyst[J]. Composites Science and Technology, 2017, 150: 54-64.

[172] Luo Y, Heng Y, Dai X, et al. Preparation and photocatalytic ability of highly defective carbon nanotubes[J]. Journal of Solid State Chemistry, 2009, 182(9): 2521-2525.

[173] Biroju R K, Choudhury B, Giri P K. Plasmon-enhanced strong visible light photocatalysis by defect engineered CVD graphene and graphene oxide physically functionalized with Au nanoparticles[J]. Catalysis Science & Technology, 2016, 6(19): 7101-7112.

[174] Ogasawara N S. Reaction mechanism for styrene synthesis over polynaphthoquinone[J]. Journal of Catalysis, 1973, 31(3): 444-449.

[175] Zhang J, Su D, Zhang A, et al. Nanocarbon as robust catalyst: Mechanistic insight into carbon-mediated catalysis[J]. Angewandte Chemie-International Edition, 2007, 46(38): 7319-7323.

[176] Mestl G, Maksimova N I, Keller N, et al. Carbon nanofilaments in heterogeneous catalysis: An industrial application for new carbon materials?[J]. Angewandte Chemie-International Edition, 2001, 40(11): 2066-2068.

[177] Zhao Z, Ge G, Li W, et al. Modulating the microstructure and surface chemistry of carbocatalysts for oxidative and direct dehydrogenation: A review[J]. Chinese Journal of Catalysis, 2016, 37(5): 644-670.

[178] Zhang J, Su D S, Blume R, et al. Surface chemistry and catalytic reactivity of a nanodiamond in the steam-free dehydrogenation of ethylbenzene[J]. Angewandte Chemie-International Edition, 2010, 49(46): 8640-8644.

[179] Qi W, Su D. Metal-free carbon catalysts for oxidative dehydrogenation reactions[J]. ACS Catalysis, 2014, 4(9): 3212-3218.

[180] Liu X, Frank B, Zhang W, et al. Carbon-catalyzed oxidative dehydrogenation of n-butane: Selective site formation during sp^3 to sp^2 lattice rearrangement[J]. Angewandte Chemie-International Edition, 2011, 50(14): 3318-3322.

[181] Pelech I, Soares O S G P, Pereira M F R, et al. Oxidative dehydrogenation of isobutane on carbon xerogel catalysts[J]. Catalysis Today, 2015, 249: 176-183.

[182] Chen C, Zhang J, Zhang B, et al. Revealing the enhanced catalytic activity of nitrogen-doped carbon nanotubes for oxidative dehydrogenation of propane[J]. Chemical Communications, 2013, 49(74): 8151-8153.

[183] Tang S, Cao Z. Site-dependent catalytic activity of graphene oxides towards oxidative dehydrogenation of propane[J]. Physical Chemistry Chemical Physics, 2012, 14(48): 16558-16565.

[184] Grant J T, Carrero C A, Goeltl F, et al. Selective oxidative dehydrogenation of propane to propene using boron nitride catalysts[J]. Science, 2016, 354(6319): 1570-1573.

[185] Wang R, Sun X, Zhang B, et al. Hybrid nanocarbon as a catalyst for direct dehydrogenation of propane: Formation of an active and selective core-shell sp^2/sp^3 nanocomposite structure[J]. Chemistry-A European Journal, 2014, 20(21): 6324-6331.

[186] Boukhvalov D W, Osipov V Y, Shames A I, et al. Charge transfer and weak bonding between molecular oxygen and graphene zigzag edges at low temperatures[J]. Carbon, 2016, 107: 800-810.

[187] Panich A M, Shames A I, Tsindlekht M I, et al. Structure and magnetic properties of pristine and Fe-doped micro- and nanographenes[J]. Journal of Physical Chemistry C, 2016, 120(5): 3042-3053.

[188] Ritter K A, Lyding J W. The influence of edge structure on the electronic properties of graphene quantum dots and nanoribbons[J]. Nature Materials, 2009, 8(3): 235-242.

[189] Jiang D E, Sumpter B G, Dai S. Unique chemical reactivity of a graphene nanoribbon's zigzag edge[J]. Journal of Chemical Physics, 2007, 126(13): 134701.

[190] Su C, Acik M, Takai K, et al. Probing the catalytic activity of porous graphene oxide and the origin of this behaviour[J]. Nature Communications, 2012, 3: 1298.

[191] Gu Q, Wen G, Ding Y, et al. Reduced graphene oxide: A metal-free catalyst for aerobic oxidative desulfurization[J]. Green Chemistry, 2017, 19(4): 1175-1181.

[192] Wang X, Sun G, Routh P, et al. Heteroatom-doped graphene materials: Syntheses, properties and applications[J]. Chemical Society Reviews, 2014, 43(20): 7067-7098.

[193] Kong X K, Chen C L, Chen Q W. Doped graphene for metal-free catalysis[J]. Chemical Society Reviews, 2014, 43(8): 2841-2857.

[194] Fan X, Zhang G, Zhang F. Multiple roles of graphene in heterogeneous catalysis[J]. Chemical Society Reviews, 2015, 44(10): 3023-3035.

[195] Dreyer D R, Jia H P, Todd A D, et al. Graphite oxide: A selective and highly efficient oxidant of thiols and sulfides[J]. Organic & Biomolecular Chemistry, 2011, 9(21): 7292-7295.

[196] Jia H P, Dreyer D R, Bielawski C W. C—H oxidation using graphite oxide[J]. Tetrahedron, 2011, 67(24): 4431-4434.

[197] Dreyer D R, Jia H P, Bielawski C W. Graphene oxide: A convenient carbocatalyst for facilitating oxidation and hydration reactions[J]. Angewandte Chemie-International Edition, 2010, 49(38): 6813-6816.

[198] Dreyer D R, Bielawski C W. Graphite oxide as an olefin polymerization carbocatalyst: Applications in electrochemical double layer capacitors[J]. Advanced Functional Materials, 2012, 22(15): 3247-3253.

[199] Pattisson S, Nowicka E, Gupta U N, et al. Tuning graphitic oxide for initiator- and metal-free aerobic epoxidation of linear alkenes[J]. Nature Communications, 2016, 7: 12855.

[200] Hummers W S, Offeman R E. Preparation of graphitic oxide[J]. Journal of the American Chemical Society, 1958, 80(6): 1339.

[201] Hofmann U, König E. Untersuchungen über graphitoxyd[J]. Zeitschrift Für Anorganische und Allgemeine Chemie, 1937, 234(4): 311-336.

[202] Patel M, Savaram K, Keating K, et al. Rapid transformation of biomass compounds to metal free catalysts via short microwave irradiation[J]. Journal of Natural Products Research Updates, 2015, 1: 18-28.

[203] Long J, Xie X, Xu J, et al. Nitrogen-doped graphene nanosheets as metal-free catalysts for aerobic selective oxidation of benzylic alcohols[J]. ACS Catalysis, 2012, 2(4): 622-631.

[204] Watanabe H, Asano S, Fujita S, et al. Nitrogen-doped, metal-free activated carbon catalysts for aerobic oxidation of alcohols[J]. ACS Catalysis, 2015, 5(5): 2886-2894.

[205] Gong K, Du F, Xia Z, et al. Nitrogen-doped carbon nanotube arrays with high electrocatalytic activity for oxygen reduction[J]. Science, 2009, 323(5915): 760-764.

[206] Schimmel H G, Kearley G J, Nijkamp M G, et al. Hydrogen adsorption in carbon nanostructures: Comparison of nanotubes, fibers, and coals[J]. Chemistry-A European Journal, 2003, 9(19): 4764-4770.

[207] Ulbricht H, Moos G, Hertel T. Interaction of molecular oxygen with single-wall carbon nanotube bundles and graphite[J]. Surface Science, 2003, 532: 852-856.

[208] Li B, Xu Z. A nonmetal catalyst for molecular hydrogen activation with comparable catalytic hydrogenation capability to noble metal catalyst[J]. Journal of the American Chemical Society, 2009, 131(45): 16380.

[209] Chen P, Chew L M, Kostka A, et al. Purified oxygen- and nitrogen-modified multi-walled carbon nanotubes as metal-free catalysts for selective olefin hydrogenation[J]. Journal of Energy Chemistry, 2013, 22(2): 312-320.

[210] Liu R, Li F, Chen C, et al. Nitrogen-functionalized reduced graphene oxide as carbocatalysts with enhanced activity for polyaromatic hydrocarbon hydrogenation[J]. Catalysis Science & Technology, 2017, 7(5): 1217-1226.

第 4 章　金属材料缺陷与催化

4.1　引　　言

　　金属纳米材料是利用纳米技术制造的金属材料，具有纳米级尺寸的组织结构，是现代纳米科学研究史上的先进研究领域之一。与各种无机元素相比，金属往往受到人们更广泛的关注。法拉第最早提出了通过化学方式制备金纳米颗粒的方法[1]。金属材料具有一系列独特的特性，许多金属材料已用于催化，尤其是电化学催化领域[2]。除此之外，金属纳米材料在光学[3]、传感[4]、成像[5]和医学[6]等领域的新兴应用也正在吸引着学者们的广泛关注。随着科学技术的进步，电子显微镜的发明让人们对材料的观察领域逐渐达到纳米水平，基于此，研究学者们又致力于进一步探索金属纳米结构的可控合成策略、缺陷化及其性能的提高方式，以满足某些特定应用中对金属纳米材料精确控制特性(尺寸、形貌、组成等)的要求。以金属 Pt 为例，Pt 可以选择性催化多种类型的反应过程，其中(100)晶面对于 H_2 的选择吸附作用强，而(210)晶面则对 CO 的选择吸附最强[7]。因此，金属纳米材料的性质由其尺寸、形状、组成和结构等参数决定，原则上，改变这些参数中的任何一个都可能会使其在应用中的性能发生巨大改变[8]。

　　缺陷又称晶体缺陷，是指金属材料规则的晶体结构中一些原子偏离规定位置排布而导致的不完整区域，常见的金属缺陷如图 4.1 所示。金属材料中这类偏离规定位置的原子数目占总原子数目的比例不超过 1/1000。尽管这类缺陷原子所占比例极小，但是这些

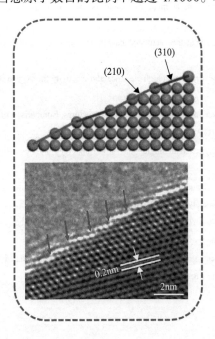
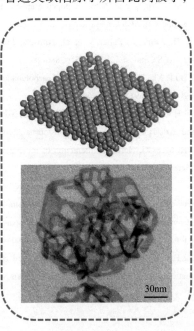

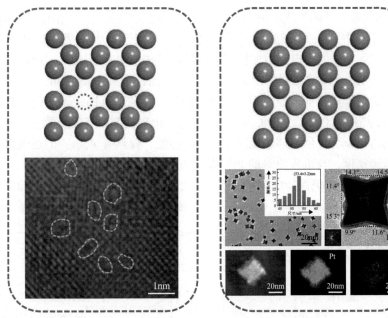

图 4.1　金属纳米材料中的常见缺陷类型[9-12]

缺陷很大程度上控制了金属纳米材料的性能，尤其是对结构极为敏感的性能，如导电性、强硬度、塑韧性等，另外其在相变、扩散、重结晶等过程中也扮演着重要角色[13,14]。为解释缺陷修饰对于金属纳米材料物理化学性能的影响，并优化控制纳米材料在各领域应用中的性能，研究金属纳米材料中缺陷对性能的影响具有重要意义。其中，缺陷修饰的金属纳米材料中研究最为广泛的主要是过渡金属纳米材料。由于过渡金属具有电子未充分占据的 d 轨道，极其容易与其他元素结合形成配合物来实现稳定状态。过渡金属化合物纳米材料主要包括氧化物、氢氧化物、硫化物、磷化物及氮化物等，在能源、生物医学、制造业等领域具有广泛应用[15,16]。在大规模工业化应用中，非贵金属化合物纳米材料具有地球丰度高、价格低廉、性能优异和稳定性良好等优势[17]。

4.2　金属缺陷纳米材料在电催化领域的应用

　　近年来，由于缺陷工程在电催化剂中的独特作用和广泛性，已被应用到各种材料和几乎所有反应体系中，特别是，具有特定暴露晶面的金属是研究缺陷在电催化剂中作用的理想模型。金属，特别是贵金属，由于其优异的电导率和电化学条件下优良的稳定性，作为常见的电催化剂被广泛研究。研究学者基于金属电极表面的离子和分子的电化学行为，建立了一系列的电化学理论和模型。Nørskov 课题组[18]揭示了贵金属表面电子结构与反应性之间的相关性，通过调节表面原子结构来优化电子结构成为研究的中心课题。此外，随着纳米材料研究的迅速发展，金属的几何结构和表面原子结构，特别是缺陷结构，引起了研究学者的广泛关注。迄今为止，贵金属（如 Pt、Pd）及其合金仍然是最具活性的 HER 催化剂，但是贵金属元素的稀缺性严重增加了催化剂成本。因此，大量的研究致力于开发低成本的贵金属基催化剂，缺陷工程的引入也成为提高催化剂性能的重要措施。Zhang 等[19]表明在 0.1mol/L KOH 中，Ag/Ni 核壳异质结构比单独的 Ni 或 Ag 具有更高的 HER 活性，这是因为形成合金后，Ag 的导电能力加快了合金异质结构中的电子传输，并且改善了 Ni 的电子结构，Ni 和 Ag 之间的协同作用对于增强 HER 活性至关重要。Chen 等[20]通过对掺杂 Pt 的金属有机框架进行氮气氛围退火处理，制备了负载于氮掺杂碳材料上的铂钴铁三元合金催化剂（PtCoFe@CN），即 PtCoFe 三元复合合金催化剂，有效降低了贵金属在催化剂中的含量（约占 4.6%），催化剂表现出了出色的性能，仅具有 45mV 的过电势即可实现 10mA/cm^2 的电流密度，与市售 20%的 Pt/C 催化剂性能相当，并且稳定性测试证明，即使连续反应 17h，该催化剂仍保持电流密度不变，如图 4.2 所示。其催化能力的提高是通过与 Pt 合金化改变了 CoFe 的电子结构，在保持了催化性能的同时降低了合成成本。

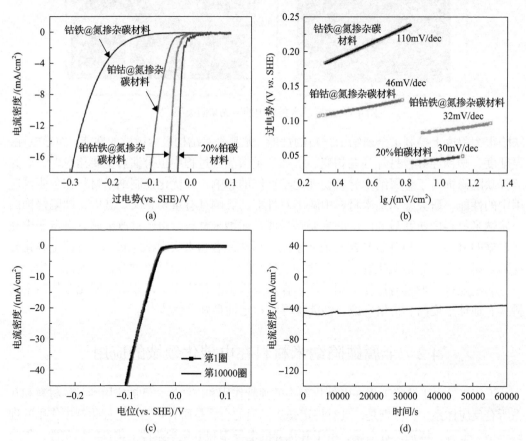

图 4.2　催化剂的极化曲线（a）和塔费尔斜率图（b）、PtCoFe@CN 第 1 次和第 10000 次电解极化曲线（c）、PtCoFe@CN 的安培 I-t 曲线[20]（d）

dec 为 decade 的缩写，表示电流变化十倍时过电位需要的变化量

4.2.1　表面台阶和晶界在金属电催化剂中的作用

　　表面台阶位是金属电催化剂中必不可少的一种表面缺陷，影响表面原子配位态，与表面电子结构密切相关。Lebedeva 等通过电化学方法和原位红外光谱研究了阶梯式铂电

极表面 CO 吸附和氧化的机理及动力学[21,22]，结果表明台阶是 CO 吸附和氧化的活性位点，而且，台阶表面的反应活性远高于平台上的反应活性。后来，研究人员证明了通过多步骤和晶界电化学沉积制备的铂电极比 Pt(111) 对 CO 和甲醇的电氧化更具活性，归因于缺陷铂电极具有较高的直接氧化途径和较强的毒性中间体 CO_{ads} 吸附能力[23]。同样，Yang 课题组通过 HRTEM 图像 [图 4.3(a)] 展示了铂纳米颗粒的表面原子结构，并量化了对应于 CO 和甲醇氧化活性的单晶铂纳米颗粒的表面台阶[24]。基于此，构建的图 4.3(b) 中表面台阶与电催化本征活性之间的线性关系图表明表面台阶的增加可以有效促进电催化性能。受先前工作的启发，缺陷金属纳米材料在电化学方面的应用被频频报道[25,26]。例如，Xu 课题组通过简单的种子介导方法合成了具有丰富高指数面的高支化凹形 Au/Pd 纳米晶体[27]。独特结构带来大量的边缘位点和表面缺陷显著增强了其对乙醇的氧化活性，实验结果如图 4.3(d) 所示。Zhang 课题组以含封闭的 (730) 晶面及暴露的 (210) 和 (310) 晶面的二十四面体 (THH) 金纳米棒 (NR) 为 NRR 电催化剂 [TEM 图像如图 4.3(c) 所示]，使室温下电催化 NRR 反应得到更多关注[28]。为了研究 NRR 电催化机制，通过 DFT 计算对催化途径进行模拟，并对涉及的 N_2 吸附中间物质的吸附能进行计算 [图 4.3(f)]。结果表明，从

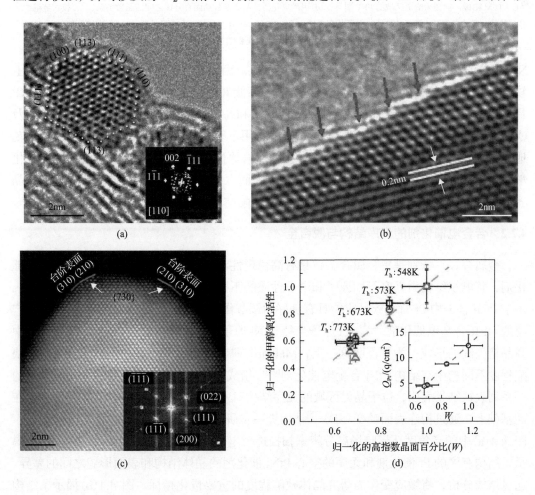

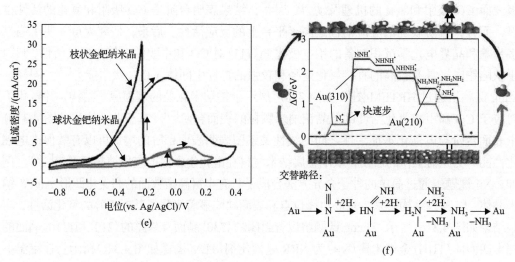

图 4.3　表面台阶与晶界调控促进电催化反应

(a) Pt 的 HETEM 图及快速傅里叶变换(FFT)结果；(b) 纳米晶表面台阶的 HRTEM 图像；(c) 金纳米棒表面阶梯和晶面的 AC-STEM 图像，插图为给定区域的 FFT 图案；(d) 甲醇氧化活性与高指数晶面百分比之间的函数关系；(e) 枝状金钯纳米晶和球状金钯纳米晶对乙醇氧化性能的循环伏安曲线；(f) Au(210) 和 Au(310) 表面 N_2 还原为 NH_3 吸附中间体的吸附吉布斯自由能图[28]；T_h 为热处理温度；Q 为单位面积铂进行甲醇氧化通过的电荷量

N_2^* 到 NNH* 的步骤是关键的速率决定步骤(RDS)。因此，相比 Au(210)，Au(310) 表面上较低的 NNH* 的 ΔG 和较高的 N_2^* 的 ΔG 有利于降低 RDS 的能垒，表明高指数晶面对 NRR 具有更适宜的吸附能。此外，贵金属的表面台阶和高指数晶面已被用于催化如 CO_2RR 及 ORR 的多路径或多产物的反应，并通过缺陷作用于表面电子结构，以此优化吸附能成功地提高了催化效率和选择性[29,30]。此外，通过结合原位电化学测量和超高分辨率扫描电化学显微镜，Kanan 等证实了在金电极中晶界表面末端的 CO_2 电还原催化活性远高于晶界表面。这进一步证实了晶界作为一种重要的缺陷结构在促进催化活性中的重要作用[31]。

4.2.2　合金电催化剂的无序结构与脱合金

金属合金，特别是贵金属合金，具有高稳定性和独特的电子结构，作为典型的电催化剂，其电子结构由具有不同原子和电子性质的不同金属元素之间的相互作用所调节。由于 PtNi 合金中 Pt 对氧族吸收能具有良好的调节作用，且 Ni 价格低廉，是一种应用广泛的 ORR 合金电催化剂[32,33]。Pt 原子半径与 Ni 原子半径的较大差异促进了 PtNi 合金中高晶格失配的形成。为了证明这一点，Maillard 课题组制备了一系列化学成分相同、缺陷程度不同的中空结构 PtNi 合金电催化剂[34]。组成、结构、对分布函数和电化学测量的一系列表征结果表明，位于晶界区域的无序结构对 CO_{ads} 氧化和 ORR 具有较高活性。在此基础上，通过构建表面畸变(SD)[35]结构进一步研究了缺陷与 ORR 活性之间的关系。图 4.4(a) 中的高角度环形暗场高分辨率扫描透射电子显微镜(HAADF-HRSTEM)图像揭示了结构有序的 Pt 催化剂和无序的空心 PtNi 催化剂的晶体结构和表面形貌之间的差异。通过结构分析，将微应变作为研究晶体缺陷程度的重要量化指标。图 4.4(b)揭示了结构有序催化剂的微应变增加与 Ni 含量之间的线性关系；遗憾的是，这种关系并不适用于结构无序的催化剂。因此，提出了表面结构缺陷参数-表面畸变，作为缺陷催化研究的描述指标，发现对于结构无序的催化剂，ORR 活性与 SD 值呈线性关系[图 4.4(c)]。图 4.4(d) 中的 DFT 计算指出结构有序和无序催化剂的不同工作模式，与结构有序催化剂的几乎均匀的吸附能 ΔG_{HO^*} 不同，在火山图上吸附能分布广泛的短程无序结构催化剂可使其其有靠近火山图顶部近乎最佳的 ΔG_{HO^*}，这些特殊位点可能支配 PtNi 催化剂的整个活性。上述工作成功地揭示了表面无序结构可能是电催化剂中强有力的结构描述指标。

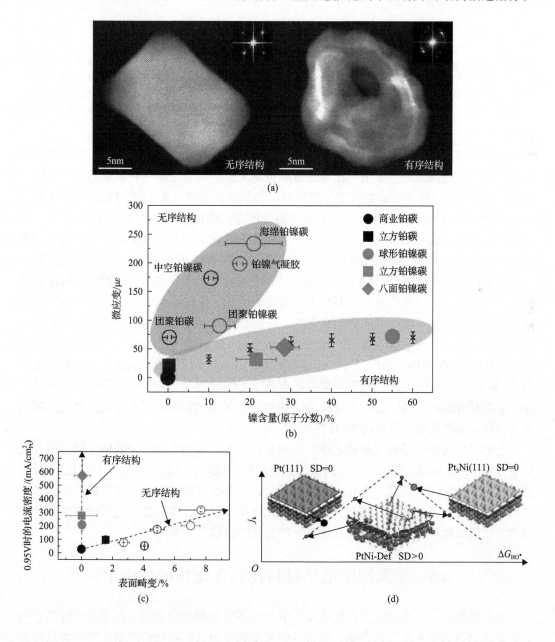

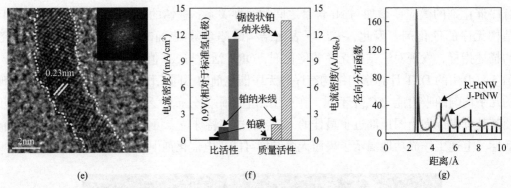

图 4.4　合金电催化剂结构与活性调控

(a)结构有序的 Pt/C 和结构无序的中空 PtNi 催化剂的 HADDF-HRSTEM 图像；(b)催化剂微应变与 Ni 含量的相关性趋势；结构无序和结构有序催化剂的实验趋势(c)及微观应变(以 SD 表示)(d)与 ORR 活性相关性的 DFT 计算火山图[35]；(e)超细锯齿状纳米线的 HRSTEM 图像和 FFT 图；(f)三种铂基催化剂的比活性和质量活性；(g)模拟 J-Pt NW 和 R-Pt NW 结构的 Pt-Pt 径向分布函数[36]；PtNi-Def 为缺陷态铂镍合金催化剂；J-PtNW 为锯齿状铂纳米线；R-Pt NW 为常规铂纳米线

不稳定 Ni 原子的浸出长期限制了 PtNi 合金在酸性介质中的应用。为了获得更坚固的催化剂，通过预蚀刻合金中不稳定的过渡金属原子，脱合金是一种常见的可行策略。此外，脱合金还可以使更多的活性位点暴露以加快反应速度。基于此，Duan 课题组报道了通过 PtNi 合金纳米线电化学脱合金制备超细锯齿状铂纳米线(J-Pt NW)的方法[36]。如图 4.4(e)所示，白色虚线勾勒出了纳米线的粗糙表面轮廓。与图 4.4(f)中描述的对比样品相比，比活性和 Pt 负载质量归一化活性证明了 J-Pt NW 的超高本征 ORR 活性。通过一系列结构模拟和表征[图 4.4(g)]验证了其具有大量配位不饱和表面构型的独特锯齿状结构。反应分子动力学模拟表明，高应力、高比表面积、配位不饱和的富菱形表面构型的锯齿状纳米线优化了吸附剂的表面结合能，增强了 ORR 活性。此外，还通过浸出表面不稳定原子制备了其他合金。例如，PtCu 合金脱合金后用于催化乙醇氧化反应(EOR)，具有表面缺陷的 Pt 结构有效促进 C—C 键断裂[37]。Gong 课题组利用 AgCu 纳米粒子表面的 Cu 缺陷降低了 COOH* 的吸附能垒以此提高了 CO_2 还原反应中 CO 产物的选择性[38]。Huang 课题组的研究同样证明了 IrCu 合金脱合金后的表面缺陷通过产生更高氧化态的 Ir 有效提高了其在酸性环境中的 OER 性能[39]。

上述工作为进一步通过处理表面不饱和位点、表面粗加工制备缺陷催化剂的研究提供了方向。严格地说，缺陷是一个局限于晶体结构的概念，可能并不适用于非晶态材料。然而，由于催化反应总是发生在表面或者界面，非晶态材料的表面无序结构及不饱和位点可能与晶体材料的表面缺陷起到类似的催化作用。因此，非晶态催化剂的表面结构可以作为缺陷结构进行研究，非晶态化是一种有效的缺陷工程策略。

4.3　金属缺陷纳米材料在热催化领域的应用

到目前为止，人类所应用的化学反应中 80% 需要热能和催化剂，体系的升温所获得的能量达到热力学上所需活化能，加快反应速率和提高目标产物的产量，这一类反应为热催化反应，在化工生产、制药和能源等方面有着广泛的应用。热催化技术已经成为现代化学工业最为关键的核心技术之一，具有优越的生产时效性和经济性。催化剂是热催化技术的核心部件，其成分和结构直接影响着催化反应的效率、方向和经济性。催化剂的种类可根据其成分简单地分为金属材料催化剂、碳材料催化剂、过渡金属化合物催化剂和金属有机配位材料催化剂。其中，金属材料催化剂是以金属为活性组分的固相催化剂，已在热催化反应中有着广泛的应用，包括加氢、酯化、异构、聚合、环化等反应，在石油提炼、制药、食品等领域扮演着重要的角色。但是，传统的金属材料催化剂通常为贵金属或者合金，存在价格昂贵、不易回收、不易去除等问题，在催化剂合成和后处理过程中均会加剧环境污染和消耗大量燃料资源，不利于实现人类社会的可持续发展。近年来，随着化学工业的进一步发展，对于开发和发展高效绿色催化剂的呼声越来越高，而全球科研工作者也随之进行了大量的工作，制备和研发了各种成分和结构的金属材料催化剂。从提升选择性和催化活性方面考虑，改善金属材料催化剂的策略包括空位引入、合金化实施、扭曲界面建立、多孔结构构筑等，如图 4.5 所示[40]。事实上，这些策略皆可归纳于缺陷工程，涉及零维、一维、二维和三维缺陷，这些缺陷能够有效地调控材料的原子或电子结构、表面活性位点、吸附脱附能力、导电能力等物理化学特性，为设计和制备高效绿色金属材料催化剂提供了实验证据和理论指导。在本节中，我们将从不同维度阐述缺陷工程对于金属材料催化剂的改性作用和这些改性材料在热催化领域的应用。

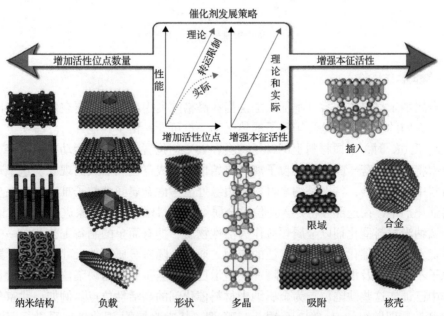

图 4.5　各种催化剂发展策略的示意图[40]（扫码见彩图）

4.3.1　零维缺陷的金属纳米材料和其在热催化领域的应用

零维缺陷，又称点缺陷或原子缺陷，只是在某一微观区域中存在一个或几个位点偏离正常晶体结构位点或者发生缺失情况，在三维方向上的尺寸处于亚纳米甚至以下范围，如空位、间隙原子、杂质原子、溶质原子、带电荷原子等[41]。零维缺陷的存在通常会对金属材料周围几个原子进行扰动，会影响金属物质在能源和物质输运过程的方式，出现物理弛豫现象和化学活化位点，而显示了所期望的物理和化学性质。根据成因的不同，零维缺陷可归类为本征缺陷、杂质缺陷和电子缺陷，如图 4.6 所示[42]。在这一小节中，关于含零维缺陷的金属纳米材料在热催化领域的应用将围绕这三方面进行讨论。

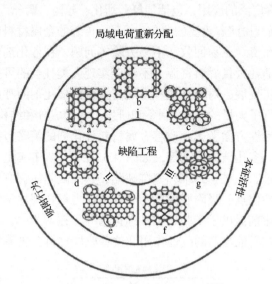

图 4.6　各种零维缺陷的示意图[42]

1. 零维本征缺陷

在金属纳米材料中，零维本征缺陷是指在晶格阵列中出现了金属空位或者多出了一个粒子，它们的产生可能是由于粒子的热运动，也可能是由于其他外力。事实上，当温度只要高于 0K 时，金属材料上的粒子将会在其平衡位置上进行热运动，这时存在着一定的概率将会出现若干高能量的粒子离开原始位置形成空位和插入的现象。这个现象在纳米材料中更为显著，特别是纳米材料的边缘处。考虑金属间隙粒子难以出现在金属纳米材料催化剂中，在这部分将以含空位的金属纳米材料作为研究对象进行详细讨论。

金属纳米材料催化剂以金属颗粒作为活性物质，拥有简单的制备工艺和单一的结构组成等优点，在热催化领域有着广泛的应用。通常，随着金属颗粒尺寸的降低，颗粒表面的原子不饱和键及混乱度会大大增加，显示更多的空位和边角缺陷位，而在大量的研究工作中已证实这些缺陷位点为金属纳米材料催化剂的高活性位点。例如，北京化工大学李殿卿教授课题组的 He 等[43]采用乙二醇-聚乙烯吡咯烷酮-溴化钾体系进行沉淀共还原法制备了不同尺寸和形状的金属钯(Pd)纳米催化剂，通过表征发现 Pd 纳米催化剂的晶界处存在着缺陷位点，并探究了这些缺陷位点与乙炔加氢的催化性能之间的关系(图 4.7)。氢气-程序升温脱附(H_2-TPD)结果表明晶界缺陷位点能够促使氢气活化和解离，可以有效地作为乙炔加氢的催化位点，降低反应能垒和提高加氢反应速率[43]。同时，通过对金属 Pd 纳米线和纳米颗粒催化性能进行对比证实缺陷位点的存在能提升乙炔加氢的催化活性，获得更多的加氢产物，但是产物的种类较多，无法得到单一的加氢产物（如乙烯），这意味着缺陷位点降低了金属 Pd 纳米催化剂的催化选择性[43]。另外，Feng 等[44]在制备过程中引入了不同的表面活性剂而获得了四面体和截角八面体的金属 Pd 纳米催化剂。相比于传统的金属 Pd 球形颗粒催化剂，这两种 Pd 纳米催化剂的晶界处均含有一定的缺陷位点，展示出了更高的乙炔加氢的催化活性和选择性，在反应过程中检测到了Pd-C 相的形成[44]。而与含有(111)晶面和(100)晶面的截角八面体的金属 Pd 纳米催化剂进行比较，只含有(111)晶面的四面体金属 Pd 纳米催化剂能够产生更多的乙烯，显示了更好的催化选择性，意味着(111)晶面为选择性乙炔加氢生成乙烯的最优晶面[44]。Blackmond 课题组[45]在 Heck 反应中也发现金属 Pd 纳米颗粒的边缘和拐角处的缺陷位点可以作为活性位点，完成高效的催化行为。

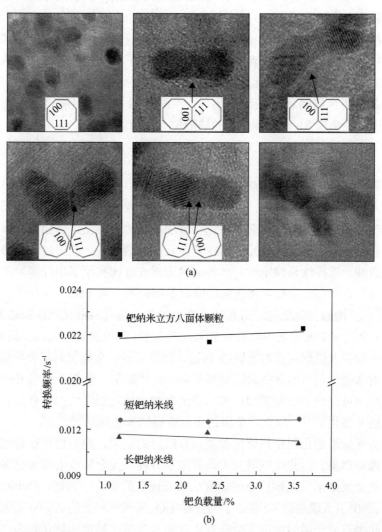

图 4.7　含缺陷的不同尺寸和形状的金属 Pd 纳米催化剂(a)及其乙炔加氢催化性能(b)[43]

对于其他金属纳米颗粒也存在着相似的现象，证实了纳米颗粒表面的缺陷位点能够提升催化性能。例如，Attard 等[46]通过调控烧结温度制备了不同形貌和大小的金属铂(Pt)纳米催化剂，并测试了这些催化剂对丙酮酸乙酯的对映选择性加氢行为。表征结果显示，未烧结的催化剂为小颗粒聚集的金属 Pt 团簇，而随着烧结温度的增加，金属 Pt 团簇将发生聚集分解而形成了尺寸更小的纳米颗粒，出现更多的台阶形貌和边缘缺陷位点，再进一步增加烧结温度，金属 Pt 纳米颗粒的尺寸将逐渐增大而缺陷位点数量出现减少[46]。通过丙酮酸乙酯的对映选择性加氢测试，研究人员发现金属 Pt 表面的边缘位点能够增强对映选择性的手性行为，最优的催化剂能够将旋光异构体过量值从 43%提升至 63%[46]。随后，Lee 等[47]和 Schmidt 等[48]分别构造了不同形貌的金属 Pt 纳米催化剂，并也证实了这些催化剂的台阶缺陷位点能够提升反应的催化活性和选择性。另外，Valden 等[49]以二氧化钛(TiO$_2$)作为载体制备了尺寸为 1～6nm 的金(Au)纳米颗粒催化剂，探究了这些尺寸各异和缺陷位点数量不同的 Au 纳米催化剂对一氧化碳(CO)氧化反应的影响。研究结果发现，随着 Au 纳米催化剂的尺寸减小，CO 的转换速率和反应活性先增加后降低，与缺陷位点的数量变化是一致的，表明金属的尺寸决定了缺陷位点的数量，从而影响了金属催化剂的催化性能。在其他纳米催化剂方面，Durap 等[50]从三氯化铑-月桂酸钠-二甲胺硼烷体系中获得了金属铑(Rh)纳米催化剂，反映了纳米尺寸与催化性能之间的构效关系，也间接说明了金属 Rh 纳米催化剂的缺陷位点作用。

2. 零维杂质缺陷

对于金属纳米催化剂，零维杂质缺陷是此类材料中数量最多的一类缺陷，通常引入杂质原子进入原有的晶格体系中，迫使晶格发生偏移或畸化，导致活性金属的几何和电子结构发生改变，从而促使催化剂的活化和增加表面的活性位点。相比于单一金属纳米催化剂，具有零维杂质缺陷的双元金属或者多元金属纳米催化剂通过各种协同作用能够获得理想的活性、选择性和稳定性。当各金属元素成分比和原子半径差异不大且晶格相似时，金属元素之间会发生相互渗透而形成合金催化剂，如 Pt-Au 合金[51]，其结构可以以核壳结构[52]、"两面神"结构[53]等形式存在，这类合金材料催化剂应归结为二维缺陷。另外，当多元金属纳米催化剂中以某一金属元素为主、其他含量极低的金属元素为辅时，其他金属原子的引入将形成新的金属-金属键，而改变多元金属材料的表面电子结构。这类多元金属纳米催化剂所包含的缺陷则属于零维杂质缺陷。根据金属组分的差异，多元金属纳米催化剂可以分为三种类型：多元贵金属纳米催化剂[54,55]、含贵金属和廉价金属的多元金属纳米催化剂[56,57]和无贵金属的多元金属纳米催化剂[58,59]。

单一贵金属纳米催化剂在热催化领域有着广泛的应用，但是也存在着效率低、选择性差和易中毒等现象，因此全球研究人员开发了各种双元金属或者多元金属纳米催化剂来替代单一贵金属纳米催化剂，突破热催化领域现有的束缚。例如，Dimitratos 等[60]在 Au 纳米催化剂中引入痕量的 Pd 制备了负载在 TiO$_2$ 或碳材料上的 Au-Pd 双元金属纳米催化剂，发现此类双元金属纳米催化剂有着优秀的 1,2-丙二醇催化转化行为，转化效率可达 94%，高乳酸生成物占比 96%。这结果表明 Pd 的添加调控了 Au 金属纳米催化剂的催化活性，而促进了 1,2-丙二醇向乳酸的转化[60]。Pei 等[61]在 Ag 金属纳米催化剂中加入了百万分之一的 Pd 金属，获得了 Pd 单原子分散的 Ag-Pd 合金纳米催化剂，将其应用于乙炔加氢反应能够完成高效的乙炔-乙烯转化(图 4.8)。通过表征发现，Pd 的加入改变了 Ag 金属纳米催化剂的几何和电子结构，利于乙炔的吸附和实行选择性加氢反应，从而能够在工业级的乙烯富集条件下对乙炔进行加氢反应产生乙烯[61]。另外，Zhou 等[62]在氮空位富集的石墨化氮化碳(g-C₃N₄)上负载了相邻的 Pt-Ru 双元单原子，并探究了此类双元单原子对于 CO 氧化反应的催化效果。基于实验观察和理论模拟发现催化剂包括相邻的 Pt-Ru 单体、Pt-Pt 单体和 Ru-Ru 单体，而相邻的 Pt-Ru 单体比其他两种单体和单独的 Pt/Ru 单原子具有更高的氧气激活行为，从而加快反应过程中的限速步骤和促使 CO 氧化反应进行[62]。除了上述详细的双元贵金属纳米催化剂以外，还有不少针对热催化领域应用的双元或多元贵金属纳米催化剂被设计和研究，如 Au-Ag[63]、Pt-Au[64]、Pt-Pd[65]、Pd-Pt-Au[66] 等。这些双元或多元贵金属纳米催化剂能够实现优异的热催化行为，均主要归因于另一种或多种贵金属原子的引入导致催化剂表面和内部的微观区域发生了一定的成分、几何和电子结构的变化，从而产生了催化性能增强的效果。

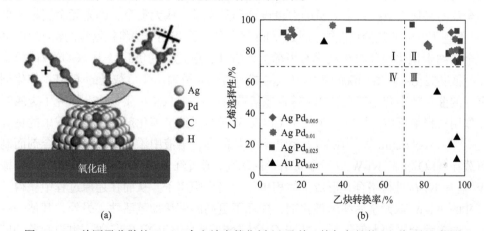

图 4.8　Pd 单原子分散的 Ag-Pd 合金纳米催化剂(a)及其乙炔加氢性能(b)(扫码见彩图)

相比于使用多种贵金属组合成多元贵金属纳米催化剂，研究人员更倾向于使用廉价的金属元素与稀有的贵金属形成多元金属纳米催化剂去实施热催化反应。这个策略不仅能够改善单一贵金属催化剂的催化性能，也能有效地减少贵金属的使用而适用于工业化的需求。例如，Shan 等[67]使用浸渍法在三氧化二铝(Al₂O₃)表面负载了 Pt-Sn 双元金属纳米催化剂，通过蒸汽处理调控了 Pt-Sn 纳米催化剂的尺寸。在最优的蒸汽处理时间下，Pt-Sn 纳米催化剂的尺寸小于 2nm，展现了优异的丙烷脱氢催化性能，归因于 Sn 的引入改变了 Pt 的电子结构和分离程度，从而利于丙烷的吸附和转移，缓解了催化剂的中毒现象，保证了催化剂的稳定有效运行[67]。Shen 等[68]在氧化锌(ZnO)表面负载了 Pd 金属，合成了 Pd-Zn 双元金属纳米催化剂，并调查了此类双元金属纳米催化剂对 2-甲基-3-丁炔-2-醇(MBY)选择性加氢形成 2-甲基-3-丁烯-2 醇(MBE)的催化行为。从测试结果可以发现，Pd-Zn 双元金属纳米催化剂比 Pd 单一金属纳米催化剂显示了更优的转换效率和更高的选择性。通过实验结果和理论计算可知，加入的 Zn 能够占据 Pd 纳米颗粒的边角位，起到毒化的作用，抑制 MBE 的双键进行深度加氢，从而明显地提高了产物的选择性[68]。同时，Zhang 等[69]也将 Pd-ZnO 复合物进行还原，制备了 Pd 富集的 Pd-Zn 双元金属纳米催化剂，随后应用于催化甲醇重整的反应。经过成分与结构表征和反应测试发现，Pd-Zn 合金化能够形成 Pd-Zn 化学键，导致金属 Pd 原子的 4d 外层电子云密度增加，从而增强了 CO 在 Pd 活性位点的反 π 键的强度，利于双元金属纳米催化剂在重整反应中 CO_2 和氢气的选择性[69]。事实上，有众多的贵金属与廉价金属形成的双元金属纳米催化剂或多元金属纳米催化剂被设计和开发，并应用于热催化领域，包括 Pt-Fe[70]、Pt-Re[71]、Pt-Ni[72]、Pd-M_1（M_1=Ni、Cu）[73-75]、Ni-M_2（M_2=Ru、Rh、Pd）[76]、Pt-M_3（M_3=Na、K）[77]、Au-M_4（M_4=Na、K）[78]、PtPdBi[79]等。

　　除了含贵金属的多元金属纳米催化剂以外，一些无贵金属的多元金属纳米催化剂也被应用于热催化研究领域。从价格上说，这些无贵金属的多元金属纳米催化剂拥有含贵金属的多元金属纳米催化剂所无法比拟的丰富储量和低廉价格，而从催化性能方面考虑，无贵金属的多元金属纳米催化剂的效率和稳定性仍有较大的空间可以改善。基于这两方面，全球的科研人员投入了大量的力量设计和开发了一些无贵金属的多元金属纳米催化剂，并调查了它们的热催化性能。例如，Qiu 等[80]使用两步还原法将钴富集的钴-铁（Co-Fe）双元金属纳米催化剂负载在氧化石墨烯上，Co-Fe 催化剂的负载量为 rGO 载体质量的50%。通过催化水解氨硼烷的释氢反应测试，研究人员确认高负载量的 Co-Fe 催化剂拥有更好的催化效率和稳定性。Qiu 等还系统调查了各种 Fe/Co 质量比，探究了金属间的相互作用对释氢反应的影响，阐明了 Co-Fe 双元金属纳米催化剂在催化过程中的良好协同效应[80]。Yoshimura 等[81]在 Ni 盐和钨（W）盐的混合溶液中添加了柠檬酸络合剂而制备了负载在 Al_2O_3 上的 Ni-W 双元金属纳米催化剂，通过红外表征和加氢测试发现，柠檬酸与 W 盐和 Ni 盐进行络合，形成了体积更小的络合阴离子，从而在还原过程中获得了更小尺寸的 Ni-W 双元金属纳米催化剂，展示了更高的催化加氢活性。另外，其他一些无贵金属的多元金属纳米催化剂，如 Ni-Co[82]、Ni-Ga[83]、Cu-Ni-Fe[84]等，也被制备和应用于热催化领域，为后续工作的开展提供了一定的理论基础和实验结果。

3. 零维电子缺陷

　　在金属材料中，零维电子缺陷通常被认为是零维本征缺陷和/或零维杂质缺陷所导致的一种电子结构发生畸变的缺陷。基于能带理论，在绝对零度下金属材料的完美晶体结构都是导电体，但是当温度高于绝对零度时，由于各种因素如热激发、光辐射等会导致少数电子发生跳跃，使材料的电子结构出现偏差，而呈现一定的电子效应缺陷，即零维电子缺陷。进而，当金属材料本身存在着明显的零维本征缺陷和/或零维杂质缺陷时，金属材料的零维电子缺陷将出现明显增强，控制着材料的电子浓度及其运动，对金属材料纳米催化剂的热催化性能具有重要的影响。

　　一般认为，常见的金属材料纳米催化剂中所有的金属原子为电中性，不存在电荷偏移，催化位点也为这些零价的活性金属原子。事实上，随着表征技术的发展和科研技术的进步，科研人员发现一些金属材料纳米催化剂，特别是多元金属纳米催化剂，存在着一些本身没有活性或者极小活性的原子，但是它们的引入会显著改善金属材料纳米催化剂的催化行为，包括活性位点数量和有效性、产物选择性、使用寿命、吸附/脱附能力等。这些原子可视为电子性助剂，能够与活性金属原子之间进行电子转移，改变原本活性金属的电子结构，促使零维电子缺陷的形成，从而影响金属材料纳米催化剂的催化性能。例如，2011 年 Murdoch 等[85]在不同晶型结构的 TiO_2 上负载了不同尺寸和负载量的 Au 纳米颗粒，通过高角度环形暗视场扫描电镜（HAADF-STEM）统计了 Au 纳米颗粒的尺寸分布，并探究了这些纳米颗粒的催化产氢行为。从表征的结果可知，Au 纳米颗粒的尺寸随着负载量的增加而逐渐增大，且分布范围随之宽化，与 TiO_2 晶型关系不大，粒径的变化对催化剂单位面积的产氢效率有明显的影响[85]。通过汇总数据发现，在锐钛矿型 TiO_2 上 Au 纳米颗粒的负载量与平均单位面积的产氢速率呈火山形曲线，而金红石 TiO_2 上 Au 纳米颗粒负载量的增加能够明显增加其平均单位面积的产氢速率[85]。在系统且全面的表征下发现，Au 纳米颗粒的尺寸对于其电子结构有一定的影响，形成了零维电子缺陷，在 Au 纳米颗粒尺寸逐渐减小的情况下，Au 的价态会逐渐从零价还原态转为携带正电荷的正价氧化态[85]。在 Ono 等[86]的工作中也报道了负载在碳化钛（TiC）上 Au 纳米颗粒的尺寸从 6nm 降低到 2nm 时，Au 的结合能从 84.0eV 增加到 84.8eV，反映了 Au 纳米颗粒尺寸的降低会导致其电子特性的变化。另外，Guo 等[87]在 2016 年制备了相同负载量（约 1.0%，原子分数）的 Au 单原子、Au 团簇和 Au 纳米颗粒，使用 HAADF-STEM 揭示了 Au 的存在形式。接着，利用 X 射线吸收近边结构（XANES）技术，发现不同形式的 Au 物种显示了不同的电子结构，Au 团簇和 Au 纳米颗粒的 Au 元素为零价的还原态，而 Au 单原子则为正价的氧化态（图 4.9）。对扩展 X 射线吸收精细结构（EXAFS）的数据进行配位结构拟合可知，Au 纳米颗粒只含有 Au-Au 配位结构，Au 单原子只存在 Au-O 配位结构，而 Au 团簇同时包含 Au-Au 和 Au-O 两种配位结构（图 4.9）[87]。在 CO 氧化反应的测试结果中进一步发现，这些 Au 物种对催化 CO 氧化反应的能力排序：Au 纳米颗粒＞Au 团簇＞Au 单原子，这一结果意味着相比氧化态的 Au 成分，还原态的 Au 成分在 CO 氧化反应中扮演着重要的活性位点角色[87]。

除了尺寸对于金属材料的电子结构有影响以外，额外的杂质金属原子的引入也会导致金属纳米材料发生电子结构的变化，而形成零维电子缺陷，增强纳米材料的热催化性能。例如，2017 年 Cao 等[88]通过初湿浸渍法在 Al_2O_3 上获得了 Pd-In 双元金属纳米催化剂。在乙炔加氢反应测试中发现 Pd-In 双元金属纳米催化剂比单一 Pd 金属纳米催化剂具有更高的乙炔转化率和更优的乙烯选择性[88]。进行一系列的表征和测试发现，在 Pd-In 双元金属纳米催化剂中 In 和 Pd 的结合能要分别高于金属 In 的结合能和低于金属 Pd 的结合能，意味着 Pd-In 双元金属纳米催化剂的 Pd 原子吸引 In 原子的电荷向 Pd 转移[88]。这个零维电子缺陷的形成导致 Pd 对乙烯产物的吸附能力减弱，避免了深度加氢形成乙烷产物的发生，同时 In 的添加也能进一步抑制副产物的生成而提高产物的选择性[88]。事实上，除了上述的这些研究工作以外，全球研究人员也对其他零维电子缺陷的金属材料纳米催化剂进行研究和调查，已明确零维电子缺陷在催化反应中所起到的增强作用，如 Pd 的氧化态[89]、Ni-Mo 的电子转移[90]等。但是，到目前为止，关于零维电子缺陷的真实作用机制仍然不清楚，而且精准构建零维电子缺陷位点也存在着很高的难度，因此，在此方面的研究工作仍有待大量投入开展。

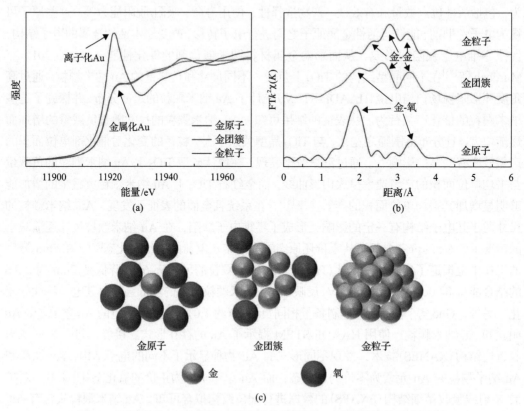

图 4.9　不同形式 Au 物种的 X 射线吸收光谱(a)、(b)及其结构示意图(c)

4.3.2　二维(一维)缺陷的金属纳米材料和其在热催化领域的应用

　　一维缺陷，也称为线缺陷，是指三维方向中某一尺度相对很大而其他的两个方向尺度极小的畸变区域。这种缺陷在畸变方向通常为细长的管状错排，长度在几百至几万个原子间距范围内，而管径直径则仅为几个原子间距。从宏观上看，一维缺陷为线状，主要的表现形式为位错，包括刃型位错、螺型位错和两者的混合位错。对于金属材料而言，一维缺陷通常存在于纳米材料内部，常常与二维缺陷伴随存在，因此全球研究人员很少仅仅聚焦含一维缺陷的金属纳米材料在热催化领域的应用，而是将一维缺陷和二维缺陷的催化机制放在一起开展研究。二维缺陷常被称为面缺陷，是指三维方向中某二维尺度相对很大而另一个方向尺度极小的缺陷。金属纳米材料可视为由晶面/界面分隔成的不同周期性原子排列的小畴区组合成，而分隔这些小畴区的晶面/界面存在着严重的原子错排，即二维缺陷。金属纳米材料的二维缺陷可分为材料的外表面和内界面两类，其中内界面又可以分为晶界和相界(图 4.10)。晶界则为分隔金属或合金中两个相邻的晶粒具有相同相结构而晶体取向不同的界面，而相界则是指存在不同的晶体结构或者化学成分的相邻晶粒之间的界面。事实上，界面广泛存在于金属材料中，是构成金属材料的重要组成部分，对金属材料的化学、物理和力学性能有着重要的影响。在这一小节中，关于二维(一维)缺陷的金属纳米材料在热催化领域的应用将围绕表面、晶界和相界三方面进行讨论。

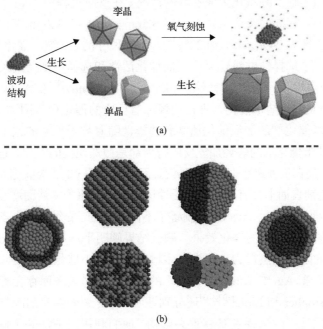

图 4.10　含二维缺陷的金属纳米材料
(a)晶界[91]；(b)相界[92]

1. 外表面二维缺陷

　　金属材料表面上的原子比内部的原子具有明显的配位不饱和现象，导致表面原子会偏离正常位置而出现大面积的畸变区域，即为金属材料的外表面二维缺陷。由于大量的缺陷存在，金属材料表面的能量明显高于内部，这种单位表面面积升高的能量为表面能。金属材料外表面是热催化反应实施的场所，表面的原子排布方式、配位数、组成、电荷状态和表面能等因素都会影响反应物的吸附和活化、生成物的脱附和毒化及反应能垒的大小，从而决定了金属材料的热催化性能[93,94]。事实上，研究人员发现金属材料的尺寸降低会增加金属材料表面的原子数占总原子数的比值，这种现象称为材料的表面效应[95]。在金属纳米催化剂中，纳米颗粒尺寸的减小会导致比表面积和表面能的增加，能够有效增加反应过程中物质与催化剂的吸附和碰撞概率。另外，随着尺寸的降低，金属纳米催化剂的表面会暴露出更多的原子数，相应的表面原子周边相邻的原子数随之减少，而表面原子则出现许多配位不饱和的现象，使表面原子未成对电子易于与反应物质成键。因此，当具有大的外表面二维缺陷的金属纳米催化剂放入反应体系时，其表面的配位不饱和原子能够吸引各种反应分子、原子或离子参与反应，导致催化活性发生改变，这种现象常被称为纳米催化剂的表面效应或尺寸效应。

　　为了深入了解金属纳米催化剂的表面效应对于热催化反应的影响，众多金属纳米催化剂被设计和制备，优化制备工艺，强化和控制表面效应，完成了各种热催化反应和获得了所需的生成物。其中，Au 和 Ag 纳米颗粒作为催化剂被广泛地应用于各种热催化反应中。例如，Zheng 和 Stucky[96]制备了不同尺寸的 Au 纳米催化剂负载在氧化硅表面，调查了这些催化剂实施乙醇氧化生成乙醛的情况。在反应过程中，Au 纳米催化剂显示了明显的尺寸效应，在相同的反应条件下，用 3.5nm、6nm 和 8.2nm 催化剂的乙醇氧化生成乙醛的转化率分别为 24%、45%和 22%[96]。不同尺寸的 Au 纳米催化剂对于 $C_3 \sim C_5$ 线性醇类分子也显示了选择性的氧化反应，而催化活性和选择性则受到尺寸和底物分子碳数(与底物沸点密切相关)的影响。另外，Nikolaev 和 Smirnov[97]在 Al_2O_3 纳米材料上负载了尺寸为 2~8nm 的 Au 纳米催化剂进行炔烃加氢反应的催化行为测试。在实验结果中，他们发现 Au 纳米催化剂的加氢催化活性和选择性随着粒子尺寸的减小而增强，但是，这一规律与 Pd 纳米催化剂的炔烃加氢反应行为却是截然相反的[98,99]。这一现象可能被归结于 Au 纳米催化剂在尺寸极小时仍是金属态，而小尺寸的 Pd 纳米催化剂易于氧化，同时，极小 Au 纳米催化剂表面上具有更多的高活性棱角和棱边原子，从而增强了催化剂的加氢性能[100]。在另一项工作中，Vilé 等[101]制备了不同尺寸的 Ag 纳米催化剂(2~20nm)并探究了它们在丙炔加氢反应中的催化效果。测试结果阐明平均尺寸为 4.5nm 的 Ag 纳米催化剂显示了最优的丙炔加氢行为，而进一步增加或者减小催化剂的尺寸均会导致催化活性的降低，这意味着 Ag 纳米催化剂在最优的粒子尺寸时其表面存在着最多的高活性催化位点[101]。Christopher 和 Linic[102,103]还分别证明了 Ag 纳米催化剂的晶面取向、粒子尺寸和形状对于催化反应的选择性具有重大影响。他们利用浸渍法和不同长度的 Ag 纳米线获得了直径约为 1μm 的球形 Ag 纳米催化剂，经过催化测试发现应用 175nm 长的 Ag 纳米线制备的催化剂具有最高的产物选择性，75nm 长的 Ag 纳米线制得催化剂性能次之(图 4.11)[103]。

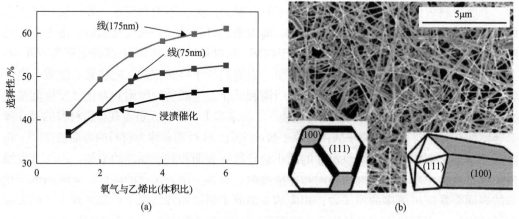

图 4.11　Ag 纳米催化剂的催化反应活性(a)和纳米结构形貌图(b)

从 Ag 的晶体结构中可知，金属 Ag 属于面心立方晶体结构，再结合催化反应结果可以发现，Ag 纳米催化剂表面的(100)晶面的表面积是按顺序降低的，意味着晶面不一样，表面的原子分布存在明显的差异，会导致 Ag 纳米催化剂的活性和选择性表现迥异。伴随着金属纳米材料合成和表征技术的不断发展，全球研究人员已经可控地制备具有特殊表面形貌的 Au 和 Ag 纳米催化剂，如纳米棒[104,105]、纳米线[106,107]、纳米笼[108]、八面体粒子[109]等。

与 Au/Ag 类贵金属纳米催化剂相比，对于廉价金属纳米催化剂的表面效应的报道却较为少见，这可能归结于廉价金属纳米催化剂不如贵金属纳米催化剂那么稳定，当粒子尺寸降至几个纳米尺度时，催化剂的表面将会出现明显的氧化态。一些研究人员开展了廉价金属纳米催化剂表面效应的研究。例如，Xiao 等[110]制备了不同形貌的 Cu 纳米催化剂并研究了催化剂的芳香环氧衍射物的脱氧反应性能。基于材料表征和反应结果发现，Cu 纳米立方体催化剂暴露了高比例的(100)晶面，而显示了优秀的催化反式-二苯乙烯氧化物脱氧性能，顺/反产物的选择性大于 20：1；Cu 纳米线催化剂只有侧面暴露了一定的(100)晶面，也有较好的顺/反产物的选择性(约 20：1)；而只暴露了(111)晶面的 Cu 纳米片则表达了较差的顺/反产物的选择性(1：1)[110]。这些结果说明不同晶面的原子排布不一样，将对最终产物的选择性有决定性的影响。

2. 晶界

众所周知，金属和合金材料一般是多晶体，由许多晶粒组成，每个晶粒含有相同的晶体结构而取向不同，这样相邻晶粒之间的界面则称为晶界。每个晶粒内部的原子排列是规则的，而相邻晶粒的取向差极小时，这种晶界称为亚晶界。另外，当界面所分隔开的相邻晶粒是以特定的取向关系相连接时，晶粒间的界面将重新构筑新的附加对称元素，如旋转轴、反映面或对称中心，这种晶界称为孪晶界面。事实上，晶界均存在着晶粒的取向差，导致晶界上的物理和化学性质不同于晶粒内部的性质。在热催化领域中，金属纳米材料作为高效的催化剂而备受全球科研人员的广泛关注。对敏感催化剂晶体结构的反应而言，调节金属纳米催化剂的晶面暴露类型、晶面暴露比例和晶界数量能够有效地控制催化活性和选择性，起到调控热催化反应过程的作用。

从晶体的生长理论可知，原子簇尺寸超过临界尺寸时，清晰可辨的晶体结构将会出现，意味着晶种的产生，而晶种是沟通晶核与纳米晶体的重要桥梁[111-113]。一般情况下，晶种可以是单晶结构、单重孪晶结构、多重孪晶结构或者多种结构共存。如此，获取期望的金属纳米晶体需要精准地控制晶种的内部结构和数量，而这些变量则是由物质的统计热力学自由能、金属原子在晶核上生长的动力学效应和溶液氧化刻蚀等因素协同决定的。在热力学控制中，伍尔夫(Wulff)晶体生长理论已在各种金属纳米晶体合成中得到了证实，其认为单晶晶种的生长是一种趋向于将晶粒体系的界面自由能降至最低的过程。在一个新的晶种形成过程中，其表面原子悬挂键的存在会导致内部的原子对其进行吸引，而破坏晶种结构的对称性。若没有另一个力驱使表面原子重回到原先的位置，则为了弥补此缺口，相邻原子的间距和键长将增大和增长，引发内部晶格出现应变和界面处出现错乱区域，而该结果将导致整个晶粒体系的自由能变大。如此，热力学只允许极小尺寸的多重孪晶晶种存在。当然，除了热力学控制以外，晶种的结构和数量还受到反应动力学的影响。动力学控制能够调控晶种周围的金属原子浓度，促使金属原子可以生长到所期望的原子簇某一晶面上，按照预定的计划构造晶体结构。此外，单晶晶种、单重孪晶晶种和多重孪晶晶种的分布也可以使用氧化刻蚀的方法将生成的零价金属原子再次氧化为离子而实现的。

　　单一成分的金属纳米单晶是最简单的一种纳米结构，拥有连续的晶格，晶体边缘也是完整的，不存在晶格边界。如图 4.12(a)所示，典型的单一成分的金属纳米单晶的几何形状可分别为立方体、八面体和棱形十二面体，这些形状由低指数晶面(110)、(111)和(100)构成，单晶中所有组成晶面的指数面都是一致的[114]。但是，理想的金属纳米单晶是难以得到的，金属纳米晶体的晶面一般不仅含有低指数晶面也具有高指数晶面[图 4.12(b)][115]，高指数晶面有更高的表面能。事实上，这种含多晶面的金属纳米晶体在热催化反应方面有着极其优越的性能，能通过调控晶面的比例和暴露晶界的数量促进目标产物的获得。例如，Tian 等[116]采用电化学合成技术制备了二十四面体的 Pt 纳米催化剂，发现此类催化剂的表面同时含有(730)、(210)和(520)等多个高指数晶面，其中(730)晶面的暴露是由两个(210)晶面和一个(310)晶面组成。通过催化性能测试发现，二十四面体的 Pt 纳米催化剂对于甲酸和乙醇的催化反应有着优异的活性。金属纳米催化剂的表面形貌对结构敏感的催化反应除了在活性上有影响外还会导致反应的选择性出现变化。例如，Bratlie 和 Lee[93]获得了不同晶面的 Pt 纳米催化剂，对其进行苯加氢反应，发现同时含有(111)和(100)晶面的 Pt 纳米催化剂能够选择性地生成环己烷和环己烯分子，而

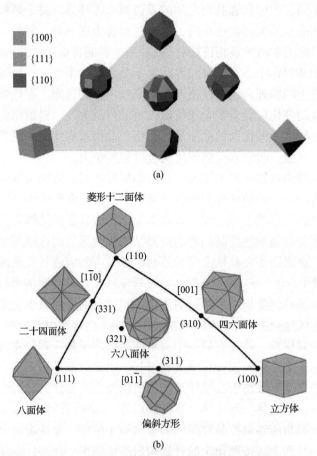

图 4.12　典型金属单晶结构示意图(扫码见彩图)

(a)几种晶面结构[114]；(b)含有不同晶面的多晶体[115]

只有(100)晶面的催化剂则只有环己烷产物生成。除了 Pt 纳米催化剂以外，各种含多晶面的 Ag 纳米催化剂也被设计、制备和催化测试。例如，Ma 等[117]向合成溶液中加入三价铁(Fe^{3+})离子引发氧化腐蚀反应而制备了截角立方体的 Ag 纳米颗粒。在制备过程中，Fe^{3+}离子选择性地腐蚀 Ag 孪晶颗粒，而生成的 Ag^{+}离子又在 Ag 的晶种表面重新还原并外延生长，如此往复循环，最终得到截角立方体的 Ag 纳米颗粒[117]。Bai 等[118]观察到了片状的 Ag 纳米催化剂转变为正三角双锥形的 Ag 纳米催化剂，他们认为形成正三角双锥形状的关键因素是晶种有单个或奇数个多重平面孪晶缺陷，而立方体形状的形成则归结于晶种有偶数个平面孪晶缺陷。通过反应测试发现，拥有正三角双锥形状的 Ag 纳米催化剂显示了优异的 CO 氧化反应催化活性，显著地降低了反应所需的活化能[118]。事实上，除了 Ag 和 Pt 以外，全球科研工作者还研制了含有孪晶缺陷和多种晶面的其他金属纳米催化剂，并尝试提高热催化反应，如 Pd[119-121]、Au[122-124]等。

与单一成分的金属纳米催化剂相比，含不同晶面的双金属纳米催化剂的双金属原子能够协同地调节催化位点和活性及选择性地催化反应，从而吸引了众多科研工作者的目光和注意力。例如，Zhang 等[125]制备了一种三脚架结构的 PdCu 纳米催化剂，并研究了此类催化剂在甲酸氧化反应中的应用。在成核过程中含面缺陷的片状晶种促使 Pd 原子优先沉积在片状的角上从而形成了三脚架结构[125]。溴离子(Br^-)和钯离子(Pd^{2+})的协同作用降低了 Pd^{2+}的还原速率，有利于片状晶种的产生，Cu 原子的存在也能降低片状晶种的形成能垒。通过三脚架结构和 Cu 原子引入的共同作用，PdCu 纳米催化剂显示了优越的甲酸氧化性能。另外，Jia 等[126]合成了挖空的菱形十二面体 $PtCu_3$ 纳米催化剂，暴露出更多的晶界，大大增加了 Pt 原子和 Cu 原子的利用率。这种挖空的菱形十二面体结构是由超薄纳米片相互搭建而形成的，因此 $PtCu_3$ 纳米催化剂具有优秀的甲酸氧化行为和催化稳定性[126]。含多晶面的 AuPd[127]和 AuAg[128]纳米催化剂已经被研究人员开发和制备，并尝试应用于催化领域。

3. 相界

在多相和多成分的体系里，不同晶体结构和不同成分之间的接触面即为相界。在金属材料中，含相界的结构可包括同质/异质结构和核壳结构。同质/异质结构为两种或多种不同结构/组分各自成核生长，但它们之间存在相互连接的接触面，其中最为常见的同质/异质结构则出现在负载型金属基纳米催化剂上。核壳结构则是一种组分先生长成纳米颗粒作为核，另一种或多种组分在已形成的纳米颗粒上进行包覆和生长作为壳。在过去的研究中，科研工作人员已经发现同质/异质结构和核壳结构的金属基纳米催化剂在低温 CO 氧化[129,130]、醇选择性氧化[131,132]、水汽氧化[133]等反应中都展现了优异的催化活性和选择性。为了有效提高催化剂的催化活性、选择性和稳定性，在纳米尺度上全面开展同质/异质结构和核壳结构的金属基催化剂的设计、制备和探索其催化本质具有重要的学术价值和应用前景。实际上，同质/异质结构和核壳结构的金属基催化剂，如多金属成分组合、负载型金属颗粒，具有组分间协同作用、可调变参数等优点，在催化反应上具有巨大的发展空间。

构造同质/异质结构的金属基纳米催化剂是一种有效的策略，用于调节热催化反应的催化行为。相比于异质结构，同质结构的金属基纳米催化剂较少进行研究。异质结构的金属基纳米催化剂是热催化领域中比较常见的催化剂。根据结合方式的不同，又可以将异质结构的金属基纳米催化剂分为以下三种：面积较小的金属纳米颗粒负载在大面积的载体上，称为负载型金属基纳米催化剂；面积较小的其他物质沉积在大面积的金属纳米载体上，则为反向负载型金属基纳米催化剂；面积相似的金属纳米颗粒与其他物质纳米颗粒互相连接，则为异质结型金属基纳米催化剂。其实，与异质结型金属基纳米催化剂相比，负载型金属基纳米催化剂和反向负载型金属基纳米催化剂能够有效地降低金属颗粒的表面能和稳定纳米颗粒，也能通过限域作用抑制金属纳米颗粒的长大。另外，由于负载的纳米颗粒较小而载体的面积较大，所以负载型金属基纳米催化剂和反向负载型金属基纳米催化剂通常会暴露较多金属-载体界面，这种界面能够提升催化性能。同时，在金属-载体界面处的金属原子可能会发生电荷交换，导致电子结构发生畸变，从而在与反应物质作用时显示了特殊的催化活性和选择性。

同质/异质结构的金属基纳米催化剂的制备方法主要有浸渍[134]、共沉淀[135]、沉积沉淀[136]、气溶胶吸附[137]、化学气相沉积[138]和非对称晶种生长[139,140]等方法。在 2006 年 Corma 和 Serna[141]在三氧化二铁(Fe_2O_3)和 TiO_2 载体上负载了 Au 纳米颗粒（Au/Fe_2O_3 和 Au/TiO_2），并将这些催化剂在温和条件下对官能团化的硝基芳烃实施热催化反应。结果发现，这些负载型催化剂对硝基芳烃具有优异的催化活性和催化选择性，能够避免羟胺的积累和潜在的热分解现象，此类催化剂的选择性加氢行为还提供了新的路线，即从 1-硝基-1-环己烯合成工业上所需的环己酮肟物质[141]。在另一个工作中，Milone 等[142]也制备了 Au/Fe_2O_3 催化剂并应用于 C═O 双键选择性加氢从不饱和醛酮获得不饱和醇的一类有机合成反应中，结果表明此类催化剂能够促使 α,β-不饱和柠檬醛加氢转化为香叶醇和橙花醇。在 Bus 等[143]的研究工作中进一步阐明负载型 Au 基纳米催化剂中的 Au 纳米颗粒的尺寸降低时 C═O 双键在 Au 原子上的吸附能力要强于 C═C 双键，从而利于选择性加氢将肉桂醛转化为肉桂醇。

反向负载型金属基纳米催化剂是金属前驱体先还原生成金属纳米颗粒，然后通过金属纳米颗粒的作用将其他的金属化合物沉积到表面，形成金属纳米颗粒负载金属化合物的纳米复合颗粒。在 2010 年 Fu 等[144]利用气相沉积的方式将 FeO_x 沉积到 Pt 纳米颗粒的(111)晶面上，从而获得了 FeO_x/Pt 反向负载型纳米催化剂，此类催化剂在 CO 氧化反应中展现了优异的催化活性。接着，Mu 等[145]通过浸渍共还原的方法制备了氧化镍 $NiO_x/PtNi$ 反向负载型纳米催化剂，将其用于 CO 氧化反应中发现表面负载的 NiO_x 物质能够与内部 PtNi 合金中的 Ni 原子形成协同作用，最大限度地增强此类催化剂在 CO 氧化反应中的催化性能（图 4.13）。异质结型金属基纳米催化剂由于暴露的界面较少，在热催化的研究较少，在这里将做一个简单的介绍。2016 年 Najafishirtari 等[146]通过溶胶-凝胶过程获得了哑铃结构的 $Au-FeO_x$ 纳米催化剂，并且调查了催化剂的 CO 氧化反应性能。通过氧化反应测试发现，Au 与 FeO_x 所形成的哑铃结构具有优异的抗烧结能力，显著提升了催化剂的稳定性[146]。同时，调控 Au 纳米颗粒的尺寸，发现 Au 纳米颗粒的尺寸与 FeO_x 纳米颗粒的尺寸等大时催化剂的活性是最差的，这可能归结于 $Au-FeO_x$ 纳米催化剂在此时的界面是最少的[146]。

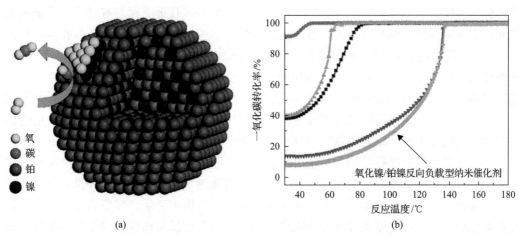

图 4.13　NiO$_x$/PtNi 反向负载型纳米催化剂的结构示意图(a)和 CO 氧化催化性能(b)[145](扫码见彩图)

　　核壳结构型金属基催化剂是指一种材料包裹另一种材料，其中核和壳至少有一种材料为金属。在核壳结构型金属基催化剂中，壳层的材料通常起到主要催化活性位点的作用，而核层的材料则主要产生协同催化的效果。核壳结构型金属基催化剂具有以下优点：核-壳的电子耦合或应变效应能够改善催化活性；核壳结构具有高的化学稳定性和热稳定性；优异的光学性能和各向异性的磁性。制备核壳结构型金属基催化剂的方法主要有共还原法和种子介导生长法。其中，共还原法是利用材料前驱体的还原电位存在差异而采用共还原的方式在一锅法中形成了核壳结构型金属基催化剂。这种方法较为简易，能够形成大规模生产，但是也存在明显的不足，如难以精确控制成核过程和还原动力学，导致结构难以精确再现。2014 年 Fu 等[147]采用共还原法制备了刺状核壳结构的 Au@Pd 纳米催化剂，发现含独特多孔结构和核-壳协同作用的 Au@Pd 纳米催化剂具有高效的氧还原能力。而种子介导生长法则需要一种材料预先形成纳米颗粒作为异质成核中心位点，易于另一种材料的覆盖，从而获得核壳结构型金属基催化剂。Yang 等[148]将 Au 原子沉积到预先形成的 Ag 纳米线上获得了核壳结构的 Ag@Au 纳米催化剂，通过更改 Au 前驱体的浓度能够控制 Au 壳的厚度，最后通过腐蚀试验发现 Ag@Au 纳米催化剂比 Ag 纳米线具有更好的稳定性。事实上，除了上述的制备方法和组成以外，核壳结构型金属基催化剂的其他制备方法(如电化学沉积和化学气相沉积)和材料组成(如 Au@Pt[149]、Ni@Pd[150]、Au@Cd[151]等)也被科研工作人员开发和调查。

4.3.3　三维缺陷的金属纳米材料和其在热催化领域的应用

　　三维缺陷又可称为体缺陷，是指晶体内三维方向的缺陷尺寸较大，与晶体或晶粒的尺寸大小的数量级相近，如孔洞、气泡、沉淀相等。三维缺陷和基质晶体明显不属于同一物相，归纳于一类异相缺陷。纳米多孔金属材料是一类具有三维缺陷的纳米金属材料，由纳米尺度的金属骨架和相互贯通或封闭的孔洞所组成，是具有基本金属属性的网状金属材料。相比于致密的块体金属材料，纳米多孔金属材料不仅具有纳米多孔结构的高比表面积和纳米尺寸效应所引入的新物理化学性能，还拥有宏观块体技术材料的抗腐蚀、高强度、抗疲劳和强力学性能等优异特性。另外，纳米多孔金属材料有许多的孔壁和表界面，能够展现出一系列特殊的表界面结构特性，这些结构特性赋予纳米多孔金属材料比重小、孔隙率高、节约原材料等特点。根据国际纯粹与应用化学联合会(IUPAC)规定，按照孔的尺寸大小可将纳米多孔金属材料分为三类：微孔金属材料(孔径<2nm)、介孔金属材料(2nm<孔径<50nm)、大孔金属材料(孔径>50nm)[152,153]。基于孔结构的形式和分布，纳米多孔金属材料可以细分为有序和无序两种结构。有序多孔金属材料是指多孔结构在空间里呈现一定规律性的排列，而在无序多孔金属材料中孔的分布杂乱无章。纳米多孔金属材料根据孔径的分布也可分为单一孔径的纳米多孔金属材料和分级孔径的纳米多孔金属材料。传统的金属催化剂一般是指金属纳米颗粒催化剂，其具有制备流程复杂、催化剂成分和结构不易控制、在催化反应中易团聚而失活、反应后催化剂难以回收和重复利用、制备和使用成本高等问题。而纳米多孔金属材料作为催化剂能够有效地避免金属颗粒的团聚所造成的催化剂失活，且在反应后易于回收和重复使用。因此，纳米多孔金属材料作为非均相催化剂对绿色化学的发展具有重要作用，能够大大促进合成化学的发展和进步，在国内外热催化反应领域有着广阔的应用前景[154]。

　　经过三十多年的发展，制备纳米多孔金属材料的方法主要有模板法、去合金化法、layer-by-layer 自组装技术、纳米粉体烧结法、掠射沉积法、胶晶法等。其中，模板法是利用物理或化学手段将目标金属原子排列到多孔模板的孔洞中，再消除模板，获得与模板的孔分布和尺寸类似或相关的纳米多孔金属材料。按照所使用的模板不同可将模板法分为胶态晶体模板法[155-157]、多孔阳极氧化铝模板法[158,159]、生物模板法[160,161]、液晶模板法[162,163]和乳液聚合物模板法[164,165]等。模板法一般适用于制备多孔结构较为有序的纳米多孔金属材料，但是其多孔结构严重受限于模板材料的成分和结构，导致制备过程较为复杂、合成成本较高，不利于大规模宏量生产。例如，1999 年 Yan 等[166]将聚苯乙烯(PS)模板浸入乙酸镍水溶液中，将溶剂蒸发掉剩下乙酸镍与 PS 的混合物，然后向混合物中加入草酸，使得乙酸镍反应为非溶性的草酸镍，在惰性气体或空气下烧掉 PS 球，而得到相应的纳米多孔 Ni 材料(惰性气氛烧结)和纳米多孔 NiO_x 材料(空气烧结)。

　　另外，去合金化方法是制备纳米多孔金属材料的常用技术之一，是利用不同金属材料之间具有化学性质上的差异，将合金中较为活泼的一种或多种金属组分通过化学或者物理手段进行选择性移除，而惰性的金属组分在反应界面通过扩散或聚集等方式自发形成连续的多孔网络结构。Erlebacher 以二元合金体系为例提出了去合金化法制备纳米多孔金属材料应该具备以下基本条件[167]：①一种金属原子/离子的平衡电极电势比另一种金属原子/离子的平衡电极电势要大得多；②在合金中目标组分的含量一定要达到形成连续多孔结构的最低量；③合金结构是均匀的，为单相的合金结构，在去合金化前不是相分离结构；④在去合金化过程中目标原子在界面上的扩散速度需要足够快。Ding 和 Chen[168]采用去合金化法制备了无序的纳米多孔 Au 催化剂，并证实了纳米多孔 Au 催化剂在 CO 氧化和葡萄糖氧化方面有着优异的催化性能(图 4.14)。与模板法相比，去合金化法制备纳米多孔金属材料具有操作简单、孔径更小、结构均匀、适合宏量制备等优点，已经吸引了全球科研人员的广泛关注。最后，layer-by-layer 自组装技术制备纳米多孔金属材料则是将不同金属的溶胶一层一层自组装于石英或硅片上，形成两种或多种金属纳米颗粒混合物，接着利用腐蚀手段去除活泼的金属，剩下目标金属成分构成多孔结构。事实上，这种方法的制备过程极为烦琐，且对产物的结构不易控制，因此其应用较少，只用来合成了纳米多孔 Au[169]。

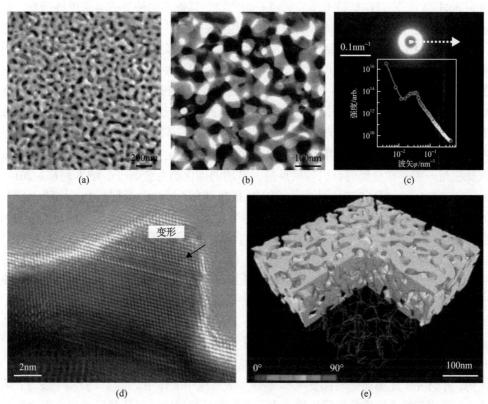

图 4.14　纳米多孔 Au 催化剂的微观结构和三维断层示意图（扫码见彩图）

(a)扫描电镜俯视图；(b)低倍透射电镜图；(c)电子衍射图；(d)高分辨透射电镜图；(e)三维断层示意图[168]；arb.为任意单位

随着纳米科学技术发生巨大进步，拥有大比表面积、强吸附能力、高结构强度、丰富的化学效应等特点的纳米多孔金属材料已被视为热催化领域中一类潜力巨大的催化剂。截至目前，纳米多孔金属催化剂已经在各种传统的热催化反应中表现出了优异的催化性能，如水煤气转换、CO 氧化反应、丙烯的环氧化、甲醇氧化反应、氮氧化物的还原反应、喹啉还原反应、α,β-不饱和醛选择性加氢等。相比于常见的负载型金属纳米颗粒催化剂，纳米多孔金属催化剂能够避免载体对金属纳米颗粒的催化性能干扰和消除催化剂团聚现象，同时，纳米多孔金属催化剂对催化剂预处理、催化剂形貌控制、反应后处理等也没有苛刻的要求，是最适合研究金属催化机理和自身催化活性位点/物种的理想材料。Zielasek 等[170]和 Xu 等[171]分别在 2006 年和 2007 年先后报道了纳米多孔 Au 催化剂可以在低温和氧气条件下高效催化 CO 氧化反应。这些成果在当时的 Au 催化领域引起了巨大的反响，因为研究人员在这之前一直认为只有当 Au 纳米颗粒的粒径小于 5nm 且固定于合适的氧化物载体时 Au 才拥有催化活性。而纳米多孔 Au 催化剂的测试结果清楚地表明 Au 对 CO 氧化反应具有较高的催化活性不一定与细小且分散的纳米颗粒存在必定联系，同时，由于无载体的应用，也能够排除载体效应，进一步确认 Au 的自身催化活性[172,173]。2010 年，Asao 等[174] 首次报道了纳米多孔 Au 催化剂在室温下实施硅烷向硅醇的转化反应。在此实验过程中，丙酮作为溶剂，$PhMe_2SiH$ 和 H_2O 在纳米多孔 Au 催化剂的作用下完成了 100%的 $PhMe_2SiOH$ 生成率，H_2 是整个反应的唯一副产物。其他不同种类的硅烷也被调查，在纳米多孔 Au 催化剂的作用下皆能顺利地转化为相应的硅醇，且生成率较高。催化反应完成后，纳米多孔 Au 催化剂可用镊子从反应液中直接取出，实现了简单的回收和重复利用，不需要烦琐的操作。重复多次反应测试发现，纳米多孔 Au 催化剂的催化活性并没有出现显著的降低[174]。2012 年 Asao 等[175]又尝试在氧气氛围下利用纳米多孔 Au 催化剂促使 1-苯基-1-丁醇氧化，在循环 5 次测试发现，纳米多孔 Au 催化剂的催化活性极其稳定，每次获得氧化产物的收率均大于 95%。扩大底物的选用范围，科研人员发现除了芳基、杂环芳基和脂肪族仲醇外一些伯醇也能被纳米多孔 Au 催化剂催化生成相应的羰基化合物。Suzuki 偶联反应是一类非常重要的有机转换反应，常用的催化剂为金属 Pd 纳米颗粒。2011 年 Yamamoto 和 Asao 团队尝试利用纳米多孔 Pd 催化剂在乙腈作为溶剂和氢氧化钾(KOH)存在的情况下驱动 Suzuki 偶联反应(图 4.15)。在没有 KOH 或纳米多孔 Pd 催化剂时，Suzuki 偶联反应均不能发生，同时，在去合金化之前，含 Pd 的催化剂前驱体也没显示催化活性[176]。经过底物拓宽和循环反复测试，纳米多孔 Pd 催化剂表现出了优异的催化活性和长期的稳定性。通过对反应溶液进行电感耦合等离子质谱(ICP-MS)检测发现，有一定量的 Pd 浸出到反应溶液中，这个现象在药物合成方面需要认真对待，避免药物合成时的 Pd 污染，对人体造成伤害[176]。同年，Yamamoto 和 Asao 团队进一步利用纳米多孔 Pd 催化剂驱动了 Negishi 和 Heck 偶联反应,且纳米多孔 Pd 催化剂在催化活性和稳定性方面也表现优异[177]。同时，Jin 等[178]采用去合金化法在不同的烧结温度下制备了不同孔径尺寸的纳米多孔 Cu 催化剂，并研究了此类催化剂在叠氮-炔基环加成反应中的作用。通过实验结果发现，纳米多孔 Cu 催化剂的催化活性强烈依赖于多孔结构的孔径尺寸，当孔径尺寸和比表面积分别为 40nm 和 $14m^2/g$ 时，纳米多孔 Cu 催化剂显示了最优的催化性能和最高的三唑类化合物生成率[178]。在底物拓宽和 10 次循环使用测试中，纳米多孔 Cu 催化剂皆表现出了较优的催化活性和长期的稳定运行寿命[178]。如上面例子所述，由于高表面积、高催化活性和选择性、易回收性及高可重复使用性等特点，纳米多孔金属材料已被证明可替代负载型纳米催化剂在热催化领域中作为催化剂实施各种有机分子转化反应。

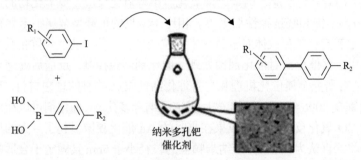

图 4.15　纳米多孔 Pd 催化剂及其在 Suzuki 偶联反应中的应用[176]

　　两种或多种金属之间形成双金属或者多金属结构，常常能表现出比单金属结构更好的物理和化学性能，这种性能变化来自于金属之间的协同效应，它们在许多领域皆有着巨大潜在的应用价值，尤其是催化方面[179]。催化剂的表面性质与催化活性和选择性密切相关，为此引入一种或多种额外的金属将会对催化剂的表面成分和结构进行精确修饰，利于调控材料的催化性能。因此，纳米多孔金属催化剂可以通过引入一种或多种金属形成纳米多孔合金催化剂去优化材料的催化活性。第一性原理计算结果表明，双金属催化剂表面的电子结构与金属原子之间的协同效应是密不可分的，而表面的电子结构则由表面的局部应变和有效原子配位数决定[180-182]。由于合金材料与反应物的键合方式与单金属材料存在差异，因此多孔纳米合金催化剂被期望具有优越的催化活性、选择性和稳定性，而应用于热催化领域。2014 年 Chen 等[183]制备了纳米多孔 AuPd 合金，研究了其催化 2-环己烯-1-酮的氢化硅烷化反应。通过测试结果发现，纳米多孔 AuPd 合金能够高选择性地实现 1,4-氢化硅烷化，并将此高选择性归为合金化和多孔结构。这个工作是纳米多孔合金催化剂首次应用到有机催化反应中，体现了纳米多孔结构和金属间协同效应的重要作用[183]。2016 年 Takale 等[184]首次观察到纳米多孔 Au 催化剂上有痕量的 Ag 残留（纳米多孔 $Au_{99}Ag_1$ 催化剂），而其能够促使氢分子的 H—H 键的断裂，并对 C≡C、C=C、C=N 和 C=O 等不饱和键进行高效及高选择性地加氢。经过表征和测试发现，痕量的 Ag 对纳米多孔 $Au_{99}Ag_1$ 催化剂的微观结构、物理化学性质和催化行为有着重要的影响，致使不饱和键的加氢反应可在 8atm（1atm=1.01325×10^{5}Pa）H_2 和 90℃的条件下进行[184]。另外，详细对比催化反应结果可发现，纳米多孔 $Au_{99}Ag_1$ 催化剂比 Ag 含量更高的纳米多孔 $Au_{90}Ag_{10}$ 催化剂在还原反应中具有更高的催化活性，而在氧化反应中两者的催化活性却恰好相反[184]。扫描电镜观察到纳米多孔 $Au_{99}Ag_1$ 催化剂的孔径在 25~40nm 的范围内，小于纳米多孔 $Au_{90}Ag_{10}$ 催化剂的孔径尺寸（50~75nm），而从 X 射线光电子能谱的数据中可知纳米多孔 $Au_{90}Ag_{10}$ 催化剂的 Au 原子和 Ag 原子发生了电荷交换，致使 Au 原子带有部分正电荷和 Ag 原子带有部分负电荷[184]。同年，Jiang 等[185]采用抗坏血酸还原得到纳米多孔 PdPt 催化剂，通过调节 Pd 和 Pt 的含量比能够改变催化剂的形状从球体转化为立方体。经过甲醇氧化反应测试发现，纳米多孔 PdPt 催化剂比商业 Pt/C 催化剂的活性高 7 倍，这种优异的催化氧化性能被归结于纳米多孔结构的高比表面积和双金属协同效应的共同作用[185]。通过这项工作可知，设计一种形状、组成和尺寸可调的纳米多孔合金材料能够有效地提升甲醇氧化反应性能。

　　综上所述，在热催化领域的应用中，含缺陷的金属纳米材料催化剂在成分和结构方面拥有独特的优势：缺陷结构、局域电荷分配、高比表面积和低配位原子等，使其在热催化反应中展示出了高的活性、选择性和稳定性，可以促使反应在温和的条件下进行，降低了能源的消耗，减少了环境的污染。另外，具有三维缺陷的纳米多孔金属材料还具有易回收和重复利用的特性，能够重复使用多次而保持催化活性，且能有效避免金属的溶出。总而言之，含缺陷的金属纳米材料可能在未来的热催化反应领域发挥更多、更重要的作用。事实上，含缺陷的金属纳米材料催化剂的潜力尚未得到完全的开发并处于起步阶段，特别是在缺陷种类的精准制备和缺陷催化机制的清晰理解方面还存在着严重的不足，需要投入大量的人力和物力去开发和研究。

4.4　金属缺陷纳米材料在光(电)催化领域的应用

自工业革命以来，化石燃料一直是支撑经济社会发展的能源主体，受到全球科研人员的广泛开发和研究。然而，随着经济的持续发展，人们对能源的消耗和需求日益增长，而能源的储量是有限的，呈现大幅减少的形势。另外，随着化石燃料的大量消耗，大量的二氧化碳气体被排放到大气中，影响了自然界的碳循环规律，导致温室效应的出现而引发全球变暖[186,187]。为了从根本上解决能源危机和温室效应，利用可再生能源替代化石燃料将成为未来能源发展的必由之路，从而减少对化石燃料的使用和依赖。碧辟(bp)公司发布的《世界能源展望》报告称以中国为首的新兴经济体将在未来驱动全球能源的需求，而中国的能源需求在大幅增加的同时其总体趋势向低碳能源结构进行转型(图4.16)。

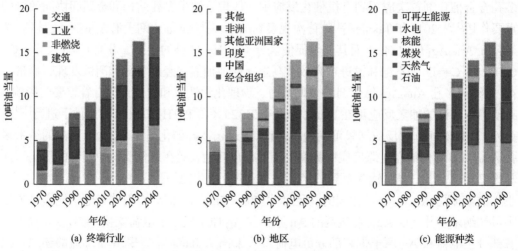

图 4.16　bp 的中国能源需求预计平均值(扫码见彩图)
*工业行业中燃料的使用量，不包含非燃料式燃烧；1 吨油当量=41868kJ

目前，科研人员对风能、太阳能、潮汐能等可再生能源已进行了广泛的研究和开发，并在一些条件适宜的地方，对这些可再生能源进行了一定规模的收集和应用[188-190]。通常，这些可再生能源资源并不能直接应用于人民的生活生产中，而是大多将它们转换为电然后并联到电网中进行使用。但是，利用这些可再生能源产生的电能在自然传输过程中并不稳定，会给电网造成冲击，特别是在严苛的环境条件下，如低温、暴风等。此外，可再生能源在地球上的分布并不平衡，如太阳能主要聚集在太阳暴晒时间长的地区、潮汐能则丰富于近海岸区。因此，发展一种将可再生能源转换成易储存、运输和使用的能源物质的技术是十分必要的。事实上，从现有的大型基础设施和能源需求而言，以水、二氧化碳、氮气等小分子作为反应物质将可再生能源存储为化学物质或燃料不仅能够有效地利用可再生能源，还能弥补人们对化学物质或燃料的需求。光(电)催化是一种将太阳能储存至化学物质或燃料的绿色技术，在能源、环境和化学领域有着重要的应用前景。

光(电)催化是指在太阳光照射下，材料吸收光子产生光致电子和空穴，从而驱动反应物发生氧化还原反应，得到目标产物，整个过程具有操作简单、无二次污染、选择性高等优点，被化学界认为是 21 世纪的"圣杯"技术。光(电)催化在以下几个领域均有应用：①分解水产氢；②人工光合作用；③氧化或分解有害物质；④光电化学转换；⑤光致超亲水性。这些应用对环境保护及人类社会的可持续发展有着深远的意义。在实现光能转化的研究领域中，光催化材料首要是将俘获的光能用于化学反应中，是光催化技术的核心部件。在纳米材料的光(电)催化应用中，纳米材料的表界面设计对于提高太阳能的利用率和化学物质的转换效率具有十分重要的作用。在尽量降低成本的前提下，对纳米材料的表界面设计可以从以下两个方面着手：①设计吸光中心，充分利用太阳能；②设计整个光催化单元成分和结构，将太阳能有效转化为化学物质。在设计吸光中心时，某些纳米金属材料具有表面等离子体共振效应，能够吸收太阳光谱的可见光和红外光，促使太阳能的利用率升高；而在催化方面，纳米金属材料在光(电)催化的材料体系中经常扮演助催化剂的角色，用来提升光(电)催化单元的化学物质生成率。为了详细讨论纳米金属材料的缺陷工程在光(电)催化领域中的应用，本节将从金属助催化剂/半导体和等离激元纳米金属材料两部分进行分析和举例。

4.4.1　金属助催化剂/半导体材料在光(电)催化领域的应用

自从 1972 年 Fujishima 和 Honda[191]使用 TiO_2 作为光电阳极在常温、常压和紫外光照射下将水分解产生氢气和氧气以后，全球科研人员在之后几十年里对光(电)催化领域进行了许多的尝试和探索，掀起了设计和制备光催化材料的热潮，一直追寻着太阳能向化学物质或燃料的最大转换。半导体材料一直是光(电)催化器件的重要组成部分，一直被作为热点课题进行研究，已开发和制备的半导体光(电)催化材料有 TiO_2[192]、ZnO[193]、Fe_2O_3[194]、CdS[195]和 WO_3[196]等，其在三个方面影响着光(电)催化性能：光的吸收、光生电荷的分离和转移，以半导体表面发生的氧化还原反应。为提高光子吸收能力、拓宽光谱响应范围和促进光生载流子的分离与转移，全球科研人员已经开发了各种基本策略去改善半导体材料的光催化性能，主要包含以下策略：调控半导体材料的形貌、晶型及晶面；裁剪半导体能带结构；构筑半导体异质结；实施敏化染料与半导体复合。这些策略虽然能够增加半导体的吸光性能和提高光生载流子的分离效率，但是却难以改变半导体表面对绝大部分的反应物质表现出差的催化性能。所以，为了改善半导体的催化活性，科学家在半导体表面负载助催化剂，特别是贵金属，借助这些助催化剂的高活性位点来加速氧化还原反应的实施[197,198]。事实上，助催化剂的使用能够从两个方面提高半导体的光催化性能：一是助催化剂和半导体所形成界面促使光生载流子的分离和传输；二是助催化剂表面的活性位点加速反应进行。常见的助催化剂包括贵金属材料、非贵金属材料、合金材料、金属氧化物、磷酸盐、硫化物等，在本节中只讨论金属(合金)助催化剂。

金属助催化剂自身不聚光，无法产生光生载流子，在金属助催化剂/半导体结构中半导体是产生光生载流子的唯一来源。虽然金属助催化剂不涉及光吸收，但它们的尺寸应该远小于半导体材料的尺寸，以避免或减少金属材料对光的屏蔽效应。助催化剂可以直接负载于半导体表面，也可以间接地修饰于半导体外表面的导电层或保护层上，形成一种多层结构模式。通过负载纳米金属材料可以有机会提高半导体的光(电)催化性能，但并不是任何纳米金属材料负载在半导体表面就能提升光(电)催化性能。对于金属助催化剂的选择需要遵循以下原则：金属助催化剂的费米能级要低于半导体的导带底，或者半导体的功函数小于金属助催化剂的功函数，电子才能从半导体向金属助催化剂进行不断地迁移，从而导致电子积累在金属助催化剂表面和空穴留在半导体上，直到金属助催化剂和半导体的费米能级相同；当半导体的光生电子扩散到金属助催化剂时，半导体和金属助催化剂之间将会形成一个空间电荷层。总体而言，这样会提升半导体上的光生电子-空穴对的分离效率，确保电子在金属助催化剂表面参与还原反应，而半导体表面则由空穴驱动发生氧化反应。

贵金属拥有较大的功函数，如 Pt、Pd、Rh、Ru 和 Au 的功函数分别为 5.65eV、5.55eV、4.98eV、4.71eV 和 5.10eV，均大于大多数半导体材料的功函数，因此以贵金属材料作为助催化剂将有很强的捕获电子能力，促进还原反应的发生[199]。在这些贵金属助催化剂的表面进一步构造零维、一维和二维缺陷将能够产生更多的活性位点，增强反应物质的吸附、中间物种的传递和生成物质的脱附。例如，2016 年 Majeed 等[200]制备了不同尺寸的 Au 纳米助催化剂负载在硫化镉(CdS)纳米片上，并研究了此类 Au/CdS 复合材料的光催化分解水性能。通过测试结果可知，当 Au 纳米助催化剂的粒径为 4nm 时，Au/CdS 显示了最优的可见光催化产氢活性，这意味着 Au 纳米粒子的粒径直接决定了表面所暴露的原子数和缺陷数。虽然贵金属助催化剂负载在半导体材料上具有优秀的光催化反应效果，但贵金属材料所固有的成本高(比非贵金属高三个数量级)和储量稀缺等问题制约了贵金属的大范围、大规模应用。已有研究结果表明，非贵金属材料的功函数低于贵金属材料的功函数，但是非贵金属材料与半导体材料仍能够形成肖特基势垒，促进光生载流子的分离和转移，并催化反应物还原形成目标产物。2004 年 Wu 和 Lee[201]采用浸渍-烧结法在 TiO_2 上沉积了 Cu 金属助催化剂，发现最优负载量的 Cu 助催化剂能够大幅度提升 TiO_2 的光催化产氢效率，相比于单纯的用 TiO_2 提高了 10 倍左右。通过谱学表征发现，Cu 助催化剂上有正电荷，也就是有一定的 Cu 正离子，利于活性质子的吸附，增强了光催化产氢活性[201]。Obregón 等[202]利用溶胶凝胶法、水热法和微乳液法制备了 TiO_2 纳米颗粒，经过硫酸预处理和煅烧后处理等方式对 Cu 助催化剂负载的 TiO_2 样品进行改性，发现不同的样品存在着明显的光催化性能差异，结合成分和结构表征可知，TiO_2 的表面成分和结构影响着 Cu 的表面原子缺陷和电荷结构，从而直接影响了 Cu/TiO_2 的光催化产氢性能。Foo 等[203]研究了金属 Cu 或铜氧化物同演变阶段，发现不同阶段的金属 Cu 或铜氧化物和结构对 TiO_2 的光催化产氢性能的影响，确定金属 Cu 或铜氧化物均能不同程度地提升 TiO_2 的光催化产氢活性，特别是核壳结构的 Cu@Cu_2O 负载在 TiO_2 表面的光催化产氢活性最强(图 4.17)。

对于具有多组分金属助催化剂/半导体的界面设计和研究还存在进一步提升的空间，尤其在涉及结合多种效应实现太阳能高效转化方面还存在许多有待解决的问题[204]。例如，将多种金属合金化和表面电荷极化作用引入到金属助催化剂/半导体结构设计中，

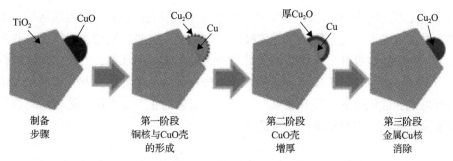

图 4.17　金属 Cu 或铜氧化物在 TiO$_2$ 纳米片上不同演变阶段示意图

怎样去清楚阐明其中的关键科学问题，还需要进行更多更深的研究探索。

4.4.2　等离激元纳米金属材料在光(电)催化领域的应用

　　金属表面等离子体共振是金属材料表面的自由电子与光相互作用所引发的一种特殊的电磁波模式。如图 4.18 所示，一束激发波长的光(如可见光)照射到 Ag 纳米球或 Ag 纳米线的表面，入射光波的电场将诱导 Ag 的外层电子产生极化，从而增强了 Ag 纳米球/纳米线的极性[205]。假设整个 Ag 体系中的正电荷稳定，而自由电子在外电场作用下运动，那么处于电场中的 Ag 纳米球内部的负电荷将发生重置，从而导致 Ag 纳米球表面出现净电荷现象。同时，净电荷内生的新电场将给体系施加内部恢复力，产生电子的偶极振荡现象，这就是金属表面等离子体共振的产生过程。金属材料需要表现出表面等离子体共振效应有一个必要条件，即金属材料的尺寸处于纳米级范围。随着纳米科学和其制备工艺的快速发展，金属表面等离子体光学已逐渐成为前沿的热点研究领域，在光(电)催化、太阳能电池及光热转化等方面展示了巨大的应用潜力。在光(电)催化中应用金属表面等离子体共振效应主要有两种方式[206]：①直接等离子体光催化是指具有等离子体共振的纳米金属材料作为反应活性中心，在光激发作用下纳米金属材料产生高能电子直接参与光催化反应，此时纳米金属材料作为活性物种，吸附反应物分子发生还原反应；②间接等离子体光催化则为拥有等离子体共振的纳米金属材料和半导体或绝缘体材料复合，在光激发后纳米金属材料所产生的自由电子将快速转移到半导体或绝缘体材料上，进行光催化的氧化或还原反应，这种复合结构能够有效扩大整个体系的光吸收范围和增强光生载流子的产生与分离，增加活性位点的电子密度。

　　目前，金属表面等离子体共振效应提升半导体材料的可见光光催化效率主要存在三种合理的模型解释，分别为直接电子迁移(DET)模型[207]、局域电磁场增强(LEMF)模型[208]和共振能量迁移(RET)模型[209]。在 DET 模型中，由于表面等离子体共振效应的存在，可见光激发纳米金属材料产生电荷分离，电子瞬间(小于 240fs)到达半导体的导带上，而空穴残留在金属表面等待被还原。而在 LEMF 模型中，纳米金属材料的表面等离子体共振效应将导致其表面的局域电磁场出现增强，越靠近金属，电磁场强度越大，半导体表面将会被激发产生更多的电子-空穴对，同时电磁场的作用也能有效地分离电子-空穴对，因此提升了可见光的光催化效率。除此以外，科研人员还提出了偶极子-偶极子能量转移的 RET 模型，类似于近场传输，其作用距离远小于激发光的波长，在近场区域，激发态的供体发射虚拟光子，光子旋即被受体吸收。事实上，这些模型均能够解释一些金属表面等离子体共振效应提升半导体材料的可见光光催化效率的现象，但是它们也都存在着明显的局限性，比如，DET 模型无法解释纳米金属材料与半导体没有直接接触的情况时体系的可见光光催化效率的提升现象。所以，到目前为止，没有统一的理论解释金属表面等离子体光催化材料的光催化反应机理。

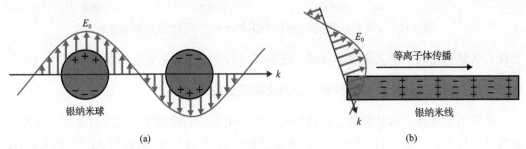

图 4.18　Ag 纳米球(a)和 Ag 纳米线(b)在光激发下表面电荷的分布情况[205]

E_0 为强度；k 为波矢

拥有表面等离子体共振效应的纳米金属材料在光催化分解水产氢、CO_2 还原和有机污染物降解等方面展示了优异的行为。当入射光子的波长与相应尺寸的某些纳米金属粒子的表面电子的自然频率一致时，价电子可由谐振光子诱发集体振荡，获得强还原性的自由电子，在光(电)催化方面体现出与众不同的属性。ⅠB 族 Au、Ag 和 Cu 的纳米粒子具有表面等离子体共振效应而被广泛研究，但对于光(电)催化来讲，表面等离子体共振效应不只是局限于ⅠB 族的纳米金属材料，其他类型的贵金属材料或者金属化合物纳米材料也可能显示出表面等离子体共振效应[210,211]。Au 纳米粒子是最受欢迎的表面等离子体共振效应的光催化材料，具有强大的电磁性能、良好的抗氧化性和可见光响应特性[212]。2011 年 Zhang 等[213]设计和制备了三明治结构的 TiO_2/Au/SiO_2 复合纳米材料，Au 纳米粒子显示了表面等离子体共振效应，有效地增强了材料的有机染料降解能力。与对比样 TiO_2/SiO_2 相比，TiO_2/Au/SiO_2 复合纳米材料显著提升了 400～550nm 范围内的可见光吸收，归结于 Au 纳米粒子的表面等离子体共振效应[213]。从可见光降解罗丹明红(RhB)染料可知，TiO_2/SiO_2 样品对 RhB 的降解能力很弱，而 TiO_2/Au/SiO_2 复合纳米材料的 RhB 降解效率是商用 P25 TiO_2 的 2.5 倍左右，这一结果是由于 Au 纳米粒子与 TiO_2 层存在着许多接触界面，通过表面等离子体共振效应能够产生更多的电子-空穴对和促使它们分离[213]。Ag 纳米颗粒在 380～600nm 区间具有较强的光吸收，调控 Ag 纳米颗粒的尺寸、形貌和所处的环境，可使 Ag 纳米粒子的吸收光谱发生红移，产生期望的表面等离子体共振效应。Chen 等[214]将 Ag 纳米颗粒填充到 TiO_2 纳米管管壁内部，发现不同尺寸的 Ag 纳米颗粒对于整个体系的光催化性能有着显著的影响。吸收光谱结果表明，合适尺寸的 Ag 纳米颗粒的表面等离子体共振效应明显提升了 Ag/TiO_2 纳米复合材料在 400～520nm 区间的可见光吸收，导致纳米复合材料的光电流密度高于纯 TiO_2 纳米管的光电流密度。另外，合适尺寸的 Ag 纳米颗粒显示了优秀的量子尺寸效应，低的体系阻抗和较好的光生载流子分离，都利于光电流密度值的增加。而大尺寸的 Ag 纳米颗粒会形成部分团簇，堵塞 TiO_2 纳米管管口，减少了反应活性位点，从而减少了整个体系的光电流密度[214]。除了ⅠB族金属以外，Pd、Pt、Rh、Ir 等金属也具有优异的光催化能力，对紫外光和可见光具有很强的吸收，而其吸收光主要取决于自由电子与束缚电子的两者光学特性。这些金属可以通过带间电子跃迁吸收光，调控光强和激发光波长可以改变受激发电子的浓度和能量，从而改善自身的光催化活性[215]。2018 年 Song 等[216]在 TiO_2 纳米载体上负载了 Rh 纳米粒子，并研究了整个体系的光催化甲烷重整反应。通过改变激发光的波长和分析催化甲烷重整反应结果与动力学数据发现，Rh 纳米粒子受光激发，经过带间跃迁产生热电子而快速转移到 TiO_2 载体上，使 Rh 纳米粒子表面出现 Rh 正离子状态，促进甲烷的 C—H 键活化，导致甲烷重整反应在光照和较低温度下即能进行(图 4.19)[216]。因此，在光(电)催化体系中考虑缺陷增强型金属的光响应特性能够有效发挥纳米金属材料的催化特性。

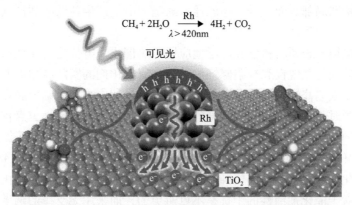

图 4.19　Rh/TiO_2 纳米复合材料的光催化反应机理示意图[216]

从以上讨论可知，金属表面等离子体共振效应具有独特的光(电)催化性能，可提升材料对可见光和近红外光的利用，这是宽带隙半导体材料难以实现的。但是，在基础研究和工业生产中金属表面等离子体共振效应的应用还面临着众多问题和巨大挑战：①金属等离激元产生的光热效应和热载流子对催化反应的影响总是同时存在的，分开讨论和研究每种效应对催化反应的影响比较困难；②催化反应通常发生在反应物与催化剂的表界面处，涉及多个原子和反应步骤使催化过程一直十分模糊；③具有优异表面等离子体共振效应的纳米材料往往是金、银等稳定和具有大量 d 电子的贵金属，使催化材料成本很高，开发铜、铝等廉价金属替代是一种有效的途径。期望在未来的研究中，科研人员能够将吸光中心和催化位点进行独立设计，将宽吸收范围的吸光材料和高效催化位点集成到纳米材料上，实现对金属表面等离子体共振效应的最大化利用，推动光(电)催化领域前进。

4.5　结论与展望

人类社会的进步离不开金属材料的进步和发展，而人类社会进步将促使生产力的发展从而反馈新金属材料的开发。纳米金属材料是指晶粒尺寸在 $1\sim100nm$ 的晶体材料，在物理和化学性能方面有着优异的表现，从而广泛地应用于各个催化反应领域。纳米金属材料存在于微观金属原子簇和宏观金属物体之间，属于经典的介观系统。纳米金属材料通过构造各种缺陷成分和结构(如阴离子/阳离子空位、杂原子掺杂、高能晶面、合金化、异质界面等)能够有效地调控物理和化学性能，展现出一系列不同的特性，主要包括表面效应、小尺寸效应、量子尺寸效应、宏观量子隧道效应和介电限域效应。

纳米金属材料在催化领域有着极其广泛的应用，可用于热催化、电催化和光(电)催化等方面，也可用于明确的某些特殊反应，如脱氢和加氢反应、有机物氧化和重整反应等。纳米金属材料的催化性能很大程度上取决于其表面的本征物理化学性质，通过调控纳米金属材料的表层电子结构和局部表面成分能有效控制其表面的本征物理化学性质，从而显著提升纳米金属材料的催化活性。缺陷工程被认为是一种有效的策略，用于改善纳米金属材料的催化行为。在纳米金属材料上进行缺陷修饰不仅能够调控纳米金属材料的表层电子结构和局部表面成分，还能通过缺陷的引入产生新的活性位点来促进纳米金属材料的吸脱附和催化过程。

目前，缺陷纳米金属材料已经广泛地应用于热催化、电催化、光(电)催化等催化领域。但是，在研究的系统性和缺陷修饰的纳米金属催化剂的实际应用性上还存在许多的问题与不足。①缺陷修饰的纳米金属催化剂在制备过程中难以精确控制只引入一种缺陷类型，通常会同时引入多种甚至多维度的缺陷，导致催化剂的活性位点较为复杂，在催化反应过程中难以确认"真实"的活性位点，这种多缺陷的存在甚至会有一种或多种缺陷实际上对于催化反应是有着负面作用的，使反应的转换效率难以达到预期的结果；②在实际的催化反应过程中缺陷修饰的纳米金属催化剂通常负载在其他化合物纳米载体上，这样载体对于催化剂活性的干扰是不可避免的，而采用无支撑的纳米金属催化剂实施催化反应时纳米孔结构和杂质的存在也无法反映纳米金属催化剂的本征催化活性，从现有的研究结果可知，目前的研究缺乏系统性，存在太多的偶然因素，同时，先进原位表征技术的缺乏，也让缺陷修饰的纳米金属催化剂的活性位点的证实陷入窘境；③缺陷修饰的纳米金属催化剂在实际应用过程中经常会面临稳定性差的问题，在催化反应过程中纳米金属催化剂上的缺陷位点经常失活或消失，导致催化剂的催化效率明显降低和使用寿命大幅度削减，不利于在实际工况中的应用，对于纳米金属催化剂的效率和稳定性需要做一个明显的权衡，而不应该只关注催化剂的效率提升，而忽视了其稳定性。

事实上，我们应该看到挑战与机遇是并存的，抓住现有的突出问题，合理设计、精准构筑和先进表征催化性能优越和稳定的缺陷位点将积极推进纳米金属材料在各种催化反应中的应用，明确缺陷位点与活性位点的准确关系，为丰富催化领域的理论知识和实验支撑做出巨大贡献。

参 考 文 献

[1] Jiang K, Pinchuk A O. Noble metal nanomaterials: Synthetic routes, fundamental properties, and promising applications[J]. Solid State Physics, 2015, 66: 131-211.

[2] Shen Y, Zhou Y, Wang D, et al. Nickel-copper alloy encapsulated in graphitic carbon shells as electrocatalysts for hydrogen evolution reaction[J]. Advanced Energy Materials, 2018, 8: 1701759.

[3] Erande M B, Pawar M S, Late D J. Humidity sensing and photodetection behavior of electrochemically exfoliated atomically thin-layered black phosphorus nanosheets[J]. ACS Applied Materials & Interfaces, 2016, 8: 11548-11556.

[4] Guo S, Wang E. Noble metal nanomaterials: Controllable synthesis and application in fuel cells and analytical sensors[J]. Nano Today, 2011, 6: 240-264.

[5] Jain P K, Huang X, El-Sayed I H, et al. Noble metals on the nanoscale: Optical and photothermal properties and some applications in imaging, sensing, biology, and medicine[J]. Accounts of Chemical Research, 2008, 41: 1578-1586.

[6] Aaron J S, Nitin N, Travis K, et al. Plasmon resonance coupling of metal nanoparticles for molecular imaging of carcinogenesis *in vivo*[J]. Journal of Biomedical Optics, 2007, 12: 034007.

[7] Fan Z, Zhang H. Crystal phase-controlled synthesis, properties and applications of noble metal nanomaterials[J]. Chemical Society Reviews, 2016, 45: 63-82.

[8] Lohse S E, Murphy C J. The quest for shape control: A history of gold nanorod synthesis[J]. Chemistry of Materials, 2013, 25: 1250-1261.

[9] Bao D, Zhang Q, Meng F L, et al. Electrochemical reduction of N_2 under ambient conditions for artificial N_2 fixation and renewable energy storage using N_2/NH_3 cycle[J]. Advanced Materials, 2017, 29: 1604799.

[10] Yan Y, Li X, Tang M, et al. Tailoring the edge sites of 2D Pd nanostructures with different fractal dimensions for enhanced electrocatalytic performance[J]. Advanced Science, 2018, 5: 1800430.

[11] Zhu W, Zhang L, Yang P, et al. Formation of enriched vacancies for enhanced CO_2 electrocatalytic reduction over AuCu alloys[J]. ACS Energy Letters, 2018, 3: 2144-2149.

[12] Xu X, Zhang X, Sun H, et al. Synthesis of Pt-Ni alloy nanocrystals with high-index facets and enhanced electrocatalytic properties[J]. Angewandte Chemie International Edition, 2014, 126: 12730-12735.

[13] Tang Q, Jiang D. Mechanism of hydrogen evolution reaction on 1T-MoS_2 from first principles[J]. ACS Catalysis, 2016, 6: 4953-4961.

[14] Wang D, Zhang X, Bao S, et al. Phase engineering of a multiphasic 1T/2H MoS_2 catalyst for highly efficient hydrogen evolution[J]. Journal of Materials Chemistry A, 2017, 5: 2681-2688.

[15] Wu M, Zhan J, Wu K, et al. Metallic 1T MoS_2 nanosheet arrays vertically grown on activated carbon fiber cloth for enhanced Li-ion storage performance[J]. Journal of Materials Chemistry A, 2017, 5: 14061-14069.

[16] Redfern L R, Farha O K. Mechanical properties of metal-organic frameworks[J]. Chemical Science, 2019, 10: 10666-10679.

[17] Voiry D, Salehi M, Silva R, et al. Conducting MoS_2 nanosheets as catalysts for hydrogen evolution reaction[J]. Nano Letters, 2013, 13: 6222-6227.

[18] Ruban A, Hammer B, Stoltze P, et al. Surface electronic structure and reactivity of transition and noble metals[J]. Journal of Molecular Catalysis A: Chemical, 1997, 115: 421-429.

[19] Zhang C, Liu S, Mao Z, et al. Ag-Ni core-shell nanowires with superior electrocatalytic activity for alkaline hydrogen evolution reaction[J]. Journal of Materials Chemistry A, 2017, 5: 16646-16652.

[20] Chen J, Yang Y, Su J, et al. Enhanced activity for hydrogen evolution reaction over CoFe catalysts by alloying with small amount of Pt[J]. ACS Applied Materials & Interfaces, 2017, 9: 3596-3601.

[21] Lebedeva N P, Rodes A, Feliu J M, et al. Role of crystalline defects in electrocatalysis: CO adsorption and oxidation on stepped platinum electrodes as studied by *in situ* infrared spectroscopy[J]. Journal of Physical Chemistry B, 2002, 106: 9863-9872.

[22] Lebedeva N P, Koper M T M, Feliu J M, et al. Role of crystalline defects in electrocatalysis: Mechanism and kinetics of CO adlayer oxidation on stepped platinum electrodes[J]. Journal of Physical Chemistry B, 2002, 106: 12938-12947.

[23] Cherstiouk O V, Gavrilov A N, Plyasova L M, et al. Influence of structural defects on the electrocatalytic activity of platinum[J]. Journal of Solid State Electrochemistry, 2008, 12: 497-509.

[24] Lee S W, Chen S O, Sheng W C, et al. Roles of surface steps on Pt nanoparticles in electro-oxidation of carbon monoxide and methanol[J]. Journal of the American Chemical Society, 2009, 131: 15669-15677.

[25] Lan J, Wang K, Yuan Q, et al. Composition-controllable synthesis of defect-rich PtPdCu nanoalloys with hollow cavities as superior electrocatalysts for alcohol oxidation[J]. Materials Chemistry Frontiers, 2017, 1: 1217-1222.

[26] Yi W, Choi S I, Xin Z, et al. Polyol synthesis of ultrathin Pd nanowires via attachment-based growth and their enhanced activity towards formic acid oxidation[J]. Advanced Functional Materials, 2014, 24: 131-139.

[27] Zhang L F, Zhong S L, Xu A W. Highly branched concave Au/Pd bimetallic nanocrystals with superior electrocatalytic activity and highly efficient SERS enhancement[J]. Angewandte Chemie International Edition, 2013, 52: 645-649.

[28] Bao D, Zhang Q, Meng F L, et al. Electrochemical reduction of N_2 under ambient conditions for artificial N_2 fixation and renewable energy storage using N_2/NH_3 cycle[J]. Advanced Materials, 2017, 29: 1604799.

[29] Mistry H, Choi Y W, Bagger A, et al. Enhanced carbon dioxide electroreduction to carbon monoxide over defect rich plasma-activated silver catalysts[J]. Angewandte Chemie International Edition, 2017, 56: 11552-11556.

[30] Choi C, Cheng T, Flores Espinosa M, et al. A highly active star decahedron Cu nanocatalyst for hydrocarbon production at low overpotentials[J]. Advanced Materials, 2018, 31(6): 1805405.

[31] van Lent R, Auras S V, Cao K, et al. Site-specific reactivity of molecules with surface defects--the case of H_2 dissociation on Pt[J]. Science, 2019, 363: 155-157.

[32] Stamenkovic V R, Mun B S, Arenz M, et al. Trends in electrocatalysis on extended and nanoscale Pt-bimetallic alloy surfaces[J]. Nature Materials, 2007, 6: 241-247.

[33] Zaman S, Huang L, Douka A I, et al. Oxygen reduction electrocatalysts toward practical fuel cells: Progress and perspectives[J]. Angewandte Chemie International Edition, 2021, 60: 17832-17852.

[34] Dubau L, Nelayah J, Moldovan S, et al. Defects do catalysis: CO monolayer oxidation and oxygen reduction reaction on hollow PtNi/C nanoparticles[J]. ACS Catalysis, 2016, 6: 4673-4684.

[35] Chattot R, Bacq O L, Beermann V, et al. Surface distortion as a unifying concept and descriptor in oxygen reduction reaction electrocatalysis[J]. Nature Materials, 2018, 17: 827-833.

[36] Li M, Zhao Z, Cheng T, et al. Ultrafine jagged platinum nanowires enable ultrahigh mass activity for the oxygen reduction reaction[J]. Science, 2016, 354: 1414-1419.

[37] Huang M, Jiang Y, Jin C, et al. Pt-Cu alloy with high density of surface Pt defects for efficient catalysis of breaking C—C bond in ethanol[J]. Electrochimica Acta, 2014, 125: 29-37.

[38] Zhu W, Zhang L, Yang P, et al. Formation of enriched vacancies for enhanced CO_2 electrocatalytic reduction over AuCu alloys[J]. ACS Energy Letters, 2018, 3: 2144-2149.

[39] Pi Y, Guo J, Shao Q, et al. Highly efficient acidic oxygen evolution electrocatalysis enabled by porous Ir-Cu nanocrystals with three-dimensional electrocatalytic surfaces[J]. Chemistry of Materials, 2018, 30: 8571-8578.

[40] Seh Z W, Kibsgaard J, Dickens C F, et al. Combining theory and experiment in electrocatalysis: Insights into materials design[J]. Science, 2017, 355: eaad4998.

[41] Zheng J, Lyu Y, Wu B, et al. Defect engineering of the protection layer for photoelectrochemical devices[J]. EnergyChem, 2020, 2: 100039.

[42] Zhu J, Mu S. Defect engineering in carbon-based electrocatalysts: Insight into intrinsic carbon defects[J]. Advanced Functional Materials, 2020, 30: 2001097.

[43] He Y F, Feng J T, Du Y Y, et al. Controllable synthesis and acetylene hydrogenation performance of supported Pd nanowire and cuboctahedron catalysts[J]. ACS Catalysis, 2012, 2: 1703-1710.

[44] Feng J, Ma X, He Y, et al. Synthesis of hydrotalcite-supported shape-controlled Pd nanoparticles by a precipitation-reduction method[J]. Applied Catalysis A: General, 2012, 413-414: 10-20.

[45] Le Bars J, Specht U, Bradley J S, et al. A catalytic probe of the surface of colloidal palladium particles using Heck coupling reactions[J]. Langmuir: the ACS Journal of Surfaces and Colloids, 1999, 15: 7621-7625.

[46] Attard G A, Griffin K G, Jenkins D J, et al. Enantioselective hydrogenation of ethyl pyruvate catalysed by Pt/graphite: Superior performance of sintered metal particles[J]. Catalysis Today, 2006, 114: 346-352.

[47] Lee H, Habas S E, Kweskin S, et al. Morphological control of catalytically active platinum nanocrystals[J]. Angewandte Chemie International Edition, 2006, 45: 7824-7828.

[48] Schmidt E, Vargas A, Mallat T, et al. Shape-selective enantioselective hydrogenation on Pt nanoparticles[J]. Journal of the American Chemical Society, 2009, 131: 12358-12367.

[49] Valden M, Lai X, Goodman D W. Onset of catalytic activity of gold clusters on titania with the appearance of nonmetallic properties[J]. Science, 1998, 281: 1647-1650.

[50] Durap F, Zahmakıran M, Özkar S. Water soluble laurate-stabilized rhodium(0) nanoclusters catalyst with unprecedented catalytic lifetime in the hydrolytic dehydrogenation of ammonia-borane[J]. Applied Catalysis A: General, 2009, 369: 53-59.

[51] Wang J, Xu A, Jia M, et al. Hydrotalcite-supported Pd-Au nanocatalysts for ullmann homocoupling reactions at low temperature[J]. New Journal of Chemistry, 2017, 41: 1905-1908.

[52] Cai J, Zeng Y, Guo Y. Copper@palladium-copper core-shell nanospheres as a highly effective electrocatalyst for ethanol electro-oxidation in alkaline media[J]. Journal of Power Sources, 2014, 270: 257-261.

[53] Qin Y, Luo M, Sun Y, et al. Intermetallic *hcp*-PtBi/*fcc*-Pt core/shell nanoplates enable efficient bifunctional oxygen reduction and methanol oxidation electrocatalysis[J]. ACS Catalysis, 2018, 8: 5581-5590.

[54] Scott R W J, Sivadinarayana C, Wilson O M, et al. Titania-supported PdAu bimetallic catalysts prepared from dendrimer-encapsulated nanoparticle precursors[J]. Journal of the American Chemical Society, 2005, 127: 1380-1381.

[55] Ding K, Cullen D A, Zhang L, et al. A general synthesis approach for supported bimetallic nanoparticles via surface inorganometallic chemistry[J]. Science, 2018, 362: 560-564.

[56] Zhang X, Cui G, Feng H, et al. Platinum-copper single atom alloy catalysts with high performance towards glycerol hydrogenolysis[J]. Nature Communications, 2019, 10: 5812.

[57] Wang H, Luo Q, Liu W, et al. Quasi Pd₁Ni single-atom surface alloy catalyst enables hydrogenation of nitriles to secondary amines[J]. Nature Communications, 2019, 10: 4998.

[58] Gao B, Wang I W, Ren L, et al. Catalytic methane decomposition over bimetallic transition metals supported on composite aerogel[J]. Energy & Fuels, 2019, 33: 9099-9106.

[59] Reddy B M, Reddy G K, Rao K N, et al. Silica supported transition metal-based bimetallic catalysts for vapour phase selective hydrogenation of furfuraldehyde[J]. Journal of Molecular Catalysis A: Chemical, 2007, 265: 276-282.

[60] Dimitratos N, Lopez-Sanchez J A, Meenakshisundaram S, et al. Selective formation of lactate by oxidation of 1,2-propanediol using gold palladium alloy supported nanocrystals[J]. Green Chemistry, 2009, 11: 1209-1216.

[61] Pei G X, Liu X Y, Wang A, et al. Ag alloyed Pd single-atom catalysts for efficient selective hydrogenation of acetylene to ethylene in excess ethylene[J]. ACS Catalysis, 2015, 5: 3717-3725.

[62] Zhou P, Hou X, Chao Y, et al. Synergetic interaction between neighboring platinum and ruthenium monomers boosts CO oxidation[J]. Chemical Science, 2019, 10: 5898-5905.

[63] Jiang H L, Akita T, Ishida T, et al. Synergistic catalysis of Au@Ag core-shell nanoparticles stabilized on metal-organic framework[J]. Journal of the American Chemical Society, 2011, 133: 1304-1306.

[64] Zhang J, Chen G, Guay D, et al. Highly active PtAu alloy nanoparticle catalysts for the reduction of 4-nitrophenol[J]. Nanoscale, 2014, 6: 2125-2130.

[65] Dong F, Yamazaki K. The Pt-Pd alloy catalyst and enhanced catalytic activity for diesel oxidation[J]. Catalysis Today, 2021, 376: 47-54.

[66] Su H, Li X, Huang L, et al. Plasmonic alloys reveal a distinct metabolic phenotype of early gastric cancer[J]. Advanced Materials, 2021, 33: 2007978.

[67] Shan Y, Sui Z, Zhu Y, et al. Effect of steam addition on the structure and activity of Pt-Sn catalysts in propane dehydrogenation[J]. Chemical Engineering Journal, 2015, 278: 240-248.

[68] Shen L, Mao S, Li J, et al. PdZn intermetallic on a CN@ZnO hybrid as an efficient catalyst for the semihydrogenation of alkynols[J]. Journal of Catalysis, 2017, 350: 13-20.

[69] Zhang H, Sun J, Dagle V L, et al. Influence of ZnO facets on Pd/ZnO catalysts for methanol steam reforming[J]. ACS Catalysis, 2014, 4: 2379-2386.

[70] Sun S, Murray C B, Weller D, et al. Monodisperse FePt nanoparticles and ferromagnetic FePt nanocrystal superlattices[J]. Science, 2000, 287: 1989-1992.

[71] Michel C G, Bambrick W E, Ebel R H, et al. Reducibility of rhenium in Pt-Re/Al$_2$O$_3$ reforming catalysts: A temperature programmed reduction-X-ray-absorption near-edge structure study[J]. Journal of Catalysis, 1995, 154: 222-229.

[72] Wu J, Gross A, Yang H. Shape and composition-controlled platinum alloy nanocrystals using carbon monoxide as reducing agent[J]. Nano Letters, 2011, 11: 798-802.

[73] Guo Q, Liu D, Zhang X, et al. Pd-Ni alloy nanoparticle/carbon nanofiber composites: Preparation, structure, and superior electrocatalytic properties for sugar analysis[J]. Analytical Chemistry, 2014, 86: 5898-5905.

[74] Kim S J, Oh S D, Lee S, et al. Radiolytic synthesis of Pd-M (M=Ag, Ni, and Cu)/C catalyst and their use in Suzuki-type and Heck-type reaction[J]. Journal of Industrial and Engineering Chemistry, 2008, 14: 449-456.

[75] Liu J, Huang Z, Cai K, et al. Clean synthesis of an economical 3D nanochain network of PdCu alloy with enhanced electrocatalytic performance towards ethanol oxidation[J]. Chemistry-A European Journal, 2015, 21: 17779-17785.

[76] Zhang J, Teo J, Chen X, et al. A series of NiM (M=Ru, Rh, and Pd) bimetallic catalysts for effective lignin hydrogenolysis in water[J]. ACS Catalysis, 2014, 4: 1574-1583.

[77] Zhai Y, Pierre D, Si R, et al. Alkali-stabilized Pt-OH$_x$ species catalyze low-temperature water-gas shift reactions[J]. Science, 2010, 329: 1633-1636.

[78] Yang M, Li S, Wang Y, et al. Catalytically active Au-O (OH)$_x$- species stabilized by alkali ions on zeolites and mesoporous oxides[J]. Science, 2014, 346: 1498-1501.

[79] Shen Y Y, Sun Y, Zhou L N, et al. Synthesis of ultrathin PtPdBi nanowire and its enhanced catalytic activity towards p-nitrophenol reduction[J]. Journal of Materials Chemistry A, 2014, 2: 2977-2984.

[80] Qiu F, Li L, Liu G, et al. Synthesis of Fe$_{0.3}$Co$_{0.7}$/rGO nanoparticles as a high performance catalyst for the hydrolytic dehydrogenation of ammonia borane[J]. International Journal of Hydrogen Energy, 2013, 38: 7291-7297.

[81] Yoshimura Y, Sato T, Shimada H, et al. Preparation of nickel-tungstate catalysts by a novel impregnation method[J]. Catalysis Today, 1996, 29: 221-228.

[82] Shimura K, Miyazawa T, Hanaoka T, et al. Fischer-tropsch synthesis over alumina supported bimetallic Co-Ni catalyst: effect of impregnation sequence and solution[J]. Journal of Molecular Catalysis A: Chemical, 2015, 407: 15-24.

[83] Cao Y, Zhang H, Ji S, et al. Adsorption site regulation to guide atomic design of Ni-Ga catalysts for acetylene semi-hydrogenation[J]. Angewandte Chemie International Edition, 2020, 59: 11647-11652.

[84] Bridier B, Pérez-Ramírez J. Cooperative effects in ternary Cu-Ni-Fe catalysts lead to enhanced alkene selectivity in alkyne hydrogenation[J]. Journal of the American Chemical Society, 2010, 132: 4321-4327.

[85] Murdoch M, Waterhouse G I N, Nadeem M A, et al. The effect of gold loading and particle size on photocatalytic hydrogen production from ethanol over Au/TiO$_2$ nanoparticles[J]. Nature Chemistry, 2011, 3: 489-492.

[86] Ono L K, Sudfeld D, Roldan Cuenya B. *In situ* gas-phase catalytic properties of TiC-supported size-selected gold nanoparticles synthesized by diblock copolymer encapsulation[J]. Surface Science, 2006, 600: 5041-5050.

[87] Guo L W, Du P P, Fu X P, et al. Contributions of distinct gold species to catalytic reactivity for carbon monoxide oxidation[J]. Nature Communications, 2016, 7: 13481.

[88] Cao Y, Sui Z, Zhu Y, et al. Selective hydrogenation of acetylene over Pd-In/Al$_2$O$_3$ catalyst: Promotional effect of indium and composition-dependent performance[J]. ACS Catalysis, 2017, 7: 7835-7846.

[89] Huang X, Yan H, Huang L, et al. Toward understanding of the support effect on Pd$_1$ single-atom-catalyzed hydrogenation reactions[J]. The Journal of Physical Chemistry C, 2019, 123: 7922-7930.

[90] Liu F, Xu S, Cao L, et al. A comparison of NiMo/Al$_2$O$_3$ catalysts prepared by impregnation and coprecipitation methods for hydrodesulfurization of dibenzothiophene[J]. The Journal of Physical Chemistry C, 2007, 111: 7396-7402.

[91] Wiley B, Herricks T, Sun Y, et al. Polyol synthesis of silver nanoparticles: Use of chloride and oxygen to promote the formation of single-crystal, truncated cubes and tetrahedrons[J]. Nano Letters, 2004, 4: 1733-1739.

[92] Ferrando R, Jellinek J, Johnston R L. Nanoalloys: From theory to applications of alloy clusters and nanoparticles[J]. Chemical Reviews, 2008, 108: 845-910.

[93] Bratlie K M, Lee H, Komvopoulos K, et al. Platinum nanoparticle shape effects on benzene hydrogenation selectivity[J]. Nano Letters, 2007, 7: 3097-3101.

[94] Garcia A C, Kolb M J, van Nieropy Sanchez C, et al. Strong impact of platinum surface structure on primary and secondary alcohol oxidation during electro-oxidation of glycerol[J]. ACS Catalysis, 2016, 6: 4491-4500.

[95] Taketoshi A, Haruta M. Size- and structure-specificity in catalysis by gold clusters[J]. Chemistry Letters, 2014, 43: 380-387.

[96] Zheng N, Stucky G D. A general synthetic strategy for oxide-supported metal nanoparticle catalysts[J]. Journal of the American Chemical Society, 2006, 128: 14278-14280.

[97] Nikolaev S A, Smirnov V V. Synergistic and size effects in selective hydrogenation of alkynes on gold nanocomposites[J]. Catalysis Today, 2009, 147: S336-S341.

[98] Ruta M, Semagina N, Kiwi-Minsker L. Monodispersed Pd nanoparticles for acetylene selective hydrogenation: Particle size and support effects[J]. The Journal of Physical Chemistry C, 2008, 112: 13635-13641.

[99] Semagina N, Renken A, Kiwi-Minsker L. Palladium nanoparticle size effect in 1-hexyne selective hydrogenation[J]. The Journal of Physical Chemistry C, 2007, 111: 13933-13937.

[100] Vilé G, Pérez-Ramírez J. Beyond the use of modifiers in selective alkyne hydrogenation: Silver and gold nanocatalysts in flow mode for sustainable alkene production[J]. Nanoscale, 2014, 6: 13476-13482.

[101] Vilé G, Baudouin D, Remediakis I N, et al. Silver nanoparticles for olefin production: New insights into the mechanistic description of propyne hydrogenation[J]. Chemcatchem, 2013, 5: 3750-3759.

[102] Christopher P, Linic S. Shape- and size-specific chemistry of Ag nanostructures in catalytic ethylene epoxidation[J]. Chemcatchem, 2010, 2: 78-83.

[103] Christopher P, Linic S. Engineering selectivity in heterogeneous catalysis: Ag nanowires as selective ethylene epoxidation catalysts[J]. Journal of the American Chemical Society, 2008, 130: 11264-11265.

[104] Busbee B D, Obare S O, Murphy C J. An improved synthesis of high-aspect-ratio gold nanorods[J]. Advanced Materials, 2003, 15: 414-416.

[105] Negri P, Dluhy R A. Ag nanorod based surface-enhanced Raman spectroscopy applied to bioanalytical sensing[J]. Journal of Biophotonics, 2013, 6: 20-35.

[106] Lu X, Yavuz M S, Tuan H Y, et al. Ultrathin gold nanowires can be obtained by reducing polymeric strands of oleylamine-AuCl complexes formed via aurophilic interaction[J]. Journal of the American Chemical Society, 2008, 130: 8900-8901.

[107] Hwang B, An C H, Becker S. Highly robust Ag nanowire flexible transparent electrode with UV-curable polyurethane-based overcoating layer[J]. Materials & Design, 2017, 129: 180-185.

[108] Skrabalak S E, Chen J, Sun Y, et al. Gold nanocages: Synthesis, properties, and applications[J]. Accounts of Chemical Research, 2008, 41: 1587-1595.

[109] Li C, Shuford K L, Park Q H, et al. High-yield synthesis of single-crystalline gold nano-octahedra[J]. Angewandte Chemie International Edition, 2007, 46: 3264-3268.

[110] Xiao B, Niu Z, Wang Y G, et al. Copper nanocrystal plane effect on stereoselectivity of catalytic deoxygenation of aromatic epoxides[J]. Journal of the American Chemical Society, 2015, 137: 3791-3794.

[111] Wiley B, Sun Y, Xia Y. Synthesis of silver nanostructures with controlled shapes and properties[J]. Accounts of Chemical Research, 2007, 40: 1067-1076.

[112] Murphy C J, Gole A M, Hunyadi S E, et al. One-dimensional colloidal gold and silver nanostructures[J]. Inorganic Chemistry, 2006, 45: 7544-7554.

[113] Xiong Y, Xia Y. Shape-controlled synthesis of metal nanostructures: The case of palladium[J]. Advanced Materials, 2007, 19: 3385-3391.

[114] Niu W, Zhang L, Xu G. Shape-controlled synthesis of single-crystalline palladium nanocrystals[J]. ACS Nano, 2010, 4: 1987-1996.

[115] Tian N, Zhou Z Y, Sun S G. Platinum metal catalysts of high-index surfaces: From single-crystal planes to electrochemically shape-controlled nanoparticles[J]. The Journal of Physical Chemistry C, 2008, 112: 19801-19817.

[116] Tian N, Zhou Z Y, Sun S G, et al. Synthesis of tetrahexahedral platinum nanocrystals with high-index facets and high electro-oxidation activity[J]. Science, 2007, 316: 732-735.

[117] Ma Y, Li W, Zeng J, et al. Synthesis of small silver nanocubes in a hydrophobic solvent by introducing oxidative etching with Fe(III) species[J]. Journal of Materials Chemistry, 2010, 20: 3586-3589.

[118] Bai Y, Zhang W, Zhang Z, et al. Controllably interfacing with metal: A strategy for enhancing CO oxidation on oxide catalysts by surface polarization[J]. Journal of the American Chemical Society, 2014, 136: 14650-14653.

[119] Chen Y X, Chen S P, Zhou Z Y, et al. Tuning the shape and catalytic activity of Fe nanocrystals from rhombic dodecahedra and tetragonal bipyramids to cubes by electrochemistry[J]. Journal of the American Chemical Society, 2009, 131: 10860-10862.

[120] Xiong Y, Wiley B, Chen J, et al. Corrosion-based synthesis of single-crystal Pd nanoboxes and nanocages and their surface plasmon properties[J]. Angewandte Chemie International Edition, 2005, 44: 7913-7917.

[121] Tian N, Zhou Z Y, Yu N F, et al. Direct electrodeposition of tetrahexahedral Pd nanocrystals with high-index facets and high catalytic activity for ethanol electrooxidation[J]. Journal of the American Chemical Society, 2010, 132: 7580-7581.

[122] Jana N R. Nanorod shape separation using surfactant assisted self-assembly[J]. Chemical Communications, 2003: 1950-1951.

[123] Kan C, Wang C, Li H, et al. Gold microplates with well-defined shapes[J]. Small, 2010, 6: 1768-1775.

[124] Jana N R, Gearheart L, Murphy C J. Wet chemical synthesis of silver nanorods and nanowires of controllable aspect ratio[J]. Chemical Communications, 2001: 617-618.

[125] Zhang L, Choi S I, Tao J, et al. Pd-Cu bimetallic tripods: A mechanistic understanding of the synthesis and their enhanced electrocatalytic activity for formic acid oxidation[J]. Advanced Functional Materials, 2014, 24: 7520-7529.

[126] Jia Y, Jiang Y, Zhang J, et al. Unique excavated rhombic dodecahedral PtCu$_3$ alloy nanocrystals constructed with ultrathin nanosheets of high-energy {110} facets[J]. Journal of the American Chemical Society, 2014, 136: 3748-3751.

[127] Zhang J, Zhang L, Jia Y, et al. Synthesis of spatially uniform metal alloys nanocrystals via a diffusion controlled growth strategy: The case of Au-Pd alloy trisoctahedral nanocrystals with tunable composition[J]. Nano Research, 2012, 5: 618-629.

[128] Zhang Q, Cobley C M, Zeng J, et al. Dissolving Ag from Au-Ag alloy nanoboxes with H$_2$O$_2$: A method for both tailoring the optical properties and measuring the H$_2$O$_2$ concentration[J]. The Journal of Physical Chemistry C, 2010, 114: 6396-6400.

[129] Haruta M, Yamada N, Kobayashi T, et al. Gold catalysts prepared by coprecipitation for low-temperature oxidation of hydrogen and of carbon monoxide[J]. Journal of Catalysis, 1989, 115: 301-309.

[130] Masatake H, Tetsuhiko K, Hiroshi S, et al. Novel gold catalysts for the oxidation of carbon monoxide at a temperature far below 0℃[J]. Chemistry Letters, 1987, 16: 405-408.

[131] Della Pina C, Falletta E, Prati L, et al. Selective oxidation using gold[J]. Chemical Society Reviews, 2008, 37: 2077-2095.

[132] Wittstock A, Zielasek V, Biener J, et al. Nanoporous gold catalysts for selective gas-phase oxidative coupling of methanol at low temperature[J]. Science, 2010, 327: 319-322.

[133] Rodriguez J A, Ma S, Liu P, et al. Activity of CeO$_x$ and TiO$_x$ nanoparticles grown on Au(111) in the water-gas shift reaction[J]. Science, 2007, 318: 1757-1760.

[134] Zhang C, Oliaee S N, Hwang S Y, et al. A generic wet impregnation method for preparing substrate-supported platinum group metal and alloy nanoparticles with controlled particle morphology[J]. Nano Letters, 2016, 16: 164-169.

[135] Manzoli M, Chiorino A, Boccuzzi F. Interface species and effect of hydrogen on their amount in the CO oxidation on Au/ZnO[J]. Applied Catalysis B: Environmental, 2004, 52: 259-266.

[136] Souza K R, de Lima A F F, de Sousa F F, et al. Preparing Au/ZnO by precipitation-deposition technique[J]. Applied Catalysis A: General, 2008, 340: 133-139.

[137] Kesavan L, Tiruvalam R, Rahim M H A, et al. Solvent-free oxidation of primary carbon-hydrogen bonds in toluene using Au-Pd alloy nanoparticles[J]. Science, 2011, 331: 195-199.

[138] Lei Y, Lee S, Low K B, et al. Combining electronic and geometric effects of ZnO-promoted Pt nanocatalysts for aqueous phase reforming of 1-propanol[J]. ACS Catalysis, 2016, 6: 3457-3460.

[139] Buck M R, Bondi J F, Schaak R E. A total-synthesis framework for the construction of high-order colloidal hybrid nanoparticles[J]. Nature Chemistry, 2012, 4: 37-44.

[140] Peng Z, Yang H. Synthesis and oxygen reduction electrocatalytic property of Pt-on-Pd bimetallic heteronanostructures[J]. Journal of the American Chemical Society, 2009, 131: 7542-7543.

[141] Corma A, Serna P. Chemoselective hydrogenation of nitro compounds with supported gold catalysts[J]. Science, 2006, 313: 332-334.

[142] Milone C, Tropeano M L, Gulino G, et al. Selective liquid phase hydrogenation of citral on Au/Fe$_2$O$_3$ catalysts[J]. Chemical Communications, 2002: 868-869.

[143] Bus E, Prins R, van Bokhoven J A. Origin of the cluster-size effect in the hydrogenation of cinnamaldehyde over supported Au catalysts[J]. Catalysis Communications, 2007, 8: 1397-1402.

[144] Fu Q, Li W X, Yao Y, et al. Interface-confined ferrous centers for catalytic oxidation[J]. Science, 2010, 328: 1141-1144.

[145] Mu R, Fu Q, Xu H, et al. Synergetic effect of surface and subsurface Ni species at Pt-Ni bimetallic catalysts for CO oxidation[J]. Journal of the American Chemical Society, 2011, 133: 1978-1986.

[146] Najafishirtari S, Guardia P, Scarpellini A, et al. The effect of Au domain size on the CO oxidation catalytic activity of colloidal Au-FeO$_x$ dumbbell-like heterodimers[J]. Journal of Catalysis, 2016, 338: 115-123.

[147] Fu G, Liu Z, Chen Y, et al. Synthesis and electrocatalytic activity of Au@Pd core-shell nanothorns for the oxygen reduction reaction[J]. Nano Research, 2014, 7: 1205-1214.

[148] Yang M, Hood Z D, Yang X, et al. Facile synthesis of Ag@Au core-sheath nanowires with greatly improved stability against oxidation[J]. Chemical Communications, 2017, 53: 1965-1968.

[149] Mirdamadi-Esfahani M, Mostafavi M, Keita B, et al. Bimetallic Au-Pt nanoparticles synthesized by radiolysis: Application in electro-catalysis[J]. Gold Bulletin, 2010, 43: 49-56.

[150] Son S U, Jang Y, Park J, et al. Designed synthesis of atom-economical Pd/Ni bimetallic nanoparticle-based catalysts for sonogashira coupling reactions[J]. Journal of the American Chemical Society, 2004, 126: 5026-5027.

[151] Peljo P, Scanlon M D, Olaya A J, et al. Redox electrocatalysis of floating nanoparticles: Determining electrocatalytic properties without the influence of solid supports[J]. The Journal of Physical Chemistry Letters, 2017, 8: 3564-3575.

[152] Thommes M, Kaneko K, Neimark A V, et al. Physisorption of gases, with special reference to the evaluation of surface area and pore size distribution (IUPAC technical report)[J]. Pure and Applied Chemistry, 2015, 87: 1051-1069.

[153] Rouquerol J, Avnir D, Fairbridge C W, et al. Recommendations for the characterization of porous solids (technical report)[J]. Pure and Applied Chemistry, 1994, 66: 1739-1758.

[154] Mellor J R, Coville N J, Sofianos A C, et al. Raney copper catalysts for the water-gas shift reaction: Ⅰ. Preparation, activity and stability[J]. Applied Catalysis A: General, 1997, 164: 171-183.

[155] Velev O D, Tessier P M, Lenhoff A M, et al. A class of porous metallic nanostructures[J]. Nature, 1999, 401: 548.

[156] Soler-Illia G J de A A, Sanchez C, Lebeau B, et al. Chemical strategies to design textured materials: From microporous and mesoporous oxides to nanonetworks and hierarchical structures[J]. Chemical Reviews, 2002, 102: 4093-4138.

[157] Walsh D, Arcelli L, Ikoma T, et al. Dextran templating for the synthesis of metallic and metal oxide sponges[J]. Nature Materials, 2003, 2: 386-390.

[158] Schofield E. Reviews in modern surface finishing No.1: Anodic routes to nanoporous materials[J]. Transactions of the IMF, 2005, 83: 35-42.

[159] Pu L, Bao X, Zou J, et al. Individual alumina nanotubes[J]. Angewandte Chemie International Edition, 2001, 40: 1490-1493.

[160] Meldrum F C, Seshadri R. Porous gold structures through templating by echinoid skeletal plates[J]. Chemical Communications, 2000, 1: 29-30.

[161] Seshadri R, Meldrum F C. Bioskeletons as templates for ordered, macroporous structures[J]. Advanced Materials, 2000, 12: 1149-1151.

[162] Kresge C T, Leonowicz M E, Roth W J, et al. Ordered mesoporous molecular sieves synthesized by a liquid-crystal template mechanism[J]. Nature, 1992, 359: 710-712.

[163] Attard G S, Leclerc S A A, Maniguet S, et al. Liquid crystal phase templated mesoporous platinum alloy[J]. Microporous and Mesoporous Materials, 2001, 44-45: 159-163.

[164] Shchukin D G, Caruso R A. Template synthesis of porous gold microspheres[J]. Chemical Communications, 2003, 13: 1478-1479.

[165] Zhang H, Cooper A I. New approaches to the synthesis of macroporous metals[J]. Journal of Materials Chemistry, 2005, 15: 2157-2159.

[166] Yan H, Blanford C F, Holland B T, et al. A chemical synthesis of periodic macroporous NiO and metallic Ni[J]. Advanced Materials, 1999, 11: 1003-1006.

[167] Erlebacher J. An atomistic description of dealloying[J]. Journal of the Electrochemical Society, 2004, 151: C614.

[168] Ding Y, Chen M. Nanoporous metals for catalytic and optical applications[J]. MRS Bulletin, 2009, 34: 569-576.

[169] Lu Y, Wang Q, Sun J, et al. Selective dissolution of the silver component in colloidal Au and Ag multilayers: A facile way to prepare nanoporous gold film materials[J]. Langmuir: The ACS Journal of Surfaces and Colloids, 2005, 21: 5179-5184.

[170] Zielasek V, Jürgens B, Schulz C, et al. Gold catalysts: Nanoporous gold foams[J]. Angewandte Chemie International Edition, 2006, 45: 8241-8244.

[171] Xu C, Su J, Xu X, et al. Low temperature CO oxidation over unsupported nanoporous gold[J]. Journal of the American Chemical Society, 2007, 129: 42-43.

[172] Zeis R, Lei T, Sieradzki K, et al. Catalytic reduction of oxygen and hydrogen peroxide by nanoporous gold[J]. Journal of Cataley, 2008, 253: 132-138.

[173] Kosuda K M, Wittstock A, Friend C M, et al. Oxygen-mediated coupling of alcohols over nanoporous gold catalysts at ambient pressures[J]. Angewandte Chemie International Edition, 2012, 51: 1698-1701.

[174] Asao N, Ishikawa Y, Hatakeyama N, et al. Nanostructured materials as catalysts: Nanoporous-gold-catalyzed oxidation of organosilanes with water[J]. Angewandte Chemie International Edition, 2010, 49: 10093-10095.

[175] Asao N, Hatakeyama N, Menggenbateer M T, et al. Aerobic oxidation of alcohols in the liquid phase with nanoporous gold catalysts[J]. Chemical Communications, 2012, 48: 4540-4542.

[176] Tanaka S, Kaneko T, Asao N, et al. A nanostructured skeleton catalyst: Suzuki-coupling with a reusable and sustainable nanoporous metallic glass Pd-catalyst[J]. Chemical Communications, 2011, 47: 5985-5987.

[177] Kaneko T, Tanaka S, Asao N, et al. Reusable and sustainable nanostructured skeleton catalyst: Heck reaction with nanoporous metallic glass Pd(PdNPore) as a support, stabilizer and ligand-free catalyst[J]. Advanced Synthesis & Catalysis, 2011, 353: 2927-2932.

[178] Jin T, Yan M, Menggenbateer M T, et al. Nanoporous copper metal catalyst in click chemistry: Nanoporosity-dependent activity without supports and bases[J]. Advanced Synthesis & Catalysis, 2011, 353: 3095-3100.

[179] Wang D, Li Y. Bimetallic nanocrystals: Liquid-phase synthesis and catalytic applications[J]. Advanced Materials, 2011, 23: 1044-1060.

[180] Grob A. Reactivity of bimetallic systems studied from first principles[J]. Topics in Catalysis, 2006, 37: 29-39.

[181] Hansgen D A, Vlachos D G, Chen J G. Using first principles to predict bimetallic catalysts for the ammonia decomposition reaction[J]. Nature Chemistry, 2010, 2: 484-489.

[182] Ham H C, Hwang G S, Han J, et al. Geometric parameter effects on ensemble contributions to catalysis: H_2O_2 formation from H_2 and O_2 on AuPd alloys. A first principles study[J]. The Journal of Physical Chemistry C, 2010, 114: 14922-14928.

[183] Chen Q, Tanaka S, Fujita T, et al. The synergistic effect of nanoporous AuPd alloy catalysts on highly chemoselective 1,4-hydrosilylation of conjugated cyclic enones[J]. Chemical Communications, 2014, 50: 3344-3346.

[184] Takale B S, Feng X, Lu Y, et al. Unsupported nanoporous gold catalyst for chemoselective hydrogenation reactions under low pressure: Effect of residual silver on the reaction[J]. Journal of the American Chemical Society, 2016, 138: 10356-10364.

[185] Jiang B, Li C, Henzie J, et al. Morphosynthesis of nanoporous pseudo Pd@Pt bimetallic particles with controlled electrocatalytic activity[J]. Journal of Materials Chemistry A, 2016, 4: 6465-6471.

[186] Füssel H M. An updated assessment of the risks from climate change based on research published since the IPCC fourth assessment report[J]. Climatic Change, 2009, 97: 469.

[187] Solomon S, Plattner G K, Knutti R, et al. Irreversible climate change due to carbon dioxide emissions[J]. Proceedings of the National Academy of Sciences, 2009, 106: 1704-1709.

[188] Moriarty P, Honnery D. What is the global potential for renewable energy?[J]. Renewable and Sustainable Energy Reviews, 2012, 16: 244-252.

[189] Zhao X, Liu S, Yan F, et al. Energy conservation, environmental and economic value of the wind power priority dispatch in China[J]. Renewable Energy, 2017, 111: 666-675.

[190] de Souza L E V, Gilmanova Cavalcante A M. Concentrated solar power deployment in emerging economies: The cases of China and Brazil[J]. Renewable and Sustainable Energy Reviews, 2017, 72: 1094-1103.

[191] Fujishima A, Honda K. Electrochemical photolysis of water at a semiconductor electrode[J]. Nature, 1972, 238: 37-38.

[192] Nakata K, Fujishima A. TiO_2 photocatalysis: Design and applications[J]. Journal of Photochemistry and Photobiology C: Photochemistry Reviews, 2012, 13: 169-189.

[193] Ong C B, Ng L Y, Mohammad A W. A review of ZnO nanoparticles as solar photocatalysts: Synthesis, mechanisms and applications[J]. Renewable and Sustainable Energy Reviews, 2018, 81: 536-551.

[194] Wang G, Wang B, Su C, et al. Enhancing and stabilizing α-Fe_2O_3 photoanode towards neutral water oxidation: Introducing a dual-functional NiCoAl layered double hydroxide overlayer[J]. Journal of Catalysis, 2018, 359: 287-295.

[195] Wang R, Li X, Wang L, et al. Construction of Al-ZnO/CdS photoanodes modified with distinctive alumina passivation layer for improvement of photoelectrochemical efficiency and stability[J]. Nanoscale, 2018, 10: 19621-19627.

[196] Dong P, Hou G, Xi X, et al. WO_3-based photocatalysts: Morphology control, activity enhancement and multifunctional applications[J]. Environmental Science: Nano, 2017, 4: 539-557.

[197] Long J, Chang H, Gu Q, et al. Gold-plasmon enhanced solar-to-hydrogen conversion on the {001} facets of anatase TiO_2 nanosheets[J]. Energy & Environmental Science, 2014, 7: 973-977.

[198] Tachikawa T, Minohara M, Hikita Y, et al. Tuning band alignment using interface dipoles at the Pt/anatase TiO_2 interface[J]. Advanced Materials, 2015, 27: 7458-7461.

[199] Yang J, Yan H, Zong X, et al. Roles of cocatalysts in semiconductor-based photocatalytic hydrogen production[J]. Philosophical Transactions of the Royal Society A: Mathematical, Physical and Engineering Sciences, 2013, 371: 20110430.

[200] Majeed I, Nadeem M A, Al-Oufi M, et al. On the role of metal particle size and surface coverage for photo-catalytic hydrogen production: A case study of the Au/CdS system[J]. Applied Catalysis B: Environmental, 2016, 182: 266-276.

[201] Wu N L, Lee M S. Enhanced TiO_2 photocatalysis by Cu in hydrogen production from aqueous methanol solution[J]. International Journal of Hydrogen Energy, 2004, 29: 1601-1605.

[202] Obregón S, Muñoz-Batista M J, Fernández-García M, et al. Cu-TiO_2 systems for the photocatalytic H_2 production: Influence of structural and surface support features[J]. Applied Catalysis B: Environmental, 2015, 179: 468-478.

[203] Foo W J, Zhang C, Ho G W. Non-noble metal Cu-loaded TiO_2 for enhanced photocatalytic H_2 production[J]. Nanoscale, 2013, 5: 759-764.

[204] Liu D, Xie M, Wang C, et al. Pd-Ag alloy hollow nanostructures with interatomic charge polarization for enhanced electrocatalytic formic acid oxidation[J]. Nano Research, 2016, 9: 1590-1599.

[205] Rycenga M, Cobley C M, Zeng J, et al. Controlling the synthesis and assembly of silver nanostructures for plasmonic applications[J]. Chemical Reviews, 2011, 111: 3669-3712.

[206] Linic S, Christopher P, Ingram D B. Plasmonic-metal nanostructures for efficient conversion of solar to chemical energy[J]. Nature Materials, 2011, 10: 911-921.

[207] Furube A, Du L, Hara K, et al. Ultrafast plasmon-induced electron transfer from gold nanodots into TiO_2 nanoparticles[J]. Journal of the American Chemical Society, 2007, 129: 14852-14853.

[208] Ingram D B, Linic S. Water splitting on composite plasmonic-metal/semiconductor photoelectrodes: Evidence for selective plasmon-induced formation of charge carriers near the semiconductor surface[J]. Journal of the American Chemical Society, 2011, 133: 5202-5205.

[209] Cushing S K, Li J, Meng F, et al. Photocatalytic activity enhanced by plasmonic resonant energy transfer from metal to semiconductor[J]. Journal of the American Chemical Society, 2012, 134: 15033-15041.

[210] Luther J M, Jain P K, Ewers T, et al. Localized surface plasmon resonances arising from free carriers in doped quantum dots[J]. Nature Materials, 2011, 10: 361-366.

[211] Liu X, Swihart M T. Heavily-doped colloidal semiconductor and metal oxide nanocrystals: An emerging new class of plasmonic nanomaterials[J]. Chemical Society Reviews, 2014, 43: 3908-3920.

[212] Wang C, Astruc D. Nanogold plasmonic photocatalysis for organic synthesis and clean energy conversion[J]. Chemical Society Reviews, 2014, 43: 7188-7216.

[213] Zhang Q, Lima D Q, Lee I, et al. A highly active titanium dioxide based visible-light photocatalyst with nonmetal doping and plasmonic metal decoration[J]. Angewandte Chemie International Edition, 2011, 50: 7088-7092.

[214] Chen K, Feng X, Hu R, et al. Effect of Ag nanoparticle size on the photoelectrochemical properties of Ag decorated TiO_2 nanotube arrays[J]. Journal of Alloys and Compounds, 2013, 554: 72-79.

[215] Sarina S, Zhu H Y, Xiao Q, et al. Viable photocatalysts under solar-spectrum irradiation: Nonplasmonic metal nanoparticles[J]. Angewandte Chemie International Edition, 2014, 53: 2935-2940.

[216] Song H, Meng X, Wang Z J, et al. Visible-light-mediated methane activation for steam methane reforming under mild conditions: A case study of Rh/TiO_2 catalysts[J]. ACS Catalysis, 2018, 8: 7556-7565.

第5章 金属化合物材料缺陷与催化

5.1 引　　言

催化反应发生在材料表面，材料表面结构与催化活性紧密关联。调控材料表面性质的途径众多：形貌调节、能带调控、缺陷工程、异质结等。缺陷工程是调节催化性能非常有效的一种策略，能够有效调节催化剂表面电子结构，诱导电荷重新分布，优化催化剂表面对反应物/产物的吸脱附过程。贵金属催化剂由于其自旋轨道耦合效应，整体活性优异，但资源有限、成本昂贵、易毒化等缺点一直制约其可持续应用，过渡金属化合物成本低廉，且原子外层 d 电子结构多变，可调性强，活性高，有望成为可以替代贵金属进行商业化大规模应用的催化材料。在过渡金属化合物催化材料的合成中，不可避免地会原位生长缺陷，在过渡金属化合物中可控构筑缺陷、理解缺陷并利用缺陷对于进一步优化催化性能、明晰催化反应机制等具有重要意义。过渡金属化合物中构筑缺陷的方法很多，可以在催化剂的生长过程中诱导生长，也可以通过后处理(如等离子轰击、激光刻蚀、高温高压处理等)的方式生成。目前，已开发出系列有效的缺陷构筑方法：原子掺杂、热处理还原、化学刻蚀、界面晶界、模板去除、应力诱导等。

5.2　过渡金属化合物缺陷材料的合成与表征

多数材料存在缺陷，缺陷的分布、浓度和类型十分复杂。为了清楚地理解催化活性与缺陷之间的关系，可控地合成高效富缺陷催化剂，并对其进行详细表征是十分必要的。

5.2.1　过渡金属化合物缺陷材料可控合成与制备

在过渡金属化合物材料中构筑缺陷是催化缺陷工程中的重要一步。只有成功制备具有明确缺陷的催化材料才能建立缺陷与催化性能之间的关系以研究相关催化机制。在过渡金属化合物催化材料中构筑缺陷的方法取决于缺陷的类型。到目前为止，已经开发了大量的合成策略用来构筑富缺陷催化剂。主要可以分为两类：在预合成的催化材料中引入缺陷和在催化材料的合成过程中引入缺陷。

1. 在预合成的催化材料中引入缺陷

在预先合成的纳米材料中引入缺陷是一种常用的方法，它可以很容易地将空位、掺杂剂、空洞和无序化等缺陷引入催化材料的表面或体相。在该方法中，缺陷的形成和纳米晶体的生长动力学无关。

1)空位和空洞

阴离子空位可以通过还原主体纳米晶，从而引入过渡金属化合物晶格中。例如，使

·150· 缺陷与催化

用 NaBH$_4$[1-4]、N$_2$H$_4$[5]和 H$_2$[6-13]等还原剂处理 TiO$_2$、WO$_3$、Co$_3$O$_4$ 和 Bi$_2$WO$_6$，可以通过还原剂中的 H 与晶格氧相互作用，移除晶格中的氧原子，形成氧空位。值得注意的是，大多数的化学还原方法只能移除金属氧化物表面的氧原子。例如，Zhao 等[1]通过使用固体 NaBH$_4$ 在 300℃下处理金红石 TiO$_2$ 纳米棒，成功地在其表面引入了氧空位。为了在 TiO$_2$ 纳米棒体相结构中构筑氧空位，他们首先制备了具有体相空位的 TiO$_2$，然后进行了相同的表面还原处理[图 5.1(a)]。Zheng 及其合作者在室温下使用 NaBH$_4$处理介孔 Co$_3$O$_4$ 纳米线成功地在其表面引入了氧空位[4]。Gong 课题组使用氢气处理剥离后的 WO$_3$ 纳米片，成功地构筑了具有大量表面氧空位的单晶 WO$_3$ 纳米片[图 5.1(b)][11]。考虑还原剂在预先形成的纳米材料中渗透深度有限，当催化材料是多孔或者原子层厚度时，氧空位可以均匀分布在催化剂中。举一个典型的例子，氧空位可以在多孔无定型 TiO$_2$ 中产生，而不是高度结晶的无孔 TiO$_2$ 中[图 5.1(c)][14]。除了还原方法，热处理也是产生空位的一种重要方法。高温可以加速化学键的断裂，促进原子从晶格中逃逸，形成空位。例如，可以通过在真空中热处理的方法在 WO$_3$ 纳米片中引入氧空位。应该注意的是，在热退火的过程中应该提供一个缺氧的环境才能在催化剂中引入氧空位[11]。Zhang 及其合作者通过一种简单温和的 H$_2$O$_2$ 化学刻蚀策略，成功地在 MoS$_2$ 纳米片表面均匀地引入了硫空位[图 5.1(d)][15]。Qiao 课题组通过在 500℃使用 5% H$_2$/Ar 气体煅烧二维 W$_2$N$_3$，成功地在其表面引入了 N 空位[16]。Shao 课题组使用硒酸部分刻蚀 ZIF-67，然后将其作为硒源在

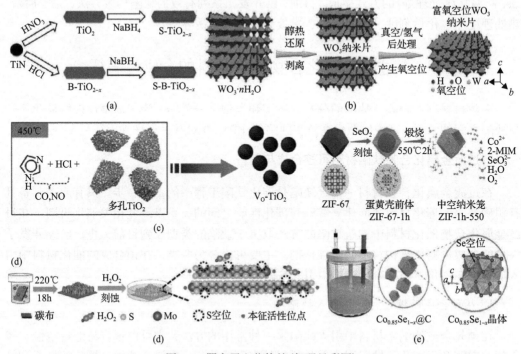

图 5.1 阴离子空位构筑(扫码见彩图)

(a)具有表面氧空位(S-TiO$_{2-x}$)及表面和体相氧空位(S-B-TiO$_{2-x}$)TiO$_2$纳米棒的合成示意图[1]；(b)富氧空位 WO$_3$ 纳米片的合成示意图[11]；(c)在 450℃咪唑和盐酸存在下，从多孔无定型 TiO$_2$ 合成富氧空位 TiO$_2$ 的示意图[14]；(d)通过化学刻蚀在 MoS$_2$ 中构筑 S 空位的示意图[15]；(e)合成富 Se 空位 Co$_{0.85}$Se$_{1-x}$@C 中空纳米笼的示意图[17]

惰性气氛中进行煅烧，得到了碳层包覆的富硒空位金属硒化物[图 5.1(e)][17]。Zhang 课题组开发了一种低温氨气辅助还原策略制备富氧空位蓝色多孔 WO_{3-x} 纳米棒。氨气中的 H 和 N 可以攫取氧化物中的 O 形成 N_2O、NO、N_2 和 H_2O，从而形成氧空位。该方法同样适用于其他过渡金属氧化物(TMO)如 MnO_2、Nb_2O_5 和 MoO_3[18]。

　　物理刻蚀方法主要是高能粒子(如离子、电子或者等离子体等)轰击。湖南大学王双印教授课题组开发了一种使用等离子体辅助表面修饰的普适手段用来合成富缺陷电催化剂。等离子体被认为是除固态、气态和液态之外的第四种状态，主要由原子、离子、分子和正负离子相等的自由基组成。当提供足够的能量来诱导分子与电子碰撞时，可以电离气体产生等离子体[19]。Wang 课题组通过使用 Ar 等离子体技术处理 Co_3O_4 纳米片，成功地在其表面引入了大量氧空位[图 5.2(a)][20]。同样地，使用 Ar 等离子体技术处理体相 CoFe LDH，成功地实现了超薄 CoFe LDH 纳米片的制备且引入了大量的金属空位和氧空位[图 5.2(b)][21]。除此之外，他们还使用 Ar 等离子体技术处理 CoFeSn 氧化物，利用 Sn—O 键能比 Co—O 和 Fe—O 键能低的特性，选择性地在 CoFeSn 三元氧化物中构筑了 Sn 空位[图 5.2(c)][22]。

　　过渡金属氧化物和氢氧化物中的金属空位可以通过使用酸刻蚀进行构筑。多金属氢氧化物中的两性金属离子(Al 和 Zn)也可以利用碱溶液进行刻蚀，从而可以选择性地构造特定的阳离子缺陷[23]。有研究工作者在一定浓度的酸水溶液中超声处理 CoFe LDH，成功实现了 LDHs 的剥离，且在纳米片中引入了金属空位和氧空位[24]。Yang 课题组通过特定的具有吸电子能力的有机分子甲酯(CH_3NCS)在无贵金属双金属 LDH 中引入了金属空位和氧空位。在 LDHs 的八面体 MO_6 层状结构中，亲核基团—OH 有望与有机受体相互作用。根据 LDHs 通常层间间距(≈0.7nm)，理论计算发现吸电有机分子 CH_3—N═C═S(单胞边矢量即单胞基矢 $a≈0.278nm$，$b≈0.254nm$，$c≈0.557nm$)具有合适的尺寸，被选为锚固剂。CH_3NCS 能够进入 LDH 的夹层，并锚定在 LDHs 中 MO_6(M 为金属)单元的特定原子(氧和金属原子)上。随着 CH_3NCS 和锚定原子的撤离，实现了 LDHs 纳米片的剥离、氧空位和多金属空位的成功构筑[25]。

　　使用离子束轰击二维过渡金属硫化物纳米片是在二维材料中引入化学活性缺陷位点的有效方法。离子束修饰主要是基于目标材料中能量离子和单个原子之间的库仑电磁相互作用。在入射离子与目标原子相互碰撞的过程中，高能离子将能量传递到目标材料中的原子核和电子，从而实现掺杂、目标原子位移等一系列效应，导致材料的电子和原子结构发生一系列变化，从而实现材料的修饰[26]。Samori 课题组通过使用 Ar 离子束轰击单层 MoS_2，成功地在其表面引入了硫空位[图 5.2(d)][27]。通过高能球磨也可以在过渡金属氧化物中引入大量的氧空位[28-30]。现今，球磨是一种成熟的技术，通常被用来减小固体颗粒尺寸，甚至可减小到纳米范围。既可以用于原子尺度化学元素的混合和组合，也可以用来启动或者加速固态化学反应。Yu 课题组通过球磨商用 MnO_2 或者 $KMnO_4$ 和 $MnC_4H_6O_4·4H_2O$ 成功地制备了富氧空位 MnO_2[图 5.2(e)][31]。

　　过渡金属化合物材料中的空位可以进一步浓缩形成空洞或者凹坑。Scheu 课题组通过在空气中 500℃煅烧的方法成功地在 TiO_2 纳米线中形成了空洞。氧空位的聚集形成了逆 Wulff 形状的空隙[图 5.3(a)][32]。近来也有文献报道二维硫化物可以被 STEM 中的

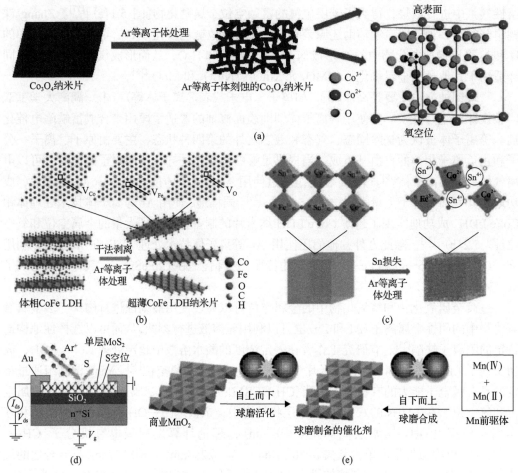

图 5.2 物理刻蚀产生缺陷(扫码见彩图)

(a) Ar 等离子刻蚀 Co_3O_4 纳米片在其表面产生氧空位[20]；(b) Ar 等离子体处理体相 CoFe LDH,干法剥离制备富缺陷超薄 CoFe LDH 纳米片[21]；(c) Ar 等离子体处理 SnCoFe 钙钛矿氢氧化物在其表面产生 Sn 空位[22]；(d) 使用 Ar 离子束轰击单层 MoS_2 在其表面构筑硫空位[27]；(e) 球磨法制备富氧空位 MnO_2[31]

电子束刻蚀产生纳米尺度的缺陷位点，同时缺陷结构的演变也可以被电子显微镜观察到 [图 5.3(b)][33]。Zhang 课题组合成了一种具有不规则表面凹陷的层状 MnO_2。首先通过 $KMnO_4$ 和 $MnSO_4$ 在 240℃下发生水热反应合成了 K-MnO_2。然后，使用 HNO_3 处理 K-MnO_2，在这一过程中 K^+ 被 H^+ 取代。接着，使用四溴基氢氧化铵(TBAOH)取代质子，TBAOH 可以从层状 MnO_2 的边缘进入，然后逐渐渗透到层间。TBAOH 的空间位阻效应可以有效弱化层间的范德瓦耳斯力。最后，随着更多的 TBAOH 分子进入层间，在其表面形成了许多不规则的凹陷[图 5.3(c)][34]。Garaj 及其合作者开发了一种简单、非腐蚀的方法制备了富缺陷 MoS_2[35]。他们使用 NaClO 溶液刻蚀具有各向异性的 MoS_2。研究发现，对于无缺陷的 MoS_2 二维晶体，可以形成具有六边形边朝外(armchair)构型的刻蚀边缘，而基面没有受到影响。只有当基面存在缺陷位点时，具有 zigzag 取向的均匀三角形凹陷才能形成。结合氧等离子体技术预处理，通过缺陷工程在 MoS_2 基面产生了可控的三角形凹坑[图 5.3(d)][35]。

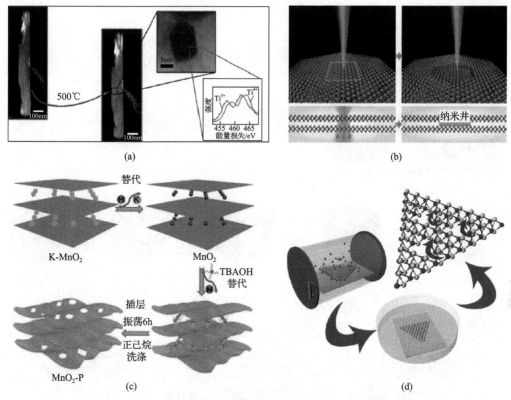

图 5.3　空洞构筑（扫码见彩图）

(a)在 TiO$_2$ 纳米线中构筑空洞示意图[32]；(b)利用电子束在双层 WS$_2$ 构筑空洞示意图[33]；(c)制备富表面凹陷 MnO$_2$ 流程图[34]；(d)制备富表面凹陷 MoS$_2$ 流程图[35]

2）掺杂剂

外来原子或者离子可以通过扩散掺杂被引入过渡金属化合物材料的晶格中，其中掺杂剂通过扩散被引入到预先形成的宿主纳米晶体的晶格中。扩散过程可以通过在高温下使用气体、液体或者固体前驱体来实现[36]。例如，可以通过在 NH$_3$ 气氛中煅烧[37-39]，将未掺杂材料与氨水[40, 41]、水合肼[42]、三甲胺溶液[43]和固体尿素[44]混合在高温下煅烧的方式实现氮掺杂。同样地，可以使用 H$_2$S[45, 46]和 NaH$_2$PO$_2$ 中释放出来的 PH$_3$[47, 48]在高温下煅烧分别实现 S 和 P 掺杂。还可以通过将过渡金属化合物和硫脲高温退火的方式实现 N 和 S 共掺杂。应该注意的是，掺杂程度主要依赖于掺杂方法和掺杂材料的结构。例如，Li 等通过在 400℃煅烧前，用氨水对 TiO$_2$ 球前驱体进行水热处理，合成了 N 掺杂 TiO$_2$。研究发现，N 只能被掺杂到紧密包裹的 TiO$_2$ 球亚表面。相比之下，介孔 TiO$_2$ 球中掺杂 N 的浓度从表面到体相都是均匀的，说明了前驱体疏松的结构更有利于均匀掺杂[图 5.4(a)][40]。Sun 课题组使用生长在泡沫镍上的 Co$_3$O$_4$ 纳米线为前驱体，以 NaH$_2$PO$_2$ 为 P 源在 Ar 中煅烧，成功制备了 P 掺杂 Co$_3$O$_4$ 纳米线[49]。Yang 课题组通过简单的电化学阳极过程和两步化学气相沉积处理，合成了自组装的 S 掺杂 MoP 纳米多孔层（S-MoP NPL）。他们首先通过阳极氧化在 Mo 片表面长了厚度低于 1 μm 的 MoO$_3$ NPL。然后对 MoO$_3$ NPL 进行先 P 化后 S 化，成功制备了 S-MoP NPL[图 5.4(b)][50]。Chai 课题组以

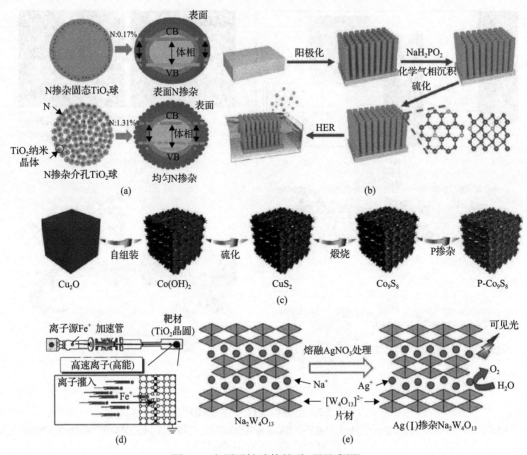

图 5.4　杂原子缺陷构筑(扫码见彩图)

(a)N 掺杂介孔 TiO$_2$ 球制备流程图[40]；(b)S-MoP NPL 制备流程图[50]；(c)P- Co$_9$S$_8$ 制备流程图[51]；(d)利用离子束轰击技术在 TiO$_2$ 中掺杂 Fe[53]；(e)Ag(I)掺杂 Na$_2$W$_4$O$_{13}$ 制备示意图[55]

Cu$_2$O 纳米立方块为牺牲模板，制备了 P 掺杂 Co$_9$S$_8$ 纳米笼。使用 CoCl$_2$ 为 Co 前驱体，Na$_2$S$_2$O$_3$ 为刻蚀剂对合成得到的 Cu$_2$O 纳米立方块进行刻蚀，将其转化为 Co(OH)$_2$ 纳米笼。然后经过硫化处理将 Co(OH)$_2$ 转化为 Co$_9$S$_8$ 纳米笼。最后，以 NaH$_2$PO$_2$ 为 P 源，对其进行热处理，成功制备了 P 掺杂 Co$_9$S$_8$ 纳米笼[图 5.4(c)][51]。Yang 课题组报道了一种固态扩散的方式可以将阳离子掺杂剂均匀地引入到金属氧化物晶格中。在掺杂 Mn 到 TiO$_2$ 纳米线阵列之前，纳米线首先通过原子层沉积被覆盖了一层厚度约为 1Å 的 MnO$_x$ 层。然后通过在 Ar 气氛中煅烧的方式促进 Mn 扩散到金红石晶格中，成功制备了 Mn 掺杂 TiO$_2$ 纳米线[52]。Anpo 课题组通过离子束轰击技术成功地实现了 TiO$_2$ 中 Fe 杂原子的引入。通过离子灌入然后在空气中煅烧的方式，Fe 可以均匀稳定地分散在 TiO$_2$ 中。该方法同样适用于 TiO$_2$ 中一系列过渡金属元素(V、Cr、Mn、Fe、Co、Ni 和 Cu)的掺杂[图 5.4(d)][53]。离子交换是在预先形成的过渡金属离子化合物中引入外源离子的另一种方法，通常在一定温度下将可离子交换的催化材料与掺杂离子的溶液进行混合来实现。层状的氧化物和氢氧化物材料在离子交换方面被广泛探索，其层间阳离子或者阴离子很容易被外源离子所取代。例如，通过在 HCl 和 SnCl$_2$ 混合溶液中搅拌可以成功地将 Sn^{2+}

掺杂到层状钛酸盐和铌酸盐（$KTiNbO_5$、$K_4Nb_6O_{17}$、$CsTi_2NbO_7$、$K_2Ti_4O_9$、$K_2Ti_2O_5$ 和 $Cs_2Ti_6O_{13}$）中[54]。除了掺杂离子的溶液形式，熔融盐形式也可以被用来提供掺杂离子进行离子交换。例如，通过在 573 K 下处理层状氧化物与熔融 $AgNO_3$，可以将 Ag^+ 替代 K^+ 和 Na^+，成功制备了 Ag^+ 掺杂的 $K_4Nb_6O_{17}$ 和 $Na_2W_4O_{13}$［图 5.4（e）］[55]。

3）无序化

与空位相似，无序化工程也可以通过化学还原的方法在过渡金属化合物中进行构筑。例如，晶格无序的黑色 TiO_2 可以通过在高温 H_2 或者 H_2 等离子体中还原进行合成。氢化 TiO_2 中的晶格无序主要是由于还原过程中 O 扭曲形成的，而氢化在降低扭曲能方面发挥着重要作用[56, 57]。由于 H_2 有限的渗透能力，晶格无序化只在黑色 TiO_2 近表面被观察到。因此，形成了结晶、无序的核壳结构[58]。例如，Cai 等[59]用 10% H_2/N_2 气体在 700℃ 的高温下对 TiO_2 光子晶体进行加氢可在其表面进行无序化构筑［图 5.5（a）］。Zhou 等[60]采用蒸发诱导自组装（EISA）和乙二胺环化相结合的方法制备了高比表面积介孔 TiO_2。随后对其在 H_2 中进行氢化退火处理，可以形成有序的介孔黑色 TiO_2［图 5.5（b）］。除了 H_2 还原，Al 粉也被广泛用于合成具有厚表面晶格无序层的黑色 TiO_2。例如，Wang 等通过使用熔融 Al 作为还原剂，在双温区管式真空炉中用不同温度煅烧 TiO_2 和 Al 成功制备了黑色 TiO_2［图 5.5（c）］[61]。Wu 课题组通过控制晶体的生长速率成功制备了晶格无序的 Cu_3N。在低生长速率下，Cu 能够穿过表面迁移，在具有独特对称性的晶面进行组装，减小总表面能，得到具有低密度晶格位错的 Cu_3N（Cu_3N-LDD）。当生长速率增高时，由于外加原子的添加速率超过了扩散速率，晶体生长由动力学控制。富缺陷的晶种呈各向异性生长，并演化为具有低对称结构的纳米晶体，即具有高密度晶格位错的 Cu_3N（Cu_3N-HDD）。因此，具有丰富孪晶结构的独特 Cu_3N 纳米晶体的形成受动力学控制，而不是热力学控制。在电化学测试过程中，Cu_3N 前驱体会被原位还原成金属 Cu^0。由于金属/非金属间合金的独特结构和间隙氮原子的缓慢释放，所获得的 Cu^0 催化剂继承了母体 Cu_3N 中存在的晶格无序［图 5.5（d）］[62]。

4）多种缺陷

不同类型的缺陷也可以同时被引入到预先合成的过渡金属化合物材料中。通常情况下，在黑 TiO_2 表面进行晶格无序化工程的过程中伴随着大量氧空位和自掺杂 Ti^{3+} 的产生[63,64]。当然，各种缺陷可以通过多步骤策略引入到预先形成的催化材料中。例如，Huang 课题组通过以锐钛矿和金红石相纳米颗粒为前驱体，制备了具有无定型表面和 S 掺杂的金红石 TiO_2 核壳纳米结构。在两步的转化方法中，锐钛矿和金红石相的 TiO_2 首先被熔融 Al 还原，形成了无定型的 TiO_{2-x} 层。然后将修饰过后的 TiO_2 纳米颗粒在 H_2S 气氛中 600℃ 进行处理，实现了锐钛矿相向金红石相的转变，并通过占据氧空位，将 S^{2-} 掺杂到 TiO_2 的缺氧壳层中。他们还用类似的两步法将几种非金属元素 X（X=H、N、S、I）引入到黑色 TiO_2 的无序壳层中［图 5.6（a）］[45]。Tüysüz 课题组通过激光刻蚀法促进了氧化钴的相转变，同时构筑了多种缺陷（Co^{2+} 空位和 O 空位）［图 5.6（b）］[65]。此外，电化学活化法、球磨和离子嵌入法等也可以在催化剂中构筑缺陷。电化学过程中离子的嵌入和脱出可以

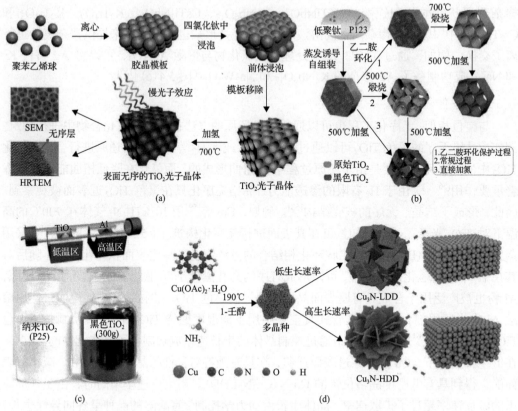

图 5.5　无序化缺陷构筑(扫码见彩图)

(a)表面无序 TiO₂ 光子晶体的制备流程图[59]；(b)有序介孔黑 TiO₂ 的制备示意图[60]；(c)在双温区管式真空炉中 Al 还原 TiO₂ 的示意图[61]；(d)Cu₃N-HDD 和 Cu₃N-LDD 制备流程图[62]

在催化剂中产生缺陷位点[66]。球磨产生的机械力同样可以破坏材料的体相结构，产生很多缺陷如边缘、空位、结构压缩和膨胀等。Zhang 课题组通过气相水热的方法成功制备了氧掺杂 Cu_3P 纳米片，然后将其作为电极在 N_2 饱和的电解液中进行电化学还原，成功地引入了大量磷空位[67]。Wu 课题组通过球磨-还原的方法成功制备了富缺陷 MoS_2 纳米片。他们通过将商业化 MoS_2 粉末和过量的纳米 Cu 粉分散在乙醇溶液中，然后放入通有 Ar 的球磨罐中进行球磨。在球磨过程中，Cu 和 MoS_2 发生反应，表面的 S 被有效移除形成 S 空位。球磨过程中形成的缺陷又进一步诱导产生了应力和裂隙[68]。Schmuki 课题组使用商用的锐钛矿 TiO_2 纳米颗粒和 TiH_2 进行球磨。在球磨过程中有强酸性 TiOH 基团的形成。随着球磨时间的增加，位于内部位点的 H 含量增多，在颗粒中引入的缺陷增多。总之，通过将纳米尺寸锐钛矿和 TiH_2 进行球磨，成功地在晶格中形成了空位、非晶和 Ti^{3+} 离子[69]。Zheng 课题组使用 Ar 等离子体技术处理单层 2H-MoS_2，成功地在其基面构筑了 S 空位和弹性应力[70]。Cui 课题组报道了一种通过 Li 诱导转化反应来制备富缺陷金属氧化物的方法。经过 Li 诱导转化反应后，金属氧化物暴露出更大的比表面积和许多晶格缺陷(晶格膨胀、无序和晶界等)[图 5.6(c)][71-73]。

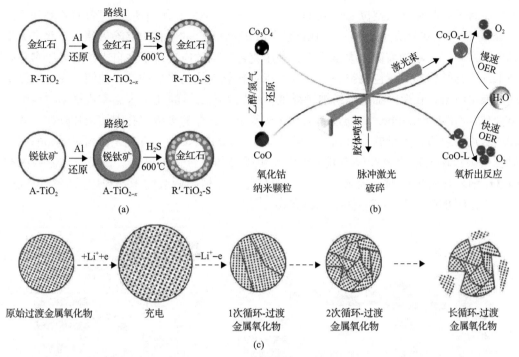

图 5.6　多种缺陷构筑

(a) 表面硫化黑色金红石 TiO₂ 两种合成路线的示意图[45]；(b) 通过激光刻蚀制备富缺陷氧化钴示意图[65]；(c) 通过 Li 诱导转化反应来制备富缺陷金属氧化物[72]；CoO-L 表示激光处理后的氧化钴；Co₃O₄-L 表示用激光处理后的 Co₃O₄

2. 在催化材料的合成过程中引入缺陷

由于预先形成的纳米晶反应深度有限，大多数情况下后处理的方式只能在预先合成的催化剂表面引入缺陷。相比之下，体相缺陷更容易在催化剂合成的过程中形成。在催化材料的生长过程中，可以形成多种缺陷，包括严重依赖于纳米晶体生长动力学的位错和晶界等。

1) 空位

空位可以在缺乏空位元素或者消耗空位元素的制备过程中在催化剂中形成。通常，缺氧环境通常被用来在合成催化剂的过程中制造氧空位。富体相氧空位的 ZnO₂ 和 SrTiO₃ 可以通过部分氧化 Zn 和 Ti 粉来实现。在这些情况下，选择金属粉末作二次 Zn 和 Ti 源，它们的用量决定了氧空位的浓度[74, 75]。一个典型的例子是，具有不同浓度氧空位的 In₂O₃ 超薄多孔纳米片可以通过将 In(OH)₃ 在不同的气氛中快速加热得到。高浓度氧的存在可以减少 In₂O₃ 纳米片中氧空位的浓度 [图 5.7(a)][76]。一个还原性的环境可以促进催化剂合成过程中氧空位的形成。例如，Feng 课题组通过使用 H₂ 还原 Ti⁴⁺ 成功地制备了富氧空位 TiO₂₋ₓ。他们在异丙醇钛(Ⅳ)和 2-乙基甲基咪唑的乙醇溶液中制备了蓝色 TiO₂₋ₓ。其中咪唑和 O₂ 反应产生的 CO 和 NO 可以将 Ti⁴⁺ 还原为 Ti³⁺[图 5.7(b)][77]。Cheng 等利用 H₂O₂ 氧化 Mo 粉，然后在乙醇溶液中进行溶剂热处理制备了蓝色 MoO₃₋ₓ 纳米片。在溶剂热温度下乙醇可作为还原剂将 MoO₃ 还原为 MoO₃₋ₓ[78]。Yang 课题组通过在空气中煅烧制备了 CaMnO₃ 钙钛矿，然后在 H₂/Ar 气氛中热处理，将 CaMnO₃ 中的 Mn⁴⁺ 还原成 Mn³⁺，成功制备了单晶相富氧空位 $Ca_2Mn_2O_5$ 钙钛矿[79]。类似地，使用还原性溶剂(乙醇和乙二醇等)同样可以在合成 $W_{18}O_{49}$[80]、$BiPO_4$[81] 和 Bi_2WO_6[82] 的过程中移除氧原子。北京大学郭少军课题组与新加坡国立大学合作，利用克肯达尔效应实现了在自支撑的多级多孔碳纳米片阵列结构上对碳包覆空心 Co_3O_4 纳米颗粒氧空位的可控调控。他们首先采用简单的溶液浸渍法，在聚丙烯腈电纺纳米纤维上生长了准二维的 Co 金属有机框架二级纳米结构(Co-ZIF-L nanofiber)。通过高温碳化构筑了自支撑的多级多孔碳纳米片阵列，并在碳纳米片中包覆了大量的钴金属纳米颗粒(Co NPs@HPNCS)。发现，在相对温和的氧化过程中碳包覆的钴金属颗粒与氧气可以发生缓慢的克肯达尔反应。该反应在制备中空 Co_3O_4 纳米颗粒的同时，能够通过不同的氧化温度精确调节纳米颗粒中的氧空位浓度(Co_3O_{4-x} HONPs@HPNCS)[图 5.7(c)和(d)][83]。

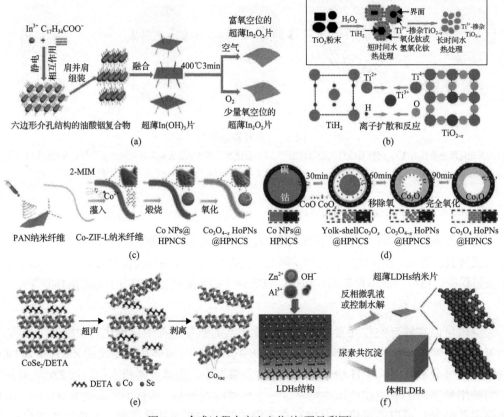

图 5.7　合成过程中产生空位(扫码见彩图)

(a)不同气氛下合成富氧空位/贫氧空位超薄 In_2O_3 多孔片的示意图[76]；(b)Ti^{3+} 自掺杂 TiO_{2-x} 纳米颗粒形成机理示意图[77]；(c)Co_3O_{4-x} HONPs@HPNCS 的制备流程图；(d)Co 粒子在氧化过程中随着氧空位的形成而演化为空心 Co_3O_4 粒子[83]；(e)富钴空位超薄 $CoSe_2$ 纳米片的制备示意图[84]；(f)配位不饱和 ZnAlLDH 纳米片的合成示意图[85]

除了氧空位，还可以在合成催化剂的过程中消耗特定的某种元素来产生其他空位。Xie 研究团队在冰水浴中超声处理 $CoSe_2$/DETA(DETA 为二亚乙基三胺)。由于 Co 和DETA 能够形成配位键，借助超声技术 DETA 能够"搜掉"晶格中的 Co，形成钴空位[图 5.7(e)][84]。

　　制备少层超薄纳米片和减小催化剂尺寸也是产生表面空位的一种重要手段。在体相材料中晶格内的原子与相邻原子是配位饱和的，除非缺陷的存在可以打破成键。二维纳米结构通常在表面具有大量的配位不饱和原子。例如，通过逆微乳液技术或者控制水解可以将 ZnAl-LDH 纳米片的横向尺寸从 5 μm 降低到 30 nm，并引入大量的氧空位。更重要的是，纳米片的厚度可以用来调整表面空位的类型［图 5.7(f)］[85]。Wang 课题组通过降低纳米颗粒的尺寸成功地在催化剂表面构筑了氧空位。他们发现可以通过控制 CeO$_2$ 的尺寸来调控表面氧空位含量，颗粒尺寸越小，氧空位密度越高[86]。另一个典型的例子，Xie 课题组通过使用聚乙烯吡咯烷酮(PVP)作为封端剂成功地合成了 BiOCl 超薄纳米片。选择性地在顶部和底部(001)晶面沉积 PVP，可以抑制 BiOCl 的轴向生长。因此，当纳米片的厚度从 30 nm 减少到原子层厚时，主要的缺陷类型从孤立的 Bi 空位(V_{Bi}''')转化为三空位 $V_{Bi}'''V_O^{\cdot\cdot}V_{Bi}'''$ [87]。

　　2) 掺杂

　　在合成体系中添加含有掺杂元素的前驱体是合成催化材料中最广泛使用的掺杂方法。在该体系中，掺杂过程与纳米晶的成核生长或者固体前驱体转化为纳米晶过程相耦合。外来元素的掺杂程度可以通过改变掺杂剂和主体纳米晶的比例来调控[36]。近来，在纳米晶形成过程中加入氮源如氨气[88, 89]、尿素[90]、三乙胺[88]、三亚乙基四胺[91]、乙二胺四乙酸[92]、乙醇胺[93]、二亚乙基三胺[94]、甘氨酸[95]和 NH$_4$Cl[96]等可以制备 N 掺杂的 TiO$_2$、ZnO、CeO$_2$、(BiO)$_2$CO$_3$ 和 SrTiO$_3$。相似地，S 掺杂的 TiO$_2$、Bi$_2$O$_3$ 和 NaTaO$_3$ 也可以通过添加硫脲[97, 98]、二甲基亚砜[99]和 Na$_2$S$_2$O$_3$[100]来实现。而且硫脲可以被用来合成 N、S 共掺杂的 TiO$_2$[101]。Yang 研究团队成功制备了 Fe 和 P 双掺杂 NiSe 纳米薄膜(Fe,P-NiSe$_2$ NF)。他们先将 FeNiO$_x$ 和 NaH$_2$PO$_2$ 在 Ar 中煅烧。再将煅烧后得到的薄膜和 Se 粉在 Ar 中进行退火，成功制备了 Fe,P-NiSe$_2$ NF[102]。Zhu 课题组通过一步水热掺杂的策略，以(NH$_4$)$_6$Mo$_7$O$_{24}$·4H$_2$O 为 Mo 源和 O 源，硫脲和 NaH$_2$PO$_2$ 为 S 源和 P 源成功制备了 O、P 共掺杂的 MoS$_2$(O, P-MoS$_2$)。NaH$_2$PO$_2$ 不存在时，MoS$_2$ 纳米晶会组装成板状的纳米片结构，制备得到的 O-MoS$_2$ 呈现"三明治"状形貌。当在前驱体水溶液中加入 NaH$_2$PO$_2$ 时，可获得具有柔性多孔结构的类石墨烯 MoS$_2$ 纳米片［图 5.8(a)］[103]。

　　对于阳离子掺杂，通常可以将金属盐前驱体引入到制备体系中。当催化剂通过固态前驱体转化形成时，一个多孔或者层状的前驱体结构可以促进整个体相结构中掺杂剂的扩散，实现均匀掺杂。Chen 课题组制备了一系列金属离子(Ni、Mn、Fe)掺杂的 CoP 中空多面体框架(HPFs)。以 Ni 掺杂 CoP/HPF 为例，他们通过一锅沉淀法使用 ZIF-67 作为分子笼去封装金属盐前驱体[Ni(acac)$_2$]。然后将 Ni(acac)$_2$@ZIF-67 为模板在空气中煅烧得到 Ni 掺杂的 Co$_3$O$_4$/HPFs(Ni-Co$_3$O$_4$/HPFs)。最后将 Ni-Co$_3$O$_4$/HPFs 进行磷化制得 Ni-CoP/HPFs［图 5.8(b)］[104]。Zhang 课题组报道了一种实现典型非层状金属氧化物(TiO$_2$、ZnO 和 BiOCl)均匀碳掺杂的通用方法。首先，对预先吸附的含碳前驱体进行预水热使葡萄糖碳化，然后进行热处理，诱导杂原子 C 从表面向体相扩散，取代宿主中的晶格原子。因此，高温或者低温煅烧将分别导致形成均匀碳掺杂和表面碳掺杂［图 5.8(c)］[105]。Park 团队通过热注射胶体合成路线成功制备了过渡金属(Mn、Cu、Fe、Co 和 Ni)掺杂的 ReSe$_2$。

将乙酰丙酮金属盐、NH_4ReO_4 和 $(PhCH_2)_2Se$ 在油胺溶液中进行加热搅拌,冷却至室温后,离心即可得到产物[图 5.8(d)][106]。Feng 课题组以泡沫镍为基底,将一定量的 WCl_6、$FeCl_3$ 和 $RuCl_3$ 在无水乙醇溶液中进行溶剂热反应,成功在泡沫镍上生长了 Ru、Fe 共掺杂的 WO_x($Ru\&Fe\text{-}WO_x$/NF)[图 5.8(e)][107]。Yang 课题组通过在合成 NiV LDH 的金属盐溶液中加入一定浓度的 $RuCl_3$ 和 $IrCl_3 \cdot xH_2O$,成功在 NiV-LDH 中实现了 Ru 和 Ir 掺杂[108]。Chen 研究团队以氮掺杂碳纳米纤维为模板(N-CNF),以 $FeCl_3 \cdot 6H_2O$ 为前驱体,通过水热法成功在 ReS_2 纳米片中实现了 Fe 掺杂[图 5.8(f)][109]。

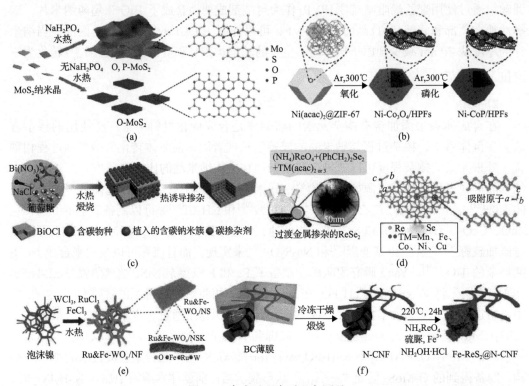

图 5.8　合成过程中引入杂原子

acac 为乙酰丙酮基;(a) O, P-MoS$_2$ 制备示意图[103];(b) Ni-CoP/HPFs 合成示意图[104];(c) C 掺杂 BiOCl 制备示意图[105];(d) 过渡金属掺杂 ReSe$_2$ 制备示意图[106];(e) Ru&Fe-WO$_x$/NF 制备流程图[107];(f) Fe-ReS$_2$@N-CNF 制备流程图[109];NS 为纳米片;NSK 为纳米钉

3)其他缺陷

除了点缺陷,线缺陷、面缺陷和体缺陷同样可以在催化剂合成过程中进行构筑。纳米晶的生长动力学应该被严格调控来实现缺陷的形成。例如,通过煅烧静电纺丝得到的聚乙烯醇(PVA)/乙酸锌复合纳米纤维可以制得富晶界的 ZnO。晶界是相邻晶粒在生长过程中相互融合形成的。此外,煅烧温度控制了 ZnO 晶粒的生长速度,导致具有不同晶界区域的 ZnO 结构形成[图 5.9(a)][110]。另一个例子,通过先在氨水中加热 $Zn(NO_3)_2 \cdot 6H_2O$ 和聚乙二醇,然后经过高温煅烧的方法可以得到具有凹坑结构的 ZnO 纳米棒。在合成过程中,$Zn(NH_3)_4^{2+}$ 前驱体首先形成,然后部分分解形成 ZnO 核,同时部分前驱体灌入

ZnO 晶粒中形成 ZnO(NH₃)ₙ 复合物。经过 300℃煅烧后, ZnO(NH₃)ₙ 单元被进一步分解, 释放 NH₃, 最终导致在 ZnO 纳米棒表面形成大量的凹坑[图 5.9(b)][111]。Guan 团队以再生纤维素为模板成功合成了富边缘位错的 Co_3O_4(DA-Co_3O_4)[112]。以含有结晶和非晶区域的可再生纤维材料为模板吸收 Co^{2+}, 然后经过 400℃煅烧得到 DA-Co_3O_4[图 5.9(c)]。南洋理工大学刘铮教授团队通过金量子点(QDs)辅助气相生长法, 制备了亚 10nm 尺寸的晶圆级过渡金属硫族化合物(TMDs)原子薄膜, 具有超高的晶界(GBs)密度(约 $10^{12}cm^{-2}$)。图 5.9(d) 为生长过程, 先在 2in(1in=2.54cm)的蓝宝石或 SiO₂/Si 衬底上成功制备出晶圆级 Au QDs 层, 并随后用于生长原子级 MoS₂ 薄膜[113]。

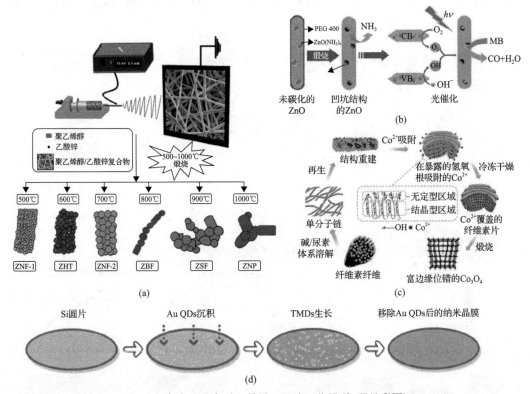

图 5.9　合成过程中引入晶界、凹陷、位错(扫码见彩图)

(a)制备富晶界 ZnO 结构的示意图[110]; (b)凹陷 ZnO 纳米棒形成机制示意图[111]; (c)富位错 Co₃O₄ 制备流程图[112];
(d)富晶界 MoS₂ 生长过程[113]; CB 为导带; VB 为价带; MB 为甲基蓝; PEG 400 为聚乙二醇; ZNF-1 为 ZnO 纳米纤维-1;
ZHT 为 ZnO 中空纳米管; ZNF-2 为 ZnO 纳米纤维-2; ZBF 为 ZnO 竹节结构的纤维; ZSF 为 ZnO 分段纤维;
ZNP 为 ZnO 纳米颗粒

4) 多种缺陷

在催化材料形成的过程中也可以同时引入不同类型的缺陷。例如, 掺杂等价金属阳离子是在催化材料中同时构筑多种缺陷的有效方法。通常, 在金属氧化物中掺杂低价金属为了补偿电荷平衡, 形成氧空位。例如, 以异丙氧钛和 Fe(NO₃)₃·9H₂O 作为 Ti 和 Fe 源, 通过溶胶-凝胶法合成前驱体, 然后退火处理驱动 Fe^{3+} 从 TiO₂ 纳米颗粒体相扩散到表面, 合成 Fe-TiO₂。TiO₂ 晶格中氧空位的形成可以通过 Fe^{3+} 替代 Ti^{4+} 来实现, TiO₂ 晶格中

的 Fe^{3+} 可以通过带正电荷的氧空位进行补偿［图 5.10(a)］[114]。Zhang 课题组通过煅烧单层 NiTi LDH 成功制得了富含异相界面和 Ni 空位的 NiO/TiO_2 电催化剂［图 5.10(b)］[115]。Liu 团队首先通过简单的氢气处理的方法在 Nb_4N_5 中引入了 N 空位，由于 N 空位较活泼暴露在空气中，迅速地实现了氧掺杂[116]。Xie 团队通过将 Mn 引入到超薄的 $CoSe_2$ 纳米片中，成功地引起了晶格扭曲[117]。Wang 等[118, 119]以生长在泡沫镍上的 Co_3Fe DH 为前驱体，在 NH_3 气氛中煅烧处理，制备了颗粒堆积的富晶界、位错 Co_3FeN_x 纳米线［图 5.10(c)］。Hu 课题组通过电沉积的方法成功制备了一系列金属(Mn、Fe、Co、Ni、Cu、Zn)掺杂的无定型 MoS_2 电极[120, 121]。Li 研究组通过尿素辅助、高能球磨和高温退火相结合的方法成功大量制备了富缺陷过渡金属氧化物。通过将一系列的金属氧化物(TiO_2、CeO_2 和 ZnO

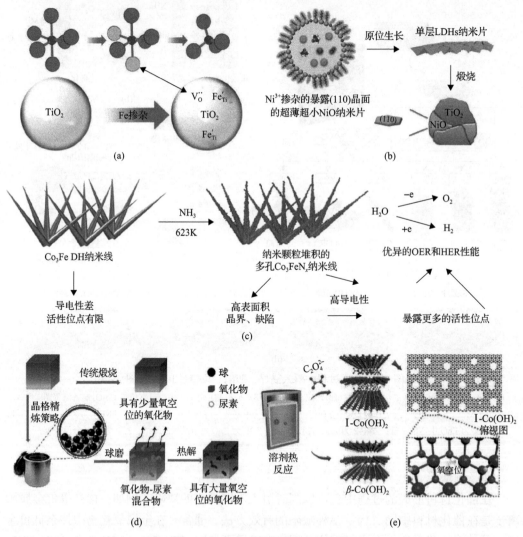

图 5.10　合成过程中引入多种缺陷

(a)Fe 掺杂在 TiO_2 中引入氧空位的示意图[114]；(b)富缺陷 NiO/TiO_2 的合成示意图[115]；(c)富缺陷 Co_3FeN_x 纳米线的制备流程图[118]；(d)通过球磨-热解法制备富缺陷过渡金属氧化物的流程图[122]；(e)通过离子插入和脱出制备富缺陷 $Co(OH)_2$ 纳米片的流程图[123]

等)用于该策略,大大增大了它们的比表面积并引入了氧空位、凹陷等[图 5.10 (d)][122]。Yu 课题组以 Co(OH)$_2$ 为模板设计合成了有共轭阴离子插层的无机层状化合物。以过量的 Na$_2$C$_2$O$_4$ 为草酸源和插层离子,采用一步溶剂热法合成了草酸钴离子插层 Co(OH)$_2$ 纳米片[I -Co(OH)$_2$]。所制备的 I -Co(OH)$_2$ 纳米片具有较大的层间距、丰富的氧空位和纳米孔[图 5.10 (e)][123]。Xie 等通过将 (NH$_4$)$_6$Mo$_7$O$_{24}$·4H$_2$O 和硫脲的水溶液在不同温度下进行水热反应,成功制备了无序程度可控的氧掺杂 MoS$_2$[124]。

尽管通过上述方法能够在催化剂中构造各种缺陷,并初步可以控制一些缺陷参数,但是仍需要开发更简单、高效可控的缺陷构筑方法。为了满足工业生产中对催化剂的巨大需求,还应开发大规模的催化剂制备方法。

5.2.2　过渡金属化合物缺陷材料的物理表征

由于缺陷的多样性和复杂性,各种各样的表征手段被用来发掘缺陷催化剂的本质。缺陷的表征是评估催化过程中缺陷工程的一项重要任务。为了阐述缺陷在催化过程中的指导意义,缺陷的原子结构必须被识别。催化剂中的缺陷浓度应该被确定来建立结构与催化活性之间的关系。目前,各种表征手段已经被开发来检测催化材料中的缺陷。在此,我们将现有的技术分为微观表征和光谱表征。

1. 微观表征

催化材料中缺陷的表征手段主要取决于缺陷的类型。通常,显微技术是观察缺陷存在最直接和最广泛的方法,它是通过使用显微镜来观察肉眼看不到的缺陷。有很多种类的显微镜适合观察缺陷。例如,考虑电子束高的渗透强度,透射电子显微镜(TEM)可以观察表面缺陷和体相缺陷。然而,TEM 却不能将一个固体纳米晶的体相缺陷和表面缺陷分开。为了识别表面缺陷,扫描电子显微镜(SEM)和原子力显微镜(AFM,主要用于二维材料)可用来排除催化剂体相信息[76, 111, 125]。扫描透射电子显微镜(STEM)可以用于区分体相和表面缺陷[32, 126]。一般来说,高角环形暗场扫描透射电子显微镜(HAADF-STEM)和扫描隧道显微镜(STM)是测量催化剂中零维缺陷的重要工具[127, 128]。例如,Xiong 课题组利用 HAADF-STEM 观察到了 WO$_3$ 中的氧空位。WO$_3$ 中连续有序的晶格条纹由于缺少少量的斑点(由箭头标记)被中断,表明单斜 WO$_3$ 中氧空位的存在[图 5.11 (a) 和 (b)][129]。而且,HAADF-STEM 同样可以用来观察催化材料中的外来掺杂原子。Zhang 课题组借助 STEM 成功观察到了 MoS$_2$ 中 S 空位的存在。从图 5.11 (c) 可以看出,刻蚀过后的 MoS$_2$ 中包含 2 种斑点,其中具有正常 2 个 S 的斑点较大、较亮,而只有一个 S 的斑点较小、较暗,这充分证明了 MoS$_2$ 表面 S 空位的均匀分布;从 STEM 图像中提取出的相应谱线轮廓图更清楚地显示了 S 原子量[图 5.11 (d)][15]。一个典型的例子是,可以在 Rh 掺杂的 TiO$_2$ 纳米片中观察到孤立的 Rh 原子。因为 HAADF 探测器收集的电子强度大约与 Z^2 成正比(其中 Z 是原子序数),可以通过 HAADF-STEM 图片的对比度来分辨 Rh(Z=45) 和 Ti(Z=22),图片中最亮的斑点代表 Rh,而中等亮度的斑点对应 Ti。高倍图片表明最亮的孤立的 Rh 原子分布在 Ti 主位点内,这可以通过衍生得到的颜色编码强度图进一步看出[图 5.11 (e) 和 (f)]。图 5.11 (g) 和 (h) 显示了与图片所对应的原子结构模型,主要由 1 个

Rh、28 个 Ti 和 3 个类空位缺陷组成，揭示了 Rh 掺杂 TiO_2 纳米片的原子结构。图 5.11(i) 显示了根据结构模型计算的 HAADF-STEM 图像。图 5.11(j) 显示了观测图像中沿 x-y 线 [图 5.11(f)] 和模拟图像中沿 v-w 线 [图 5.11(i)] 的强度分布。值得注意的是，模拟图像中的强度图和剖面与观测图像中的强度图和轮廓几乎相同。这些结果表明，Rh 原子作为孤立的掺杂剂引入了纳米片晶格中的 Ti^{4+} 位置[127]。Esch 等[128]借助高分辨 STM 揭示了 CeO_2(111) 晶面表面和亚表面氧空位的局域结构 [图 5.11(k)]。而且，利用 STM 可以观察到气体分子在催化活性位点的吸附。Hou 课题组使用 STM 研究了在 80K 下 CO 在 TiO_2(110) 面的吸附行为 [图 5.11(l)][130]。另外，当不纯缺陷（如外来掺杂剂）引入到催化剂中时 EDS mapping 可以表征缺陷的组分和在催化剂中的分布。Wang 研究团队借助 STEM-mapping 技术成功证明了等离子体刻蚀过后 SnCoFe 钙钛矿氢氧化物（SnCoFe-Ar）中 Sn 缺陷的存在。如图 5.11(m) 和(n) 所示，在 SnCoFe-Ar 中 Sn 元素的分布区域明显比相应的 Co 和 Fe 小，充分证明了 SnCoFe-Ar 表面 Sn 的缺失[22]。

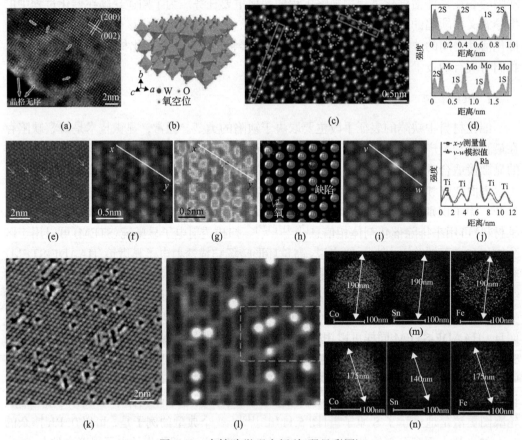

图 5.11　点缺陷微观表征（扫码见彩图）

(a) 富缺陷 WO_3 的 HAADF-STEM 图；(b) 富氧空位 WO_3 纳米片的结构模型[129]；(c) 富硫空位 MoS_2 的 STEM 图；(d) 从 STEM 图像中提取出的相应谱线轮廓图[15]；(e)，(f)Rh 掺杂 TiO_2 的 HAADF-STEM 图；(g)，(h)Rh 掺杂 TiO_2 结构模型图；(i) 根据结构模型模拟出的 HAADF-STEM 图；(j)图(i) 中 v-w 相应的强度谱线图[127]；(k) 富缺陷 CeO_2 的 STM 图[128]；(l)CO 吸附下 TiO_2(111) 的 STM 图[130]；(m)SnCoFe 钙钛矿氢氧化物中各元素的 STEM-mapping 图；(n)等离子体刻蚀过后 SnCoFe 钙钛矿氢氧化物中各元素的 STEM-mapping 图[22]

与点缺陷相比，具有较高维度的线缺陷更容易被观察到，借助 HRTEM，根据晶格中间条纹的终止情况可以观察到线缺陷。图 5.12(a)展示了 Co_3O_4 纳米片中位错的 HRTEM图，位错的形成导致晶格条纹变得扭曲[112]。与线缺陷相似，面缺陷也可以通过 HRTEM被观察到，其中连续的晶格条纹被平面打断。例如，借助 HRTEM 对 $Cd_{0.5}Zn_{0.5}S$ 纳米棒中高密度的孪晶面进行了表征，图片显示孪晶晶界的形成使晶格连续性被中断，形成了锯齿状结构的纳米线。在各向异性的纳米晶体中，高密度的具有[111]取向的平行晶面倾向形成一对孪晶超晶格[图 5.12(b) 和 (c)][131]。HRTEM 可以用来表征富晶界的 ZnS(en)$_{0.5}$(en 代表乙二胺)纳米片。HRTEM 显示根据晶格条纹的不连续性可以用虚线将纳米片分成多个晶粒，表明多晶 ZnS(en)$_{0.5}$ 纳米片主要是由大量微小的具有晶界的纳米晶组装起来的[图 5.12(d) 和 (e)][132]。Liu 等借助 HAADF-STEM 检测了 MoS_2 纳米晶膜中晶界的原子结构，其中代表性的例子如图 5.12(f)所示，从中可以发现所生长薄膜中纳米颗粒之间是由晶界"缝合"的，且晶界处的原子结构变化很大。

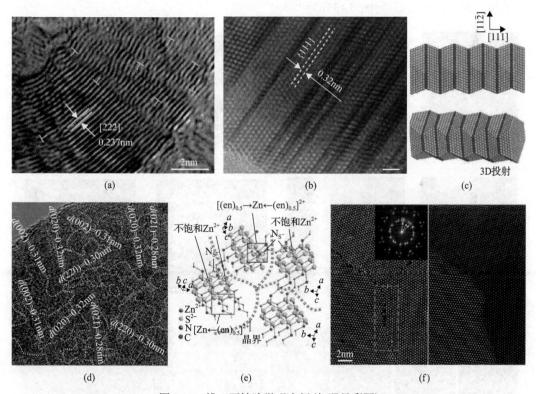

图 5.12　线、面缺陷微观表征(扫码见彩图)

(a)富位错 Co_3O_4 的 HRTEM[112];高密度双平面 $Cd_{0.5}Zn_{0.5}S$ 纳米棒的 HRTEM 图像(b)和结构模型图(c)[131];富晶界 ZnS(en)$_{0.5}$纳米片的 HRTEM 图像(d)和结构模型图(e)[132];(f)三个 MoS_2 晶粒间晶界的 STEM 图(左)和相应的傅里叶变换展示的衍射模式图(右)

　　由于具有更大的尺寸、孔洞和晶格无序化，体缺陷更容易通过电子显微镜被观察到。在通过氧空位浓缩形成的富内部空洞的 TiO_2 中，通过一系列 HRTEM 和 HAADF-STEM图片揭示了高温退火之后纳米线中晶格缺陷的消失和孔洞的形成[图 5.13(a)~(d)][32]。

Liu 课题组利用 AFM 表征了使用 NaClO 对 MoS$_2$ 化学刻蚀不同时间的晶体形貌变化，如图 5.13(e)所示，原始的 MoS$_2$ 晶体展现出边缘均匀的形貌。利用 AFM 测得 MoS$_2$ 边缘的高度为 6.03 nm，对应 7～9 层。图 5.13(f)～(h)为经过一定浓度 NaClO 化学刻蚀不同时间后 MoS$_2$ 的 AFM 图。可以明显地看出，经过化学刻蚀之后 MoS$_2$ 的边缘布满缺口，晶粒尺寸变得更小。这证明了 NaClO 刻蚀过程是从边缘开始，随着刻蚀时间的增加逐渐延伸到中间区域。而随着刻蚀时间的增加，MoS$_2$ 的高度保持不变(约 6 nm)，说明随着刻蚀时间的增长，NaClO 刻蚀只是在 MoS$_2$ 中产生了更多的边缘形貌，却不改变其高度[133]。Warner 研究团队利用 STEM 使电子束辐照在 WS$_2$ 表面产生的"纳米井""纳米孔"可视化[图 5.13(i)～(m)][33]。Chen 等[134]比较了白色和氢化表面具有无定型晶格的黑色 TiO$_2$ 纳米颗粒的 HRTEM 图，在白色 TiO$_2$ 的图像中，良好分辨率的晶格条纹突出了纳米晶的高度结晶性。氢化处理之后，结晶核周围有一个无序的外层，揭示了无定型结构破坏了黑色 TiO$_2$ 表面层原子的有序排列。Gong 课题组通过 HRTEM 成功观察到了氢化之后 TiO$_2$ 光子晶体表面的无定型层[图 5.13(n)][135]。

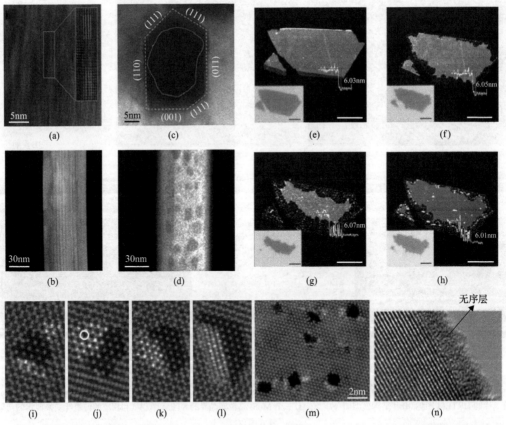

图 5.13　体缺陷微观表征 TiO$_2$ 纳米线中引入孔洞前[(a)、(b)]、后[(c)、(d)]的 HRTEM 和 HAADF-STEM 图[32]；在一定浓度 NaClO 溶液中机械剥离刻蚀 0min(e)、10min(f)、20min(g)和 30min(h)后 MoS$_2$ 的 AFM 图，标尺为 2μm[133]；(i)～(l)利用电子束辐照在 WS$_2$ 表面产生的"纳米井"的 STEM 图；(m)利用电子束辐照在 WS$_2$ 表面产生的"纳米孔"的 STEM 图[33]；(n)具有无定型表面 TiO$_2$ 的 HRTEM 图[135]

　　这些高分辨率显微成像技术可以表征催化剂表面的局部缺陷结构和缺陷分布，帮助分析催化剂的表面原子排列，建立表面原子结构模型，然后进一步进行模拟计算。

　　2. 光谱表征

　　虽然微观技术可以根据晶格不规则性或杂质组成来识别缺陷，但光谱技术对于解决催化材料中缺陷的详细原子结构是不可或缺的，特别是对于点缺陷。在对催化剂缺陷的早期研究中，XRD 和 XPS 技术是最常用的表征技术。例如，Wu 课题组利用 XRD 和 XPS 对钙钛矿氧化物的晶体结构和表面化学态进行了表征。结果发现，当有其他金属元素掺杂进氧化物中时，XRD 的特征峰会变宽，证明了材料晶粒尺寸变小，材料中有缺陷的存在[136]。而且 XRD 特征峰的偏移证明了晶格参数的变化通常是由缺陷诱导的晶格膨胀或者晶格无序造成的。该方法主要用来识别具有明确晶体结构材料中的缺陷，缺陷的引入会使衍射信号强度产生明显变化。Wang 等[137]利用 XRD 对剥离前后的 LDHs 进行表征。体相 LDHs 在 11.6° 和 23.4° 出现明显的特征峰，分别对应 LDHs 层间的 (003) 和 (006) 晶面。而等离子体刻蚀之后，(003) 和 (006) 晶面的衍射峰消失，证明了体相 LDHs 成功被剥离成了单层纳米片，暴露了更多的边缘缺陷[图 5.14(a)]。作为一种表面敏感性表征方法，XPS 可以通过分析催化剂的表面化学态和键合信息来识别表面缺陷。材料中的缺陷（如氧空位和金属空位）可以根据金属和氧 XPS 结合能的变化来识别。例如，$NiCo_2O_4$ 超薄片 O 1s XPS 光谱证明了氧空位的存在[图 5.14(b)][138]。由于晶格中的空位定量地伴随着自掺杂离子，催化剂中空位的浓度可以通过计算自掺杂离子的含量进行定量。例如，每个氧空位存在两个 Ce^{3+} 离子，可以通过 XPS 测量 Ce^{3+} 的含量来计算 CeO_2 中氧空位的浓度。应该注意的是，由于 XPS 的穿透深度有限，只能揭示催化剂表面空位。为了定量体相空位的浓度，ESR 是一个有用的工具，它主要测量外加磁场下材料中未配对电子的共振响应信号。由于空位和过量电子之间的定性关系，空位的浓度可以通过 ESR 谱中空位峰的双积分来评估。Zhang 课题组利用 ESR 技术证明了刻蚀过后 MoS_2 中 S 空位存在[15]。从图 5.14(c) 可以看出 Mo-S 悬挂键的特征峰可以在 $g=2.009$ 处被清楚地检测到。且峰强度与 MoS_2 中 S 空位引起的悬挂键浓度成正比。随着刻蚀时间的增长，信号强度连续增加，进一步证明了 S 空位并没有发生聚集[15]。体相掺杂剂的含量还可以通过电感耦合等离子体发射光谱(ICP-OES)、电感耦合等离子体质谱(ICP-MS)能量色散 X 射线分析(EDX)测得。拉曼光谱通过识别分子的化学性质和化学键可以提供材料的指纹结构。由于不同基团和化学键有不同的振动模式，催化剂缺陷的存在改变了振动模式，从而导致拉曼峰的位移出现或消失，如 ZnO 中氧空位的存在使在约 $577cm^{-1}$ 处出现了一个新的拉曼峰。另外，缺陷的相对浓度可以通过拉曼信号的强度进行评估。Gao 课题组合成了富氧空位的 CeO_2。对其进行拉曼测试发现位于 $455cm^{-1}$ 和 $600cm^{-1}$ 处的拉曼峰分别归属于萤石结构和固有的氧缺陷。这两个拉曼峰面积($A600/A455$)的比例越大，证明氧空位的浓度越高[图 5.14(d)][139]。

　　基于同步辐射的 X 射线吸收精细结构(XAFS)光谱学是检验催化材料中特定元素原子化学价态、键长和周围配位环境的最重要的方法之一。例如，Zhang 课题组利用 XAFS 光谱学表征了超薄 ZnAl-LDH 纳米片中的氧空位。如 Zn K 边的振荡曲线所示，与体相组

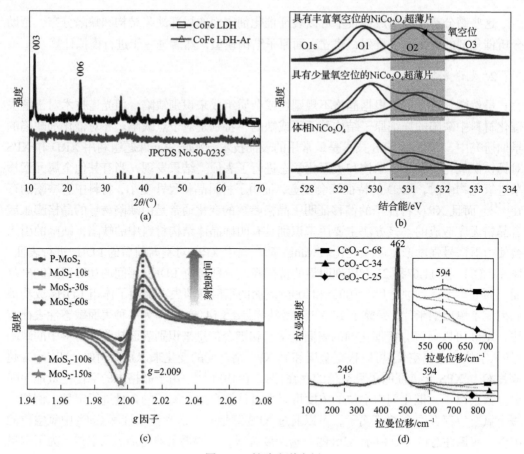

图 5.14　缺陷光谱表征

(a)等离子体刻蚀前后 CoFe LDH 的 XRD 图[137]；(b)具有不同浓度氧空位 NiCo$_2$O$_4$ 样品中 O 1s XPS 图[138]；(c)经过不同刻蚀时间 MoS$_2$ 的 ESR 图[15]；(d)具有不同浓度氧空位 CeO$_2$ 的拉曼光谱图[139]；P-MoS$_2$ 为原始 MoS$_2$；MoS$_2$-10s 为处理 10s 的 MoS$_2$，余同理解

　　分相比 ZnAl-LDH 纳米片在 2~10Å^{-1} 处的振荡强度明显降低，证明了 Zn 周围配位环境的结构差异。在通过傅里叶变换得到的 Zn EXAFS 中，ZnAl-LDH 纳米片和体相 ZnAl-LDH 均具有两个峰，分别对应于第一个 Zn-O 壳层和 Zn-Zn 壳层。对于体相 ZnAl-LDH，第一个 Zn-O 配位层中 Zn-O 的平均距离为 2.08Å，配位数为 6。然而，在 ZnAl-LDH 纳米片中 Zn-O 的平均距离为 2.06Å，配位数为 5.9，证明了氧空位的形成中出现了结构畸变［图 5.15(a)~(c)］[85]。Xie 课题组使用 XAFS 揭示了 O 掺杂 ZnIn$_2$S$_4$(ZIS)纳米片中的局部原子结构。图 5.15(d)显示了 ZnO 数据和体相 ZIS 的光谱对比。O 掺杂 ZIS 纳米片中 Zn K 边振荡曲线与体相组分光谱相比显示出很大的不同，证明了局部原子排列的不同。而且，O 掺杂 ZIS 纳米片的傅里叶变换曲线不仅在 1.90Å 出现了 Zn-S 配位，在 1.39Å 也出现了新峰，主要归因于 Zn-O 壳层。这为 ZIS 纳米片表面的 S 原子被 O 原子取代提供了证据［图 5.15(e)和(f)］[140]。

　　正电子湮灭光谱学是研究催化材料中缺陷的另一种强大技术。它可以通过测量正电子的寿命来确定空位的类型、尺寸及其相对浓度。当正电子被注入无缺陷的固体中时，

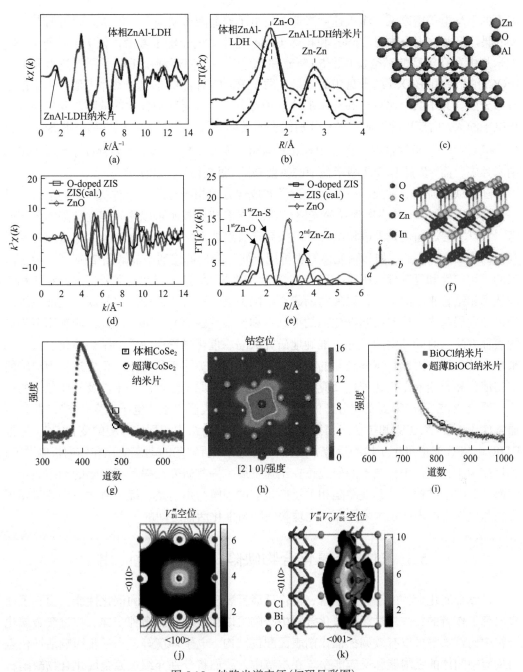

图 5.15　缺陷光谱表征(扫码见彩图)

缺陷光谱表征 ZnAl-LDH 纳米片和体相 ZnAl-LDH 的 Zn K 边扩展 EXAFS 振荡函数(a)和相应的傅里叶变换(b);(c)单层 ZnAl-LDH 的结构模型[85];氧掺杂 ZIS 纳米片中 Zn K 边 EXAFS 谱图(d)和相应的傅里叶变换(e);(f)氧掺杂 ZIS 的结构模型;(g)超薄 $CoSe_2$ 纳米片和体相 $CoSe_2$ 的正电子寿命谱;(h)钴空位俘获正电子的示意图[84];(i)超薄 BiOCl 纳米片和 BiOCl 纳米盘的正电子寿命谱;(j),(k) V_{Bi}''' 和 $V_{Bi}'''V_O^{\cdot\cdot}V_{Bi}'''$ 俘获正电子的示意图[87]

它们会以某种方式与该物种的电子相互作用并被迅速湮灭。如果固体中存在缺陷时,正电子会存在缺陷中,湮灭速度将会减慢。因为大尺寸缺陷中的平均电子密度比小尺寸缺陷中的平均电子密度低，湮灭速度降低，正电子寿命随着缺陷尺寸的增大而增加[87, 141]。Xie 课题组通过比较体相 CoSe$_2$ 和超薄 CoSe$_2$ 纳米片的正电子寿命，证实了超薄 CoSe$_2$ 纳米片中存在丰富的钴空位［图 5.15 (g) 和 (h)］[84]。他们还利用正电子湮灭技术研究了 BiOCl 纳米片和 BiOCl 纳米盘中的缺陷。两个 BiOCl 样品的正电子寿命光谱产生了四个寿命分量。其中两个比较长的寿命组分 τ_3 和 τ_4 分别代表材料中较大的缺陷簇和界面处的正电子湮灭，而较短的寿命 τ_1 和 τ_2 分别代表的是单个孤立 Bi 空位（V_{Bi}'''）和三重 Bi^{3+}-氧空位（$V_{Bi}'''V_O^{\cdot\cdot}V_{Bi}'''$）。根据这两个样品中 τ_1 和 τ_2 的相对强度，$V_{Bi}'''V_O^{\cdot\cdot}V_{Bi}'''$ 主要存在于超薄 BiOCl 纳米片中，而 V_{Bi}''' 是 BiOCl 纳米盘中的主要缺陷［图 5.15 (i) ～ (k)］[87]。

随着缺陷研究的发展，一些将光谱学和成像方法相结合的工作对缺陷结构进行了进一步的研究。例如，针尖增强拉曼光谱（TERS）结合成像技术可以用来建立缺陷的分布图像[142, 143]。SEM 和荧光光谱相结合可以探究富缺陷纳米材料的光电特性[144]。此外，一些其他的表面表征方法，如和频光谱等也可用于研究异相催化剂中的缺陷结构[145]。由于缺陷的不均匀性和复杂性，很难准确、完整地描述缺陷信息。因此，需要将表面和体相表征技术相结合来检测缺陷，以便清晰研究缺陷类型、位置和浓度。尽管缺陷表征技术已经迅速发展起来，但对缺陷催化剂的更基本和更系统的研究不够。因此，应利用更先进的表征方法从时间和空间尺度更准确地研究缺陷。催化过程中缺陷的结构演化引起了越来越多的关注。因此，越来越多的原位表征手段应该被用于研究催化反应过程中缺陷的结构演化和异相催化剂在催化反应过程中真实的表面原子结构。对于涉及气体分子的反应，原位 XPS 可以得到反应分子的吸附态和催化剂表面原子的电子态变化[146]。此外，通常使用原位 XAFS 和拉曼光谱来测量缺陷催化剂的结构和配位环境的变化[147]。原位 FTIR 和 SFG 光谱可用于检测反应中间体，并帮助分析缺陷的动态演化和作用机制[148]。到目前为止，原位表征技术的研究正在迅速发展，一些研究已揭示了缺陷的动态演化。然而，对缺陷结构，尤其是缺陷相关反应机制的理解尚不清楚。综上所述，仍然需要更准确和更先进的表征技术来更深入地理解缺陷与催化活性之间的关系。

5.3　过渡金属化合物缺陷材料的催化应用

过渡金属化合物由于储量丰富、价格低廉且表现出较为出色的催化性能，引起了众多研究工作者的关注。过渡金属化合物中缺陷可以存在的形式多种多样。在过渡金属化合物中构筑缺陷可以有效调控催化剂表面配位结构、电子环境等，进一步影响活性位点对反应中间体的吸附能和反应能垒。在本节中，我们将分别介绍过渡金属化合物缺陷材料在电催化领域、光(电)催化领域、热催化领域的应用。

5.3.1　过渡金属化合物纳米材料在电催化方面的应用

众所周知，大部分过渡金属化合物在异相催化方面具有良好的应用潜力。与单一元素组分催化剂如金属和碳材料相比，过渡金属化合物由于其所含元素种类的多样性和化学性质不同而具有不同的结构。因此，过渡金属化合物中的缺陷也由于不同元素之间的差异而呈现出很大的差异性。下面总结过渡金属化合物中存在的各种缺陷如阴离子空位、阳离子空位、杂原子掺杂、晶界、位错等，重点阐述缺陷在调控电催化剂电子结构中的作用。

　　由于结构中含氧，大部分过渡金属氧化物可以催化含氧反应如 ORR 和 OER。特别是锰基、铁基、镍基和钴基氧化物由于对含氧中间体具有合适的吸附能被广泛地研究。即使如此，在 ORR 和 OER 中复杂的氧吸附中间体仍会产生较大的势垒。南开大学陈军教授课题组发现在惰性气氛中煅烧原始 β-MnO$_2$ 即可在其表面构筑氧空位，从而提升 ORR 性能[图 5.16(a)][149]。通过对在空气或者氩气中煅烧得到的样品和原始 β-MnO$_2$ 进行表征发现，在氩气中煅烧 7min 得到的 β-MnO$_2$ 中锰离子的价态要低于原始 β-MnO$_2$ 和空气中煅烧得到的 β-MnO$_2$，证明了在氩气中煅烧成功地引入了氧空位。在空气中煅烧温度越高，产生的氧空位含量越多[图 5.16(b)]。通过电化学 ORR 测试发现富缺陷 β-MnO$_2$ 比原始 β-MnO$_2$ 表现出更优的电化学活性。同时，通过环电流测试来监测 ORR 过程中产生 H$_2$O$_2$ 的含量发现，含氧空位的 β-MnO$_2$ 表现出更高效的一步四电子反应历程。但并不是在氩气中煅烧温度越高所得到的样品 ORR 性能越优，也就是说只有引入适量浓度的氧空位才能实现最优的 ORR 性能[图 5.16(c)]。最后通过 DFT 计算表明在完整的 MnO$_2$ 结构中对 OOH* 的吸附为吸热步骤，需要克服较高的反应能垒而成为决速步骤。而含有两个氧空位

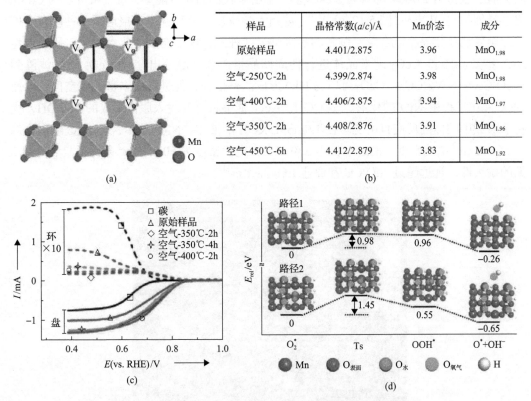

样品	晶格常数(a/c)/Å	Mn价态	成分
原始样品	4.401/2.875	3.96	MnO$_{1.98}$
空气-250℃-2h	4.399/2.874	3.98	MnO$_{1.98}$
空气-400℃-2h	4.406/2.875	3.94	MnO$_{1.97}$
空气-350℃-2h	4.408/2.876	3.91	MnO$_{1.96}$
空气-450℃-6h	4.412/2.879	3.83	MnO$_{1.92}$

图 5.16　富氧空位 MnO$_2$ 电催化 ORR 性能研究(扫码见彩图)

(a)带有氧空位的 MnO$_2$ 晶体结构；(b)原始和不同处理条件下 β-MnO$_2$ 样品的表征；(c)在 0.1mol/L KOH 电解液中不同样品的 ORR 电化学曲线；(d)带有一个氧空位(路径 1)和两个氧空位(路径 2)β-MnO$_2$ 催化 ORR 的能量分布曲线[149]

的 MnO_2 结构吸附 OOH^* 所需克服的能垒小于含有一个氧空位的 MnO_2，更有利于 ORR 发生[图 5.16(d)]。理论模拟与实验测试得到的结果一致，说明了在 MnO_2 中构筑氧空位可以提升其 ORR 催化活性。

　　Yang 课题组报道了富含氧空位的 $Ca_2Mn_2O_5$ 比不含氧空位的 $CaMnO_3$ 表现出更优的 OER 性能[79]。这主要是由于氧空位的存在使 $Ca_2Mn_2O_5$ 表面 Mn 表现出更高的电子自旋状态。湖南大学王双印教授课题组通过使用 Ar 等离子体刻蚀技术处理 Co_3O_4 纳米片，成功地在其表面引入了大量氧空位，OER 性能得到显著提升。经过等离子体刻蚀之后 Co_3O_4 纳米片形貌变得更加疏松多孔，暴露出更多的催化位点[图 5.17(a)]。进一步地，XPS 测试结果发现等离子体刻蚀过后 Co_3O_4 表面含有更多的 Co^{2+}，证明了氧空位的存在[图 5.17(b)和(c)]。将电化学性能进行比表面积归一化发现，含有氧空位的 Co_3O_4 相较原始 Co_3O_4 具有更优的催化性能，充分说明了电催化性能的提升不只来源于比表面积的增大，也来源于氧空位引入后电催化剂本征活性的增强[20]。北京化工大学孙晓明教授课题组通过溶剂热还原的方法成功制备了富含氧空位的单晶 Co_3O_4 超薄纳米片，比原始 Co_3O_4 表现出更优的 OER 性能[图 5.17(d)]。DFT 计算结果表明完整 Co_3O_4 催化 OER 发生的决速步骤为第Ⅲ步而富含氧空位 Co_3O_4 的决速步骤为第Ⅳ步，且氧空位的存在使所需克服的能垒从 2.46eV 降低为 2.24eV。正是由于较低的反应能垒，富含氧空位的 Co_3O_4 更容易催化 OER 发生[图 5.17(e)][150]。苏州大学康振辉及其合作者报道了一种碳布支撑的双金属氧化物晶格耦合策略制备的超细纳米线阵列，用于高效催化水氧化。研究者将 NiO 纳米晶体和 CeO_2 纳米晶体进行伪周期晶格耦合，制备出 NiO/CeO_2 纳米线阵列（NiO/CeO_2 NW@CC）。CeO_2 可以与 NiO 形成晶格耦合，促进形成丰富的氧空位，加速 OER 催化过程中 NiO 转化形成 NiOOH。CeO_2 能够将电荷注入原位形成的 NiOOH，优化了对氧中间体的反应自由能。在 1.0mol/L KOH 溶液中，NiO/CeO_2 NW@CC 电催化剂在 50mA/cm^2 电流密度下的过电位为 330mV。在电流密度为 50mA/cm^2 条件下具有超过 3 天的耐久性，远远超过 NiO/CC 和商业 IrO_2 催化剂[151]。

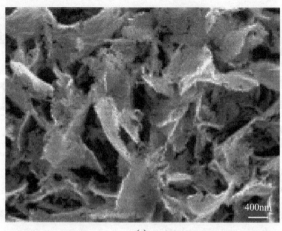

(a)

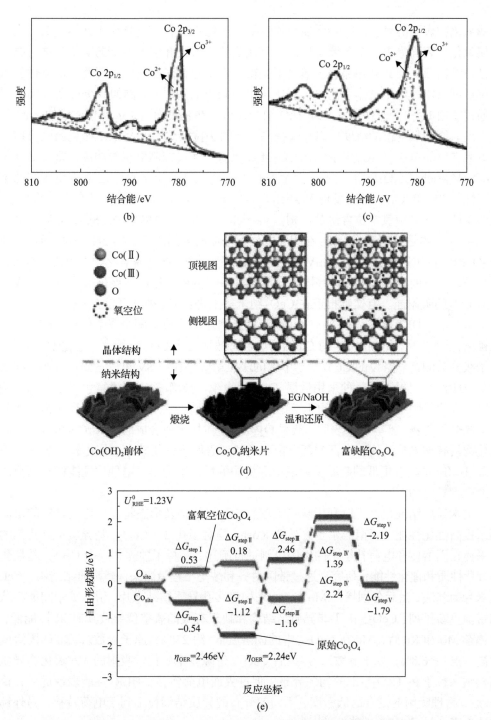

图 5.17 富缺陷 Co₃O₄ 电催化 OER 性能研究(扫码见彩图)

(a) Ar 等离子体刻蚀过后 Co₃O₄ 纳米片的 SEM 图;原始 Co₃O₄(b) 和 Ar 等离子体刻蚀过后 Co₃O₄(c) 的 XPS 图[20];(d) 富氧空位 Co₃O₄ 的制备流程图;(e) 原始 Co₃O₄ 和富氧空位 Co₃O₄ 催化 OER 发生的能级分布图[150];η 为过电势

构筑氧空位也是提升电催化剂 CO_2 还原性能的一种有效策略,大量的理论计算表明金属氧化物表面的氧空位能够增强有效吸附并活化 CO_2 将其转化为中间体 CO_2^-。当完整金属氧化物表面失去一个氧原子后，一个缺陷位点形成并留下多余的电子，这些电子要么被空位捕获，要么被相邻的金属离子获得，而不是在表面离域。因此，还原性的氧空位位点可以作为电子供体活化 CO_2 分子中电子缺乏的碳原子。例如，Zeng 研究团队报道了通过使用 H_2 等离子体技术处理 ZnO 纳米片可以在其表面引入氧空位，增加 ZnO 的电荷密度。增加氧空位的浓度可以显著提高 CO 的法拉第效率[152]。Xie 研究团队可控合成了富氧空位的单层 Co_3O_4 用于催化 CO_2 还原反应。通过控制氧空位浓度，富含氧空位的 Co_3O_4(V_O-rich Co_3O_4)相较含有少量氧空位的 Co_3O_4(V_O-poor Co_3O_4)表现出较高的甲酸选择性。XPS 和 XAFS 结果发现 V_O-rich Co_3O_4 与 V_O-poor Co_3O_4 相比具有更低的配位数，证明了两个样品中氧空位含量的区别。V_O-rich Co_3O_4 在 $-0.87V$(vs. SCE)电流密度达到 $2.7mA/cm^2$，约是 V_O-poor Co_3O_4 在相同电位下电流密度的 2 倍。V_O-rich Co_3O_4 和 V_O-poor Co_3O_4 的塔费尔斜率分别是 37mV/dec 和 48mV/dec[153]。在金属氧化物中掺杂金属离子可以增强氧空位的积极作用。一些掺杂剂与原离子产生相互作用，促进氧空位的形成，增强对 CO_2 的吸附能。有文献报道在 CeO_2 纳米棒上进行 Cu 掺杂可以在 Cu 位点附近产生多个氧空位。DFT 计算发现一个 Cu 位点附近产生一个或者两个氧空位时，CO_2 分子很难被活化。而三个氧空位桥连的 Cu 结构能够有效地活化 CO_2 分子[154]。电化学实验测得，原子级分散的富氧空位的 Cu 位点，甲烷的法拉第效率在 $-1.8V$ 可以达到约 60%。湖南大学王双印课题组报道了一种采用低温 O_2 等离子体刻蚀策略来合成富含氧空位的高熵氧化物纳米片。利用低温 O_2 等离子体刻蚀技术可将高熵层状水滑石前驱体转化为单相尖晶石型高熵氧化物。实验结果表明，低温 O_2 等离子体技术使合成的 $(FeCrCoNiCu)_3O_4$ 高熵氧化物具有纳米片结构、丰富的氧空位和高的比表面积，使其在电催化氧化 2, 5-羟甲基糠醛(HMF)中具有更低的起始反应电位和更快的反应动力学，电催化性能优于高温法制备的高熵氧化物[155]。

纳米异质结催化剂可以利用缺陷工程和表面、结构及形态特征，通过材料的协同作用来提高催化性能。新南威尔士大学的 Koshy 等对多孔 2D CeO_{2-x} 基异质结催化剂的缺陷平衡在固溶度和电荷补偿中的作用机制进行阐述，解释了独立 2D-3D CeO_{2-x} 基催化剂的理化性质和催化性能；研究者通过带隙对齐和缺陷工程策略来构建异质结结构，CeO_{2-x} 纳米片为基底，然后分别掺入 Mo 和 Ru 来构建多孔异质结纳米片，引入了中间能隙状态和带隙重新排列；CeO_{2-x} 由于非异质结构和缺乏有效的氧空位导致其 HER 性能低；分别掺杂 Mo 和 Ru 后，Mo 在 CeO_{2-x} 中的固溶度低(约 2.4%，原子分数)，Ru 的固溶度相对高一点(≥6.8%，原子分数)，掺杂后 CeO_{2-x} 带隙变窄。化学吸附的 Mo 氧化物异质结结构纳米粒子在 CeO_{2-x} 上的均匀分布，促进界面电荷转移，HER 性能表现优异，掺杂 Ru 后，物理吸附弱键合的低密度、不均匀分布的异质结颗粒不利于电荷转移，另外铈空位浓度高会导致 HER 性能变差[156]。

除了过渡金属氧化物，过渡金属硫化合物作为过渡金属化合物的重要分支也常被用作电催化剂来加速电化学反应。南开大学焦丽芳教授团队报道了在碳布上生长的 S 掺杂 CoTe 纳米棒，用于催化 OER。S 掺杂能够有效调控 Co 位点的电子结构，使 Co 失去部分电子，有效降低了 OER 过程中决速步骤—OOH*形成的自由能垒，高效催化 OER 发生[157]。具有二维层状结构的 MoS$_2$ 被广泛研究用作 HER 电催化剂。尽管早先的工作报道 MoS$_2$ 具有较为合适的氢吸附能，但其催化活性仍受限于有限暴露的边缘位点数目。湖南大学王双印教授课题组使用氩气等离子体和氧气等离子体技术分别刻蚀 MoS$_2$ 来实现其 HER 性能的提升［图 5.18(a)］。电化学测试结果表明随着等离子体刻蚀时间的延长，催化剂的 HER 性能明显提升。再进一步延长等离子体刻蚀时间，催化性能有所降低［图 5.18(b) 和 (c)］[158]。这说明引入适当的缺陷含量可以提升电催化剂的 HER 性能，但是过量的缺陷存在可能会降低催化活性。Zheng 课题组详细研究了压缩的硫空位是如何调节单层 2H-MoS$_2$ 基面 HER 性能的［图 5.18(d)］。借助球差矫正的透射电子显微镜对 Ar 等离子体处理过的 MoS$_2$ 进行表征，观察到了一些区域只有一个或者零个硫原子(1S 或者 0S)，并没有观察到 Mo 空位的存在，成功地证实了 S 空位的形成［图 5.18(e)］。通过电化学测试发现，MoS$_2$ 的催化活性可以通过引入硫空位得到提升。当进一步引入压缩应力时，MoS$_2$ 的 HER 性能可以得到进一步提升。当只有压缩应力存在时催化性能的提升是有限的，这充分说明了硫空位是催化性能提升的主要原因［图 5.18(f)］。DFT 计算模拟了具有不同含量硫空位 MoS$_2$ 的氢吸附能［图 5.18(g)］。通过实验和计算结果对比发现，硫空位浓度和催化性能之间呈火山形曲线关系，硫空位浓度和反应中间体的吸附能也呈火山型关系［图 5.18(h) 和 (i)］。因此，MoS$_2$ 中硫空位是通过影响对反应中间体的吸附能来实现 HER 性能的提升[70]。

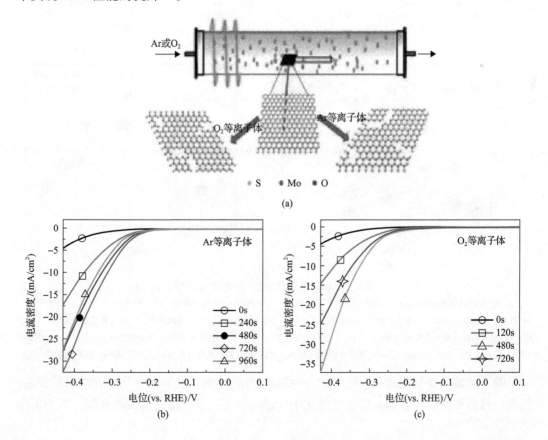

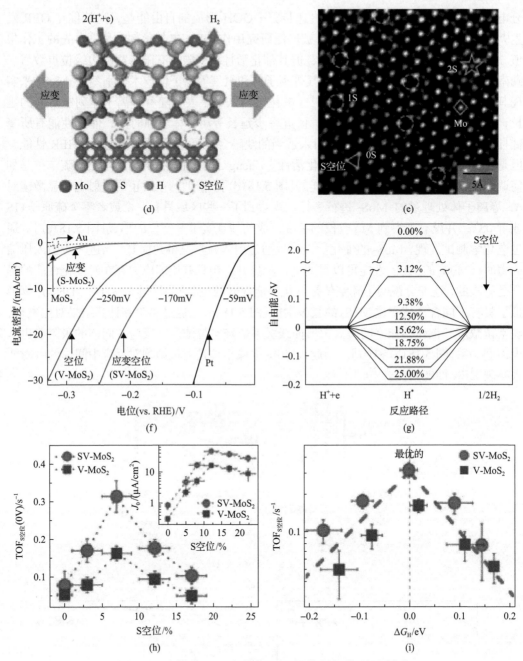

图 5.18　富缺陷 MoS_2 电催化 HER 性能研究（扫码见彩图）

(a) O_2 或 Ar 等离子体刻蚀 MoS_2 示意图；Ar 等离子体(b)和 O_2 等离子体(c)刻蚀不同时间得到的 MoS_2 的 HER 性能[158]；(d) 具有压缩硫空位 MoS_2 的结构示意图；(e) 缺陷 MoS_2 的球差校正透射电镜图（ACTEM）图；(f) 5 种催化剂的 HER 性能曲线；(g) 带有不同含量 S 空位的 MoS_2 催化 HER 发生的能级图；(h)、(i) 催化剂 HER 性能与 S 空位和 ΔG_H 之间的关系图[70] S-MoS_2 表示有应变的 MoS_2；V-MoS_2 表示有空位的 MoS_2；SV-MoS_2 表示既有应力又有空位的 MoS_2；TOF 为转化频率

　　除了过渡金属氧化物和二硫化物，一些富缺陷的金属氮化物和金属磷化物也被报道。然而，目前氮空位或者磷空位在电催化中所起的作用还没有得到清楚的证实，需要更深

入的研究。

　　与阴离子不同的是，过渡金属化合物中的金属位点由于具有部分填充的 d 轨道通常被认为是活性位点。金属空位的存在同样可以影响周围活性位点的电子结构。由于金属元素的多样性，过渡金属化合物中金属空位对催化性能的影响十分复杂。而且，金属空位具有较高的形成能，通常很难精确合成。中国科学院理化技术研究所张铁锐研究员研究团队通过煅烧超薄的 NiTi LDH 成功合成了富含镍空位的 NiO/TiO_2 异质结纳米结构。HRTEM 观察到了 NiO/TiO_2 异质结构中 NiO 暴露了大量的(100)活性面，并促使 TiO_2 稳定存在[图 5.19(a)]。通过 XANES 光谱技术表征发现 NiO/TiO_2 异质结结构中 Ni-Ni 峰强度弱于体相的 NiO，证明了镍空位的存在。而且镍空位可以明显减小镍原子与邻近氧原子之间的平均距离，导致镍平均价态的升高[图 5.19(b)]。八面体 Ni^{2+} 的电子构型与扭曲八面体 Ni^{3+} 的电子构型明显不同，Ni^{3+} 中 e_g 轨道为半充满状态，相较 Ni^{2+} 中 e_g 轨道的全充满状态更利于含氧中间体的吸/脱附[图 5.19(c)和(d)]。OER 电化学测试发现 NiO/TiO_2 异质结纳米片表现出优异的电催化活性。DFT 计算结果发现镍空位的存在更有利于电子转移，能有效地降低电荷转移电阻，有利于 OER 发生。总之，超薄 NiO 纳米片中镍空位的引入使得催化剂暴露更多的活性位点，产生更有利于反应中间体吸附的 Ni^{3+}，有效调控了催化剂表面电子密度[115]。天津大学邹吉军教授课题组通过原位构筑的方法成功合成了具有钴空位的 $Co_{3-x}O_4$，有效提升了其 OER 活性[图 5.19(e)]。实验和 DFT 计算结果发现 Co^{2+} 空位的形成能低于 Co^{3+} 空位。钴空位的存在可以有效地导致电子离域，有效地增强导电性，更有利于吸附含氧中间体[图 5.19(f)][159]。以上工作充分说

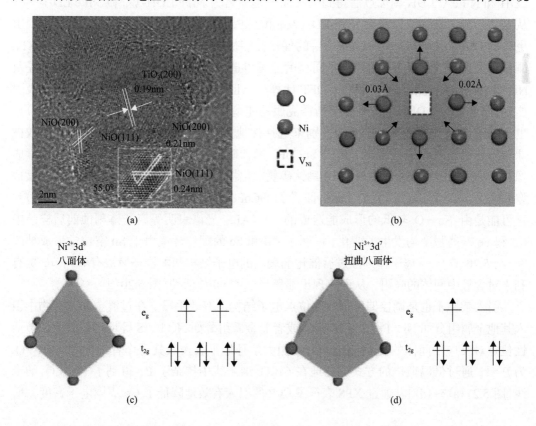

(a)　　　　　　　　　　　　　　　(b)

(c)　　　　　　　　　　　　　　　(d)

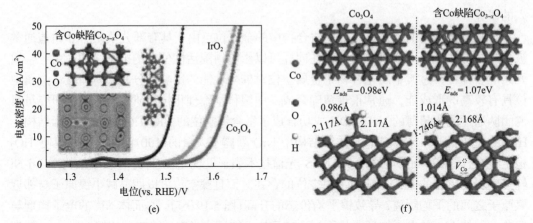

图 5.19 富阳离子空位电催化剂性能研究(扫码见彩图)

(a)NiO/TiO₂异质结构的 HRTEM 图；(b)具有镍空位的 NiO 晶体结构图；Ni²⁺(c)和 Ni³⁺(d)的电子构型[115]；(e)具有钴空位的 Co₃₋ₓO₄ 的 OER 性能；(f)Co₃O₄和具有钴空位的 Co₃O₄对反应中间体的吸附构型和吸附能(E_{ads})[159]

明了过渡金属氧化物中的金属空位可以有效调控金属位点的电子结构提升催化性能。

湖南大学王双印教授课题组通过使用强碱水溶液刻蚀 NiFe LDH 中掺杂的 Zn^{2+} 和 Al^{3+}，成功地在催化剂中引入了不同的金属空位[23]。首先，一小部分的 Zn^{2+} 和 Al^{3+} 分别引入到 NiFe LDH 中以取代 Ni^{2+} 和 Fe^{3+}。然后，使用 NaOH 水溶液分别刻蚀在碱中不稳定的 Zn^{2+} 和 Al^{3+} 在催化剂表面产生镍空位(V_{Ni})和铁空位(V_{Fe})[图 5.20(a)]。ZnNiFe LDH 和 NiFeAl LDH 刻蚀过后得到的样品分别命名为 NiFe LDH-V_{Ni} 和 NiFe LDH-V_{Fe}。从电化学测试结果可以看出 NiFe LDH-V_{Ni} 和 NiFe LDH-V_{Fe} 比原始 NiFe LDH 均表现出更高的 OER 活性，且 NiFe LDH-V_{Ni} 的催化性能优于 NiFe LDH-V_{Fe}[图 5.20(b)]。XPS 测试结果表明 V_{Ni} 和 V_{Fe} 的存在不同程度上可以造成 Ni 平均价态的升高。前文已提及 Ni^{3+} 更有利于反应中间体的吸附。DFT 计算结果证实 V_{Ni} 和 V_{Fe} 的存在都能降低氧吸附能垒，而且 NiFe LDH-V_{Ni} 决速步骤所需克服的能垒明显低于 NiFe LDH-V_{Fe}[图 5.20(c)]。也可以借助不同金属氧键键能的区别来选择性地构筑金属空位。湖南大学王双印教授课题组使用氩气等离子体技术刻蚀 SnCoFe 钙钛矿氢氧化物[图 5.20(d)]。通过元素成像发现等离子体刻蚀过后的 SnCoFe 钙钛矿氢氧化物直径明显减小。有趣的是，Sn 元素成像的宽度比 Co 和 Fe 小了大约 25nm，证明了 SnCoFe 氢氧化物表面 Sn 的移除[图 5.20(e)]。这可能是由 Sn—O 较低的形成能造成的。EXAFS 光谱表明等离子体刻蚀前后样品中 Co 和 Fe 振荡强度均发生了变化，说明了 Co 和 Fe 的配位环境由于 Sn 空位的形成被改变[图 5.20(f)]。等离子体刻蚀过后催化剂表面的电子结构和配位环境被有效调节，更有利于对含氧中间体的吸附，从而表现出显著增强的 OER 活性[图 5.20(g)~(i)]。

引入杂原子也是调控催化剂活性位点电子结构的有效手段。在过渡金属化合物中引入其他金属组分如 Ni、Fe、Co、Mn 等或者非金属组分如 N、P、S 等均可以有效调节活性位点对反应中间体的吸/脱附能力。四川大学孙旭平教授及其合作者[49]使用 NaH_2PO_2 为 P 源，通过低温煅烧的方式成功地在 Co_3O_4 纳米线中掺杂了 P，得到了 P-Co_3O_4 纳米线[图 5.21(a)~(d)]。通过 XPS 表征发现 P 的引入有效地降低了 Co 周围电子密度，增

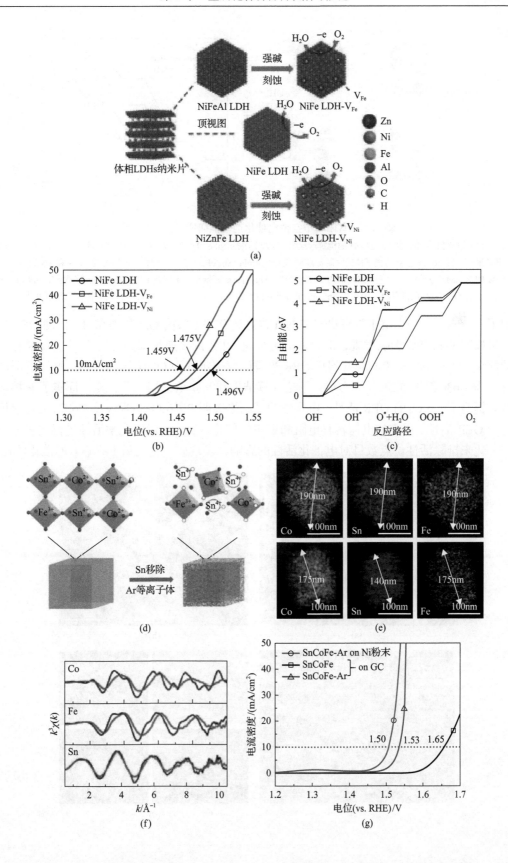

(a)

(b)

(c)

(d)

(e)

(f)

(g)

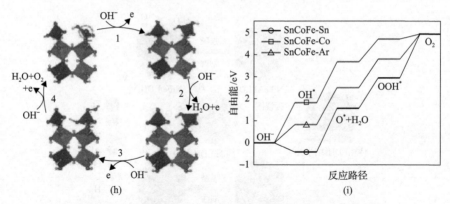

图 5.20　富阳离子空位电催化剂性能研究(扫码见彩图)

(a)具有 Ni 空位和 Fe 空位的 NiFe LDH 的构筑示意图；NiFe LDH、NiFe LDH-V_{Ni} 和 NiFe LDH-V_{Fe} 的 OER 性能(b)和 DFT 计算结果(c)[23]；(d)通过 Ar 等离子体刻蚀制备富 Sn 空位 SnCoFe(SnCoFe-Ar)的示意图；(e)原始 SnCoFe 和 SnCoFe-Ar 的 STEM-DEX mapping 图；(f)Co、Fe 和 Sn 在 R 空间 K 边的 EXAFS 图；(g)原始 SnCoFe 和 SnCoFe-Ar 的 OER 性能；(h)SnCoFe-Ar 催化 OER 发生的流程图；(i)原始 SnCoFe 中 Sn/Co 位点和 SnCoFe-Ar 中 Co 位点催化 OER 发生的能级图[22]

加了 Co^{3+} 含量。Co^{3+} 由于具有更多空的 d 轨道更有利于吸附 OH 基团和 H。借助 DFT 计算来探究 P 掺杂的影响发现，对于 Co_3O_4 催化 OER 的决速步骤为 O^* 的形成，所需克服的能垒为 1.87eV。而 P-Co_3O_4 催化 OER 进程的决速步骤为 OOH^* 转化为 O_2，所需克服的能垒为 1.63eV[图 5.21(e)～(f)]。理论计算结果和实验结论相一致，充分证实了 P 掺杂有效提升了 Co_3O_4 的 OER 活性。电化学测试结果表明 P-Co_3O_4 纳米线比 Co_3O_4 表现出更优的 OER 活性、更小的电荷转移电阻和更快的催化动力学。对电化学活性进行比表面积归一化来排除活性位点数目对电催化活性的影响，发现归一化之后 P-Co_3O_4 的催化活性

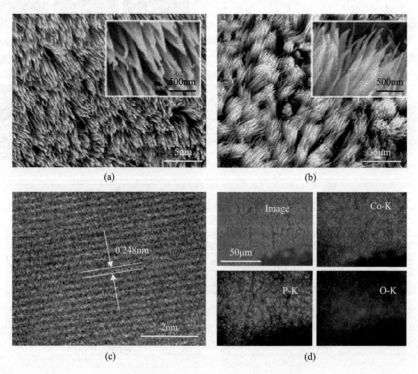

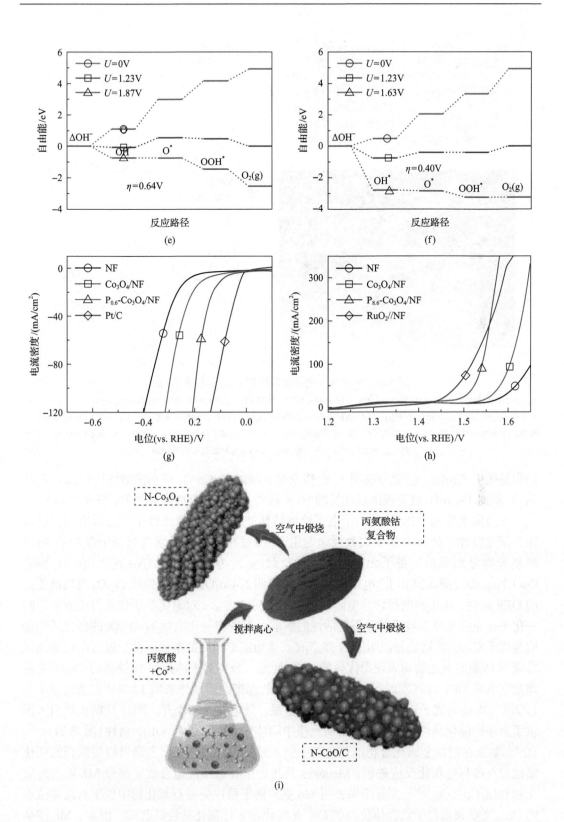

(e)　　(f)　　(g)　　(h)　　(i)

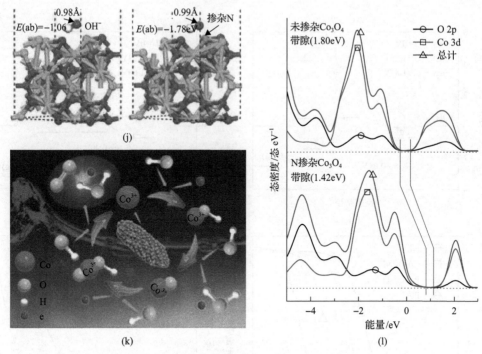

图 5.21　富杂原子电催化剂性能研究(扫码见彩图)

Co₃O₄/NF(a)和 P-Co₃O₄/NF(b)的 SEM 图；(c) P-Co₃O₄/NF 的 TEM 图；(d) P-Co₃O₄/NF 的 EDX mapping 图；Co₃O₄/NF(e)和 P-Co₃O₄/NF(f)计算得到的能级图；Co₃O₄/NF 和 P-Co₃O₄/NF 的 OER(g)和 HER(h)性能图[49]；(i) N 掺杂 Co₃O₄ 的合成路线图；(j)未掺杂和 N 掺杂 Co₃O₄ 的结构和 OH 吸附能图；(k) Co₃O₄ 催化 OER 流程图；(l)未掺杂和 N 掺杂 Co₃O₄ 经计算得到的态密度图[160]；NF 为泡沫镍；E(ab)为对氢氧根的吸附能

仍明显优于 Co₃O₄。这充分说明了 P 掺杂有效增加了 Co₃O₄ 的本征活性[图 5.21(g)和(h)]。同时 P-Co₃O₄ 也表现出较优异的 HER 性能，可作为双功能催化剂，高效地电解水。

　　在金属氧化物中掺杂 N 由于电子给体特性的增强和含氮活性中心的形成同样可以提升催化性能。扬州大学庞欢教授课题组[160]通过在空气或者氩气气氛中煅烧钴-丙氨酸复合物分别成功制备了无定型碳材料负载的 N 掺杂 Co₃O₄(N-Co₃O₄)和 N 掺杂 CoO(N-CoO)[图 5.21(i)]。电化学测试结果表明 N-Co₃O₄ 纳米线相较 Co₃O₄ 表现出更优的 OER 活性、更小的电荷转移电阻和更快的反应动力学。对电化学活性进行比表面积归一化来排除活性位点数目对电催化活性的影响，发现归一化之后 N-Co₃O₄ 的催化活性仍明显优于 Co₃O₄。这充分说明了 N 掺杂有效增加了 Co₃O₄ 的本征活性。通过电化学测试发现 N 掺杂的氧化物均表现出优异的 OER 性能。分别对未掺杂和 N 掺杂的 Co₃O₄ 进行理论建模和 DFT 计算发现 N 掺杂之后 Co₃O₄ 的能带间隙从原来的 1.80eV 有效地减小为 1.42eV，电荷载流子迁移到导带的能力被增强，导电性大幅提升。同时 N 的成功引入提供了更多的催化活性位点，促进了对反应中间体的吸附，提升 OER 活性[图 5.21(j)~(l)]。如果在过渡金属化合物电催化剂中引入另一组分的金属元素则可以提供新的催化活性位点参与电催化反应进程。Menezes 及其合作者选择性地合成了部分 Mn 掺杂的氧化钴($Mn_x Co_{3-x}O_4$)[161]，实验结果表明 Mn 更倾向于替代尖晶石氧化物中位于八面体位点的 Co。文献报道位于八面体位点的 Co^{3+} 是氧化钴本征催化活性的起源。因此，Mn 掺杂成功实现了 OER 性能的提升。Zhang 等制备了 Fe 掺杂的 CoP，实验结果表明 Fe 的引入并不会诱导新的结晶相产生，而且 DFT 计算发现在 CoP 中引入 Fe 可以优化催化剂对 H 的结合能，负电荷 P 位点可以作为质子接受位点促进金属氢化物的形成，使 $Co_{1-x}Fe_xP/CNTs$ 表现出高效的电催化水分解性能[162]。

电解海水制氢是一种在经济上具有吸引力，但从根本上和技术上都具有挑战性的清洁能源获取方法。由于在实际应用中析氢(HER)与析氯是竞争反应，且 OER 电催化剂通常稳定性差、选择性低，严重阻碍了海水电解技术[162]。中佛罗里达大学杨阳、匹兹堡大学王国锋和南方科技大学谷猛等报道了一种 Fe、P 双掺杂硒化镍纳米多孔薄膜(Fe, P-NiSe$_2$/NF) 双功能电催化剂，能够实现高效海水电解[102]。研究者通过掺入 Fe 和 P 来调控 Fe, P-NiSe$_2$ 的电子结构和表面组成，从而提高催化剂的活性和选择性以实现海水高效电解。Fe 掺杂提高了 OER 选择性和法拉第效率(FE)。而 P 掺杂通过形成含有 PO*物种的钝化层来提高导电性并防止硒化物的溶解。另外，Fe 掺杂剂被确定为析氢反应的主要活性位点，同时刺激相邻的 Ni 原子作为 OER 的活性中心。Fe, P-NiSe$_2$/NF 在使用天然海水作为电解质的海水电解中表现出出色的活性、选择性和稳定性。Fe, P-NiSe$_2$/NF 在 1.8V 下达到了工业要求的电流密度(0.8A/cm^2)，同时实现超过 200h 海水电解，O$_2$ FE 高于 92%，性能超过了最先进的电解槽[102]。

Alshareef 及其合作者成功地在 Co$_{0.85}$Se 中掺杂了 Ni，制备出了 Ni 掺杂的 Co$_{0.85}$Se 纳米管阵列。Ni 掺杂得到的电催化剂相较未掺杂的 Co$_{0.85}$Se 表现出更优的 OER 活性和更好的稳定性，甚至优于商业 RuO$_2$ 和 IrO$_2$ 电催化剂。增强的 OER 性能主要来源于 Ni 掺杂之后额外产生的缺陷位点。从 HRTEM 图可以看出 Ni 掺杂的 Co$_{0.85}$Se[(Ni, Co)$_{0.85}$Se] 相较 Co$_{0.85}$Se 具有更高的缺陷浓度。从 TEM 图可以明显地看到阶梯表面或者层错形成的阶梯晶面，这些缺陷位点均对反应中间体具有较优的亲和能，被认为是活性位点，提供 OER 活性。我们还可以观察到 Ni 掺杂之后有很多原子偏离了原来的位置。因此 Ni 掺杂可以有效地增加缺陷位点数目，提供更多的活性位点参与 OER 反应[图 5.22(a)]。这些缺陷位点如位错、晶界等存在于催化剂整个表面，使 Ni 掺杂 Co$_{0.85}$Se 表现出优异的 OER 活性[163]。

将生物质电氧化成附加值更高的产物被认为可以替代电催化水分解反应中动力学缓慢的 OER，同时促进产氢。Lu 及其合作者开发了生长在泡沫镍上的 Mo 掺杂 Ni$_{0.85}$Se 双功能电催化剂(NF@Mo-Ni$_{0.85}$Se)，既可以促进 H$_2$ 产生，又可以有效地将 HMF 转化为 2, 5-呋喃二甲酸(FDCA)。原位电化学阻抗谱和理论计算证明 Mo 掺杂可以加速电子传输，降低 NF@Ni$_{0.85}$Se 中 Ni 原子 d 带中心，更有利于降低 H*吸附能，进一步促进 HER 和有机物中氢吸附过程。该电催化剂在酸性、中性、碱性和海水电解液体系中表现出优异的 HER 性能。当 NF@Mo-Ni$_{0.85}$Se||NF@Mo-Ni$_{0.85}$Se 催化剂用于 HER 和 HMF 电氧化时，只需要 1.50V 的电势即可达到 50mA/cm^2 的电流密度，远低于水分解电势 (1.68V)[164]。还可以通过 Se 掺杂在 CoO 中引入氧空位，从而显著提升其电催化 HMF 氧化性能。

氧空位的引入有效地增大了电化学比表面积，降低了电荷转移电阻，从而使得电催化剂表现出较高的产量和法拉第效率[165]。Bao 研究团队报道了可以利用金属-金属氧化物间强烈的界面相互作用和金属氧化物界面的限域效应提高电催化 CO_2 还原产 CO 的选择性。Au 纳米颗粒和 CeO_x 之间界面构筑后，CO 的法拉第效率在 $-0.89V$(vs. RHE) 可以达到 90%，明显高于单组分 Au 催化剂。进一步理论计算发现，$Ce_3O_7H_7$/Au(111) 面上羧基中间体($COOH^*$)的形成能比在 Au(111) 低 0.33eV。原位扫描隧道显微镜被用来探究界面在 CO_2 电还原中的作用，结果表明，当 CeO_x-Au 样品在 78K 暴露在 CO_2 中时 CO_2 会吸附在界面上，随后 STM 观测也揭示了界面上发生的一些独特现象，CO_2 吸附剂更倾向于附着在先前吸附的 CO_2^* 物种上，因此在 CeO_2 纳米岛周围形成 CO_2 吸附环[166]。郑州大学汤克勇教授课题组使用可再生纤维素为模板吸附 Co^{2+}，然后通过煅烧成功制备了富含边缘位错的 Co_3O_4 纳米片[112]。位错的形成可能是由纤维素分解造成的，相较于无缺陷的 Co_3O_4，富含位错的 Co_3O_4 具有更优的 OER 活性。湖南大学王双印教授课题组通过对 Ni_3Fe LDH 进行简单的氮化处理成功地合成了纳米颗粒堆积的、多孔的 Ni_3FeN 全解水电催化剂，令人惊喜的是氮化之后得到的催化剂中有许多晶界和位错，这些缺陷位点可作为活性位点参与电催化反应，使其表现出出色的 OER 和 HER 性能[118, 119]。山西大学张献明教授及其合作者通过简单的低温氟化氧化铁的方法合成了富缺陷三维铁氟化物-氧化物纳米多孔薄膜(IFONFs)。当立方的氧化铁遇上四方的氟化铁时会发生结构演变形成缺陷。IFNOFs 具有相对光滑表面的同时相与相之间保持了较好的接触，证明了 Fe_2O_3 和 FeF_2 之间较强的耦合作用和界面重构。邻近 Fe_2O_3 和 FeF_2 纳米晶晶界处没有间隙，说明了 FeF_2 和 Fe_2O_3 之间存在较强的相互接触，确保了稳定的电子和机械接触[图 5.22(b)～(d)]。从 IFNOFs 的 STEM 图可以观察到晶界、晶格扭曲、位错和氧空位等缺陷的存在。氧空位的存在可以降低对含氧中间体的吸附能，促进对 OH^*、O^* 和 OOH^* 的吸附。另外，F 的引入会在催化剂连续基面上造成断裂纹和晶格扭曲。催化剂表面的裂纹可以显著地增大比表面积，提供更多的不饱和位点参与催化反应[图 5.22(e)]。IFNOFs 在碱性电解液环境中表现出出色的电解水性能。实验测试和理论计算均表明了表面边缘、缺陷位点对 IFNOFs 的高效水分解性能有着显著贡献[167]。崔课题组在电池领域取得了巨大成就，该课题组通过锂诱导的相转换反应成功制备了高效的金属氧化物电催化剂，经受锂诱导的相转换反应之后回收得到的金属氧化物比表面积增大，并且有很多晶格缺陷，如晶格膨胀或者晶格扭曲，这些都可作为新的活性位点，使其相较原始催化剂表现出更高的催化活性。这种方法同样适用于制备其他过渡金属氧化物如 Fe、Co、Ni 和它们的混合物[71-73]。从图 5.22(f) 可以看出经过恒电流放电后氧化物颗粒逐渐从单晶转变为相互连接的超小纳米晶。这一处理过程产生了很多的晶界、更多的催化位点，同时又保持了较好的机械和电子接触。然而当进一步增加电池的循环次数时，催化剂颗粒被彻底破坏，彼此接触被破坏，形成了较厚的固态电解液层覆盖在催化剂表面，对电催化反应不利。经过电化学循环后，超小纳米颗粒中产生了很多的缺陷如晶界、位错、晶格膨胀和晶格扭曲等，均可作为活性位点提升 OER 和 HER 性能[图 5.22(f)]。通过电化学测试发现，仅经过 2 次循环催化剂的活性即可得到显著提升，甚至优于一些商业催化剂。也可以通过无定型策略引入更多的缺陷位点来提升电催化性能[图 5.22(g)～(i)][72]。Yu 及其合作者制备了无定型 $Bi_4V_2O_{11}$ 和结晶型 CeO_2 杂化电催化剂用于 NRR。Ce/Bi 的摩尔比对无定型 $Bi_4V_2O_{11}$ 的形成发挥了重要作用。通过 HRTEM 和 XPS 表征发现无定型 $Bi_4V_2O_{11}$ 具有大量的悬挂键，可以提供更多的活性位点促进 NRR。除了无定型的 $Bi_4V_2O_{11}$，3nm CeO_2 纳米晶能较好地分散在纳米纤维上，促进了 CeO_2 到 $Bi_4V_2O_{11}$ 的电子转移，更有利于 NRR 发生。该催化剂最优的平均产量和相应的法拉第效率分别可达到 $23.21\mu g/(h\cdot mg)$ 和 10.16%[168]。

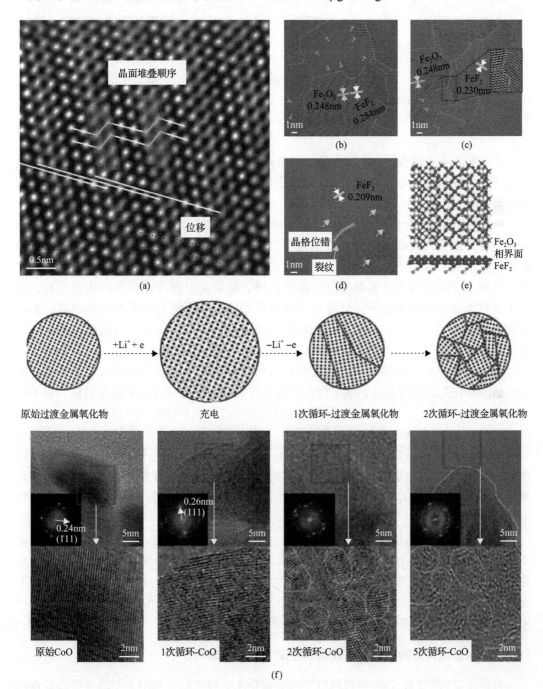

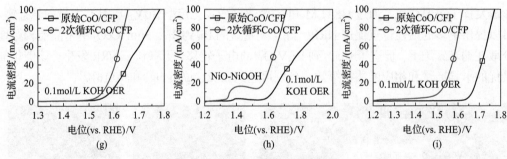

图 5.22　富晶界电催化剂性能研究

(a)$(Ni, Co)_{0.85}Se$ 纳米管阵列的 HAADF-STEM 图[163]；(b)～(d)IFONFs 的 HRTEM 图；(e)FeF_2-Fe_2O_3 异质结构的原子示意图[167]；(f)过渡金属氧化物逐渐从单晶变化成相互连接的超小纳米晶及相应 CoO 的 TEM 图；经过电化学循环后 CoO(g)、NiO(h)和 Fe_2O_3(i)的 OER 性能[72]；CFP 指碳纤维纸

近年来，越来越多的富缺陷电催化剂被用来催化各种电化学反应。然而，仍有一些关键问题，特别是在实验和理论层面的催化剂合成、表征和催化机制需要深入研究。这就需要研究工作者做到以下几点。

(1)准确可控地合成缺陷电催化剂。目前，在纳米材料中精确地合成特定缺陷是十分困难的。因为传统的高能合成方法通常对特定原子或特定位点没有选择性。大多数缺陷催化剂通常含有不止一种缺陷，因此对特殊缺陷的研究非常困难。只有利用先进的合成技术，缺陷研究才能取得进一步的进展。随着高分辨成像技术的快速发展，在原子分辨率显微镜的辅助下，从原子尺度进行高能刻蚀可能是未来准确制造缺陷的一种有效方法。另外，缺陷电催化剂的放大合成方法也应该被开发，以满足工业应用的潜在需求。

(2)原位表征技术需要被开发来证实缺陷和真实催化位点的结构演变。由于不饱和配位的状态和较高的反应活性，缺陷位点在催化反应前或者反应过程中通常被认为是不稳定的。因此，先进的原位表征手段需要被用来进一步研究不稳定缺陷位点和真实催化位点的演变。如今，越来越多的原位表征手段，如原位 TEM、拉曼光谱、XPS、XRD、EPR 和 XAS 技术被用来研究材料的结构演变。为了利用这些原位方法来研究涉及多相(气体、液体和固体)复杂电化学系统下的缺陷催化剂，应开发一些更合理和更具体的原位装置来满足特定表征技术的需要。尽管目前这些原位方法难以应用，但在未来缺陷催化剂研究中具有重要意义。

(3)通过原位表征识别反应吸附中间体，验证缺陷-活性机制。很多研究报道已经证实缺陷可以改变催化剂表面电子结构，从而改变反应中间体与表面活性原子的吸附模式。因此，需要利用原位的光谱电化学技术来证实催化剂表面活性位点和缺陷位点上反应中间体的吸附状态。同样地，利用原位表征技术表征缺陷催化剂的电子结构，提出缺陷催化剂的深入理论对研究缺陷-活性机制至关重要。

5.3.2　过渡金属化合物纳米材料在光(电)催化方面的应用

自从 1972 年发现 TiO_2 电极可以实现光催化水分解之后，利用太阳能来改善日益严重的环境问题和缓解能源危机引起了大量科研工作者的研究兴趣。大量的光催化材料被构筑用来光催化水分解、二氧化碳还原、N$_2$ 还原、废水处理等[169-171]。通常，半导体基光催化材料具有三个基本的光催化反应步骤：①吸收光产生光生电荷载流子；②电荷载流子分离和转移；③在催化剂表面发生催化反应消耗电荷载流子[172, 173]。然而原始的半导体材料通常受限于有限的光吸收范围、电子-空穴重新复合或者催化剂表面对反应分子的吸附、活化能力较差，电荷动力学效率严重降低，光催化活性并不理想[174]。在过去的几十年间，大量的催化剂构筑策略被用来提升半导体的光催化性能。一方面，可以将不同的材料组分进行复合，开发杂化光催化剂，实现协同效应。可以将半导体与光敏剂结合，扩展光吸收范围。也可以在半导体上负载助催化剂，提高电子、空穴分离效率，加速表面催化反应发生。另一方面，也可以合理地设计光催化剂来推动光催化过程的三个基本步骤[175-177]。例如，可以调节光催化剂的能带结构来最大限度地提高光吸收能力，也可以优化催化剂的表界面结构来促进表面催化反应发生和界面电荷转移[178, 179]。

　　缺陷是设计光催化剂的一个重要参数[180]，在很长一段时间，结构缺陷在光催化材料中的作用被误解了，以前普遍认为缺陷的存在会降低光催化活性。光催化剂晶格中缺陷的存在不仅可以通过捕获一个自由电子和空穴成为电子空穴复合的中心，也可以破坏原始完美周期性晶体结构的电子结构，作为电子和空穴转移的散射中心，不利于电荷载流子传输[181, 182]。随着对光催化反应机理的深刻认识和缺陷光催化剂的发展，缺陷在增强光催化活性方面的积极作用逐渐被认识。目前，有大量通过缺陷工程增强光催化活性的研究工作被报道。例如，通过缺陷工程可以调节半导体的能带结构使其光吸收范围扩展到可见光区。另外，表面缺陷也可以作为高活性位点参与催化反应[56, 63, 87]。

1. 空位

　　空位可以显著影响半导体的电子结构和光吸收能力。阴离子空位如氧空位、硫空位和卤素空位由于较低的形成能是金属基光催化剂中常见的缺陷类型。通常，阴离子空位可以有效调节光催化剂的电子结构和能级结构，减少配位数，作为活性位点，对提升光催化效率发挥着重要作用。例如，可以通过在真空或氩氢气体环境中高温煅烧的后处理方法在 WO$_3$ 表面引入氧空位[11]。与原始 WO$_3$ 相比，氧空位的引入产生局域表面等离子体共振，使吸光范围扩展到近红外区。如图 5.23 (a) 所示，氧空位的引入在导带下方产生了新的独立能级，形成了三个不同的太阳光吸收通道：①电子从价带顶跃迁到导带底；②电子从价带顶跃迁到导带下方的氧空位；③局域表面等离子体共振引发电子跃迁。半导体中中间能隙态的位置可以通过改变空位的位置和密度进行调节。例如，氧空位存在于体相 TiO$_2$ 中时产生的缺陷态位于导带下方，能级低于氧空位存在 TiO$_2$ 表面时产生的缺陷态能级 [图 5.23 (b)][183]。空位诱导产生的中间能隙带同样可以用来解释富氧空位的 ZnO[74]、Bi$_2$WO$_6$[82]、BiOCl[184]、BiPO$_4$[81]、SrTiO$_3$[75]和 La(OH)$_3$[185]光吸收范围变宽的现象。半导体光催化剂中空位的引入不仅可以诱导产生中间能隙带，也可以减小带隙，增强光吸收。带隙变窄可以理解为空位诱导产生的能隙态与导带或者价带重叠，使导带下移或者价带上移[186]。一般情况下，带隙中存在的局域态会导致吸收拖尾而不改变吸收边，但是带隙变窄导致吸收边在更长的波长处变得陡峭且平行。例如，通过一定温度下在空

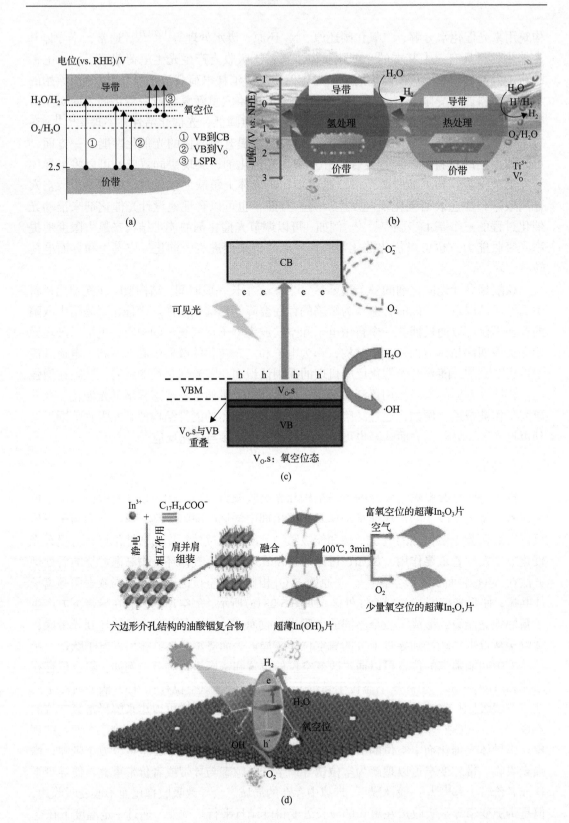

(a)

(b)

(c)

(d)

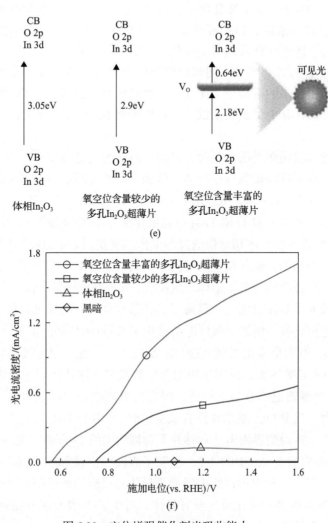

图 5.23　空位增强催化剂光吸收能力

(a) 富氧空位 WO₃ 能级结构图[11]；(b) 氧空位分布在 TiO₂ 表面和体相时的能级结构并用于光催化产氢；(c) 在空气中煅烧制得的富氧空位 WO₃ 光催化反应机理图[186]；(d) 含有少量氧缺陷和富氧空位 In₂O₃ 超薄纳米片的制备流程图并用于光催化水分解；(e) 体相 In₂O₃、含有少量氧缺陷的 In₂O₃ 和富氧空位的 In₂O₃ 的能级结构图；(f) 体相 In₂O₃、含有少量氧缺陷的 In₂O₃ 和富氧空位的 In₂O₃ 的光电流[76]；V_O·s 为氧空位诱导产生的中间能态

气或氩氢气氛中煅烧的方法可以在 WO₃ 中引入氧空位[186]。经实验发现适量氧空位，特别是表面氧空位的引入会使中间能隙带出现在价带上方并与价带部分重叠，导致价带顶上移，使带隙宽度变窄，扩大光响应范围。价带顶上移也可以扩大价带宽度，增强光生载流子传输，提高光生电子-空穴的分离效率，使更多的电子空位参与光催化降解过程[图 5.23(c)]。但是大量氧空位的存在会成为光生电子和空穴的复合中心，使光催化性能降低。构筑空位可以同时在半导体中产生新的中间能态和缩小能带间隙，促进对光的吸收。中国科学技术大学谢毅教授课题组通过在空气或者氧气中煅烧 In(OH)₃ 超薄纳米片成功合成具有 5 个原子层厚度的富氧空位或含有少量氧空位 In2O3 多孔纳米片

[图 5.23(d)][76]。XPS、PL 和 ESR 证明了富缺陷 In_2O_3、含有少量氧空位 In_2O_3 和体相 In_2O_3 组分中不同氧空位的浓度，以此提供了三个理想的模型催化剂来研究氧空位与光催化性能之间的关系。理论计算发现氧空位的引入导致 5 个原子层厚的 In_2O_3 纳米片在其导带底下方产生了新的施主能级，同时价带顶附近具有更高的电子态密度，有效缩小了能带间隙，产生了更多的载流子，促进了可见光吸收和载流子分离[图 5.23(e)]。因此，富氧空位 In_2O_3 比含有少量氧缺陷的 In_2O_3 和体相 In_2O_3 在可见光区具有更高的光电流[图 5.23(f)]。

当吸光半导体被用作光催化剂时，目前普遍认为的是体相缺陷不利于电荷的传输分离而表面缺陷可以促进电荷载流子分离。例如，有研究报道通过减少体缺陷和表面缺陷的相对缺陷浓度比例可以提高 TiO_2 光生电子/空穴的分离效率，提升光催化效率[141]。Yan 等详细阐述了锐钛矿和金红石相 TiO_2 中光催化活性与表/体缺陷（空位）之间的关系。如图 5.24(a) 所示空穴可以被体相空位通过静电作用捕获，被捕获的空位作为一个光生电子新的复合中心，不利于光催化反应。然而当空穴被表面空位捕获时，它们在与光生电子复合之前会优先与预吸附的电子给体发生反应，实现载流子的分离[187]。表面空位的存在不仅可以促进吸光半导体表面光生载流子的转移和分离，同样可以促进半导体与吸附反应分子界面的电荷转移。例如，张课题组报道了暴露 (001) 晶面富氧空位的 BiOBr 纳米片（BOB-001-V_O）用于光催化固氮反应[图 5.24(b)]。当从 Ar 气氛转换为 N_2 气氛时 BOB-001-V_O 的荧光被淬灭，说明了辐射复合被减弱。这些特征主要来自于捕获电子到吸附 N_2 分子 π 反键轨道的非辐射跃迁。瞬态光电流响应同样证实了氧空位可以显著促进界面电子转移。当 BiOBr 纳米片没有氧空位时（BOB-001-H），它在 Ar 和 N_2 中的光电流响应没有区别，这说明界面电子转移并不会被周围的 N_2 干扰。相反，BOB-001-V_O 在 N_2 中的光电流响应只有 Ar 中的 1/3，说明了表面氧空位和 N_2 之间存在较强的相互作用[图 5.24(c)][188]。空位也可以影响吸光半导体对反应物的吸附和活化。早先报道已经表明无缺陷 TiO_2 对许多光催化反应没有活性，当在 TiO_2 表面或者亚表面引入氧空位时，它的光催化活性会被增强。

最近，大量的理论或者实验研究表明 TiO_2 表面的氧空位对其光催化 CO_2RR、水分解、固氮等反应具有显著影响。例如，中国科学院上海硅酸盐研究所黄富强研究员课题组研究了 CO_2 在氢化富缺陷 TiO_{2-x}（H-TiO_{2-x}）表面的吸附、活化行为。根据动力学同位素效应测量发现从 CO_2 中断裂形成 C=O 是生成 CH_4 的决速步骤。原位 DRIFT 光谱证实了重要中间体 CO_2^* 的形成，这充分证实了 H-TiO_{2-x} 表面缺陷可以加速 CO_2 分子的吸附和化学活化，使 CO_2 还原为 CO_2^* 这一单电子过程更容易发生[图 5.24(d)][189]。Shiraishi 课题组也报道了具有丰富表面氧空位的 TiO_2 在光照射下可以从 N_2 和 H_2O 中合成 NH_3。含有氧空位种类的 Ti^{3+} 被认为是 NRR 的活性位点[190]。Gong 及其合作者通过原子层沉积技术开发了一种只有表面存在氧空位的、具有等离子体增强效应的金红石 TiO_2。这些表面缺陷可以提供更高的载流子浓度和更多的活性位点，促进吸附的 N_2 和激发态电子之间的反应，从而表现出较好的 NH_3 产生速率[191]。Wang 及其合作者开发了一种光催化剂，利用 TiO_2 中的氧空位作为 N_2 的活性位点，Au 等离子体热电子作为最终固定激活 N_2 的还原剂。氧空位和等离子体共振协同工作，使催化剂表现出较好的氮还原催化性能[192]。

也有大量的研究报道构筑氧空位可以提升许多体系如 $BiVO_4$、In_2O_3、WO_3 和 Fe_2O_3 的光电催化性能。普遍认为的是氧空位的存在可以增加体相载流子的浓度。但是载流子与光电催化性能之间的关系并没有得到深刻的认识。而且氧空位作为一种缺陷可以改变半导体的表面特性。因此在分析氧空位与光电催化性能之间关系时不应该忽略这些因素。昆士兰大学的王连洲团队以氧化铁为研究对象，研究了氧空位在光电催化过程中起到的复杂作用[193]。他们通过控制在氮气气氛中的煅烧时间来实现氧化铁中不同浓度氧空位的引入。研究结果表明氧空位的存在可以促进表面 OER 发生，增加载流子浓度，加快载流子传输，抑制体相载流子复合。然而，氧空位可以作为催化剂表面的捕获位点，导致界面载流子复合，削弱光伏效应[图 5.24(e)]。因此，在通过引入氧空位来调控光电极响应时需要调节氧空位的含量来平衡体相电荷传输、表面催化反应和界面载流子复合之间的关系。Xie 课题组发现在光催化剂中引入氧空位可以加速激子解离成电荷载流子 [图 5.24(f)][194]。通过理论模拟发现 BiOBr 中氧空位的存在可以对缺陷位点附近的能带边缘态造成扭曲，导致空位附近的激子不稳定。例如，超快瞬态吸收光谱所揭示的，光激发电子从导带底迅速地弛豫到激子介导的陷阱态。然后产生的激子释放到氧空位调节

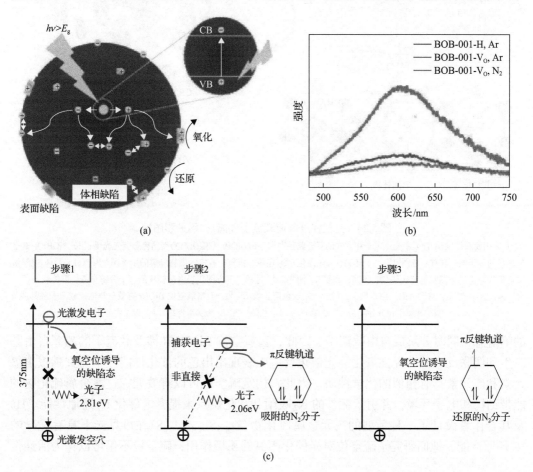

(a)   (b)

(c)

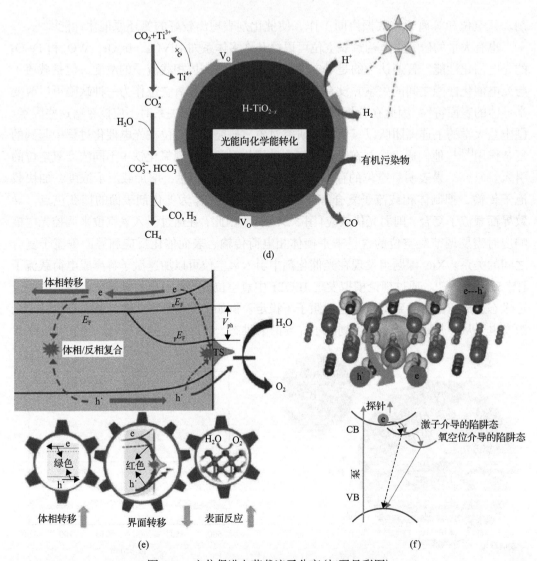

图 5.24　空位促进电荷载流子分离（扫码见彩图）

(a) 具有表面和体缺陷 TiO_2 中光生电子和空穴的复合路径[187]；(b) BiOBr 光催化剂的室温稳态荧光光谱；(c) BiOBr 中氧空位诱导的界面电子转移示意图[188]；(d) H-TiO_{2-x} 光催化 CO_2 还原、析氢、有机污染物降解的示意图[189]；(e) 半导体-电解液界面能带结构示意图和电荷转移（实线箭头）和复合（虚线箭头）过程；下方图代表电荷转移的三个关键步骤，即体相转移、半导体-电解液界面转移和表面反应；氧空位的影响用灰色箭头表示[193]；(f) 富氧空位 BiOBr 有效分解电荷载流子及其涉及激子和氧空位介导陷阱态的光物理过程示意图[194]；E_F 为费米能级；V_{ph} 为光生电压

的陷阱态，同时分解成自由载流子。因此，富氧空位 BiOBr 在涉及载流子的超氧自由基产生和偶联反应的选择性氧化等光催化反应中表现出出色的催化性能。早先文献报道氧元素和硫元素具有相似的化学性质，因此，构筑硫空位可以有效调控过渡金属硫化物的能带结构和电子环境，并引入额外的 N_2 吸附和活化位点来提升电催化 N_2 还原性能。Hu及其合作者设计了一种新型的三元金属硫化物 $(Zn_{0.1}Sn_{0.1}Cd_{0.8}S)$ 在可见光下具有优异的 N_2 还原性能，他们研究了硫空位对光催化固氮的积极作用，硫空位不仅可以作为活性位

点吸附活化 N_2 分子，还可以促进催化剂到 N_2 分子的界面电荷转移，从而显著提升光催化性能；过渡金属硫化物中空位的引入可以通过减少层数至原子层厚度或者形成超薄结构进行实现[195]。Wang 及其合作者通过在水中超声处理制备的 MoS_2 得到了富空位的 MoS_2 超薄纳米片，ICP 结果表明，超薄 MoS_2 中 Mo：S 的化学计量比为 1：1.75，远小于 1：2，证明了硫空位的形成。超薄 MoS_2 纳米片比体相 MoS_2（几乎没有）和热液制备的 MoS_2 具有更好的 NRR 性能（0.83 μg/mL），这表明了硫空位在光催化 NRR 过程中发挥了积极作用[196]。

　　光电化学（PEC）水分解是一种将水和阳光直接转化为氢气和氧气的可持续方法。其中，窄带隙和强载流子运输能力的 Si 被视为理想的高效光电阴极材料之一。然而，Si 基光电阴极在光照下极易与电解质溶液（尤其是强碱电解质）发生腐蚀和钝化，限制了其在光电化学中应用。在 Si 表面涂覆一层无定形氧化物保护层是当前改善 Si 基光电极稳定性的常用手段。然而，这些无定形氧化物/Si 基半导体光电阴极仍然存在着明显的稳定性与效率的耦合问题。同时，无定形氧化物保护层固有的疏松结构难以为光电阴极提供长久的使用寿命。因此，为了在强碱电解液中实现 Si 基光电阴极能高效且稳定地运行，设计合适保护层去除或者削弱 Si 基光电阴极效率和稳定性的耦合作用刻不容缓。与无定形氧化物相比，结晶氧化物具有更高的耐碱性，能够提高 Si 基光电阴极的稳定性，然而差的载流子传导能力阻碍了其作为保护层的应用。而在前期的研究中，改变缺陷的浓度和形式能够调控厚的无定形氧化物载流子传输能力[197]。有鉴于此，湖南大学王双印教授及其合作者通过使用具有梯度氧缺陷的结晶 TiO_2 作为保护层，实现了效率和稳定性的去耦合作用，获得了高效且稳定的 Si 基光电极。在这个工作中，结晶保护层具有高密度结构，为光电阴极提供好的稳定性。同时，保护层内部的梯度氧缺陷为载流子提供传输通道，满足光电阴极的高效需求。在此结构下，最优 Si 基光电阴极显示了 35.3mA/cm² 的饱和光电流密度，同时在强碱电解质溶液和 10mA/cm² 光电流密度下稳定运行超过 100h。上述实验结果为进一步开发硅基光电极提供了重要参考，并为构建高效耐用的光电化学装置提供了可能[198]。同样地，他们使用 Nb 掺杂的 NiO_x/Ni 作为黑 Si 保护层。通过等离子体技术处理之后，该光阳极的电荷分离传输能力明显增强。在 1.23V 下优化的光阳极最高的电荷分离效率达到约 81%，相当于 29.1mA/cm² 的光电流密度。通过详细的表征发现，Nb 掺杂和等离子体处理技术有效调控了 NiO_x 层中氧缺陷的种类和浓度，更有利于形成合适的能带结构，提供良好的空穴迁移通道。该工作阐述了保护层/Si 基光电化学体系中氧缺陷在电荷分离和转移中的重要作用，并鼓励将这种协同策略应用于其他光电阳极[199]。

　　考虑不同晶面原子排布不同，缺陷可能在不同晶面的分布并不均匀，这为半导体特定晶面其他组分的选择性生长提供了一种有效手段。例如，Zhang 课题组报道 BiOCl (001)晶面比(010)晶面具有更多的终端氧原子。当在微波辐照下乙二醇处理后，氧空位更倾向于在 BiOCl 的(001)晶面生成。当 Ag^+ 与富电子的氧空位接触时迅速地被氧空位还原，选择性地在(001)成核，原位长成 Ag 纳米块或者 Ag 纳米颗粒[图 5.25 (a)][200]。又如，通过光催化苄醇有氧氧化可以在 TiO_2 纳米晶表面产生氧空位。因为(101)晶面的导带和价态边缘能级都比(001)面的要低，光生电子聚集在(101)晶面，弱化了 Ti 与周围表面晶格氧的结合。因此,在苄醇氧化反应中表面晶格氧原子从(101)晶面溢出形成氧空位。因为氧空位的还原电势要比 HAuCl₄ 低,光生电子可以自发地从氧空位转移到 Au 离子,将其还原成 Au 原子,进一步在(101)晶面空位附近长成 Au 纳米颗粒[图 5.25(b)][201]。

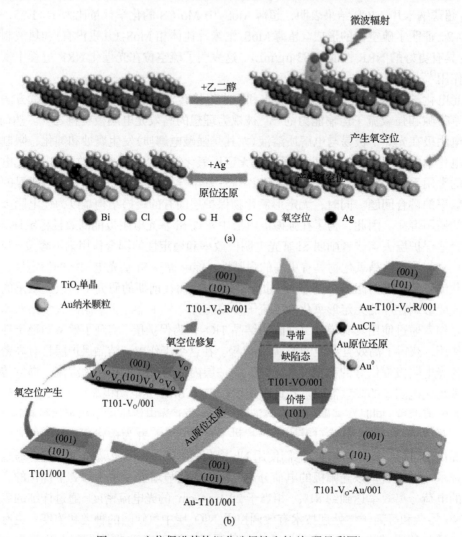

图 5.25　空位促进其他组分选择性生长(扫码见彩图)

(a)BiOCl(001)在微波辐照下乙二醇原位还原沉积 Ag 的路径图[200];(b)TiO₂ 表面氧空位位置与 Au 纳米颗粒之间的关系图[201]

阳离子空位作为浅受主可以诱导产生 p 型导电性,增强空穴迁移,对光催化进程发挥着重要作用。阳离子空位可以调控光催化剂的能带结构,如使价带顶上移,导带底下移,不产生中间态,促进光生电荷载流子的快速分离和迁移。Penfold 课题组通过简单的水热和煅烧方法合成了一系列稳定的具有阳离子空位光催化剂如 TiO₂、ZnO、Co₃O₄ 和 Mn$_x$Co$_{3-x}$O₄[202-204]。富金属空位的锐钛矿 TiO₂ 表现出独特的物理化学特性如非铁磁性 n 型 TiO₂ 转化为具有室温铁磁性的 p 型 TiO₂[图 5.26(a)和(b)][127]。而且富 Ti 空位的 TiO₂ 由于增强的载流子分离转移效率表现出高的光催化氢析出活性。富 Zn 空位的 ZnO 同样表现出 p 型导电性、室温铁磁性和高的光催化活性[203]。同时，通过水热反应和 S 填充方法在 ZnS 中引入了 Zn 空位，Zn 空位的引入不仅通过增加价带位置降低光生空穴的氧化能力，有效地保护催化剂免受光腐蚀，表现出高的光稳定性，而且由于电荷分离和电子转移加快而增强了光催化析氢活性[64]。Fu 等[205]发现在 In₂S₃ 中引入 In 空位可以提高光催化析氢性能，而原始 In₂S₃ 没有催化活性。除氧空位外，Bi 空位也广泛存在于非化学计量比的氧化铋化合物中。Guan 等合成了具有三空位的超薄 BiOCl 纳米片，增强了光吸收，加速了电荷载流子分离，显著提高了太阳光驱动的光催化活性 [图 5.26(c)] [87]。

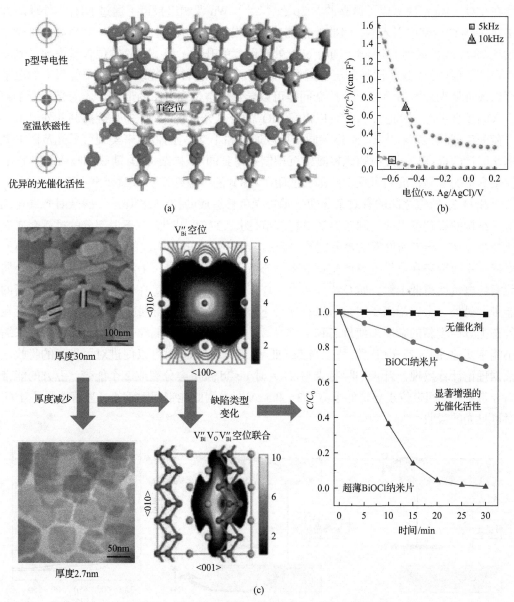

图 5.26　阳离子空位提升光催化活性(扫码见彩图)

(a) 富 Ti 空位 TiO₂ 显现出 p 型导电性、室温铁磁性和较好的光催化活性；(b) 富 Ti 空位 TiO₂ 的莫特肖特基曲线[127]；(c) 富 Bi 空位的超薄 BiOCl 纳米片表现出优异的光催化活性[87]；C 为罗丹明 B 的现有浓度；C_0 为罗丹明 B 的初始浓度

2. 掺杂

在光催化材料中引入外源掺杂原子是增强光吸收范围的一种有效手段。自从 2001 年 Asahi 等报道了 N 掺杂的 TiO_2 这一光催化剂后，大量的通过掺杂来增强催化剂光吸收的工作被广泛报道[206]。几乎所有的非金属元素都可以用作掺杂剂修饰 TiO_2 的电子结构来扩展其光吸收范围到可见光区。在各种各样的掺杂剂中，N 掺杂的 TiO_2 是被研究最多的[37, 207, 208]。关于 N 掺杂 TiO_2 可见光吸收的起源有不同的解释。目前普遍认为的是 N 掺杂在 TiO_2 的价带顶形成了孤立的 N 2p 态[209, 210]。Wu 课题组报道了通过 NH_3 热处理的方法在 TiO_2 纳米带中引入 N，吸收光谱测试结果发现，N 引入后出现了一个肩峰，将光吸收从 380 nm 扩展到 550 nm。随着 NH_3 处理温度的升高，引入的氧空位含量增加，光吸收强度逐渐增强。这个附加的肩峰起源于价带顶上方的 N 2p 能级，在这个能级上的电子可以被可见光激发到导带。N 掺杂同样可以导致氧空位和 Ti^{3+} 的形成，成为光生电子和空穴的复合中心。因此 N 掺杂可以提高 TiO_2 的可见光催化活性，但是会抑制紫外光下的电荷分离[图 5.27(a)][37]。N 掺杂同样可以通过缩小 TiO_2 的带隙来实现可见光范围下光催化活性的提高。通过射频磁控溅射沉积制备得到的 N 掺杂 TiO_2 薄膜的吸收边随着 N 掺杂含量的升高扩展到可见光范围，证明了 TiO_2 的带隙变窄。带隙变窄主要是由 N 2p 轨道和 O 2p 轨道之间的有效杂化使价带边缘负移造成的[图 5.27(b)]。掺杂对光催化剂电子结构的影响可以通过制备方法进行调节[图 5.27(c)][105]。对于大部分的过渡金属氧化物半导体，导带和价带主要分别是由金属 3d 态和 O 2p 态构成的[211]。通常，非金属元素掺杂主要用来在价带上方产生新的离域态或者直接使价带顶上移。因此，掺杂非金属元素的电负性需低于氧，如 $C^{[212]}$、$N^{[95]}$、$B^{[213]}$、$P^{[214]}$、$S^{[215]}$等在价带上方形成一个新的能带。另外，金属阳离子掺杂可以在导带下方产生杂质态使导带底下移[216, 217]，或者在价态上方产生新的杂质态使价态顶上移[218, 219]，或者同时降低导带底、升高价带顶来缩小能带间隙[图 5.27(d)][220, 221]。当 Fe(Ⅲ)引入体相 TiO_2 时可以促进对可见光的吸收。根据理论计算发现，当 Fe(Ⅲ)掺杂进 TiO_2 时 Fe 3d 轨道会分裂成 2 个能带，上方的能带与导带杂化，间带位于导带的下方 0.3～0.5 eV 处。因此能带间隙缩小，显著增强了 TiO_2 对可见光的吸收[216]。

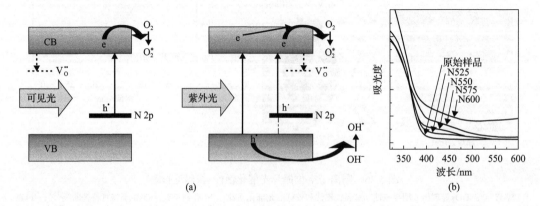

(a)   (b)

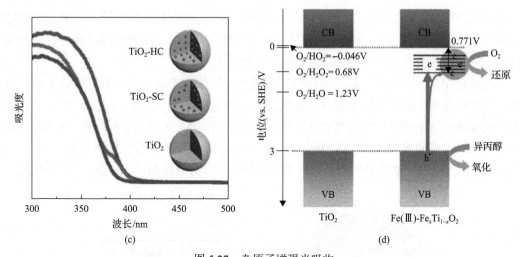

图 5.27　杂原子增强光吸收

(a) N 掺杂 TiO_2 在可见光和紫外光照射下的光催化机理图[37]；
(b) TiO_2 在 NH_3 气氛中不同温度条件下处理后的漫反射光谱[37]；(c) 原始和碳掺杂 TiO_2 的紫外可见吸收光谱[105]；
(d) 推测的 TiO_2 和 Fe 掺杂 TiO_2 的光催化机理[220, 221]；HC 为均相碳掺杂；SC 为表面碳掺杂

　　在吸光半导体中引入杂原子对电荷载流子的转移和分离既有积极作用也有副作用。一方面，外源杂原子可以作为电子空穴复合的中心，不利于电荷载流子的分离传输；另一方面，杂原子可以作为一个位点，暂时地捕获光生电子和空穴，促进光生电荷的流动分离。一定程度上，表面杂原子更有希望分离电子和空穴，因为表面杂质态捕获的电子或者空穴可以与光催化体系中的电子受体或者给体发生反应[47, 222-224]。例如，对 TiO_2 体相进行 V^{3+}/V^{4+} 掺杂可以在 TiO_2 导带下方诱导产生占据态，通过深电荷捕获抑制电荷迁移到表面[图 5.28(a)]。然而，当对 TiO_2 表面进行 V^{3+}/V^{4+} 掺杂时可以通过 TiO_2 和吸附物之间的界面电荷转移促进电荷扩散到表面，抑制表面电荷复合[图 5.28(b)][48, 224]。另一个例子，对 CdS 纳米棒进行 P 梯度掺杂，P 掺杂浓度从内部到表面逐步降低。P 2p 和 S 2p 轨道杂化可以提升 P 掺杂部分的价带顶，同时给电子 P 掺杂可以提高费米能级。光激发后，通过费米能级平衡和导带弯曲形成了具有独特"反量子井"能带结构的同质结[图 5.28(c)][48]。因此，内置定向电场将光激发载流子从体相提取到表面，除了掺杂的位置，掺杂浓度同样影响着光催化剂的电荷分离效率。对 CdS 纳米线进行少量 Ni 掺杂，Ni 离子替代可以形成浅表面态，然而大量 Ni 掺杂可以形成深表面态。在光催化反应进程中，光生电子可以优先被浅表面态捕获，延长光生电荷载流子的寿命用于产氢。相反，深表面态会导致光生电荷载流子的复合[图 5.28(d)]。因此，Ni 掺杂 CdS 光催化产氢的性能随着 Ni 掺杂含量的升高先提升后下降。进一步地，光催化剂的电荷分离可以通过不同掺杂剂的协同作用来增强[图 5.28(e)][225]。例如，Deng 课题组报道了对 TiO_2 光催化剂进行 B、Ag 共掺杂可以形成[B_i—O—Ag]结构单元，在照射下能够有效地捕获光生电子形成中间体结构[图 5.28(f)][226]。电子捕获可以促进电子空穴的分离，延长光生载流子寿命。半导体表面掺杂不仅可以产生新的局域态捕获电荷载流子，也可以产生

不同的表面结构调控表面电荷转移，提升光催化活性。一个典型的例子，在 B、N 共掺杂的 TiO_2 光催化剂表面会形成一个新的 O—Ti—B—N 结构。新结构可以促进可见光诱导产生的电荷载流子分离转移，增强光催化活性[227]。

与空位相似，半导体表面的外源掺杂位点也可以作为光催化过程中的反应位点。因此，合理的掺杂工程可以用来促进光催化剂的表面反应[127, 228]。例如，二维 TiO_2 晶体中掺杂的单原子 Rh 位点可以作为水分解反应中的活性位点。根据 DFT 计算，孤立的 Rh 位点可以将水分解反应进程中的分解能从 0.85eV 降低到 0.48eV[图 5.29(a) 和(b)][127]。相似地，TiO_2 表面掺杂的 Fe^{3+} 位点可以作为光催化 NO 分解反应中 NO 的有效吸附位点。

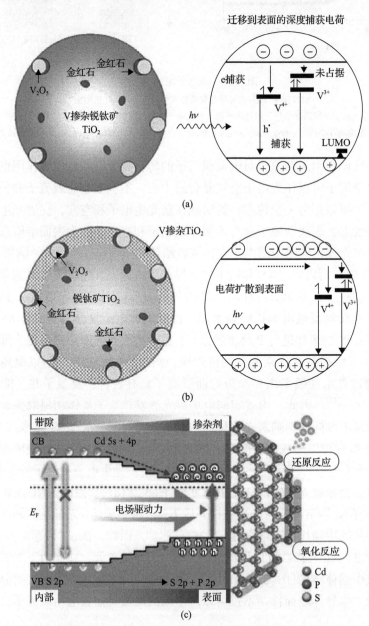

(a)

(b)

(c)

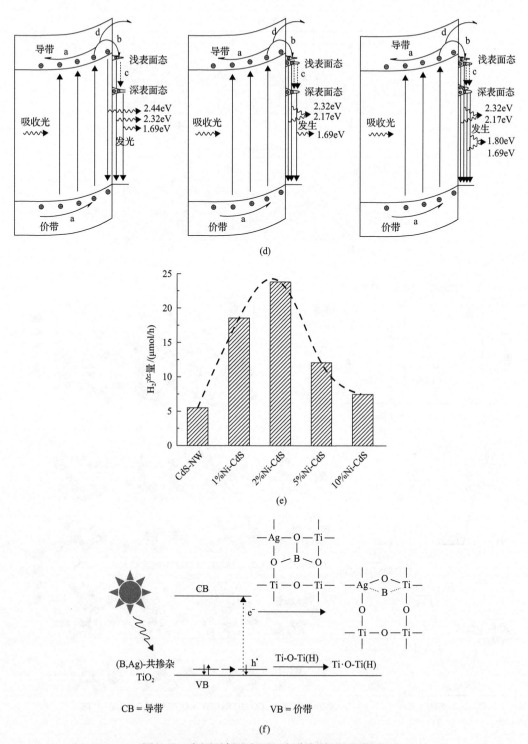

图 5.28 杂原子促进电子空穴分离(扫码见彩图)

(a)体相掺杂 V^{3+}/V^{4+}的 TiO$_2$ 的微结构和电子结构；(b)表面掺杂 V^{3+}/V^{4+}的 TiO$_2$ 的微结构和电子结构[224]；(c)P 梯度掺杂 CdS 的能级和激子转移路径图[48]；(d)CdS、轻度 Ni 掺杂的 CdS 和大量 Ni 掺杂 CdS 的电荷动力学特性；(e)Ni 掺杂 CdS 的光催化析氢性能[225]；(f)B, Ag 共掺杂 TiO$_2$ 在太阳光照射下的电子空穴转移机理[226]

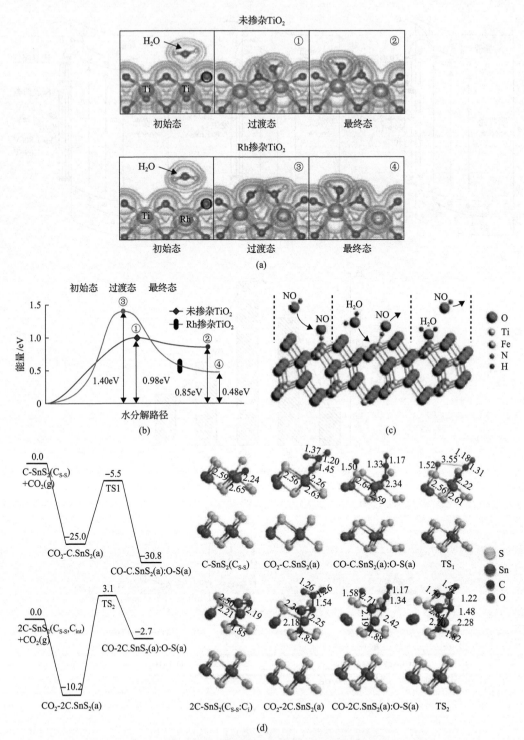

图 5.29　杂原子作为光催化反应活性位点(扫码见彩图)

(a)未掺杂 Rh 和掺杂 Rh 的 TiO₂电荷密度分布;(b)未掺杂 Rh 和掺杂 Rh 的 TiO₂水分解能图[127];(c)Fe 掺杂 TiO₂(101)吸附 NO 和 H₂O 的结构模型[228];(d)替代或者间隙 C 掺杂 SnS₂催化光 CO₂还原的能级图(单位:eV)[229];TS 表示过渡态;C₅₋ₛ表示一个 S 被 C 取代;Cᵢ表示 C 掺杂在间隙位置

$TiO_2(101)$ 表面的 Fe^{3+} 与 O 是五配位的。当吸附 NO 的时候通过形成 Fe—N—O 实现了六配位。有趣的是，当暴露在痕量的 H_2O 中时吸附的 NO 可以被释放。因为 H_2O 相比 NO 有更强的偶极矩能够与 Fe^{3+} 有更强的配位作用。在光催化剂晶格中掺杂位置不同导致催化性能也将不同[图 5.29(c)][228]。例如，对 SnS_2 进行替代或者间隙 C 掺杂可以促进光催化 CO_2 转化为碳氢化合物反应进程中对 CO_2 的吸附分解。间隙 C 掺杂的 SnS_2 比替代 C 掺杂的 SnS_2 具有更强的吸附性但是也具有更高的分解能垒[图 5.29(d)][229]。Xiong 及其合作者通过 Mo 掺杂成功地在 $W_{18}O_{49}$ 超薄纳米线中引入缺陷，增加了 NRR 活性位点数目。Mo 掺杂之后，$W_{18}O_{49}$ 超薄纳米线中具有更多的配位不饱和金属原子，形成大量的氧空位，可以作为 N_2 吸附活性位点。XPS 光谱和其他光谱技术分别用来揭示 Mo 掺杂之后元素价态变化。结果发现，晶格氧移除之后在晶格中留下了额外的电子，被附近金属原子捕获。因此，氧空位和低价 W^* 物种是同时产生的。Mo^{5+} 掺杂没有产生新的氧缺陷，只是替代了缺陷位点的 W^{5+*} 物种。光催化测试结果发现，Mo 掺杂的 $W_{18}O_{49}$ 相较纯 $W_{18}O_{49}$ 具有更高的光催化 NRR 活性[230]。

3. 其他缺陷

除了空位和掺杂，在半导体表面进行无定型化工程也是缩小能带间隙增强光吸收的一种有效方法[63]。例如，Chen 等报道了具有无定型表面的黑色氢化 TiO_2，相较白色 TiO_2 具有增强的光吸收能力。根据漫反射吸收光谱，黑色 TiO_2 的光吸收约起始于 1.0eV，光学带隙约为 1.54eV。而未修饰的白色 TiO_2 带隙约为 3.30eV。而且，黑色 TiO_2 的价态顶能量向真空能级蓝移了 2.18eV。能带间隙变窄主要是由无定型诱导中间带隙态的形成使价带边上移[图 5.30(a)~(c)][56]。表面晶格无定型诱导的价带边上移对于许多半导体材料是一个常见的特征，可以用来解释黑色 TiO_2、ZnO、In_2O_3 和 Fe_2O_3 等吸光能力的增强[64, 231]。在光催化剂无定型表面形成的局域中间带隙陷阱态同样可以促进电子空穴的分离。将氧原子引入到薄层 $ZnIn_2S_4$ 结构中可以诱导晶体结构发生畸变，从 HRTEM 图中可以观察到间断的晶格条纹[图 5.30(d)]。例如，EXAFS 所示，O 掺杂的薄层 $ZnIn_2S_4$ 中 Zn 的 K 边振荡缺陷与体相 $ZnIn_2S_4$ 不同，证明了结构畸变的存在。O 掺杂薄层 $ZnIn_2S_4$ 不仅调动了更多的电荷载流子参与光催化氧化还原反应，而且促进了光生电子空穴对的分离，从而表现出显著增强的光催化活性[图 5.30(e) 和(f)][140]。当厚度减少至原子层厚时在单层 SnS_2 表面同样观察到了结构畸变。富缺陷的单层 SnS_2 表现出增强的光催化水分解能力，光电流密度达到 $2.75mA/cm^2$，约是体相 SnS_2 光电流密度的 70 倍[232]。

面缺陷如孪晶晶界、异相晶界等同样可以促进电子空穴的分离。异质结结构也可以被定义为一种缺陷，因为我们可以认为两种或者更多组分材料相较其中一种都是"缺陷"。每一组分都对另一组分产生明确影响。异质结结构的形成主要依赖于界面处两组分的能带能量匹配。通过选择合适的材料得到的异质结结构光催化剂不仅可以拓宽对光的吸收范围，还可以加速光生电子空穴的分离，实现高的光催化效率。

通常，七种类型的异质结被广泛用来优化光催化剂，包括 p-p 和 n-n 异质结、p-n 异质结、肖特基结、Z-Scheme 异质结、同质结和晶面结[233, 234]。Chen 等通过热注入的方法成功构筑了一个含有 CdS 纳米晶和单层 MS_2(M=W 或者 Mo)的 p-n 结。利用 MS_2 的超薄

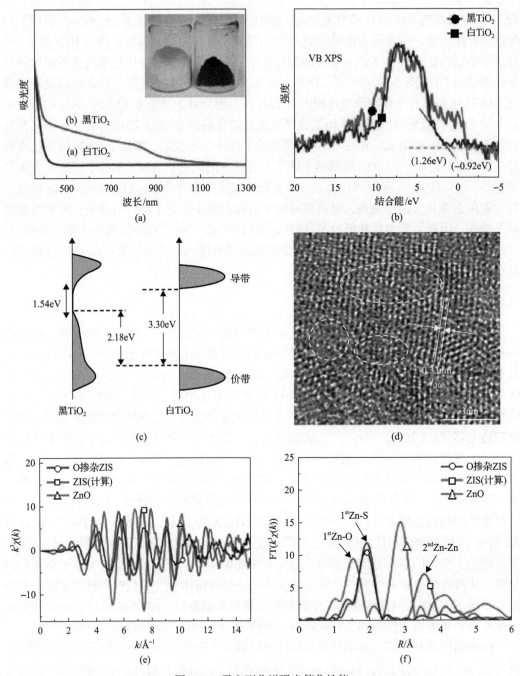

图 5.30　无定型化增强光催化性能

(a) 白色和黑色 TiO₂ 纳米晶的吸收光谱,插图为白色和黑色 TiO₂ 纳米晶的照片;(b) 白色和黑色 TiO₂ 的价带 XPS 谱;(c) TiO₂ 和无定型化黑色 TiO₂ 的态密度分布示意图[56];(d) O 掺杂 ZnIn₂S₄ 的 HRTEM 图;(e) 氧掺杂 ZnIn₂S₄、ZnO 和计算的 ZnIn₂S₄ 的扩展边 EXAFS 振荡函数;(f) 氧掺杂 ZnIn₂S₄、ZnO 和计算的 ZnIn₂S₄ 的傅里叶红外变化[140]

厚度和这两种材料合适的能带位置不仅使 MS₂ 的活性位点更多地暴露,而且形成了 p-n 异质结,更有利于电子从 CdS 转移到单层 MS₂ 的活性中心,从而提高光催化析氢速率

[图 5.31(a)～(c)][235]。Guo 课题组报道了孪晶的 $Cd_{0.5}Zn_{0.5}S$ 纳米棒，沿着[111]和[102]晶向交替产生闪锌矿相(ZB)和纤锌矿相(WZ)这样长程有序的孪晶面。因此，近乎周期紧密排布的一系列 ZB-WZ-ZB 同相界面形成了。考虑到 WB 组分的导带和价带能量水平都比 ZB 组分的高，组分之间形成了 II 型交错带状排列[图 5.31(d)～(f)][236]。此外，孪晶面的大范围分布使得光生电荷载流子有效地分离。作为反相晶界增强电荷转移分离的典型例子，表面暴露有 α-Ga_2O_3 和 β-Ga_2O_3 的 Ga_2O_3 比只单独暴露 α-Ga_2O_3 或 β-Ga_2O_3 的光催化剂表现出更高的催化活性。在这个体系中，α-Ga_2O_3 和 β-Ga_2O_3 形成了相界面，其中 β-Ga_2O_3 的导带和价带电势都比 α-Ga_2O_3 的高。在光照射下光生电子从 α 相转移到 β 相，光生空穴从 β 相转移到 α 相，实现了电子和空穴的空间分离[图 5.31(g)～(i)][237]。Xing 等[238]报道了一种三元 MoS_2/C-ZnO 异质结构复合材料，该复合材料通过先修饰碳层随后光沉积 MoS_2 纳米粒子的方式成功合成。除了增加的比表面积贡献外，高的光催化活性主要归因于电荷载流子的有效分离。负载的碳层和 MoS_2 纳米粒子可以有效地捕获电子，阻碍电荷载流子的复合。由于异质结构中各组分的功能不同，在模拟太阳光和可见光照射下光催化性能最优的样品是不同的。碳层位于这种异质结构复合材料的桥连位置，主要有两个作用：①捕获电子，阻碍电子空穴对的复合；②充当光敏剂的作用，将电子转移到掺杂物种。在模拟太阳光的照射下，ZnO 负责产生电子和空穴，电子顺利迁移到碳层然后转移到 MoS_2 纳米粒子。由于配位不饱和 Mo 原子对 N_2 的化学吸附和活化作用，使光催化 N_2 还原合成氨的速率显著提升。在可见光条件下，由于 ZnO 能带间隙较宽，不能产生电子空穴对，碳层是光生电子的来源。紫外可见漫反射光谱证实了当碳层负载到 ZnO 表面时光吸收边发生红移。适当高的碳浓度有利于电子的生成，提高光催化活性。总之，在模拟太阳光的照射下，第一个机理起主要作用，碳层作为光敏剂的贡献可以忽略。然而，在可见光的照射下，第二种机制主导了负载 ZnO 碳层的电荷转移过程，从而赋予 MoS_2/C-ZnO 体系高的合成氨产率[图 5.31(j)～(k)][238]。

　　光催化半导体纳米晶表面暴露的孔洞或者凹坑可以促进对反应物分子的吸附捕获，同时孔洞的尺寸可以通过阻止反应物的穿透或者大尺寸产物的释放来调控产物的选择性。Liu 等报道了富空洞缺陷的 WO_3 用于室温光催化固氮反应。通过煅烧可以得到含有

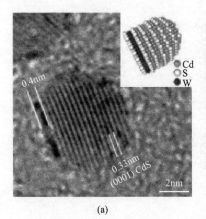

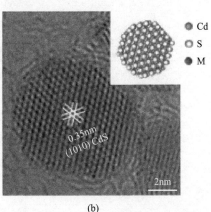

(a)　　　　　　　　　　　　　　　(b)

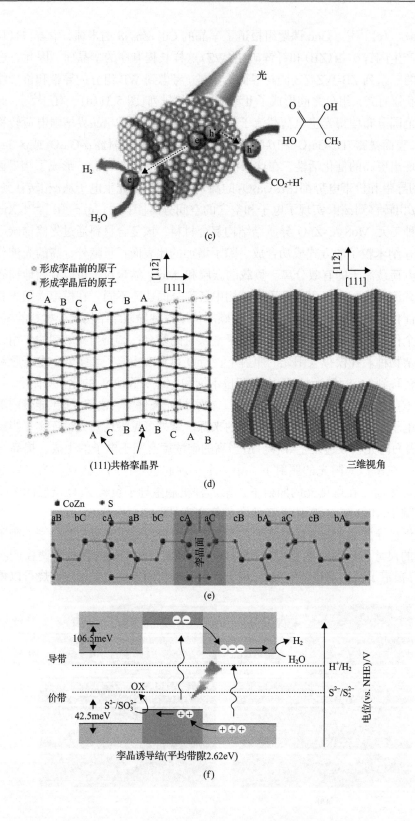

(c)

(d)

(e)

(f)

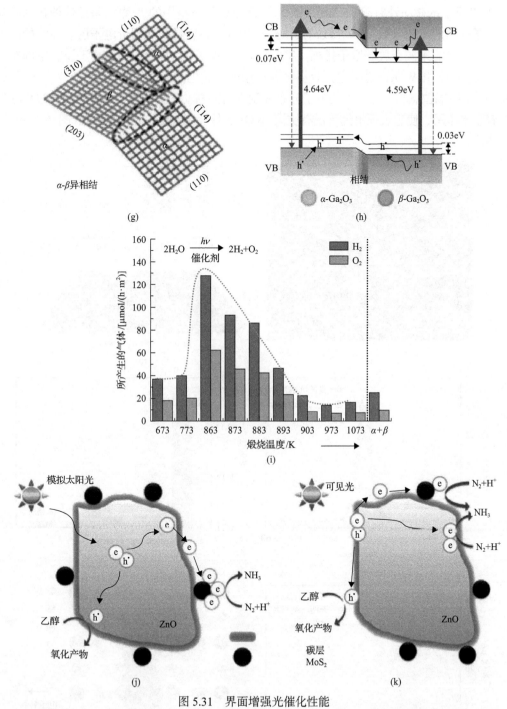

图 5.31　界面增强光催化性能

OX 为氧化物；（a）垂直于 CdS 纳米晶 c 轴方向 WS$_2$-CdS 纳米晶的 HRTEM 图；（b）平行于 CdS 纳米晶 c 轴方向 WS$_2$-CdS 纳米晶的 HRTEM 图；（c）MS$_2$-CdS 纳米晶在乳酸溶液中的光催化过程示意图[235]；（d）孪晶结构模型图；（e）闪锌矿纳米晶中形成 ZB-WZ-ZB 同质结的结构示意图；（f）在 Cd$_{0.5}$Zn$_{0.5}$S 光催化剂中，具有交错能带对齐 ZB-WZ-ZB 同质结上的光生电荷分离机制[236]；（g）Ga$_2$O$_3$ α-β相结构模型图；（h）α-β相结电荷转移示意图；（i）Ga$_2$O$_3$ 样品光催化产氢和析氧性能[237]；（j）MoS$_2$/C-ZnO 在模拟太阳光下光催化 N$_2$ 还原机理图；（k）MoS$_2$/C-ZnO 在可见光下光催化 N$_2$ 还原机理图[238]

几个 W 原子的表面缺陷[图 5.32（a）和（b）]。多普勒展宽谱中的 W 参数是评价催化剂高动量电子行为的重要参数。W 参数越大，高动量电子越容易跃迁到价电子层。独特的电子运动特征可能来源于坑洞原子排列。富空洞缺陷 WO_3 的 W 参数明显高于没有空洞缺陷的 WO_3 和体相 WO_3，说明它更容易将高动量电子从内核层激发到价电子层[图 5.32（c）和（d）]。缺陷位点和诱导产生的电子分布在刺激内部高动量电子参与光催化固氮过程中发挥着重要作用，使它表现出优于没有坑洞 WO_3 和体相 WO_3 的光催化活性[图 5.32（e）～（j）][239]。

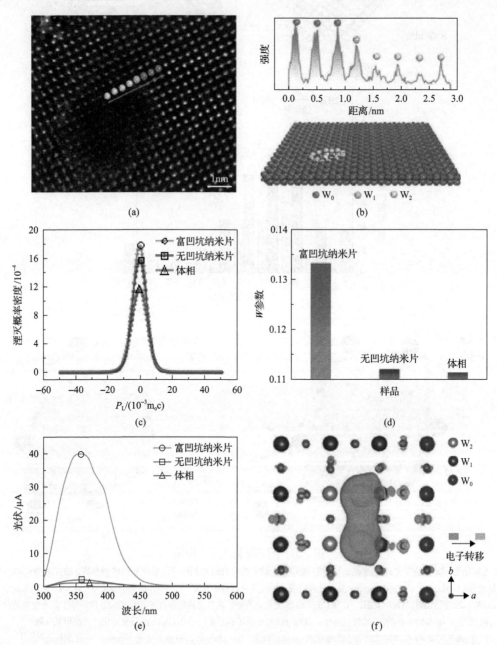

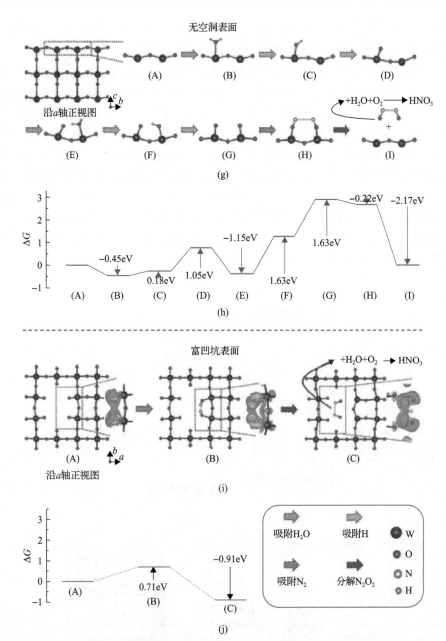

图 5.32　富凹坑 WO_3 光催化性能研究

(a)富凹坑 WO_3 的 HAADF-STEM 图；(b)富凹坑 WO_3 不同位置 W 原子的亮度图及结构模型图；富凹坑 WO_3、没有空洞缺陷 WO_3 和体相 WO_3 的多普勒频谱(c)和 W 参数(d)；(e)表面光电压谱；(f)富凹坑 WO_3 纳米片在凹坑附近的差分电荷分布图；(g)无凹坑 WO_3 活化断裂 N≡N 键合成硝酸根的流程图；(h)无凹坑 WO_3 合成硝酸根不同基元反应的自由能图；(i)凹坑区域悬挂键吸附 N_2 和反应中间体的结构模型，中间的结构模型为亚稳态，因为它能够释放出 N_2O_2；(j)富凹坑 WO_3 活化断裂 N≡N 的能级图[239]

　　事实上，在光催化材料中引入多种缺陷可以协同利用这些缺陷来促进光催化过程中的多个步骤。举一个典型的例子，对 TiO_2 同时构筑氧空位和氮掺杂可以实现可见光吸收和促进电子空穴分离[240, 241]。除了空位和掺杂共同作用，空位和反相晶界的协同作用在

ZnS 光催化剂中也被证实。空位和反相晶界的协同作用使光催化剂相比没有相结点或者充足硫空位的 ZnS 样品表现出增强的可见光驱动活性，具有优异的光催化 H_2 析出性能。位于纤锌矿相的硫空位可以通过局域缺陷态的形成诱导对可见光的响应，作为活性位点捕获电子用于质子还原。同时，具有Ⅱ类型能带结构的闪锌矿-纤锌矿相结点可以通过电势差驱动空穴从纤锌矿的价带转移到闪锌矿的价带。这有效抑制了硫空位能级电子和纤锌矿价态空穴的复合。因此硫空位的电子可以充分用于还原反应生成氢气[图 5.33(a)][242]。Li 研究团队对 Ta_3N_5 薄膜进行 Mg 掺杂实现了低价 Ta^{3+} 缺陷的梯度分布，调控 Mg 的掺杂浓度可以控制 Ta^{3+} 缺陷的分布，降低深能级缺陷态密度，有效抑制深能级缺陷导致的载流子复合。而且，Ta_3N_5 的价带和导带位置随着 Mg 离子掺杂浓度的升高而降低。Mg 离子的梯度掺杂可以使 Ta_3N_5 呈现梯度的能带结构，大大提高光生电荷分离效率。当与 NiCoFe-Bi 这一高效的产氧助催化剂相结合时，Mg 掺杂的 Ta_3N_5 光电转换效率可以达到 3.31%[图 5.33(b)～(f)][243]。

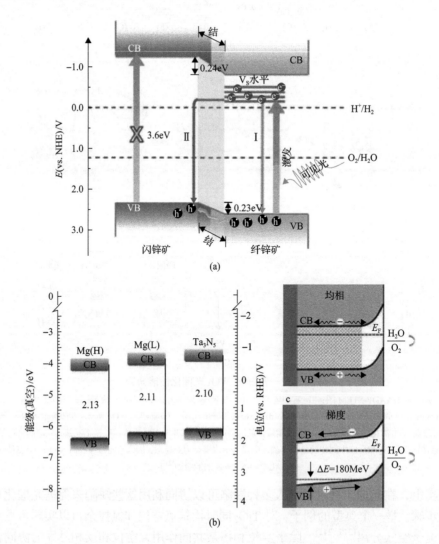

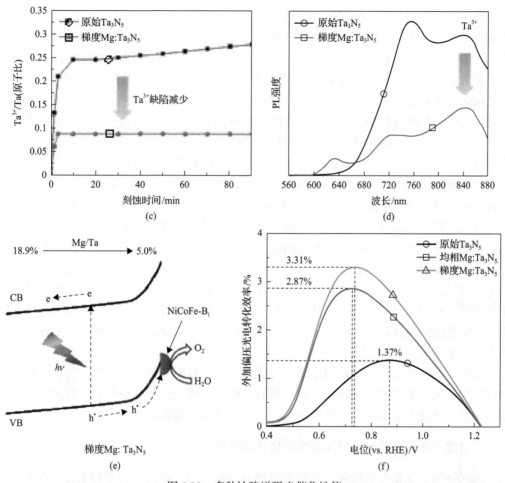

图 5.33　多种缺陷增强光催化性能

(a) 在可见光激发下具有 S-W 相结缺陷 ZnS 的催化机理,Vs 代表硫空位[242];(b) 原始 Ta_3N_5、$Mg(l):Ta_3N_5$ 和 $Mg(h):Ta_3N_5$ 的能带结构图,均相 $Mg:Ta_3N_5$ 和梯度 $Mg:Ta_3N_5$ 的能级结构图;(c) 刻蚀时间对 Ta^{3+}/Ta 原子比的影响;(d) 原始 Ta_3N_5 和梯度 $Mg:Ta_3N_5$ 的荧光光谱;(e) 梯度 Mg 掺杂 Ta_3N_5 薄膜的能带结构;(f) 梯度 Mg 掺杂 Ta_3N_5 薄膜的光电催化性能[243]

　　在光(电)催化中缺陷所起的作用主要包括扩展光吸收范围、加快电荷转移和分离、调控表面催化反应。在电荷动力学的三个步骤中缺陷的功能很大程度上依赖于它们在单组分或多组分光催化剂中的类型、位置和浓度。根据这些功能,人们可以通过控制缺陷构筑来合理地设计出针对各种需求的光(电)催化体系。特别地,光(电)催化系统中的这三个基本步骤可以被一种或者多种缺陷的协同作用同时调节,提高光(电)催化体系的整体效率。缺陷工程在光(电)催化材料中已经有很多开创性的成功实践,取得了一些可喜的成果。但是这些研究在光(电)催化领域仍处于初级阶段,还有许多重大挑战尚未解决。首先,在光(电)催化材料中缺陷的结构需要合理设计。事实上,缺陷位点的引入对于光(电)催化材料活性的影响是一把双刃剑。在很多情况下,一种缺陷可以促进光(电)催化进程的某一步,但是对另一步却起着消极作用。因此需要通过合理的设计来削弱缺陷的不利影响,使它们的优势实现最大化发挥。而且,在光(电)催化过程中不同缺陷的相互作用使缺陷设计复杂化。当材料体系是多组分杂化的光(电)催化剂时，情况会变得更加复杂。不同组分中的缺陷对整个光(电)催化进程起着不同的作用。然而对不同组分缺陷的协同作用却少有研究。其次，缺陷构筑的方法主要针对单组分半导体光(电)催化剂。对于结构复杂的杂化光(电)催化剂，缺陷的构筑更加复杂。理想情况下，在一个组分中构筑缺陷不应对结构中的其他组分产生影响。但是，现在的合成方法很难在如此高的水平上实现缺陷的精确控制。而且，现存的方法只能用来调节缺陷的一个参数如结构、浓度和位置。在光(电)催化材料中同时调控缺陷的多个参数仍是一个富有挑战的任务。只有实现了光(电)催化材料中缺陷的精确控制才能实现缺陷的合理化设计。而且富缺陷光(电)催化剂稳定性并不理想。需要有效可控的方法来合成稳定的富缺陷光(电)催化剂。最后，表征技术落后使缺陷相关的光(电)催化机理研究十分困难。目前已有的表征手段只能在低分辨率下间接地证实光(电)催化材料原子结构中缺陷的形成，但是很难建立光(电)催化反应中催化剂结构与性能之间的构效关系。例如，已有的表征手段很难确定缺陷的空间分布和浓度。而且缺少相关的表征手段量化光(电)催化材料中缺陷的种类，特别是在缺陷没有引起组分和价态变化的情况下。缺陷结构在光(电)催化反应过程中的演变几乎没有研究报道。为了深入认识缺陷对光(电)催化性能的贡献，我们需要在更高空间、更快光谱和更高时间分辨率下进行原位观测。这将为缺陷参与的催化进程描绘一个真实的多维图景。

机遇与挑战并存，期望缺陷设计、合成和表征技术的共同发展能够产生新一代的光(电)催化剂用于更多的能量转化反应。而且，缺陷在光(电)催化中所起的作用可能只是冰山一角，期待着更多缺陷相关的新光(电)催化反应机理被提出。

5.3.3　过渡金属化合物纳米材料在热催化方面的应用

现代化学工业是在利用煤、石油和天然气为动力的多相热催化基础上建立起来的，大规模用于合成 NH_3、烯烃、碳氢化合物和精细化学品等[244]。以非常成功的合成氨工艺为例，反应条件需要高温(400～600℃)、高压(20～40MPa)。这消耗了全球约2%的能量输出，并在反应过程中释放了大量的 CO_2。如此高的能量被用来克服反应决速步骤($N\equiv N$断裂)的能垒(945kJ/mol)。在这一热催化过程中，N_2 分子接收过渡金属催化剂(Fe 和 Ru)价轨道上的电子，填充进入其反键π轨道，削弱了 $N\equiv N$，导致进一步加氢生成 $^*NNH$，最终形成 NH_3[245]。在合成氨和煤-石油工业(费拓合成)过程中，H_2 被认为是加氢反应中的工业血液。水由于拥有最丰富的氢资源，被认为是 H_2 的丰富来源。然而，热分解水产氢是不可能的，因为它需要高达1000℃以上的温度。目前为止，传统催化路线中最成功的产氢工艺是水煤气变换反应($CO+H_2O\Longrightarrow CO_2+H_2$；WGS)，$CO_2$ 是副产物。通过使用贵金属(Au)或 Cu 作为主要催化剂，在金属催化剂表面分解 H_2O 形成 H^* 和 OH^* 物种，OH^* 和 CO 反应形成 CO_2 和 H^*，最后 H-H^* 耦合形成 H_2 并脱附。这一过程产生 H_2，但不可避免地产生了等量的温室气体 CO_2[246]。

大气中高含量 CO_2 存在将对气候变化有着严重影响。为了减少碳排放，人类需要向可再生、非碳基能源过渡。然而当前社会发展仍依赖于原油和石油等化石燃料产生重要化学品，这就导致了不可避免的 CO_2 排放。利用 CO_2 作为原料生产附加值高的化学品、可再生燃料是一个非常具有前途的研究领域。由此可以看出异相热催化反应在人类社会中发挥着重要作用。

热催化反应的高效快速进行需要开发高效稳定的催化剂。催化剂活性组分通常分散在比表面积大的固体载体上如金属氧化物、碳材料或者沸石类材料等。这些载体不仅提供大的催化剂负载量，加快催化反应速率，还可以通过金属-载体相互作用影响催化剂的催化性能。载体材料通常需要在催化反应条件下具有良好的结构和化学稳定性。金属氧化物如 Al_2O_3、SiO_2、MgO、ZrO_2、TiO_2 和 CeO_2 等构成了大多数应用的载体材料[247-250]。它们通过金属-载体相互作用分离和稳定金属纳米颗粒。活性组分的稳定性对催化剂的烧结稳定性至关重要。与载体结合强度较强的纳米粒子通常具有较高的扩散势垒和较慢的烧结速率。已经有文献证明，金属氧化物表面缺陷（氧空位、杂质等）和表面台阶可以作为锚定位点来提高纳米颗粒在高温下抗烧结的能力。Farmer 和 Campbell 通过量热法测量了在载体中金属原子的吸附能。如图 5.34 所示，与 $MgO(100)$ 相比，Ag 原子与负载在还原 $CeO_2(111)$ 面 Ag 纳米颗粒的结合能更强。还原 $CeO_2(111)$ 表面 Ag 纳米颗粒较强的吸附能主要归功于其表面的氧空位[251]。金属和金属氧化物缺陷位点之间强的结合能也被金红石 $TiO_2(110)$ 面氧空位附近成核生长的 Au 簇证实[252]。

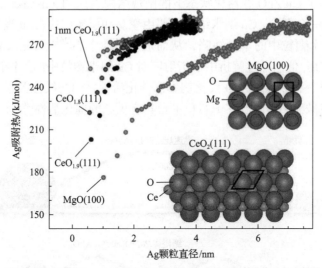

图 5.34　测量的 Ag 吸附热与其加入的 Ag 颗粒直径的关系[251]

鉴于表面缺陷是金属纳米颗粒的锚定位点，可以通过调控载体的表面结构来提高金属颗粒的稳定性。近年来，一些在可还原金属氧化物载体表面产生氧空位的方法已被开发。过渡金属氧化物中的氧空位可以通过引入掺杂剂进行调控，使用更低价态的外源阳离子来替代金属阳离子可以在其表面产生氧空位来保持电中性[253]。Takeguchi 等[254]报道将 Ca^{2+} 和 Ce^{3+} 引入到 ZrO_2 之后，Ni 纳米颗粒与载体之间的相互作用增强，使催化剂对甲烷重整反应具有较高的稳定性。Li 课题组制备了富阳离子缺陷的氢氧化镍 $[Ni(OH)_x]$ 纳米板作为高密度 Pt 单原子催化剂的载体，通过浸渍之后用氢气还原的方法将 Pt 单原子锚定在 $Ni(OH)_x$ 缺陷位点，Pt 含量高达 2.3wt%。通过 DFT 计算表明 Pt 单原子更倾向

于与 Ni^{2+} 空位附近三个顶部的氧原子配位，位于 Ni^{2+} 空位上[255]。这种缺陷工程策略同样可以用来合成 Au_1/TiO_2。首先，将一个完美的 TiO_2 纳米片还原，在其表面产生氧空位，然后在每个空位内仔细地引入并稳定单个孤立的 Au 原子[256]。Datye 研究团队提出了一种典型的自上而下在 CeO_2 上制备 Pt 单原子的原子捕获策略。他们将 Pt NP/Al_2O_3 和富缺陷 CeO_2 进行物理混合，然后在 800℃下进行煅烧。有趣的是，在这一过程中 Al_2O_3 上的 Pt 纳米颗粒并没有团聚形成更大的纳米晶而是转移到 CeO_2 表面形成 Pt 单原子。Datye 研究团队将从纳米颗粒到单原子这不同寻常的转化过程归因于挥发性 PtO_2 的形成，它能够通过气相迁移然后被 CeO_2 表面缺陷位捕获稳定。他们进一步证明，具有丰富台阶和缺陷位点的 CeO_2 纳米棒和多面体比表面缺陷较少的 CeO_2 纳米管能够更有效地捕获 Pt 原子。这充分证明了缺陷在高温下捕获和稳定 Pt 单原子方面发挥了重要作用(图 5.35)[257]。甲醇是一种重要的化学品，2017 年全球产量约为 7000 万 t。甲醇是由合成气(H_2、CO 和 CO_2 的混合气)在 Cu/ZnO/Al_2O_3 催化剂表面催化转化而成的[258]。研究者投入了大量的精力来研究这个多组分催化剂的活性位点。具有较高比表面积和较好热稳定性的 Al_2O_3 被用作结构促进剂。虽然 Cu 本身对甲醇合成具有催化活性，但是 ZnO 纳米粒子的加入使其催化活性得到显著的提高。这一发现引起了研究者对 ZnO 作用的深入研究[259, 260]。借助 TEM 分析揭示了 Cu/ZnO 在活化状态下的微观结构表征。Trunschke 课题组发现 Cu 表面被 ZnO 部分或完全覆盖。Cu 纳米结构主要由孪晶和层错组成。Cu 表面覆盖的 ZnO 层可以稳定 Cu 纳米颗粒中的平面缺陷，从而形成活性中心[261]。Behrens 等详细研究了 Cu/ZnO 的协同作用。他们通过解析中子衍射图对 Cu 纳米颗粒中的层错浓度进行了量化，建立了层错密度和一系列 Cu/ZnO 催化剂本征催化活性之间的线性关系。通过 DFT 计算发现层错衍生台阶处的 Cu 相比 Cu(111)平台具有更高的催化活性[262]。

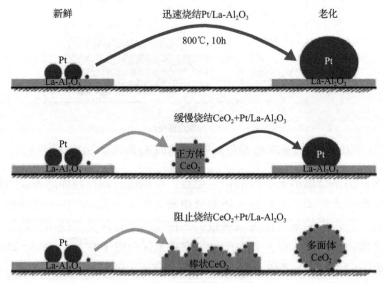

图 5.35　纳米铂颗粒烧结示意图，展示了 CeO_2 如何捕获流动 Pt 以抑制烧结。正方体 CeO_2 效果似乎不如棒状或多面体 CeO_2[257]

1. 有氧氧化反应

这一部分主要讨论两大类有氧氧化反应：CO 氧化和有机物有氧氧化反应。

1）CO 氧化

CO 氧化反应是汽车尾气排放控制中的重要反应。CO 氧化反应也可以用来纯化 H_2 直接用于质子膜燃料电池，还可以优先优化在水汽转换反应中产生的 CO。在 20 世纪 80 年代，Haruta 等报道了将超小 Au 纳米颗粒（约 3nm）负载在金属氧化物载体上能够作为该反应的有效催化剂，这极大促进了贵金属纳米颗粒的催化研究。至今，该反应成为评价贵金属纳米粒子催化性能的一种模型反应。

Wang 团队通过在 TiO_2 表面构筑氧空位来锚定单个 Au 原子。TiO_2 纳米片表面缺陷通过形成 Ti-Au-Ti 结构能够有效地稳定 Au 单原子，而且 Ti-Au-Ti 结构可以通过降低反应能垒、减缓单个 Au 位点的竞争吸附来提升催化活性[256]。$Au@CeO_2$ 核壳纳米颗粒能够有效地催化 CO 氧化。在 CeO_2 壳层，—Ce^{4+}—O—能够被 CO 还原产生氧空位。这些氧空位和 O_2 反应生成表面氧原子。通过这种方法 O_2 分子能够在空位位点被分解，促进 $Au@CeO_2$ 核壳纳米颗粒的 CO 氧化活性[263]。Brune 课题组将 Pt_7 簇沉积在 TiO_2(110) 面。将 TiO_2 进行不同程度的还原分别制得低程度还原 TiO_2(LR-TiO_2) 和高程度还原 TiO_2(HR-TiO_2)。这两种 TiO_2(110) 表面有不同浓度的氧空位。将样品从 300～600K 退火时用 CO 和 O_2 脉冲进行催化测量发现，Pt 团簇负载在 LR-TiO_2 时的最大 CO_2 产量比负载在 HR-TiO_2 时高出 2 个数量级。Pt/HR-TiO_2 催化剂表面 CO_2 猝灭主要是由于 Pt 团簇吸附的 O_2 溢流到载体，然后和 Ti^{3+} 位点反应被消耗，这一过程比 CO 氧化更要迅速（图 5.36）[264]。

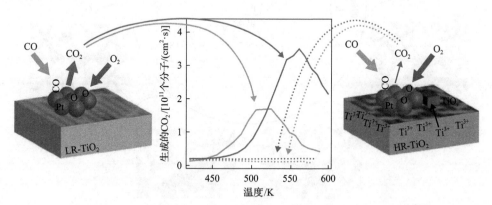

图 5.36　Pt_7/LR-TiO_2 和 Pt_7/HR-TiO_2 催化 CO 氧化生成 CO_2 含量曲线[264]

Zhang 团队通过共沉积的方法将单原子 Pt 负载在 FeO_x(Pt_1/FeO_x) 上，并将其用来催化 CO 氧化。经过催化测试发现 Pt_1/FeO_x 比负载有 Pt 簇和 Pt 颗粒的 FeO_x 催化剂（Pt/FeO_x）具有更快的反应速率和更高的转换频率。通过 DFT 计算发现 O_2 被 FeO_x 载体上 Pt 原子附近的氧空位激活。正电荷的 Pt 原子具有部分空 5d 轨道比 Pt 团簇更容易吸附活化 CO，从而使单原子 Pt 表现出更高的 CO 氧化活性（图 5.37）[265]。Li 等通过共沉淀的方法成功合成了 Sn 掺杂的 Co_3O_4 纳米棒用于 CO 氧化。Sn 掺杂的 Co_3O_4 纳米棒相比原始 Co_3O_4 纳米棒表现出显著增强的催化活性和优异的稳定性。表征结果和动力学分析数据证明纳米棒状的形貌和 Sn 掺杂能够使 Co^{3+} 催化活性位点得到充分暴露。同时，使用 Sn^{4+} 部分替代 Co^{2+} 可以有效调控 Co_3O_4 的几何和电子结构，增强对 O_2 的活化，弱化催化剂表面对 CO 的吸附。Luo 课题组通过溶胶-凝胶法制备了 $Ce_{0.9}Pr_{0.1}O_{2-\delta}$、$Ce_{0.95}Cu_{0.05}O_{2-\delta}$、$Ce_{0.9}Pr_{0.05}Cu_{0.05}O_{2-\delta}$ 和纯 CeO_2。通过 XRD 证实了 Ce-Pr-O 固溶体的形成。Raman 结果证明了与 $Ce_{0.95}Cu_{0.05}O_{2-\delta}$ 和纯 CeO_2 相比，Pr 掺杂样品具有更高浓度的氧空位。原位 Raman 光谱测定了 $Ce_{0.9}Pr_{0.1}O_{2-\delta}$ 和 $Ce_{0.9}Pr_{0.05}Cu_{0.05}O_{2-\delta}$ 的表面化学态，结果表明尽管在反应混合气体中有还原性气体 CO，但是这两种混合氧化物的表面都非常接近氧化态。对催化剂进行 CO 氧化测试发现，增强的反应活性与催化剂中较高浓度的氧空位和化学吸附的 CO 密切相关。这是由于氧空位为 O_2 活化提供了反应位点，Cu^+ 为 CO 提供了吸附位点[266]。

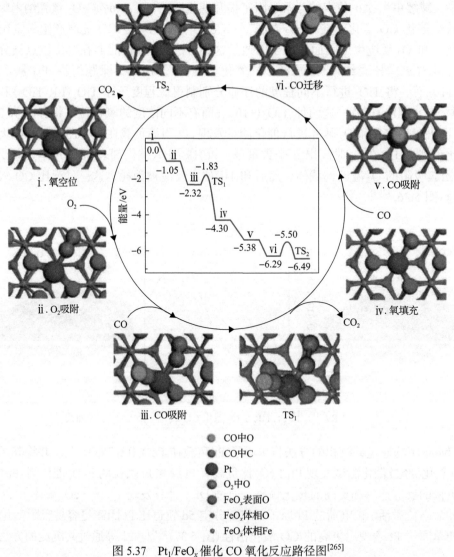

图 5.37 Pt_1/FeO_x 催化 CO 氧化反应路径图[265]

2) 有机物有氧氧化反应

催化有机物氧化选择性地生成功能化学品一直是一项历史悠久的重要工业过程。与昂贵有毒的氧化剂相比，O_2 分子作为氧化剂不仅价格便宜而且环境友好，在发展绿色化学过程方面很有吸引力。

甲烷氧化转化为 C_{2+} 碳氢化合物，特别是低碳烯烃(乙烯和丙烯)是一个极具挑战的反应。低碳烯烃是非常重要的基本有机化学品，在当前的化学工业中主要是通过石脑油蒸汽裂解产生[267]。甲烷氧化的第一步是 CH_4 在催化剂表面被激活形成甲基自由基。然后 CH_4 和 O_2 与甲基自由基进行反应[268, 269]。有文献报道高性能的 CH_4 氧化催化剂主要是 Mg 和 La 的氧化物。掺杂碱或碱土金属离子或者盐可以增加宿主氧化物的选择性，而且一些过渡金属掺杂剂如 Mn 和 W 对催化活性也有积极作用[270]。催化剂中氯离子的存在同样也可能对催化性能发挥积极作用。例如，对氯掺杂的钙钛矿类型氧化物($Ba_{0.5}Sr_{0.5}$ $Fe_{0.2}Co_{0.8}O_{3-\delta}Cl_{0.04}$)进行研究发现，它能以 N_2O 为氧化剂有效地氧化耦合甲烷。氯修饰可以有效增加选择性，在 1123K 时 C_2 的选择性可达约 46%，CH_4 转化率达约 66%，C_2 产量约为 30%，同时 C_2H_4/C_2H_6(物质的量比)的比例为 2.6。虽然在如此高的温度下长时间运行催化剂可能会发生氯损失，但是催化剂的性能能够保持大约 6h 稳定[271]。Hao 课题组通过简单的自氧化还原方法制备了富缺陷 Co-Mn 二元金属氧化物用于丙烷氧化。富缺陷、无定型的 $Co_1Mn_3O_x$ 催化剂表现出优异的催化活性和良好的稳定性。有意思的是，无定型 $Co_1Mn_3O_x$ 催化剂具有丰富的氧空位，可以显著提高低温还原性，弱化 Mn—O 键强度，促进表面晶格氧的迁移，能够增强催化剂表面对 C—H 的活化，深度催化甲烷氧化[272]。Wang 研究团队使用暴露(100)晶面的 CeO_2 纳米立方体负载 VO_x 催化剂来催化甲醇氧化。借助 TEM、SEM、XRD 和拉曼表征发现在不改变暴露晶面的情况下，可以通过控制 CeO_2 载体的尺寸来调控催化剂表面氧空位的含量。颗粒尺寸越小，氧空位密度越高。在相同 V 负载量的情况下，负载在小尺寸、高氧空位含量 CeO_2 载体上的 VO_x 表现出增强的氧化还原特性和较低的甲氧基分解活化能。这些结果充分证明了氧空位在提升 VO_x^* 物种在甲醇氧化活性中发挥了重要作用(图 5.38)[139]。

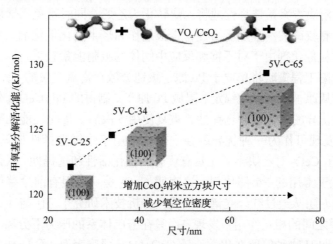

图 5.38　不同尺寸 CeO_2 负载 VO_x 催化剂的甲氧基分解活化能[139]

甲烷是一种重要的清洁能源和化工原料，在使用过程中会有少量未被转化的甲烷逃逸出来。环境中低浓度甲烷气体难以二次利用，并且脱除困难，会造成严重的环境污染问题。催化燃烧是消除低浓度甲烷的一种有效方法，其中钯催化剂对甲烷催化燃烧反应具有优异的催化活性，但钯金属价格昂贵，且在实际使用过程中经常面临高湿反应气体以及高温反应条件，导致钯纳米颗粒容易烧结失活，催化剂性能和寿命降低。因此开发具有低负载量、高分散性、高活性和水热稳定性的催化甲烷燃烧钯催化剂极具挑战。

针对上述问题，中国科学技术大学李文志教授课题组设计了一种富含表面缺陷的 Pd/Al$_2$O$_3$-CeO$_2$ 钯催化剂。通过对 γ-Al$_2$O$_3$ 还原活化使其表面产生配位不饱和的 Al^{3+}penta 位点，然后通过连续浸渍的方法把 CeO$_2$ 和 Pd 负载到其表面，经煅烧后得到 Pd/RAl$_2$O$_3$-CeO$_2$ 催化剂。研究发现，这种表面改性策略通过重构载体表面环境，引入配位不饱和的 Al^{3+}penta 位点可以有效地提高催化剂表面 Ce^{3+} 浓度。表面缺陷(Ce^{3+})的增加可以显著减小钯颗粒大小，提高表面钯物种的利用率，同时增强表面活性氧的浓度，对催化甲烷燃烧具有显著的促进作用。在 60000mL/(g·h) 的空速下，负载量为 1%(质量分数)的 Pd/RAl$_2$O$_3$-CeO$_2$ 催化剂在 328℃时的甲烷转化率达到 90%。此外，由于该催化剂表面强烈的金属载体相互作用，在高温(600℃)和 5%水蒸气存在的条件下，仍然能够保持优异的催化活性和稳定性。研究者采用原位红外光谱探讨了在该催化剂表面甲烷氧化反应可能的反应机理，观察到反应过程中在 Pd/RAl$_2$O$_3$-CeO$_2$ 催化剂表面所生成的关键中间产物(碳酸盐和其他碳氧化合物)更容易分解为最终产物 CO$_2$。原因是表面缺陷(Ce^{3+})对钯原子起到锚定分散的作用，可以释放更多的活性位点，促进甲烷燃烧催化性能[273]。

2. 加氢反应

加氢反应主要有炔烃、芳硝基化合物和 CO$_2$ 加氢等反应。

1)炔烃选择性加氢

炔烃选择性加氢制备相应的烯烃引起了工业界和学术界极大的研究兴趣。例如，乙烯产物中 0.6%～2%(体积分数)的乙炔杂质可能对催化剂和聚合产物产生有害影响。因此，一个理想的解决方案是选择性地将乙炔转化为乙烯，同时避免乙烯被过度加氢。Pd 基催化剂由于具有较高的本征加氢活性，常被用作烯烃半氢化催化剂。然而未经修饰的负载 Pd 纳米颗粒催化剂由于对不饱和反应中间体的吸附能量较强，通常催化选择性较差。Li 等通过缺陷工程策略将单原子 Pd 原子级地分散在富氧空位的 CeO$_2$ 纳米棒上。氧空位的引入能够从原子水平有效锚定、限域 Pd 原子。制得的 Pd$_1$/CeO$_{2-x}$ 催化剂对苯乙烯加氢反应表现出优异的转化率和选择性，重复使用 5 次后，催化性能几乎没有衰减[274]。最近，CeO$_2$ 被发现可作为一种优异的独立催化剂用于炔烃选择性加氢制烯烃。Perez-Ramirez 等证明了 CeO$_2$ 对乙炔半氢化具有优异的催化活性和选择性。据报道，CeO$_2$ 载体催化活性甚至优于常用的 Pd 催化剂，这表明 CeO$_2$ 是一种很有前途替代贵金属的催化剂[275,276]。Freund 团队通过红外光谱和核反应分析技术研究了 H$_2$ 与 CeO$_2$(111)和还原 CeO$_{2-x}$(111)薄膜之间的相互作用，发现 H$_2$ 只在毫巴体系的压力下分离。核反应分析的氢深度剖面图表明 H 物种停留在化学计量 CeO$_2$(111)薄膜表面，而 H*作为挥发性物种可

以进入部分还原 CeO_{2-x}(111)薄膜的体相。进一步地 DFT 计算结果表明,氧空位能够促进 H^* 渗入催化剂表面以下,对稳定体相还原 Ce 中的 H^* 物种起到了重要作用(图 5.39)[277]。

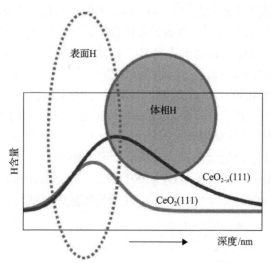

图 5.39　CeO_2(111)和 CeO_{2-x}(111)催化剂氢深度曲线[275]

Datye 研究团队根据 DFT 计算提出了 CeO_2 催化炔烃加氢机制,主要涉及 CeO_2(111) 氧空位处 H_2 的异质分解,由 O 和 Ce 空位组成的路易斯酸碱对促进氢气分解。OH^* 和 CeO^* 物种能够有效地催化乙炔加氢,同时避免 $C_2H_3^*$ 反应中间体的过度稳定。根据提出的机理, Datye 等通过 Ni 掺杂在 CeO_2 催化剂表面引入氧空位。有趣的是,Ni 并不直接参与催化反应,但 Ni 掺杂可以降低反应决速步骤的能垒[278]。除了 CeO_2,In_2O_3 和 FeO_x 近来也被报道能够选择性地催化炔烃半氢化。使用 In_2O_3 作催化剂时氧空位在催化剂活化过程中起着关键作用[280, 281]。

2)芳硝基化合物选择性加氢

功能化硝基芳烃选择性加氢生成相应的苯胺是一个重要的工业过程,因为苯胺是生产精细化学品如药物、染料和颜料的必要中间体。目前,官能化苯胺的商业生产主要依赖于使用化学计量还原剂如连二亚硫酸钠等。然而,这种过程存在严重的环境污染问题,选择性较差。因此,发展更高效、更环保、选择性更高的苯胺生产工艺至关重要。使用高压氢气和负载的贵金属如 Pt 等作催化剂催化硝基芳烃加氢也是一个不错的选择。但是对硝基基团而不是其他的官能团(如—OH、—Cl、—C=O、—C=C)选择性地加氢仍具有很大挑战[281, 282]。Corma 等报道了以 Au/TiO_2 为催化剂能够较好地选择性催化加氢,对 3-硝基苯烯、4-硝基苯甲醛、4-硝基苯腈和 4-硝基苯胺中硝基基团的加氢选择性超过 95%。他们将这种高选择性归因于催化剂中金属/载体界面能够有效地优先吸附、活化 —NO_2[283, 284]。然而 Au 价格昂贵、储量有限,这也促使着众多科研工作者寻找开发储量丰富、高活性、高稳定性和高选择性的催化剂。近几十年来用于硝基芳烃加氢非贵金属催化剂的研究取得了较大进展,如 Beller 课题组报道了过渡金属如 Fe、Co、Ni 等能够有效地、选择性地实现硝基芳烃加氢[285, 286]。

　　缺陷工程能够增强缺陷位点与金属 d 轨道之间的电子转移,进一步调控 H_2 的活化分解。富氧缺陷的金属氧化物如 Au/TiO_2 能够较容易地吸附硝基芳烃。因此它们可以作为硝基芳烃选择性加氢的高效催化剂[287]。以 WO_x 为例,它是具有非化学计量性质的最具吸引力的还原金属氧化物之一,可以为芳硝基化合物的吸附和 H_2 的解离提供活性位点[288]。Zou 课题组报道氧空位的存在有助于活化 H_2。因此,调控氧空位能够使得惰性氧化物成为活泼的加氢催化剂[图 5.40(a)]。有趣的是,初始反应速率与表面 O/W 比(个数比)呈线性相关,相关系数为 0.997,比率越低,反应进行得越快[图 5.40(b)]。$WO_{2.72}$ 作为一种富含大量氧空位的氧化物,具有稳定的晶相(并不是表面还原的 WO_3)。它对取代苯胺加氢具有 100% 的选择性,并保持其他官能团如—Cl、甲酰基和羧基等不受影响。$WO_{2.72}$ 高的催化选择性归因于不同的吸附模式。$WO_{2.72}$ 可以捕获—NO_2 中的氧原子填充氧空位。更重要的是,硝基基团垂直吸附在 $WO_{2.72}$(001) 表面,其他基团远离催化剂表面,避免被进一步活化加氢[图 5.40(c)]。此外,$WO_{2.72}$ 在循环实验中表现出非常稳定的转化率和选

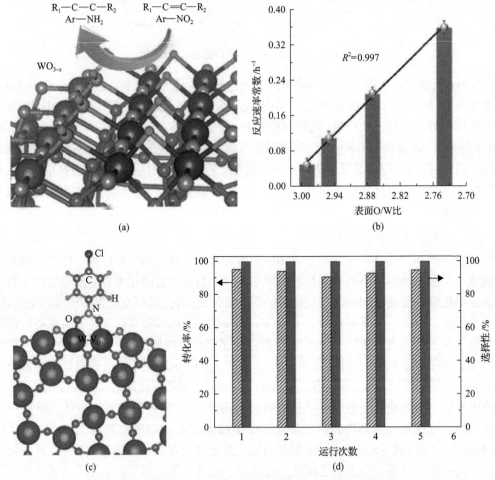

图 5.40　富氧空位 $WO_{2.72}$ 作为高效加氢催化剂(扫码见彩图)

(a) $WO_{2.72}$ 催化取代苯胺加氢示意图;(b) 表面氧空位浓度与初始反应速率间的线性关系;(c) $WO_{2.72}$ 对对硝基氯苯吸附的优化结构模型;(d) $WO_{2.72}$ 对对硝基氯苯加氢五次循环的性能[290]

择性，表明所占据的氧空位可以在催化循环中完全回收 [图 5.40(d)] [289]。Schaak 课题组制备了独立支撑的、含有少层纳米片的 WS_2 纳米结构，可以在其他可还原官能团存在的情况下，广泛地催化取代硝基芳烃选择性加氢转化为相应的苯胺衍生物。微观表征和理论计算揭示了基面硫空位和端基钨位点的重要作用，它们在纳米尺寸的二维材料中比在其体相材料中含量更丰富，从而实现了官能团的选择性加氢。在钨端边缘和具有高浓度硫空位的基面区域，硝基芳烃更容易被垂直吸附，由于几何效应从而促进氢完全转移到硝基基团。在基面较低浓度硫空位的存在下，硝基芳烃倾向于平行吸附，由于较低的动力学能垒硝基被选择性氢化 [290]。

此外，Zou 课题组报道氧化铁也可用作硝基芳烃加氢催化剂。测试发现 γ-Fe_2O_3、α-Fe_2O_3 和 FeO (具有相似的结构和比表面积)均表现出明显但有限的活性，但在第二次运行时使用过的催化剂，特别是 γ-Fe_2O_3，活性增加。经过表征发现 Fe_2O_3 表面被部分还原产生了很多氧空位导致了加氢活性增强。最后 Fe_3O_4 在催化硝基芳烃氢化生成苯胺的反应中表现出明显高于 Fe_2O_3 和 FeO 的催化活性，选择性高达 100% [291]。

3) CO_2 选择性加氢

CO_2 是温室气体的主要组成部分，有利有弊。CO_2 和其他温室气体的存在可以为地球上的生物创造一个温暖环境。然而化石燃料过度燃烧使 CO_2 浓度持续上升，导致世界气候发生实质性且可能是不可逆转的变化。CO_2 排放量近 60 年来增长速度越来越快，CO_2 的捕获、利用、存储已成为全球关注的研究热点。CO_2 热力学和动力学稳定性高，如果 CO_2 被用作单一反应物，需要消耗巨大能量，然而，如果引入另一种具有较高吉布斯自由能的物质如 H_2 则反应将会在热力学上变得更容易。因此 CO_2 加氢生成附加值更高的产物如含氧有机物(醇和二甲醚)和碳氢化合物(烯烃、液态烃和芳烃)是利用 CO_2 中丰富碳源的理想方式之一。

使用 Cu 基催化剂通过热催化将 CO_2 转化为甲醇被广泛研究。理论计算发现 Cu 基催化剂中存在的缺陷对 CO_2 加氢合成甲醇具有显著影响。在 Cu(211) 台阶和弯折表面上 CO_2 加氢形成 $HCOO^*$ 和 $COOH^*$ 反应中间体的能垒明显低于 Cu(111) 平台表面。在 Cu(211) 台阶表面 $HCOO^*$ 和 $COOH^*$ 反应中间体的形成是互相竞争的。而 Cu(211) 弯折表面更有利于 $HCOO^*$ 的形成。特别是，当单个 Zn 原子替代 Cu(211) 台阶表面的 Cu 原子时，甲醇合成的活性被显著提高。这主要是由于 Zn 修饰表面能够增强对 $HCOO^*$ 等含氧中间体的结合能，更有利于 $HCOO^*$ 的形成(图 5.41) [292]。

Cu 纳米颗粒中的缺陷和晶格应变同样影响着 Cu 表面的本征活性。Behrens 等 [262] 通过研究 Cu-ZnO-Al_2O_3 催化剂体系中缺陷的作用发现 Cu 表面台阶位点的存在对实现高催化活性至关重要。高活泼性的 Cu 表面可以通过大量体缺陷如位错或孪晶晶界等稳定存在。在 Cu 台阶表面 $Zn^{\delta+}$ 的存在可以诱导强金属-载体相互作用的产生，增强对含氧中间体的结合能，提升催化活性 [262]。Gogate 使用 HRTEM/EDX/X 射线微结构分析技术研究了 Cu/ZnO 甲醇合成催化剂的活性位点，较高的 CO_2 转化率和甲醇选择性可以通过 Cu-Zn 纳米组装体中活性位点独特的纳米特征来实现，表征结果表明高的催化活性主要来源于在单个微晶畴中存在大量不协调的 Cu 原子，包括台阶、边缘、不连续位点、平面晶界

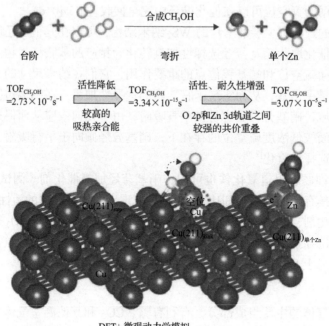

图 5.41　Cu 不同缺陷位点催化 CO$_2$ 加氢[293]

等[293]。Sheng 和 Zeng 报道了一系列过渡金属如 Mn、Fe、Co、Ni 和 Zn 等掺杂的 Cu 催化剂，负载在管状硅酸盐载体上。在这些催化剂中 Zn 掺杂的 CuSiNT 被用于 CO$_2$ 加氢合成 CH$_3$OH，经过催化测试发现 Zn$_{34}$-CuSiNT 比未掺杂 CuSiNT 表现出更高的 CO$_2$ 转化率和 CH$_3$OH 选择性，提升的催化活性主要归因于 Cu 颗粒与管状硅酸盐载体之间较强的金属-界面相互作用；在 Zn$_{34}$-CuSiNT 中掺杂 Ni 可以进一步提高 CH$_3$OH 的选择性，由此推测 Ni 掺杂可以在 Cu 表面形成一个致密的氧化层，在反应过程中使表面 Cu* 物种免受氧化[294]。Malik 等用 CeO$_2$ 载体负载 Pd-Zn 催化剂用于 CO$_2$ 加氢反应，在 493K 取得了 100% 的 CH$_3$OH 选择性和 7.7% 的 CO$_2$ 转化率，检测到的 Ce^{3+} 证明了催化剂表面氧空位的产生更有利于吸附分解 CO$_2$[295]。Chen 及其研究团队借助原位 DRIFT 光谱技术研究了富缺陷 SrTiO$_3$ 负载 Rh 簇（HT-2-R）具有显著 CO 选择性的原因，在 573K 将 CO$_2$ 和 H$_2$ 的混合气引入到 HT-2-R 能够形成吸附的羧酸盐类（CO$_2^{\delta-*}$）、甲酸盐类（CO$_2^*$）和碳酸氢盐类（HCO$_3^{-*}$），之后将反应气体换成只有 H$_2$ 时，这些吸附物能够被有效地消耗，说明这些吸附物是 CO$_2$ 转换的活性中间体；与此相反的是，当将 CO$_2$ 和 H$_2$ 引入到缺陷含量较少 SrTiO$_3$ 负载的 Rh 纳米颗粒（Rh/SrTiO$_3$）时，形成的吸附物种有 HCO$_3^{-*}$ 和 CO$_3^{2-*}$，将这些反应物切换到唯一的 H$_2$ 中时，对这些物种的影响微乎其微；同时，值得注意的是，在通入 H$_2$ 的过程中 CO 在 Rh 团簇上比在 Rh 颗粒上更容易脱附。因此，富缺陷 SrTiO$_3$ 上有效的 CO$_2$ 活化和 Rh 团簇上弱的 CO 结合强度共同决定了 HT-2-R 在 CO$_2$ 加氢中高的 CO 选择性（图 5.42）[296]。

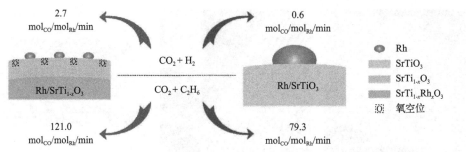

图 5.42　富缺陷 $SrTiO_3$ 负载 Rh 簇用于 CO_2 加氢反应[296]（扫码见彩图）

CO_2 加氢反应的可逆反应，水煤气变换反应（$CO + H_2O \longrightarrow CO_2 + H_2$），作为化工中的基本反应，不仅可用于产氢，还可以调节合成气的比例（CO、CO_2 和 H_2）。此外，低温水煤气变换反应被认为是去除进料流中有害 CO 气体的必要步骤，从而使纯化的 H_2 可用于质子交换膜燃料电池。由于水煤气变换反应的重要性，研究工作者需要寻找高效的催化系统，并深入了解反应机制。Chen 等[297]系统地从原子水平研究了 CeO_2 负载 Cu 簇的结构性质，证明了 Cu-CeO_2 界面周长在低温水煤气变换反应中的基本作用；HAADF-STEM 图像清楚地表明在 CeO_2 纳米棒表面锚定有双层厚度和约 1nm 宽的 Cu 团簇，光谱结果进一步表明，Cu 团簇的底层处于正电荷状态，和 CeO_2 中的氧空位形成 Cu^+-V_O-Ce^{3+}，然而 Cu 簇的上层主要是金属态，在 H_2 中从 473K 到 773K 还原得到的不同 Cu/CeO_2 催化剂的反应速率逐渐降低，这与 Cu-CeO_2 界面的周长长度减少是一致的。上述观察成功证实了 Cu 双层团簇和 CeO_2 之间的周界位点是水煤气变换的活性位点，其中活性 CO 被吸附在 Cu^+ 位点上，H_2O 分解发生在相邻的 V_O-Ce^{3+} 位点（图 5.43）。

华南理工大学陈礼敏课题组报道了在不同气氛中预处理的锐钛矿 TiO_2(001) 纳米片负载 Pt 催化剂催化逆水煤气变换反应（RWGS），该催化剂表现出优越的催化性能。研究表明 TiO_2 载体的氢化和 N 掺杂都会产生表面和体相缺陷。表面氧空位和掺杂的 N^* 物种增强了负载过程中 Pt^* 物种的分散，并且负载的 Pt^* 物种和金属载体强相互作用（SMSI）促进了 TiO_2 载体的还原，从而在 H_2 活化过程中产生更多的表面氧空位和缺陷。此外，更多的电子从 TiO_2 转移到 N 掺杂催化剂表面 Pt^* 物种，导致 Pt 和 N 掺杂载体之间的 SMSI 效应更显著。而在 RWGS 反应过程中，表面缺陷吸附 CO_2 形成活性中间体，容易分解为 CO，而表面 Pt 颗粒激活 H_2 并使 H_2 溢出以补充表面和体相缺陷。与氢化相比，N 掺杂的 TiO_2 具有更稳定的 Ti^{3+}，在还原气氛中倾向于迁移到表面以填补消耗的表面缺陷，从而提高催化性能。这种新型的 RWGS 反应路线使 Pt/N-TiO_2 催化剂具有优异的催化性能。通过全面、系统研究载体缺陷对 SMSI 调节、SMSI 对缺陷再生和迁移的影响及它们各自对催化性能的影响，新颖的 RWGS 反应路线被提升[298]。

甲烷干重整（DRM）反应利用温室气体 CH_4 和 CO_2 作为反应原料，能够减少全球温室效应。天津大学王胜平团队报道了一系列 V 掺杂层状双金属氢氧化物衍生的 Ni_x-V-MgAl 催化剂，并将其用于 DRM 反应。在 Ni 位点和 MgAl 混合氧化物中都有 V 的掺入，随着 V 助催化剂量的增加，催化剂的活性也逐步增加，并在 Ni/V（物质的量比）=10 时最佳。V 的掺入改善了 Ni 位点的分散度，降低其颗粒尺寸，并增加了其电子云密度。V 增强

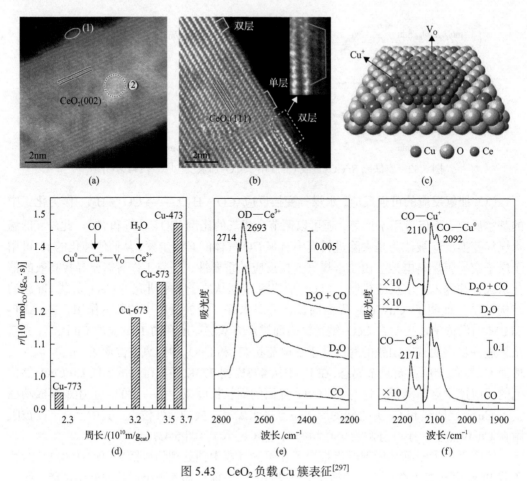

图 5.43　CeO₂负载 Cu 簇表征[297]

(a),(b)CeO₂负载 Cu 簇的 HAADF-STEM 图像,在图中突出显示了 Cu 簇的存在和原子结构;(c)CeO₂负载双层 Cu 簇的原子结构图;(d)WGS 反应速率(r)与不同 Cu-CeO₂界面周长的关系图;(e),(f)Cu 簇暴露在不同条件下的两个红外光谱图

了 Ni 表面的 CH_4 吸附和活化能力。CH_4 吸附能从在纯 Ni(111)上的$-26.46kJ/mol$,降到 $V_{0.5}Ni(111)$上的$-41.35kJ/mol$,CH_4 裂解为 CH_3^* 和 H^* 物种的活化能从 $72.1kJ/mol$ 变为 $37.1kJ/mol$。同时,Ni_{10}-V-MgAl 催化剂增强了 CO_2 的活化能力,抑制了 DRM 反应过程中积碳的产生[299]。Deng 团队利用富含硫空位的少层 MoS_2 催化剂实现了低温、高效、长寿命催化 CO_2 加氢制甲醇。他们先用 H_2 处理 MoS_2 在其表面产生大量的 S 空位,赋予其较高的表面活泼性,调控 MoS_2 自身结构。通过测试发现,得到的 MoS_2 催化剂能够实现低温甚至室温下 CO_2 和 H_2 直接活化并解离,在 180℃下 CO_2 的单程转化率可达 12.5%,并且有效抑制甲醇的过度加氢。甲醇的选择性高达 94.3%,表现出良好的稳定性,性能维持 3000h 几乎没有衰减,具有巨大的工业应用潜力。原位表征和理论计算结果发现,MoS_2 面内 S 空位是催化 CO_2 高选择性加氢制甲醇的活性中心(图 5.44)[300]。

3. 烷烃脱氢

轻烯烃如乙烯、丙烯和丁烯是用于大规模制造各种高价值化学品的重要化学构建单

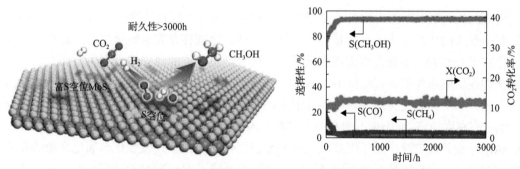

图 5.44　富硫空位 MoS_2 高效稳定催化 CO_2 加氢制甲醇[301]（扫码见彩图）

元，也是合成聚合物和氧酸盐的重要中间体。乙烯和丙烯的商业生产过程依赖于石脑油和重油的蒸汽裂解及流化床催化裂解。为了满足全球对烯烃显著增长的需求，鉴于页岩气的大规模开发，烷烃选择性直接脱氢被认为是一种有效的供给手段。非氧化乙烷脱氢和丙烷脱氢是吸热的热力学困难反应，如下所示：

$$C_2H_6 \longrightarrow C_2H_4 + H_2 \left(\Delta H_{298K}^{\ominus} = 136kJ/mol \right)$$

$$C_3H_8 \longrightarrow C_3H_6 + H_2 \left(\Delta H_{298K}^{\ominus} = 124kJ/mol \right)$$

在这两个分子中 C—H 是高度化学稳定的，直接脱氢反应需要高温来得到令人满意的烯烃产量。不同于烯烃分子拥有不饱和的 C=C，乙烷和丙烷只有 C—C 和 C—H，更难在催化剂表面吸附活化。尽管从几何角度考虑这两种烷烃中 C—H 比 C—C 更容易活化，但是考虑 C—C 和 C—H 键的平均结合能分别为 347kJ/mol 和 414kJ/mol，C—H 和 C—C 断裂的选择性控制仍不能忽视。因此，有效地、高选择性地活化 C—H，抑制 C—C 断裂是决定乙烷和丙烷脱氢性能的重要因素。乙烯和丙烯中最弱的 C—H 的结合能分别为 444kJ/mol 和 361kJ/mol。在乙烯中只存在一个 C=C，结合能为 720kJ/mol，而在丙烯中 C—C 结合能最弱，为 414kJ/mol[301]。此外，由于烯烃相对于烷烃的吸附能力较强，烯烃除了作为目标产物容易脱附外，还可以作为中间体进一步转化形成焦炭或者低碳副产物。考虑到吸脱附性能的差异，利用合适的催化剂来实现烯烃，特别是稳定性略低丙烯的高选择性脱氢合成是十分必要的[301]。

高比表面积氧化铝是铂基脱氢催化剂中使用的经典载体，因为它具有较高的热稳定性、机械强度和保持铂纳米粒子均匀分散的特殊能力，这对于获得稳定的催化性能至关重要[302, 303]。然而，大多数的氧化铝载体是酸性的，因此通常使用促进剂来抑制载体的酸性。碱金属如 Li、Na 和 K 的加入会毒害这些酸性位点，抑制积碳在载体上的形成[304-306]。而且这些促进剂不仅可以修饰 Pt 的性质还可以抑制副反应发生[307-309]。Zn 和 Mg 同样也被用来对载体进行掺杂，产生的尖晶石相酸性较低、热稳定性较高。由于金属-载体之间的强相互作用，这些尖晶石载体也可以抑制 Pt 的烧结[310, 311]。

氧化铬基催化剂是自 1933 年 Frey 和 Huppke 首次报道 Cr_2O_3 具有脱氢活性以来被广

泛研究的催化剂[312]。Cr^{3+}位点需要配位不饱和才能表现出催化活性[313]，事实上，在还原过程中形成的伪八面体 Cr^{3+}含量与催化剂脱氢活性之间存在着半定量关系。此外，在烷烃存在下CrO_x/Al_2O_3催化剂表面形成了具有两个配位空位的独立 Cr^{3+*}物种。因此，这些催化剂在反应条件下含有配位不饱和的 Cr^{3+}，当 Cr 的负载量在单层负载以上进行实验测试发现，一个体相完美的八面体环境中 Cr^{3+}对烷烃脱氢是不活泼的。诚然，这些配位饱和的 Cr^{3+}高度稳定，而配位不饱和的 Cr^{3+}需要从气相中吸附烷烃分子来保持稳定性[314, 315]。Cr/Al_2O_3 是目前广泛应用于丙烷脱氢的典型商用催化剂体系。该催化剂催化性能的显著提升对其进一步应用具有重要意义。Luo 课题组合成了 $Ce\text{-}Cr/Al_2O_3$ 催化剂，Ce 修饰能有效提升催化活性。在 Cr/Al_2O_3 催化剂表面进行 Ce 修饰不仅可以减少孤立 Cr 位点的含量，还可以增加 $Ce\text{-}Cr/Al_2O_3$ 催化剂表面氧空位的浓度，促进 Ce^* 和 Cr^* 物种之间的相互作用，提升丙烷脱氢性能[316]。

　　优化设计的富缺陷 ZrO_2 催化剂不需任何掺杂或者负载物种即在 550℃表现出良好的脱氢催化活性和稳定性，甚至优于通常使用的 Pt、CrO_x、GaO_x 或者 VO_x 种类[316]。当使用不同粒径和纳米结构的 ZrO_2 样品用于催化丙烷脱氢时，当尺寸从 7nm 增加到 45nm 时丙烯的生成速率不断降低。当使用 H_2 或者 CO 还原移除 ZrO_x 中的晶格氧时反应速率可以被显著增强，说明增强的丙烷脱氢活性主要依赖于配位不饱和 Zr 位点浓度的增加。通过 DFT 计算进一步探究了配位不饱和 Zr 位点在丙烷脱氢反应中的催化作用，分别建立了单斜相含有氧缺陷的 $D\text{-}ZrO_2(\bar{1}11)$ 和具有化学计量比结构的 $s\text{-}ZrO_2(\bar{1}11)$。分析吉布斯自由能图发现，对于活化 C—H 而言，$s\text{-}ZrO_2(\bar{1}11)$ 中 Zr-O 对是能够通过异裂反应路线最有利的活性位点。而 $D\text{-}ZrO_2(\bar{1}11)$ 中两个相邻的 Zr 位点，并不涉及晶格氧，是通过均裂路线最有利的位点。在有氧空位的 $D\text{-}ZrO_2(\bar{1}11)$ 晶面中 C—H 的活化能比 $s\text{-}ZrO_2(\bar{1}11)$ 晶面的低 1.09eV。对于丙烷脱氢反应的进一步反应步骤，用来产生丙烯和氢的 $Zr\text{-}iso\text{-}C_3H_7^*$ 和 OH^* 中间体形成，它们在 $D\text{-}ZrO_2(\bar{1}11)$ 中的自由能垒明显低于 $s\text{-}ZrO_2(\bar{1}11)$，说明这两个关键步骤受到 Zr 位点的影响。结合实验观察和理论计算结果发现，四方 ZrO_2 中不饱和配位 Zr 位点对丙烷脱氢反应同样也具有催化活性，丙烯的选择性和产率随着四方 ZrO_2 晶粒尺寸的减小而增加。单斜和四方 ZrO_2 中不饱和配位 Zr 位点通过均裂丙烷中 C—H 键表现出相似的本征活性，然而单斜 ZrO_2 相对于四方 ZrO_2 具有更高含量的不饱和配位 Zr 位点从而表现出较高的丙烯选择性(图 5.45)[316]。

　　缺陷在热催化应用中的研究尽管已有很多相关报道，但是仍有许多科学、工艺问题需要解决。首先，需要开发更精确、更可控的缺陷构筑方法。由于材料中缺陷的复杂性，仍然很难定量地构造具有特定类型的缺陷。然而，缺陷的分布、浓度和类型将会对催化剂的活性产生极大影响。因此，探索具有明确位置、类型和数量的缺陷合成方法仍然是必要的。此外，随着催化剂在工业生产中的应用日益增加，也有必要为大规模生产催化剂寻找更可控、更高效、更低成本的合成方法。其次，缺陷在催化过程中的动态演化效应需要通过原位表征来研究。事实上，多相催化剂中的活性中心在催化过程中不断变化，并非保持恒定。由于高反应性和高能量，缺陷结构的动态演化通常发生在催化过程中，这对催化活性至关重要。近年来，一些原位表征技术被用来跟踪催化剂在催化过程中的结构，而这些技术往往存在一些局限性。一些可能需要在真空环境中进行测试，而另一些可能只是跟踪催化剂的整体变化而不是催化反应发生界面上的局部结构变化。因此，非常必要开发能够准确跟踪实际催化过程和活性中心变化的原位表征技术。最后，由于计算机技术的迅速发展，理论化学近年来在催化方面得到了广泛的应用。然而，缺陷微观结构与宏观催化性能之间的关系还没有被清楚揭示。因此，应建立一个全面、科学的理论体系，指导多相催化中缺陷化学的进一步研究。综上所述，缺陷在非均相催化反应中起着重要作用。同时，多相催化缺陷化学的研究也面临着许多机遇和挑战。研究人员需要从理论和实验两个方向对目前的研究体系进行改进，特别是关注催化剂的可控批量生产和缺陷动态演化的原位跟踪。

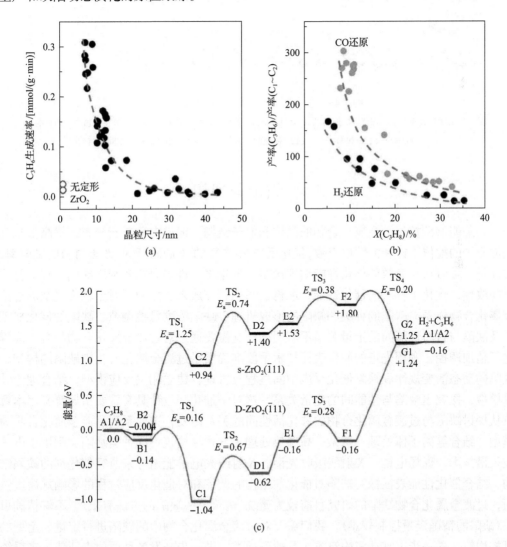

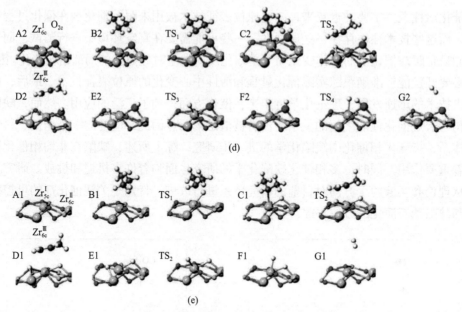

图 5.45　ZrO₂ 脱氢性能研究(扫码见彩图)

(a)丙烯的生成速率与 ZrO₂ 晶粒尺寸关系图；(b)CO 或 H₂ 处理催化剂对丙烯与 C₁～C₂ 裂化产物产率的影响；

(c)～(e)s-ZrO₂($\bar{1}$11)和 D-ZrO₂($\bar{1}$11)催化丙烷脱氢反应的能级图和优化的中间体结构[315]

5.4　结论与展望

　　缺陷能够调控过渡金属化合物的晶体和电子结构，促进电荷重新分布，提高催化剂表面原子的配位不饱和活性位点数，优化反应物/产物的吸/脱附行为，改善材料的导电率，因此是一种可行且有效的催化性能调控策略。近年来，许多研究者利用缺陷工程进行化合物改性，优化了材料的催化性能，取得了系列研究成果。然而，对于较为复杂的过渡金属化合物体系，缺陷的种类和缺陷的形成机理、缺陷浓度可控调节、缺陷的催化机理以及缺陷与材料性能间的定量关系不够明确，这需要通过对过渡金属化合物的合成流程进行精细调控，利用先进的原位表征技术手段准确揭示过渡金属化合物中缺陷的构型、缺陷的动态演变规律和缺陷催化反应中间过程及机理，建立相关反应模型，结合理论计算模拟，探究出缺陷与性能间的定量关系，这对于催化剂设计具有重要指导意义。本章节从探讨缺陷与过渡金属化合物的催化活性间的关系出发，选取系列过渡金属化合物为模型，结合等离子体处理、掺杂、高温热处理等方式来构筑不同种类缺陷，利用正电子湮灭谱技术、球场电镜、X 射线吸收光谱、X 射线光电子能谱等来研究催化剂的缺陷结构，结合催化性能表征探究缺陷对催化剂结构的调控和对催化反应过程的影响规律。然而，过渡金属化合物缺陷的研究目前较为笼统(构筑单一缺陷的方法有限)，不够精确可控(缺陷的精确定量控制较难)，我们需要对过渡金属化合物中的缺陷进行定量、定型的可控构筑，进一步丰富缺陷构筑方法及缺陷种类，进一步开发各种原位表征装置来系统认识缺陷、更精确地研究缺陷构型及浓度对催化活性的影响规律，从而为高效的催化剂的设计提供指导。

参 考 文 献

[1] Zhao Z, Zhang X, Zhang G, et al. Effect of defects on photocatalytic activity of rutile TiO_2 nanorods[J]. Nano Research, 2015, 8: 4061-4071.

[2] Kang Q, Cao J, Zhang Y, et al. Reduced TiO_2 nanotube arrays for photoelectrochemical water splitting[J]. Journal of Materials Chemistry A, 2013, 1: 5766-5774.

[3] Liu L, Jiang Y, Zhao H, et al. Engineering coexposed {001} and {101} facets in oxygen-deficient TiO_2 nanocrystals for enhanced CO_2 photoreduction under visible light[J]. ACS Catalysis, 2016, 6: 1097-1108.

[4] Wang Y, Zhou T, Jiang K, et al, Reduced mesoporous Co_3O_4 nanowires as efficient water oxidation electrocatalysts and supercapacitor electrodes[J]. Advanced Energy Materials, 2014, 4: 1400696.

[5] Mao C, Zuo F, Hou Y, et al. *In situ* preparation of a Ti^{3+} self-doped TiO_2 film with enhanced activity as photoanode by N_2H_4 reduction[J]. Angewandte Chemie International Edition, 2014, 53: 10653-10657.

[6] Wang G, Wang H, Ling Y, et al. Hydrogen-treated TiO_2 nanowire arrays for photoelectrochemical water splitting[J]. Nano Letters, 2011, 11: 3026-3033.

[7] Naldoni A, Allieta M, Santangelo S, et al. Effect of nature and location of defects on bandgap narrowing in black TiO_2 nanoparticles[J]. Journal of the American Chemical Society, 2012, 134: 7600-7603.

[8] Hou J, Cao S, Wu Y, et al. Simultaneously efficient light absorption and charge transport of phosphate and oxygen-vacancy confined in bismuth tungstate atomic layers triggering robust solar CO_2 reduction[J]. Nano Energy, 2017, 32: 359-366.

[9] Moir J, Soheilnia N, Liao K, et al. Activation of ultrathin films of hematite for photoelectrochemical water splitting via H_2 treatment[J]. ChemSusChem, 2015, 8: 1557-1567.

[10] Liu N, Schneider C, Freitag D, et al. Black TiO_2 nanotubes: Cocatalyst-free open-circuit hydrogen generation[J]. Nano Letters, 2014, 14: 3309-3313.

[11] Yan J, Wang T, Wu G, et al. Tungsten oxide single crystal nanosheets for enhanced multichannel solar light harvesting[J]. Advanced Materials, 2015, 27: 1580-1586.

[12] Wang G, Ling Y, Li Y. Oxygen-deficient metal oxide nanostructures for photoelectrochemical water oxidation and other applications[J]. Nanoscale, 2012, 4: 6682-6691.

[13] Lv Y, Yao W, Ma X, et al. The surface oxygen vacancy induced visible activity and enhanced UV activity of a ZnO_{1-x} photocatalyst[J]. Catalysis Science & Technology, 2013, 3: 3136-3146.

[14] Zou X, Liu J, Su J, et al. Facile synthesis of thermal-and photostable titania with paramagnetic oxygen vacancies for visible-light photocatalysis[J]. Chemistry, 2013, 19: 2866-2873.

[15] Wang X, Zhang Y, Si H, et al. Single-atom vacancy defect to trigger high-efficiency hydrogen evolution of MoS_2[J]. Journal of the American Chemical Society, 2020, 142: 4298-4308.

[16] Jin H, Li L, Liu X, et al. Nitrogen vacancies on 2D layered W_2N_3: A stable and efficient active site for nitrogen reduction reaction[J]. Advanced Materials, 2019, 31: 1902709.

[17] Lin Z, Lu C, Ye F, et al. Selenic acid etching assisted vacancy engineering for designing highly active electrocatalysts toward the oxygen evolution reaction[J]. Advanced Materials, 2021, 33: 2007523.

[18] Liu D, Wang C, Yu Y, et al. Understanding the nature of ammonia treatment to synthesize oxygen vacancy-enriched transition metal oxides[J]. Chem, 2019, 5: 376-389.

[19] Dou S, Tao L, Wang R, et al. Plasma-assisted synthesis and surface modification of electrode materials for renewable energy[J]. Advanced Materials, 2018, 30: 1705850.

[20] Xu L, Jiang Q, Xiao Z, et al. Plasma-engraved Co_3O_4 nanosheets with oxygen vacancies and high surface area for the oxygen evolution reaction[J]. Angewandte Chemie, 2016, 128: 5363-5367.

[21] Wang Y, Zhang Y, Liu Z, et al. Layered double hydroxide nanosheets with multiple vacancies obtained by dry exfoliation as highly efficient oxygen evolution electrocatalysts[J]. Angewandte Chemie International Edition, 2017, 56: 5867-5871.

[22] Chen D, Qiao M, Lu Y R, et al. Preferential cation vacancies in perovskite hydroxide for the oxygen evolution reaction[J]. Angewandte Chemie International Edition, 2018, 57: 8691-8696.

[23] Wang Y, Qiao M, Li Y, et al. Tuning surface electronic configuration of NiFe LDHs nanosheets by introducing cation vacancies（Fe or Ni）as highly efficient electrocatalysts for oxygen evolution reaction[J]. Small, 2018, 14: 1800136.

[24] Zhou P, Wang Y, Xie C, et al. Acid-etched layered double hydroxides with rich defects for enhancing the oxygen evolution reaction[J]. Chemical Communications, 2017, 53: 11778-11781.

[25] Wang Y, Tao S, Lin H, et al. Atomically targeting NiFe LDH to create multivacancies for OER catalysis with a small organic anchor[J]. Nano Energy, 2021, 81: 105606.

[26] Wang C, Wan W, Shen S, et al. Application of ion beam technology in （photo）electrocatalytic materials for renewable energy[J]. Applied Physics Reviews, 2020, 7: 041303.

[27] Bertolazzi S, Bonacchi S, Nan G, et al. Engineering chemically active defects in monolayer MoS_2 transistors via ion-beam irradiation and their healing via vapor deposition of alkanethiols[J]. Advanced Materials, 2017, 29: 1606760.

[28] Ralphs K, Hardacre C, James S L. Application of heterogeneous catalysts prepared by mechanochemical synthesis[J]. Chemical Society Reviews, 2013, 42: 7701-7718.

[29] Šepelák V, Bégin-Colin S, Le Caër G. Transformations in oxides induced by high-energy ball-milling[J]. Dalton Transactions, 2012, 41: 11927-11948.

[30] Šepelák V, Düvel A, Wilkening M, et al. Mechanochemical reactions and syntheses of oxides[J]. Chemical Society Reviews, 2013, 42: 7507-7520.

[31] Yang Y, Zhang S, Wang S, et al. Ball milling synthesized MnO_x as highly active catalyst for gaseous POPs removal: Significance of mechanochemically induced oxygen vacancies[J]. Environmental Science & Technology, 2015, 49: 4473-4480.

[32] Folger A, Ebbinghaus P, Erbe A, et al. Role of vacancy condensation in the formation of voids in rutile TiO_2 nanowires[J]. ACS Applied Materials & Interfaces, 2017, 9: 13471-13479.

[33] Chen J, Ryu G H, Zhang Q, et al. Spatially controlled fabrication and mechanisms of atomically thin nanowell patterns in bilayer WS_2 using *in situ* high temperature electron microscopy[J]. ACS Nano, 2019, 13: 14486-14499.

[34] Wang J, Zhang G, Zhang P. Layered birnessite-type MnO_2 with surface pits for enhanced catalytic formaldehyde oxidation activity[J]. Journal of Materials Chemistry A, 2017, 5: 5719-5725.

[35] Zhang P, Xiang H, Tao L, et al. Chemically activated MoS_2 for efficient hydrogen production[J]. Nano Energy, 2019, 57: 535-541.

[36] Pradhan N, Das Adhikari S, Nag A, et al. Luminescence, plasmonic, and magnetic properties of doped semiconductor nanocrystals[J]. Angewandte Chemie International Edition, 2017, 56: 7038-7054.

[37] Wang J, Tafen D N, Lewis J P, et al. Origin of photocatalytic activity of nitrogen-doped TiO_2 nanobelts[J]. Journal of the American Chemical Society, 2009, 131: 12290-12297.

[38] Mukherji A, Marschall R, Tanksale A, et al. N-doped $CsTaWO_6$ as a new photocatalyst for hydrogen production from water splitting under solar irradiation[J]. Advanced Functional Materials, 2011, 21: 126-132.

[39] Liu G, Wang L, Sun C, et al. Band-to-band visible-light photon excitation and photoactivity induced by homogeneous nitrogen doping in layered titanates[J]. Chemistry of Materials, 2009, 21: 1266-1274.

[40] Li X, Liu P, Mao Y, et al. Preparation of homogeneous nitrogen-doped mesoporous TiO_2 spheres with enhanced visible-light photocatalysis[J]. Applied Catalysis B: Environmental, 2015, 164: 352-359.

[41] Sun S, Gao P, Yang Y, et al. N-doped TiO_2 nanobelts with coexposed （001）and （101）facets and their highly efficient visible-light-driven photocatalytic hydrogen production[J]. ACS Applied Materials & Interfaces, 2016, 8: 18126-18131.

[42] Aman N, Mishra T, Sahu R K, et al. Facile synthesis of mesoporous N doped zirconium titanium mixed oxide nanomaterial with enhanced photocatalytic activity under visible light[J]. Journal of Materials Chemistry, 2010, 20: 10876-10882.

[43] Wang X, Long R, Liu D, et al. Enhanced full-spectrum water splitting by confining plasmonic Au nanoparticles in N-doped TiO$_2$ bowl nanoarrays[J]. Nano Energy, 2016, 24: 87-93.

[44] Li X, Kikugawa N, Ye J. Nitrogen-doped lamellar niobic acid with visible light-responsive photocatalytic activity[J]. Advanced Materials, 2008, 20: 3816-3819.

[45] Yang C, Wang Z, Lin T, et al. Core-shell nanostructured "black" titania as excellent catalyst for hydrogen production enhanced by sulfur doping[J]. Journal of the American Chemical Society, 2013, 135: 17831-17838.

[46] Tang X, Li D. Sulfur-doped highly ordered TiO$_2$ nanotubular arrays with visible light response[J]. The Journal of Physical Chemistry C, 2008, 112: 5405-5409.

[47] Shi R, Ye H F, Liang F, et al. Interstitial P-doped CdS with long-lived photogenerated electrons for photocatalytic water splitting without sacrificial agents[J]. Advanced Materials, 2018, 30: 1705941.

[48] Huang H, Dai B, Wang W, et al. Oriented built-in electric field introduced by surface gradient diffusion doping for enhanced photocatalytic H$_2$ evolution in CdS nanorods[J]. Nano Letters, 2017, 17: 3803-3808.

[49] Wang Z, Liu H, Ge R, et al. Phosphorus-doped Co$_3$O$_4$ nanowire array: A highly efficient bifunctional electrocatalyst for overall water splitting[J]. ACS Catalysis, 2018, 8: 2236-2241.

[50] Liang K, Pakhira S, Yang Z, et al. S-doped MoP nanoporous layer toward high-efficiency hydrogen evolution in pH-universal electrolyte[J]. ACS Catalysis, 2018, 9: 651-659.

[51] Qiu B, Cai L, Wang Y, et al. Phosphorus incorporation into Co$_9$S$_8$ nanocages for highly efficient oxygen evolution catalysis[J]. Small, 2019, 15: 1904507.

[52] Resasco J, Dasgupta N P, Rosell J R, et al. Uniform doping of metal oxide nanowires using solid state diffusion[J]. Journal of the American Chemical Society, 2014, 136: 10521-10526.

[53] Yamashita H, Harada M, Misaka J, et al. Photocatalytic degradation of organic compounds diluted in water using visible light-responsive metal ion-implanted TiO$_2$ catalysts: Fe ion-implanted TiO$_2$[J]. Catalysis Today, 2003, 84: 191-196.

[54] Hosogi Y, Kato H, Kudo A. Photocatalytic activities of layered titanates and niobates ion-exchanged with Sn^{2+} under visible light irradiation[J]. The Journal of Physical Chemistry C, 2008, 112: 17678-17682.

[55] Horie H, Iwase A, Kudo A. Photocatalytic properties of layered metal oxides substituted with silver by a molten AgNO$_3$ treatment[J]. ACS Applied Materials & Interfaces, 2015, 7: 14638-14643.

[56] Chen X, Liu L, Yu P Y, et al. Increasing solar absorption for photocatalysis with black hydrogenated titanium dioxide nanocrystals[J]. Science, 2011, 331: 746-750.

[57] Lei L, Yu P Y, Chen X, et al. Hydrogenation and disorder in engineered black TiO$_2$[J]. Physical Review Letters, 2013, 111: 065505.

[58] Zhu Y, Liu D, Meng M. H$_2$ spillover enhanced hydrogenation capability of TiO$_2$ used for photocatalytic splitting of water: A traditional phenomenon for new applications[J]. Chemical Communications, 2014, 50: 6049-6051.

[59] Cai J, Wu M, Wang Y, et al. Synergetic enhancement of light harvesting and charge separation over surface-disorder-engineered TiO$_2$ photonic crystals[J]. Chem, 2017, 2: 877-892.

[60] Zhou W, Li W, Wang J Q, et al. Ordered mesoporous black TiO$_2$ as highly efficient hydrogen evolution photocatalyst[J]. Journal of the American Chemical Society, 2014, 136: 9280-9283.

[61] Wang Z, Yang C, Lin T, et al. Visible-light photocatalytic, solar thermal and photoelectrochemical properties of aluminium-reduced black titania[J]. Energy & Environmental Science, 2013, 6: 3007-3014.

[62] Zhao C, Luo G, Liu X, et al. In situ topotactic transformation of an interstitial alloy for CO electroreduction[J]. Advanced Materials, 2020, 32: 2002382.

[63] Chen X, Liu L, Huang F. Black titanium dioxide (TiO$_2$) nanomaterials[J]. Chemical Society Reviews, 2015, 44: 1861-1885.

[64] Lin L, Huang J, Li X, et al. Effective surface disorder engineering of metal oxide nanocrystals for improved photocatalysis[J]. Applied Catalysis B: Environmental, 2017, 203: 615-624.

[65] Yu M, Waag F, Chan C K, et al. Laser fragmentation-induced defect-rich cobalt oxide nanoparticles for electrochemical oxygen

evolution reaction[J]. ChemSusChem, 2020, 13: 520.

[66] Yan C S, Fang Z W, Lv C, et al. Significantly improving lithium-ion transport via conjugated anion intercalation in inorganic layered hosts[J]. ACS Nano, 2018, 12: 8670-8677.

[67] Jin M, Zhang X, Han M, et al. Efficient electrochemical N_2 fixation by doped-oxygen-induced phosphorus vacancy defects on copper phosphide nanosheets[J]. Journal of Materials Chemistry A, 2020, 8: 5936-5942.

[68] Zhang L F, Ke X, Ou G, et al. Defective MoS_2 electrocatalyst for highly efficient hydrogen evolution through a simple ball-milling method[J]. Science China Materials, 2017, 60: 849-856.

[69] Zhou X, Liu N, Schmidt J, et al. Noble-metal-free photocatalytic hydrogen evolution activity: the impact of ball milling anatase nanopowders with TiH_2[J]. Advanced Materials, 2017, 29: 1604747.

[70] Li H, Tsai C, Koh A L, et al. Activating and optimizing MoS_2 basal planes for hydrogen evolution through the formation of strained sulphur vacancies[J]. Nature Materials, 2016, 15: 48-53.

[71] Lu Z, Wang H, Kong D, et al. Electrochemical tuning of layered lithium transition metal oxides for improvement of oxygen evolution reaction[J]. Nature Communications, 2014, 5: 1-7.

[72] Wang H, Lee H W, Deng Y, et al. Bifunctional non-noble metal oxide nanoparticle electrocatalysts through lithium-induced conversion for overall water splitting[J]. Nature Communications, 2015, 6: 1-8.

[73] Liu Y, Wang H, Lin D, et al. Electrochemical tuning of olivine-type lithium transition-metal phosphates as efficient water oxidation catalysts[J]. Energy & Environmental Science, 2015, 8: 1719-1724.

[74] Guo H L, Zhu Q, Wu X L, et al. Oxygen deficient ZnO_{1-x} nanosheets with high visible light photocatalytic activity[J]. Nanoscale, 2015, 7: 7216-7223.

[75] Zhang G, Jiang W, Hua S, et al. Constructing bulk defective perovskite $SrTiO_3$ nanocubes for high performance photocatalysts[J]. Nanoscale, 2016, 8: 16963-16968.

[76] Lei F, Sun Y, Liu K, et al. Oxygen vacancies confined in ultrathin indium oxide porous sheets for promoted visible-light water splitting[J]. Journal of the American Chemical Society, 2014, 136: 6826-6829.

[77] Zuo F, Bozhilov K, Dillon R J, et al. Active facets on titanium（Ⅲ）-doped TiO_2: An effective strategy to improve the visible-light photocatalytic activity[J]. Angewandte Chemie International Edition, 2012, 51: 6223-6226.

[78] Cheng H, Kamegawa T, Mori K, et al. Surfactant-free nonaqueous synthesis of plasmonic molybdenum oxide nanosheets with enhanced catalytic activity for hydrogen generation from ammonia borane under visible light[J]. Angewandte Chemie International Edition, 2014, 53: 2910-2914.

[79] Kim J, Yin X, Tsao K C, et al. $Ca_2Mn_2O_5$ as oxygen-deficient perovskite electrocatalyst for oxygen evolution reaction[J]. Journal of the American Chemical Society, 2014, 136: 14646-14649.

[80] Xi G, Ouyang S, Li P, et al. Ultrathin $W_{18}O_{49}$ nanowires with diameters below 1 nm: Synthesis, near-infrared absorption, photoluminescence, and photochemical reduction of carbon dioxide[J]. Angewandte Chemie International Edition, 2012, 51: 2395-2399.

[81] Wei Z, Liu Y, Wang J, et al. Controlled synthesis of a highly dispersed $BiPO_4$ photocatalyst with surface oxygen vacancies[J]. Nanoscale, 2015, 7: 13943-13950.

[82] Kong X Y, Choo Y Y, Chai S P, et al. Oxygen vacancy induced Bi_2WO_6 for the realization of photocatalytic CO_2 reduction over the full solar spectrum: From the UV to the NIR region[J]. Chemical Communications, 2016, 52: 14242-14245.

[83] Ji D X, Fan L, Tao L, et al. The kirkendall effect for engineering oxygen vacancy of hollow Co_3O_4 nanoparticles toward high-performance portable zinc-air batteries[J]. Angewandte Chemie International Edition, 2019, 58: 13840.

[84] Liu Y, Cheng H, Lyu M, et al. Low overpotential in vacancy-rich ultrathin $CoSe_2$ nanosheets for water oxidation[J]. Journal of the American Chemical Society, 2014, 136: 15670-15675.

[85] Zhao Y, Chen G, Bian T, et al. Defect-rich ultrathin ZnAl-layered double hydroxide nanosheets for efficient photoreduction of CO_2 to CO with water[J]. Advanced Materials, 2015, 27: 7824-7831.

[86] Yan L, Wei Z, Feng G, et al. Effect of oxygen defects on the catalytic performance of VO_x/CeO_2 catalysts for oxidative

dehydrogenation of methanol[J]. ACS Catalysis, 2015, 5: 3006-3012.

[87] Guan M, Xiao C, Zhang J, et al. Vacancy associates promoting solar-driven photocatalytic activity of ultrathin bismuth oxychloride nanosheets[J]. Journal of the American Chemical Society, 2013, 135: 10411-10417.

[88] Lo Presti L, Ceotto M, Spadavecchia F, et al. Role of the nitrogen source in determining structure and morphology of N-doped nanocrystalline TiO$_2$[J]. The Journal of Physical Chemistry C, 2014, 118: 4797-4807.

[89] Wu M C, Hiltunen J, Sápi A, et al. Nitrogen-doped anatase nanofibers decorated with noble metal nanoparticles for photocatalytic production of hydrogen[J]. ACS Nano, 2011, 5: 5025-5030.

[90] Bhirud A P, Sathaye S D, Waichal R P, et al. An eco-friendly, highly stable and efficient nanostructured p-type N-doped ZnO photocatalyst for environmentally benign solar hydrogen production[J]. Green Chemistry, 2012, 14: 2790-2798.

[91] Wang T, Yan X, Zhao S, et al. A facile one-step synthesis of three-dimensionally ordered macroporous N-doped TiO$_2$ with ethanediamine as the nitrogen source[J]. Journal of Materials Chemistry A, 2014, 2: 15611-15619.

[92] Mao C, Zhao Y, Qiu X, et al. Synthesis, characterization and computational study of nitrogen-doped CeO$_2$ nanoparticles with visible-light activity[J]. Physical Chemistry Chemical Physics, 2008, 10: 5633-5638.

[93] Chen C, Li P, Wang G, et al. Nanoporous nitrogen-doped titanium dioxide with excellent photocatalytic activity under visible light irradiation produced by molecular layer deposition[J]. Angewandte Chemie International Edition, 2013, 52: 9196-9200.

[94] Pan J H, Han G, Zhou R, et al. Hierarchical N-doped TiO$_2$ hollow microspheres consisting of nanothorns with exposed anatase {101} facets[J]. Chemical Communications, 2011, 47: 6942-6944.

[95] Zou F, Jiang Z, Qin X, et al. Template-free synthesis of mesoporous N-doped SrTiO$_3$ perovskite with high visible-light-driven photocatalytic activity[J]. Chemical Communications, 2012, 48: 8514-8516.

[96] Bellardita M, Addamo M, Di Paola A, et al. Preparation of N-doped TiO$_2$: Characterization and photocatalytic performance under UV and visible light[J]. Physical Chemistry Chemical Physics, 2009, 11: 4084-4093.

[97] Yu J C, Ho W, Yu J, et al. Efficient visible-light-induced photocatalytic disinfection on sulfur-doped nanocrystalline titania[J]. Environmental Science & Technology, 2005, 39: 1175-1179.

[98] Jiang S, Wang L, Hao W, et al. Visible-light photocatalytic activity of S-doped α-Bi$_2$O$_3$[J]. The Journal of Physical Chemistry C, 2015, 119: 14094-14101.

[99] Zhu M, Zhai C, Qiu L, et al. New method to synthesize S-doped TiO$_2$ with stable and highly efficient photocatalytic performance under indoor sunlight irradiation[J]. ACS Sustainable Chemistry & Engineering, 2015, 3: 3123-3129.

[100] Li F, Li J, Xu G, et al. Fabrication, pore structure and compressive behavior of anisotropic porous titanium for human trabecular bone implant applications[J]. Journal of the Mechanical Behavior of Biomedical Materials, 2015, 46: 104-114.

[101] Naik B, Parida K M, Gopinath C S. Facile synthesis of N- and S-incorporated nanocrystalline TiO$_2$ and direct solar-light-driven photocatalytic activity[J]. The Journal of Physical Chemistry C, 2010, 114: 19473-19482.

[102] Chang J, Wang G, Yang Z, et al. Dual-doping and synergism toward high-performance seawater electrolysis[J]. Advanced Materials, 2021, 33: 2101425.

[103] Liu J, Wang Z, Li J, et al. Structure engineering of MoS$_2$ via simultaneous oxygen and phosphorus incorporation for improved hydrogen evolution[J]. Small, 2020, 16: 1905738.

[104] Pan Y, Sun K, Lin Y, et al. Electronic structure and d-band center control engineering over M-doped CoP (M=Ni, Mn, Fe) hollow polyhedron frames for boosting hydrogen production[J]. Nano Energy, 2019, 56: 411-419.

[105] Li J, Zhao K, Yu Y, et al. Facet-level mechanistic insights into general homogeneous carbon doping for enhanced solar-to-hydrogen conversion[J]. Advanced Functional Materials, 2015, 25: 2189-2201.

[106] Kwon I S, Kwak I H, Ju S, et al. Adatom doping of transition metals in ReSe$_2$ nanosheets for enhanced electrocatalytic hydrogen evolution reaction[J]. ACS Nano, 2020, 14: 12184-12194.

[107] Yang Q, Zhang C, Dong B, et al. Synergistic modulation of nanostructure and active sites: Ternary Ru&Fe-WO$_x$ electrocatalyst for boosting concurrent generations of hydrogen and formate over 500mA/cm^2[J]. Applied Catalysis B: Environmental, 2021, 296: 120359.

[108] Wang D, Li Q, Han C, et al. Atomic and electronic modulation of self-supported nickel-vanadium layered double hydroxide to accelerate water splitting kinetics[J]. Nature Communications, 2019, 10: 3899.

[109] Lai F, Chen N, Ye X, et al. Refining energy levels in ReS_2 nanosheets by low-valent transition-metal doping for dual-boosted electrochemical ammonia/hydrogen production[J]. Advanced Functional Materials, 2020, 30: 1907376.

[110] Senthamizhan A, Balusamy B, Aytac Z, et al. Grain boundary engineering in electrospun ZnO nanostructures as promising photocatalysts[J]. CrystEngComm, 2016, 18: 6341-6351.

[111] Wu D, Wang W, Tan F, et al. Fabrication of pit-structured ZnO nanorods and their enhanced photocatalytic performance[J]. RSC Advances, 2013, 3: 20054-20059.

[112] Li X, Su X, Pei Y, et al. Generation of edge dislocation defects in Co_3O_4 catalysts: An efficient tactic to improve catalytic activity for oxygen evolution[J]. Journal of Materials Chemistry A, 2019, 7: 10745-10750.

[113] He Y, Tang P, Hu Z, et al. Engineering grain boundaries at the 2D limit for the hydrogen evolution reaction[J]. Nature Communications, 2020, 11: 57.

[114] Wu Q, Zheng Q, van de Krol R. Creating oxygen vacancies as a novel strategy to form tetrahedrally coordinated Ti^{4+} in Fe/TiO_2 nanoparticles[J]. The Journal of Physical Chemistry C, 2012, 116: 7219-7226.

[115] Zhao Y, Jia X, Chen G, et al. Ultrafine NiO nanosheets stabilized by TiO_2 from monolayer NiTi-LDH precursors: An active water oxidation electrocatalyst[J]. Journal of the American Chemical Society, 2016, 138: 6517-6524.

[116] Fu J, Bao H, Liu Y, et al. CO_2 reduction: Oxygen doping induced by nitrogen vacancies in Nb_4N_5 enables highly selective CO_2 reduction[J]. Small, 2020, 16: 2070007.

[117] Liu Y, Hua X, Xiao C, et al. Heterogeneous spin states in ultrathin nanosheets induce subtle lattice distortion to trigger efficient hydrogen evolution[J]. Journal of the American Chemical Society, 2016, 138: 5087-5092.

[118] Wang Y, Liu D, Liu Z, et al. Porous cobalt-iron nitride nanowires as excellent bifunctional electrocatalysts for overall water splitting[J]. Chemical Communications, 2016, 52: 12614-12617.

[119] Wang Y, Xie C, Liu D, et al. Nanoparticle-stacked porous nickel-iron nitride nanosheet: A highly efficient bifunctional electrocatalyst for overall water splitting[J]. ACS Applied Materials & Interfaces, 2016, 8: 18652-18657.

[120] Merki D, Vrubel H, Rovelli L, et al. Fe, Co, and Ni ions promote the catalytic activity of amorphous molybdenum sulfide films for hydrogen evolution[J]. Chemical Science, 2012, 3: 2515-2525.

[121] Morales-Guio C G, Hu X. Amorphous molybdenum sulfides as hydrogen evolution catalysts[J]. Accounts of Chemical Research, 2014, 47: 2671-2681.

[122] He J, Wu P, Lu L, et al. Lattice-refined transition-metal oxides via ball milling for boosted catalytic oxidation performance[J]. ACS Applied Materials & Interfaces, 2019, 11: 36666-36675.

[123] Yan C, Fang Z, Lv C, et al. Significantly improving lithium-ion transport via conjugated anion intercalation in inorganic layered hosts[J]. ACS Nano, 2018, 12: 8670-8677.

[124] Xie J, Zhang J, Li S, et al. Controllable disorder engineering in oxygen-incorporated MoS_2 ultrathin nanosheets for efficient hydrogen evolution[J]. Journal of the American Chemical Society, 2013, 135: 17881-17888.

[125] Sun Y, Liu Q, Gao S, et al. Pits confined in ultrathin cerium(Ⅳ) oxide for studying catalytic centers in carbon monoxide oxidation[J]. Nature Communications, 2013, 4: 2899.

[126] Zhou M, Zu X T, Sun K, et al. Enhanced photocatalytic hydrogen generation of nano-sized mesoporous $InNbO_4$ crystals synthesized via a polyacrylamide gel route[J]. Chemical Engineering Journal, 2017, 313: 99-108.

[127] Wang S B, Pan L, Song J J, et al. Titanium-defected undoped anatase TiO_2 with p-type conductivity, room-temperature ferromagnetism, and remarkable photocatalytic performance[J]. Journal of the American Chemical Society. 2015, 137(8): 2975-2983.

[128] Esch F, Fabris S, Zhou L, et al. Electron localization determines defect formation on ceria substrates[J]. Science, 2005, 309: 752-755.

[129] Zhang N, Li X, Ye H, et al. Oxide defect engineering enables to couple solar energy into oxygen activation[J]. Journal of the

American Chemical Society, 2016, 138: 8928-8935.

[130] Zhao Y, Wang Z, Cui X, et al. What are the adsorption sites for CO on the reduced $TiO_2(110)$-1×1 surface[J]? Journal of the American Chemical Society, 2009, 131: 7958-7959.

[131] Liu M, Jing D, Zhou Z, et al. Twin-induced one-dimensional homojunctions yield high quantum efficiency for solar hydrogen generation[J]. Nature Communications, 2013, 4: 2278.

[132] Feng W, Fang Z, Wang B, et al. Grain boundary engineering in organic-inorganic hybrid semiconductor $ZnS(en)_{0.5}$ for visible-light photocatalytic hydrogen production[J]. Journal of Materials Chemistry A, 2017, 5: 1387-1393.

[133] Pei Z A, Hx B, Li T C, et al. Chemically activated MoS_2 for efficient hydrogen production[J]. Nano Energy, 2019, 57: 535-541.

[134] Chen X, Liu L, Liu Z, et al. Properties of disorder-engineered black titanium dioxide nanoparticles through hydrogenation[J]. Scientific Reports, 2013, 3: 1510.

[135] Cai J, Wu M, Wang Y, et al. Synergetic enhancement of light harvesting and charge separation over surface-disorder-engineered TiO_2 photonic crystals[J]. Chem, 2017, 2: 877-892.

[136] Yu Z, Gao L, Yuan S, et al. Solid defect structure and catalytic activity of perovskite-type catalysts $La_{1-x}Sr_xNiO_{3-\lambda}$ and $La_{1-1.333x}Th_xNiO_{3-\lambda}$[J]. Journal of the Chemical Society, Faraday Transactions, 1992, 88: 3245-3249.

[137] Wang Y, Zhang Y, Liu Z, et al. Layered double hydroxide nanosheets with multiple vacancies obtained by dry exfoliation as highly efficient oxygen evolution electrocatalysts[J]. Angewandte Chemie International Edition, 2017, 56: 5867.

[138] Jiang Y, Yang L, Sun T, et al. Significant contribution of intrinsic carbon defects to oxygen reduction activity[J]. ACS Catalysis, 2015, 5: 6707-6712.

[139] Li Y, Wei Z, Gao F, et al. Effect of oxygen defects on the catalytic performance of VO_x/CeO_2 catalysts for oxidative dehydrogenation of methanol[J]. ACS Catalysis, 2015, 5: 3006-3012.

[140] Yang W, Zhang L, Xie J, et al. Enhanced photoexcited carrier separation in oxygen-doped $ZnIn_2S_4$ nanosheets for hydrogen evolution[J]. Angewandte Chemie International Edition, 2016, 55: 6716-6720.

[141] Kong M, Li Y, Chen X, et al. Tuning the relative concentration ratio of bulk defects to surface defects in TiO_2 nanocrystals leads to high photocatalytic efficiency[J]. Journal of the American Chemical Society, 2011, 133: 16414-16417.

[142] Huang T X, Cong X, Wu S S, et al. Probing the edge-related properties of atomically thin MoS_2 at nanoscale[J]. Nature Communications, 2019, 10: 5544.

[143] Pfisterer J H K, Baghernejad M, Giuzio G, et al. Reactivity mapping of nanoscale defect chemistry under electrochemical reaction conditions[J]. Nature Communications, 2019, 10: 5702.

[144] Lin Y, Gao T, Pan X, et al. Local defects in colloidal quantum dot thin films measured via spatially resolved multi-modal optoelectronic spectroscopy[J]. Advanced Materials, 2020, 32: 1906602.

[145] Deng G H, Qian Y, Wei Q, et al. Interface-specific two-dimensional electronic sum frequency generation spectroscopy[J]. The Journal of Physical Chemistry Letters, 2020, 11: 1738-1745.

[146] Duke A S, Galhenage R P, Tenney S A, et al. *In situ* ambient pressure X-ray photoelectron spectroscopy studies of methanol oxidation on Pt(111) and Pt-Re alloys[J]. The Journal of Physical Chemistry C, 2015, 119: 23082-23093.

[147] Chen W, Xie C, Wang Y, et al. Activity origins and design principles of nickel-based catalysts for nucleophile electrooxidation[J]. Chem, 2020, 6: 2974-2993.

[148] Chen C, Zhu X, Wen X, et al. Coupling N_2 and CO_2 in H_2O to synthesize urea under ambient conditions[J]. Nature Chemistry, 2020, 12: 717-724.

[149] Cheng F, Zhang T, Zhang Y, et al. Enhancing electrocatalytic oxygen reduction on MnO_2 with vacancies[J]. Angewandte Chemie International Edition, 2013, 52: 2474-2477.

[150] Cai Z, Bi Y, Hu E, et al. Single-crystalline ultrathin Co_3O_4 nanosheets with massive vacancy defects for enhanced electrocatalysis[J]. Advanced Energy Materials, 2018, 8: 1701694.

[151] Yang H, Dai G, Chen Z, et al. Pseudo-periodically coupling Ni-O lattice with Ce-O lattice in ultrathin heteronanowire arrays

for efficient water oxidation[J]. Small, 2021, 17: 2101727.

[152] Geng I G, Kong X D, Chen W W, et al. Oxygen vacancies in ZnO nanosheets enhance CO_2 electrochemical reduction to CO[J]. Angewandte Chemie International Edition, 2017, 57: 6054.

[153] Gao S, Sun Z, Liu W, et al. Atomic layer confined vacancies for atomic-level insights into carbon dioxide electroreduction[J]. Nature Communications, 2017, 8: 14503.

[154] Varandili S B, Huang J, Oveisi E, et al. Synthesis of Cu/CeO_{2-x} nanocrystalline heterodimers with interfacial active sites to promote CO_2 electroreduction[J]. ACS Catalysis, 2019, 9: 5035-5046.

[155] Gu K, Wang D, Xie C, et al. Defect-rich high-entropy oxide nanosheets for efficient 5-hydroxymethylfurfural electrooxidation[J]. Angewandte Chemie International Edition, 2021, 60: 20253-20258.

[156] Zheng X, Mofarah S S, Cazorla C, et al. Decoupling the impacts of engineering defects and band gap alignment mechanism on the catalytic performance of holey 2D CeO_{2-x}-based heterojunctions[J]. Advanced Functional Materials, 2021, 31: 2103171.

[157] Yang L, Qin H, Dong Z, et al. Metallic S-CoTe with surface reconstruction activated by electrochemical oxidation for oxygen evolution catalysis[J]. Small, 2021, 17: 2102027.

[158] Tao L, Duan X, Wang C, et al. Plasma-engineered MoS_2 thin-film as an efficient electrocatalyst for hydrogen evolution reaction[J]. Chemical Communications, 2015, 51: 7470-7473.

[159] Zhang R, Zhang Y C, Pan L, et al. Engineering cobalt defects in cobalt oxide for highly efficient electrocatalytic oxygen evolution[J]. ACS Catalysis, 2018, 8: 3803-3811.

[160] Li X, Wei J, Li Q, et al. Nitrogen-doped cobalt oxide nanostructures derived from cobalt-alanine complexes for high-performance oxygen evolution reactions[J]. Advanced Functional Materials, 2018, 28: 1800886.

[161] Menezes P W, Indra A, Gutkin V, et al. Boosting electrochemical water oxidation through replacement of O_h Co sites in cobalt oxide spinel with manganese[J]. Chemical Communications, 2017, 53: 8018-8021.

[162] Zhang X, Zhang X, Xu H, et al. Iron-doped cobalt monophosphide nanosheet/carbon nanotube hybrids as active and stable electrocatalysts for water splitting[J]. Advanced Functional Materials, 2017, 27: 1606635.

[163] Xia C, Jiang Q, Zhao C, et al. Selenide-based electrocatalysts and scaffolds for water oxidation applications[J]. Advanced Materials, 2016, 28: 77-85.

[164] Yang C, Wang C, Zhou L, et al. Refining d-band center in $Ni_{0.85}Se$ by Mo doping: A strategy for boosting hydrogen generation via coupling electrocatalytic oxidation 5-hydroxymethylfurfural[J]. Chemical Engineering Journal, 2021, 422: 130125.

[165] Huang X, Song J, Hua M, et al. Enhancing the electrocatalytic activity of CoO for the oxidation of 5-hydroxymethylfurfural by introducing oxygen vacancies[J]. Green Chemistry, 2020, 22: 843-849.

[166] Gao D, Zhang Y, Zhou Z, et al. Enhancing CO_2 electroreduction with the metal-oxide interface[J]. Journal of the American Chemical Society, 2017, 139: 5652-5655.

[167] Fan X, Liu Y, Chen S, et al. Defect-enriched iron fluoride-oxide nanoporous thin films bifunctional catalyst for water splitting[J]. Nature Communications, 2018, 9: 1809.

[168] Lv C, Yan C, Gang C, et al. An amorphous noble-metal-free electrocatalyst that enables nitrogen fixation under ambient conditions[J]. Angewandte Chemie International Edition, 2018, 57: 6354.

[169] Fujishima A, Honda K. Electrochemical photolysis of water at a semiconductor electrode[J]. Nature, 1972, 238: 37-38.

[170] Linsebigler A L, Lu G, Yates J T. Photocatalysis on TiO_2 surfaces: principles, mechanisms, and selected results[J]. Chemical Reviews, 1995, 95: 735-758.

[171] Hisatomi T, Kubota J, Domen K. Recent advances in semiconductors for photocatalytic and photoelectrochemical water splitting[J]. Chemical Society Reviews, 2014, 43: 7520-7535.

[172] Ma Y, Wang X, Jia Y, et al. Titanium dioxide-based nanomaterials for photocatalytic fuel generations[J]. Chemical Reviews, 2014, 114: 9987-10043.

[173] Bai S, Jiang J, Zhang Q, et al. Steering charge kinetics in photocatalysis: Intersection of materials syntheses, characterization

techniques and theoretical simulations[J]. Chemical Society Reviews, 2015, 44: 2893-2939.

[174] Tong H, Ouyang S, Bi Y, et al. Nano-photocatalytic materials: Possibilities and challenges[J]. Advanced Materials, 2012, 24: 229-251.

[175] Yang J, Wang D, Han H, et al. Roles of cocatalysts in photocatalysis and photoelectrocatalysis[J]. Accounts of Chemical Research, 2013, 46: 1900-1909.

[176] Wang H, Zhang L, Chen Z, et al. Semiconductor heterojunction photocatalysts: Design, construction, and photocatalytic performances[J]. Chemical Society Reviews, 2014, 43: 5234-5244.

[177] Qu Y, Duan X. Progress, challenge and perspective of heterogeneous photocatalysts[J]. Chemical Society Reviews, 2013, 42: 2568-2580.

[178] Smith A M, Nie S. Semiconductor nanocrystals: Structure, properties, and band gap engineering[J]. Accounts of Chemical Research, 2010, 43: 190-200.

[179] Bai S, Wang L, Li Z, et al. Facet-engineered surface and interface design of photocatalytic materials[J]. Advanced Science, 2017, 4: 1600216.

[180] Nowotny J, Alim M A, Bak T, et al. Defect chemistry and defect engineering of TiO_2-based semiconductors for solar energy conversion[J]. Chemical Society Reviews, 2015, 44: 8424-8442.

[181] Serpone N, Emeline A V, Ryabchuk V K, et al. Why do hydrogen and oxygen yields from semiconductor-based photocatalyzed water splitting remain disappointingly low? Intrinsic and extrinsic factors impacting surface redox reactions[J]. ACS Energy Letters, 2016, 1: 931-948.

[182] Lordi V, Erhart P, Aberg D. Charge carrier scattering by defects in semiconductors[J]. Physical Review B: Condensed Matter, 2010, 81: 235204.

[183] Zhang H, Cai J, Wang Y, et al. Insights into the effects of surface/bulk defects on photocatalytic hydrogen evolution over TiO_2 with exposed {001} facets[J]. Applied Catalysis B: Environmental, 2018, 220: 126-136.

[184] Ye L, Deng K, Xu F, et al. Increasing visible-light absorption for photocatalysis with black BiOCl[J]. Physical Chemistry Chemical Physics, 2012, 14: 82-85.

[185] Dong F, Xiao X, Jiang G, et al. Surface oxygen-vacancy induced photocatalytic activity of $La(OH)_3$ nanorods prepared by a fast and scalable method[J]. Physical Chemistry Chemical Physics, 2015, 17: 16058-16066.

[186] Li Y, Tang Z, Zhang J, et al. Defect engineering of air-treated WO_3 and its enhanced visible-light-driven photocatalytic and electrochemical performance[J]. The Journal of Physical Chemistry C, 2016, 120: 9750-9763.

[187] Yan J, Wu G, Guan N, et al. Understanding the effect of surface/bulk defects on the photocatalytic activity of TiO_2: Anatase versus rutile[J]. Physical Chemistry Chemical Physics, 2013, 15: 10978-10988.

[188] Li H, Shang J, Ai Z, et al. Efficient visible light nitrogen fixation with BiOBr nanosheets of oxygen vacancies on the exposed {001} facets[J]. Journal of the American Chemical Society, 2015, 137: 6393-6399.

[189] Yin G, Huang X, Chen T, et al. Hydrogenated blue titania for efficient solar to chemical conversions: Preparation, characterization, and reaction mechanism of CO_2 reduction[J]. ACS Catalysis, 2018, 8: 1009-1017.

[190] Hirakawa H, Hashimoto M, Shiraishi Y, et al. Photocatalytic conversion of nitrogen to ammonia with water on surface oxygen vacancies of titanium dioxide[J]. Journal of the American Chemical Society, 2017, 139: 10929-10936.

[191] Li C, Wang T, Zhao Z J, et al. Promoted fixation of molecular nitrogen with surface oxygen vacancies on plasmon-enhanced TiO_2 photoelectrodes[J]. Angewandte Chemie International Edition, 2018, 57: 5278-5282.

[192] Yang J, Guo Y, Jiang R, et al. High-efficiency 'working-in-tandem' nitrogen photofixation achieved by assembling plasmonic gold nanocrystals on ultrathin titania nanosheets[J]. Journal of the American Chemical Society, 2018, 140: 8497-8508.

[193] Wang Z, Mao X, Chen P, et al. Understanding the roles of oxygen vacancies in hematite-based photoelectrochemical processes[J]. Angewandte Chemie International Edition, 2019, 58: 1030-1034.

[194] Wang H, Yong D, Chen S, et al. Oxygen-vacancy-mediated exciton dissociation in BiOBr for boosting charge-carrier-involved molecular oxygen activation[J]. Journal of the American Chemical Society, 2018, 140: 1760-1766.

[195] Hu S, Chen X, Li Q, et al. Effect of sulfur vacancies on the nitrogen photofixation performance of ternary metal sulfide photocatalysts[J]. Catalysis Science & Technology, 2016, 6: 5884-5890.

[196] Xie J, Zhang H, Li S, et al. Defect-rich MoS_2 ultrathin nanosheets with additional active edge sites for enhanced electrocatalytic hydrogen evolution[J]. Advanced Materials, 2013, 25: 5807-5813.

[197] Zheng J, Zhou H, Zou Y, et al. Efficiency and stability of narrow-gap semiconductor-based photoelectrodes[J]. Energy & Environmental Science, 2019, 12: 2345-2374.

[198] Zheng J, Lyu Y, Wang R, et al. Crystalline TiO_2 protective layer with graded oxygen defects for efficient and stable silicon-based photocathode[J]. Nature Communications, 2018, 9: 1-10.

[199] Zheng J, Lyu Y, Xie C, et al. Defect-enhanced charge separation and transfer within protection layer/semiconductor structure of photoanodes[J]. Advanced Materials, 2018, 30: e1801773.

[200] Li H, Zhang L. Oxygen vacancy induced selective silver deposition on the {001} facets of BiOCl single-crystalline nanosheets for enhanced Cr(Ⅵ) and sodium pentachlorophenate removal under visible light[J]. Nanoscale, 2014, 6: 7805-7810.

[201] Zheng Z, Fang Z, Ye X, et al. A visualized probe method for localization of surface oxygen vacancy on TiO_2: Au *in situ* reduction[J]. Nanoscale, 2015, 7: 17488-17495.

[202] Wang S, Pan L, Song J J, et al. Titanium-defected undoped anatase TiO_2 with p-type conductivity, room-temperature ferromagnetism, and remarkable photocatalytic performance[J]. Journal of the American Chemical Society, 2015, 137: 2975-2983.

[203] Pan L, Wang S, Mi W, et al. Undoped ZnO abundant with metal vacancies[J]. Nano Energy, 2014, 9: 71-79.

[204] Penfold T J, Szlachetko J, Santomauro F G, et al. Revealing hole trapping in zinc oxide nanoparticles by time-resolved X-ray spectroscopy[J]. Nature Communications, 2018, 9: 1-9.

[205] Fu X, Wang X, Chen Z, et al. Photocatalytic performance of tetragonal and cubic β-In_2S_3 for the water splitting under visible light irradiation[J]. Applied Catalysis B: Environmental, 2010, 95: 393-399.

[206] Asahi R, Morikawa T, Ohwaki T, et al. Visible-light photocatalysis in nitrogen-doped titanium oxides[J]. Science, 2001, 293: 269-271.

[207] Livraghi S, Paganini M C, Giamello E, et al. Origin of photoactivity of nitrogen-doped titanium dioxide under visible light[J]. Journal of the American Chemical Society, 2006, 128: 15666-15671.

[208] Zhang J, Wu Y, Xing M, et al. Development of modified N doped TiO_2 photocatalyst with metals, nonmetals and metal oxides[J]. Energy & Environmental Science, 2010, 3: 715-726.

[209] Yang G, Jiang Z, Shi H, et al. Preparation of highly visible-light active N-doped TiO_2 photocatalyst[J]. Journal of Materials Chemistry, 2010, 20: 5301-5309.

[210] Xiong Z, Zhao X S. Nitrogen-doped titanate-anatase core-shell nanobelts with exposed {101} anatase facets and enhanced visible light photocatalytic activity[J]. Journal of the American Chemical Society, 2012, 134: 5754-5757.

[211] Liu G, Wang L, Yang H G, et al. Titania-based photocatalysts-crystal growth, doping and heterostructuring[J]. Journal of Materials Chemistry, 2010, 20: 831-843.

[212] Park J H, Kim S, Bard A J. Novel carbon-doped TiO_2 nanotube arrays with high aspect ratios for efficient solar water splitting[J]. Nano Letters, 2006, 6: 24-28.

[213] In S, Orlov A, Berg R, et al. Effective visible light-activated B-doped and B,N-codoped TiO_2 photocatalysts[J]. Journal of the American Chemical Society, 2007, 129: 13790-13791.

[214] Zheng R, Lin L, Xie J, et al. State of doped phosphorus and its influence on the physicochemical and photocatalytic properties of P-doped titania[J]. The Journal of Physical Chemistry C, 2008, 112: 15502-15509.

[215] Periyat P, Pillai S C, McCormack D E, et al. Improved high-temperature stability and sun-light-driven photocatalytic activity of sulfur-doped anatase TiO_2[J]. The Journal of Physical Chemistry C, 2008, 112: 7644-7652.

[216] Liu M, Qiu X, Miyauchi M, et al. Energy-level matching of Fe(Ⅲ) ions grafted at surface and doped in bulk for efficient

visible-light photocatalysts[J]. Journal of the American Chemical Society, 2013, 135: 10064-10072.

[217] Sajjad S, Leghari S A K, Chen F, et al. Bismuth-doped ordered mesoporous TiO$_2$: Visible-light catalyst for simultaneous degradation of phenol and chromium[J]. Chemistry-A European Journal, 2010, 16: 13795-13804.

[218] Li X, Guo Z, He T. The doping mechanism of Cr into TiO$_2$ and its influence on the photocatalytic performance[J]. Physical Chemistry Chemical Physics, 2013, 15: 20037-20045.

[219] Zhuang H, Zhang Y, Chu Z, et al. Synergy of metal and nonmetal dopants for visible-light photocatalysis: A case-study of Sn and N co-doped TiO$_2$[J]. Physical Chemistry Chemical Physics, 2016, 18: 9636-9644.

[220] Ren F Z, Li H Y, Wang Y X, et al. Enhanced photocatalytic oxidation of propylene over V-doped TiO$_2$ photocatalyst: Reaction mechanism between V^{5+} and single-electron-trapped oxygen vacancy[J]. Applied Catalysis, B Environmental: An International Journal Devoted to Catalytic Science and Its Applications, 2015, 176/177: 160-172.

[221] Zhou X, Shi J, Li C. Effect of metal doping on electronic structure and visible light absorption of SrTiO$_3$ and NaTaO$_3$ (Metal = Mn, Fe, and Co) [J]. The Journal of Physical Chemistry C, 2011, 115: 8305-8311.

[222] Ould-Chikh S, Proux O, Afanasiev P, et al. Photocatalysis with chromium-doped TiO$_2$: Bulk and surface doping[J]. ChemSusChem, 2014, 7: 1361-1371.

[223] Tonda S, Kumar S, Kandula S, et al. Fe-doped and -mediated graphitic carbon nitride nanosheets for enhanced photocatalytic performance under natural sunlight[J]. Journal of Materials Chemistry A, 2014, 2: 6772-6780.

[224] Chang M S, Liu S W. Surface doping is more beneficial than bulk doping to the photocatalytic activity of vanadium-doped TiO$_2$[J]. Applied Catalysis B: Environmental, 2011, 101 (3-4): 333-342.

[225] Li S, Zhang L, Jiang T, et al. Construction of shallow surface states through light Ni doping for high-efficiency photocatalytic hydrogen production of CdS nanocrystals[J]. Chemistry-A European Journal, 2014, 20: 311-316.

[226] Feng N, Wang Q, Zheng A, et al. Understanding the high photocatalytic activity of (B, Ag) -codoped TiO$_2$ under solar-light irradiation with XPS, solid-state NMR, and DFT calculations[J]. Journal of the American Chemical Society, 2013, 135: 1607-1616.

[227] Liu G, Zhao Y, Sun C, et al. Synergistic effects of B/N doping on the visible-light photocatalytic activity of mesoporous TiO$_2$[J]. Angewandte Chemie International Edition, 2008, 47: 4516-4520.

[228] Wu Q, Mul G, van de Krol R. Efficient NO adsorption and release at Fe^{3+} sites in Fe/TiO$_2$ nanoparticles[J]. Energy & Environmental Science, 2011, 4: 2140-2144.

[229] Shown I, Samireddi S, Chang Y C, et al. Carbon-doped SnS$_2$ nanostructure as a high-efficiency solar fuel catalyst under visible light[J]. Nature Communications, 2018, 9 (1): 1-10.

[230] Zhang N, Jalil A, Wu D, et al. Refining defect states in W$_{18}$O$_{49}$ by Mo doping: A strategy for tuning N$_2$ activation towards solar-driven nitrogen fixation[J]. Journal of the American Chemical Society, 2018, 140: 9434-9443.

[231] Fan C, Yu S, Qian G, et al. Ultrasonic-induced disorder engineering on ZnO, ZrO$_2$, Fe$_2$O$_3$ and SnO$_2$ nanocrystals[J]. RSC Advances, 2017, 7: 18785-18792.

[232] Sun Y, Sun Z, Gao S, et al. Photoelectrochemical reactions: All-surface-atomic-metal chalcogenide sheets for high-efficiency visible-light photoelectrochemical water splitting[J]. Advanced Energy Materials, 2014, 4: 1300611.

[233] Cheng M, Xiao C, Xie Y. Photocatalytic nitrogen fixation: The role of defects in photocatalysts[J]. Journal of Materials Chemistry A, 2019, 7: 19616-19633.

[234] Sun X, Huang H, Zhao Q, et al. Thin-layered photocatalysts[J]. Advanced Functional Materials, 2020, 30: 1910005.

[235] Chen J, Wu X J, Yin L, et al. One-pot synthesis of CdS nanocrystals hybridized with single-layer transition-metal dichalcogenide nanosheets for efficient photocatalytic hydrogen evolution[J]. Angewandte Chemie International Edition, 2015, 127 (4): 1226-1230.

[236] Liu M, Jing D, Zhou Z, et al. Twin-induced one-dimensional homojunctions yield high quantum efficiency for solar hydrogen generation[J]. Nature Communications, 2013, 4: 2278.

[237] Wang X, Xu Q, Li M, et al. Photocatalytic overall water splitting promoted by an α-β phase junction on Ga$_2$O$_3$[J].

Angewandte Chemie International Edition, 2012, 124 (52): 13266-13269.

[238] Xing P, Chen P, Chen Z, et al. Novel ternary MoS$_2$/C-ZnO composite with efficient performance in photocatalytic NH$_3$ synthesis under simulated sunlight[J]. ACS Sustainable Chemistry & Engineering, 2018, 6: 14866-14879.

[239] Liu Y, Cheng M, He Z, et al. Pothole-rich ultrathin WO$_3$ nanosheets that trigger N≡N bond activation of nitrogen for direct nitrate photosynthesis[J]. Angewandte Chemie International Edition, 2019, 58: 731-735.

[240] Wang Y, Feng C, Min Z, et al. Visible light active N-doped TiO$_2$ prepared from different precursors: origin of the visible light absorption and photoactivity[J]. Applied Catalysis B: Environmental, 2011, 104: 268-274.

[241] Yan W, Feng C, Min Z, et al. Enhanced visible light photocatalytic activity of N-doped TiO$_2$ in relation to single-electron-trapped oxygen vacancy and doped-nitrogen[J]. Applied Catalysis B: Environmental, 2010, 100: 84-90.

[242] Fang Z, Weng S, Ye X, et al. Defect engineering and phase junction architecture of wide-bandgap ZnS for conflicting visible light activity in photocatalytic H$_2$ evolution[J]. ACS Applied Materials & Interfaces, 2015, 7: 13915-13924.

[243] Xiao Y, Feng C, Fu J, et al. Band structure engineering and defect control of Ta$_3$N$_5$ for efficient photoelectrochemical water oxidation[J]. Nature Catalysis, 2020, 3: 932-940.

[244] Zhao Y, Gao W, Li S, et al. Solar-versus thermal-driven catalysis for energy conversion[J]. Joule, 2019, 3: 920-937.

[245] Chen J G, Crooks R M, Seefeldt L C, et al. Beyond fossil fuel-driven nitrogen transformations[J]. Science, 2018, 360: eaar6611.

[246] Yao S, Zhang X, Zhou W, et al. Atomic-layered Au clusters on MoC as catalysts for the low-temperature water-gas shift reaction[J]. Science, 2017, 357: 389-393.

[247] Jeong D W, Jang W J, Shim J O, et al. Low-temperature water-gas shift reaction over supported Cu catalysts[J]. Renewable Energy, 2014, 65: 102-107.

[248] Chen C, Ruan C, Zhan Y, et al. The significant role of oxygen vacancy in Cu/ZrO$_2$ catalyst for enhancing water-gas-shift performance[J]. International Journal of Hydrogen Energy, 2014, 39: 317-324.

[249] Ets A, Uo A, Xrt A, et al. Bimetallic Ni-Cu catalyst supported on CeO$_2$ for high-temperature water-gas shift reaction: Methane suppression via enhanced CO adsorption[J]. Journal of Catalysis, 2014, 314: 32-46.

[250] Lin J H, Guliants V V. Alumina-supported Cu@Ni and Ni@Cu core-shell nanoparticles: Synthesis, characterization, and catalytic activity in water-gas-shift reaction[J]. Applied Catalysis A General, 2012, 445-446: 187-194.

[251] Farmer J A, Campbell C T. Ceria maintains smaller metal catalyst particles by strong metal-support bonding[J]. Science, 2010, 329: 933-936.

[252] Wahlström E, Lopez N, Schaub R, et al. Bonding of gold nanoclusters to oxygen vacancies on rutile TiO$_2$[J]. Physical Review Letters, 2003, 90: 026101.

[253] Li Z, Ji S, Liu Y, et al. Well-defined materials for heterogeneous catalysis: From nanoparticles to iIsolated single-atom sites[J]. Chemical Reviews, 2019, 120: 623-682.

[254] Takeguchi T, Furukawa S N, Inoue M, et al. Autothermal reforming of methane over Ni catalysts supported over CaO-CeO$_2$-ZrO$_2$ solid solution[J]. Applied Catalysis A: General, 2003, 240: 223-233.

[255] Zhang J, Wu X, Cheong W C, et al. Cation vacancy stabilization of single-atomic-site Pt$_1$/Ni(OH)$_x$ catalyst for diboration of alkynes and alkenes[J]. Nature Communications, 2018, 9: 1002.

[256] Wan J, Chen W, Jia C, et al. Defect effects on TiO$_2$ nanosheets: Stabilizing single atomic site Au and promoting catalytic properties[J]. Advanced Materials, 2018, 30: 1705369.

[257] Nie L, Mei D, Xiong H, et al. Activation of surface lattice oxygen in single-atom Pt/CeO$_2$ for low-temperature CO oxidation[J]. Science, 2017, 358: 1419-1423.

[258] Nestler F, Krüger M, Full J, et al. Methanol synthesis-industrial challenges within a changing raw material landscape[J]. Chemie Ingenieur Technik, 2018, 90: 1409-1418.

[259] Grunwaldt J D, Molenbroek A M, Topse N Y, et al. *In situ* investigations of structural changes in Cu/ZnO catalysts[J]. Journal of Catalysis, 2000, 194: 452-460.

[260] van den Berg R, Prieto G, Korpershoek G, et al. Structure sensitivity of Cu and CuZn catalysts relevant to industrial methanol synthesis[J]. Nature Communications, 2016, 7: 13057.

[261] Kasatkin I, Kurr P, Kniep B, et al. Role of lattice strain and defects in copper particles on the activity of Cu/ZnO/Al$_2$O$_3$ catalysts for methanol synthesis[J]. Angewandte Chemie International Edition, 2007, 46: 7324-7327.

[262] Behrens M, Studt F, Kasatkin I, et al. The active site of methanol synthesis over Cu/ZnO/Al$_2$O$_3$ industrial catalysts[J]. Science, 2012, 336: 893-897.

[263] Qi J, Chen J, Li G, et al. Facile synthesis of core-shell Au@CeO$_2$ nanocomposites with remarkably enhanced catalytic activity for CO oxidation[J]. Energy & Environmental Science, 2012, 5: 8937-8941.

[264] Bonanni S, Aït-Mansour K, Harbich W, et al. Effect of the TiO$_2$ reduction state on the catalytic CO oxidation on deposited size-selected Pt clusters[J]. Journal of the American Chemical Society, 2012, 134: 3445-3450.

[265] Qiao B, Wang A, Yang X, et al. Single-atom catalysis of CO oxidation using Pt$_1$/FeO$_x$[J]. Nature Chemistry, 2011, 3: 634-641.

[266] Pu Z Y, Liu X S, Jia A P, et al. Enhanced activity for CO oxidation over Pr- and Cu-doped CeO$_2$ catalysts: Effect of oxygen vacancies[J]. The Journal of Physical Chemistry C, 2008, 112: 15045-15051.

[267] Guo Z, Liu B, Zhang Q, et al. Recent advances in heterogeneous selective oxidation catalysis for sustainable chemistry[J]. Chemical Society Reviews, 2014, 43: 3480-3524.

[268] Sinev M Y. Free radicals in catalytic oxidation of light alkanes: Kinetic and thermochemical aspects[J]. Journal of Catalysis, 2003, 216: 468-476.

[269] Sinev M Y, Fattakhova Z T, Lomonosov V I, et al. Kinetics of oxidative coupling of methane: Bridging the gap between comprehension and description[J]. Journal of Natural Gas Chemistry, 2009, 018: 273-287.

[270] Zavyalova U, Holena M, Schlögl R, et al. Statistical analysis of past catalytic data on oxidative methane coupling for new insights into the composition of high-performance catalysts[J]. ChemCatChem, 2011, 3: 1935-1947.

[271] Liu H, Wei Y, Caro J, et al. Oxidative coupling of methane with high C$_2$ yield by using chlorinated perovskite Ba$_{0.5}$Sr$_{0.5}$Fe$_{0.2}$Co$_{0.8}$O$_{3-\delta}$ as catalyst and N$_2$O as oxidant[J]. ChemCatChem, 2010, 2: 1539-1542.

[272] Li G, Li N, Sun Y, et al. Efficient defect engineering in Co-Mn binary oxides for low-temperature propane oxidation[J]. Applied Catalysis B: Environmental, 2021, 282: 119512.

[273] Wu M, Li W, Zhang X, et al. Penta-coordinated Al^{3+} stabilized defect-rich ceria on Al$_2$O$_3$ supported palladium catalysts for lean methane oxidation[J]. ChemCatChem, 2021, 13: 3490-3500.

[274] Li Z, Dong X, Zhang M, et al. Selective hydrogenation on a highly active single-atom catalyst of palladium dispersed on ceria nanorods by defect engineering[J]. ACS Applied Materials & Interfaces, 2020, 12: 57569-57577.

[275] Vilé G, Bridier B, Wichert J, et al. Ceria in hydrogenation catalysis: High selectivity in the conversion of alkynes to olefins[J]. Angewandte Chemie International Edition, 2012, 51: 8620-8623.

[276] Vilé G, Wrabetz S, Floryan L, et al. Stereo- and Chemoselective character of supported CeO$_2$ catalysts for continuous-flow three-phase alkyne hydrogenation[J]. ChemCatChem, 2014, 6: 1928-1934.

[277] Carrasco J, Vilé G, Fernández-Torre D, et al. Molecular-level understanding of CeO$_2$ as a catalyst for partial alkyne hydrogenation[J]. The Journal of Physical Chemistry C, 2014, 118(10), 5352-5360.

[278] Riley C, Zhou S, Kunwar D, et al. Design of effective catalysts for selective alkyne hydrogenation by doping of ceria with a single-atom promotor[J]. Journal of the American Chemical Society, 2018, 140: 12964-12973.

[279] Albani D, Capdevila-Cortada M, Vilé G, et al. Semihydrogenation of acetylene on indium oxide: Proposed single-ensemble catalysis[J]. Angewandte Chemie International Edition, 2017, 56: 10755-10760.

[280] Tejeda-Serrano M, Cabrero-Antonino J R, Mainar-Ruiz V, et al. Synthesis of supported planar iron oxide nanoparticles and their chemo- and stereoselectivity for hydrogenation of alkynes[J]. ACS Catalysis, 2017, 7: 3721-3729.

[281] Song J J, Huang Z F, Pan L, et al. Review on selective hydrogenation of nitroarene by catalytic, photocatalytic and electrocatalytic reactions[J]. Applied Catalysis B: Environmental, 2018, 227: 386-408.

[282] Corma A, Serna P, Concepción P, et al. Transforming nonselective into chemoselective metal catalysts for the hydrogenation

of substituted nitroaromatics[J]. Journal of the American Chemical Society, 2008, 130: 8748-8753.

[283] Corma A, Concepción P, Serna P. A different reaction pathway for the reduction of aromatic nitro compounds on gold catalysts[J]. Angewandte Chemie International Edition, 2007, 46: 7266-7269.

[284] Boronat M, Concepción P, Corma A, et al. A molecular mechanism for the chemoselective hydrogenation of substituted nitroaromatics with nanoparticles of gold on TiO_2 catalysts: A cooperative effect between gold and the support[J]. Journal of the American Chemical Society, 2007, 129: 16230-16237.

[285] Westerhaus F A, Jagadeesh R V, Wienhöfer G, et al. Heterogenized cobalt oxide catalysts for nitroarene reduction by pyrolysis of molecularly defined complexes[J]. Nature Chemistry, 2013, 5: 537-543.

[286] Jagadeesh R V, Surkus A, Junge H, et al. Nanoscale Fe_2O_3-based catalysts for selective hydrogenation of nitroarenes to anilines[J]. Science, 2013, 342: 1073-1076.

[287] Corma A, Serna P. Chemoselective hydrogenation of nitro compounds with supported gold catalysts[J]. Science, 2006, 313: 332-334.

[288] Huang Z F, Song J, Pan L, et al. Mesoporous $W_{18}O_{49}$ hollow spheres as highly active photocatalysts[J]. Chemical Communications, 2014, 50: 10959-10962.

[289] Song J, Huang Z F, Pan L, et al. Oxygen-deficient tungsten oxide as versatile and efficient hydrogenation catalyst[J]. ACS Catalysis, 2015, 5: 6594-6599.

[290] Sun Y, Darling A J, Li Y, et al. Defect-mediated selective hydrogenation of nitroarenes on nanostructured WS_2[J]. Chemical Science, 2019, 10: 10310-10317.

[291] Niu H, Lu J, Song J, et al. Iron oxide as a catalyst for nitroarene hydrogenation: Important role of oxygen vacancies[J]. Industrial & Engineering Chemistry Research, 2016, 55: 8527-8533.

[292] Jo D Y, Lee M W, Ham H C, et al. Role of the Zn atomic arrangements in enhancing the activity and stability of the kinked $Cu(211)$ site in CH_3OH production by CO_2 hydrogenation and dissociation: First-principles microkinetic modeling study[J]. Journal of Catalysis, 2019, 373: 336-350.

[293] Gogate M R. Methanol synthesis revisited: The nature of the active site of Cu in industrial $Cu/ZnO/Al_2O_3$ catalyst and Cu-Zn synergy[J]. Petroleum Science and Technology, 2019, 37: 671-678.

[294] Sheng Y, Zeng H C. Structured assemblages of single-walled 3D transition metal silicate nanotubes as precursors for composition-tailorable catalysts[J]. Chemistry of Materials, 2015, 27: 658-667.

[295] Malik A S, Zaman S F, Al-Zahrani A A, et al. Development of highly selective $PdZn/CeO_2$ and Ca-doped $PdZn/CeO_2$ catalysts for methanol synthesis from CO_2 hydrogenation[J]. Applied Catalysis A: General, 2018, 560: 42-53.

[296] Yan B H, Wu Q Y, Cen J J, et al. Highly active subnanometer Rh clusters derived from Rh-doped $SrTiO_3$ for CO_2 reduction[J]. Applied Catalysis B: Environmental, 2018, 237: 1003-1011.

[297] Chen Z, Liang L, Yuan H, et al. Reciprocal regulation between support defects and strong metal-support interactions for highly efficient reverse water gas shift reaction over Pt/TiO_2 nanosheets catalysts[J]. Applied Catalysis B: Environmental, 2021, 298: 120507.

[298] Lu Y, Kang L, Guo D, et al. Double-site doping of a V promoter on Ni_x-V-MgAl catalysts for the DRM reaction: Simultaneous effect on CH_4 and CO_2 activation[J]. ACS Catalysis, 2021, 11: 8749-8765.

[399] Hu J, Yu L, Deng J, et al. Sulfur vacancy-rich MoS_2 as a catalyst for the hydrogenation of CO_2 to methanol[J]. Nature Catalysis, 2021, 4: 242-250.

[300] Chen A, Yu X, Zhou Y, et al. Structure of the catalytically active copper–ceria interfacial perimeter[J]. Nature Catalysis. 2019, 2, 334-341.

[301] Kaylor N, Davis R J. Propane dehydrogenation over supported Pt-Sn nanoparticles[J]. Journal of Catalysis, 2018, 367: 181-193.

[302] Yu S, Li X, Xin R, et al. Influence of support on the catalytic properties of Pt-Sn-K/θ-Al_2O_3 for propane dehydrogenation[J]. RSC Advances, 2017, 7: 19841-19848.

[303] Bocanegra S A, Castro A A, Guerrero-Ruíz A, et al. Characteristics of the metallic phase of Pt/Al$_2$O$_3$ and Na-doped Pt/Al$_2$O$_3$ catalysts for light paraffins dehydrogenation[J]. Chemical Engineering Journal, 2006, 118: 161-166.

[304] Casella M L, Siri G J, Santori G F, et al. Surface characterization of Li-modified platinum/Ti$_n$ catalysts for isobutane dehydrogenation[J]. Langmuir, 2000, 16: 5639-5643.

[305] Siri G J, Bertolini G R, Casella M L, et al. PtSn/γ-Al$_2$O$_3$ isobutane dehydrogenation catalysts: The effect of alkaline metals addition[J]. Materials Letters, 2005, 59: 2319-2324.

[306] Rioux R M, Song H, Hoefelmeyer J D, et al. High-surface-area catalyst design: Synthesis, characterization, and reaction studies of platinum nanoparticles in mesoporous SBA-15 silica[J]. The Journal of Physical Chemistry B, 2005, 109: 2192-2202.

[307] Song H, Rioux R M, Hoefelmeyer J D, et al. Hydrothermal growth of mesoporous SBA-15 silica in the presence of PVP-stabilized Pt nanoparticles: Synthesis, characterization, and catalytic properties[J]. Journal of the American Chemical Society, 2006, 128: 3027-3037.

[308] Yang M L, Zhu Y A, Fan C, et al. DFT study of propane dehydrogenation on Pt catalyst: Effects of step sites[J]. Physical Chemistry Chemical Physics, 2011, 13: 3257-3267.

[309] Bocanegra S A, Guerrero-Ruiz A, Miguel S, et al. Performance of PtSn catalysts supported on MAl$_2$O$_4$（M: Mg or Zn）in n-butane dehydrogenation: Characterization of the metallic phase[J]. Applied Catalysis A General, 2004, 277: 11-22.

[310] Lai Y L, He S B, Li X R, et al. Dehydrogenation of n-dodecane over Pt Sn/MgAlO catalysts: Investigating the catalyst performance while monitoring the products[J]. Applied Catalysis A: General, 2014, 469: 74-80.

[311] Frey F E, Huppke W F. Equilibrium dehydrogenation of ethane, propane, and the butanes[J]. Indengchem, 2002, 25: 54-59.

[312] Pérez-Reina F J, Rodríguez-Castellón E, Jiménez-López A. Dehydrogenation of propane over chromia-pillared zirconium phosphate catalysts[J]. Langmuir, 1999, 15: 8421-8428.

[313] Weckhuysen B M, Bensalem A, Schoonheydt R A. *In situ* UV–VIS diffuse reflectance spectroscopy–on-line activity measurements significance of Cr$^+$ species（n = 2, 3 and 6）in n-butane dehydrogenation catalyzed by supported chromium oxide catalysts[J]. Journal of the Chemical Society, Faraday Transactions, 1998, 94: 2011-2014.

[314] Weckhuysen B M, An A V, Debaere J, et al. *In-situ* UV-VIS diffuse reflectance spectroscopy - on line activity measurements of supported chromium oxide catalysts: Relating isobutane dehydrogenation activity with Cr-speciation via experimental design[J]. Journal of Molecular Catalysis A Chemical, 2000, 151: 115-131.

[315] Zhang Y, Yang S, Lu J, et al. Effect of a Ce promoter on nonoxidative dehydrogenation of propane over the commercial Cr/Al$_2$O$_3$ catalyst[J]. Industrial & Engineering Chemistry Research, 2019, 58: 19818-19824.

[316] Zhang Y, Zhao Y, Otroshchenko T, et al. Control of coordinatively unsaturated Zr sites in ZrO$_2$ for efficient C—H bond activation[J]. Nature Communications, 2018, 9: 3794.

第6章　金属有机配位化合物缺陷与催化

6.1　引　　言

金属有机配合物在多类化学反应过程中扮演高效催化剂角色。一方面，相比于金属单质、金属化合物或碳基材料，金属有机配合物具有活性位点分布均一、电子结构可调且金属中心以单原子或团簇尺度存在等优势而受到研究者的广泛关注。另一方面，凭借其结构的均一性，该类材料十分适合作为模型分子对催化机理进行深入探究。与此同时，在配合物材料中引入缺陷是实际应用过程中对催化剂处理的常见手段，对于催化活性的提升具有重要意义。在本章中，笔者将从金属有机配合物材料的组成和分类入手，着重介绍在该类材料中引入缺陷的类型与方法，最后通过其在部分常见电催化和热催化应用中的举例，加深读者对配合物材料缺陷工程的理解，为该类材料的进一步开发应用提供理论基础。

6.1.1　金属有机配合物的定义与组成

金属有机配合物材料作为催化剂，近年来广泛用于电催化、光(电)催化、热催化等领域。此外，其在元素分析和分离、药物载体、纳米技术和分子器件等诸多方向均有涉及。这一类材料是由中心金属原子或离子通过配位键的形式与周围分子或离子完全或部分相结合而形成的分子、生物大分子或超分子。中国化学会在1980年公布的《无机化学命名原则》中，将金属有机配位化合物(配合物)定义为：具有接受电子的原子或离子(中心体)与可以给出孤对电子或多个不定域电子的离子或分子(配体)按一定的组成和空间构型所形成的物种称为配位个体，含有配位个体的化合物称为配合物。由此可以得出，金属有机配位材料主要包含如下特征。

(1)中心体(原子或离子)拥有空的价电子轨道。

(2)配体(分子或离子)含有孤对电子。

(3)金属中心体与配体二者构成了配合物的内层(inner sphere)，在对其进行研究时，既要考虑到中心体与配体的组成，又要考查内层的空间构型。

与内层相对，与金属中心体联系较为松弛的配体所处位置称为外层(outer sphere)。例如 $CoCl_3 \cdot 6NH_3$，与 Co^{3+} 直接相连的为 NH_3，处于内层，而 Cl^- 则处于外层。故为了区别内层与外层，在书写配合物化学式时，将内层中心原子和配体置于括号内，平衡电荷的离子或中性分子置于括号外。因此 $CoCl_3 \cdot 6NH_3$ 的真实化学式为 $[Co(NH_3)_6]Cl_3$。对于某些特定配合物，其内层不带电荷，因此无外层结构。如图6.1所示，配合物按照其组成可分为中心体、配体和配位数，详细介绍如下。

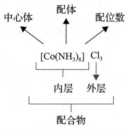

图 6.1　配合物的组成

1. 中心体

中心体也称为配合物的形成体，是具有空轨道与配体的孤对电子相结合的原子或离子。其可以是金属原子，也可以是带正电的阳离子或高氧化值的非金属元素。

2. 配体

为中心体提供孤对电子的分子或离子称为配体。一般而言，配体在参与成键时至少会提供一个电子。配体扮演路易斯碱的角色。但在少数情况中配体接受电子，充当路易斯酸。

配体中能提供孤对电子直接与中心原子形成配位键的原子称为配位原子，如 CO 中的 C 等。配位原子的最外电子层都有孤对电子，常见的是电负性较大的非金属元素的原子，如 N、O、C、S 及卤素等。

按配体中配位原子的多少，可将配体分为单齿配体和多齿配体。

单齿配体：一个配体中只有一个配位原子的配体，如 NH_3、H_2O 等。

多齿配体：一个配体中有两个或两个以上配位原子的配体。

例如，二亚乙基三胺（DEN）：

$$H_2N\diagdown\diagup N \diagdown\diagup NH_2$$
$$\qquad\qquad\quad |$$
$$\qquad\qquad\quad H$$

乙二胺四乙酸（EDTA）：

3. 配位数

配位数是指中心体（原子或离子）周围的配位原子个数，是中心离子的重要特征。配位数通常为 2～8，也有高达 10 以上的。

同一中心原子不同氧化态可呈现出不同的配位数。例如，Pt^{2+} 的配位数为 4，而 Pt^{4+} 的配位数为 6。

同一中心原子与不同的配体进行配位，或与相同配体但浓度不同的情况下都有可能表现出不同的配位数。

6.1.2 金属有机配位材料的分类

1. 简单配合物

由单齿配体与中心体直接配位形成的配合物，如 $[Ag(NH_3)_2]Cl$、$[PtCl_2(NH_3)_2]$ 等。

2. 螯合物

由多齿配体与中心离子结合而成的具有环状结构的配合物。例如，金属中心与 EDTA 形成的螯合物。螯合物中含有一个或多个多齿配体，因此比简单配合物具有更高的稳定性。

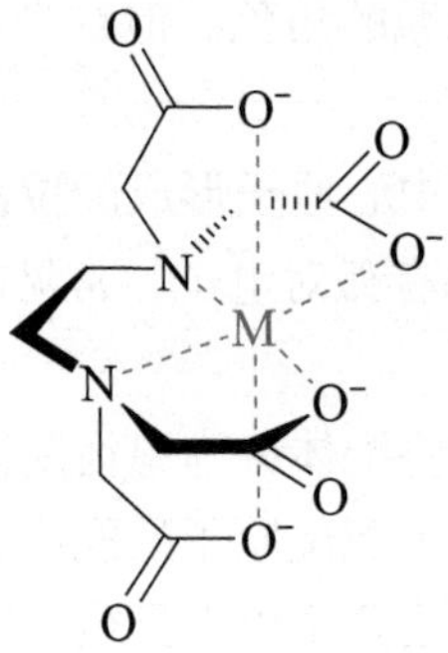

3. 多核配合物

配合物的内界中含有两个或两个以上中心离子或原子，且各中心离子或原子间通过"桥接"的原子相连。例如：

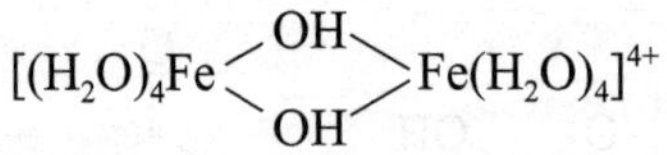

$$[(H_2O)_4Fe\diagdown{}_{OH}^{OH}\diagup Fe(H_2O)_4]^{4+}$$

其中，2 个金属 Fe 中心通过 OH^- 相连，其中的"桥"可用"μ"代替，因此可对此配合物命名为 μ-二羟基八水合二铁（Ⅲ）。

4. 原子簇化合物

原子簇化合物简称簇合物，是配位化合物中的重要组成之一。与多核配合物一样，分子中含有两个以上金属原子，但区别在于原子簇化合物中金属原子之间直接键合形成金属-金属键（简写为 M-M 键），并同时与配体分子以配位键形式连接，是具有多面体结构的多核配位化合物。在元素周期表中，第 2、第 3 过渡元素较易形成簇合物，同种金属处于较低氧化态时（Ⅱ、Ⅰ、0 或负值）较易形成簇合物。簇合物可分为：碳基簇和非碳基簇；同核簇和异核簇；低核簇和高核簇。簇合物具有特殊催化活性、生物活性和导电性能。

5. 多酸型配合物

多酸型配合物又称多金属氧酸盐(polyoxometallate)化合物，是由前过渡金属离子通过氧连接而形成的一类多金属氧簇化合物。主要是高价态的前过渡金属(主要指钒、铌、钽、钼、钨)形成金属-氧簇阴离子的配位。多酸中含有相同酸根的称为同多酸，含有不同酸根的称为杂多酸，如 Mo 的杂多酸配阴离子都是以 MoO_6 八面体单元公用边和公用角相连，最熟知的有 5～18 个二价钼原子围绕在一个或一个以上的中心原子周围，如 $[PMo_{12}O_{40}]^{3-}$、$[AsMo_{18}O_{62}]^{6-}$、$[PMo_{10}V_2O_{40}]^{5-}$ [其中 P(V)、As(V)、V(V) 为中心原子]。杂多酸是高效催化剂，广泛用于石油化工和有机合成反应中。

6. 大环配合物

大环配合物也是由多齿配体与金属离子键合形成，不同于螯合物，大环配合物的金属离子位于配体环的空腔中。以卟啉环和酞菁环(Pc)较为常见，用作非均相电(光电)催化剂。卟啉和酞菁大环配体的结构如下所示：

在自然界中，卟啉铁(Ⅱ)为血红蛋白的活性成分，在血液中运输氧；卟啉镁(Ⅱ)为叶绿素的主要功能物质。

7. 金属有机配位聚合物

配位聚合物即在一维、二维或三维上通过配体实现重复的金属有机配合物。金属有机配位聚合物以金属有机框架结构为代表，是近年来受到广泛关注的明星材料。MOFs 中金属中心以离子或簇的形式与有机配体相连，具有大比表面积(最高可达 7000 m²/g)、高孔隙率、低密度、孔径可调及拓扑结构多样性和可裁剪性等优点，在各类催化过程中均有广泛应用。

6.2　缺陷型金属有机配合物

6.2.1　金属有机配合物的缺陷工程及其可控制备

在催化过程中，反应物和中间体在催化活性位点进行有效吸附并转化，最终实现产物脱附。因此，催化活性位点对反应的顺利进行起到至关重要的作用。正如本书其他章节所述，通过缺陷工程手段对材料催化活性位点的数量及本征催化活性进行调节，是实现催化剂高活性的有效途径。基于此，各类金属有机配合物在应用于催化过程时，常通过多种手段实现活性位附近缺陷的引入，常见方法如下。

1. 配位数调控

对于金属有机配合物催化剂，催化活性中心大多位于金属中心，因其原子外具有空的价电子轨道，可与反应物分子进行高强度的结合。但配合物中金属中心原子、离子或簇已配位键合有机配体，高配位数情况下金属中心难以与反应物实现相互作用，因此导致催化反应过程缓慢的动力学特征。研究表明，与配位饱和的金属中心相比，具有不饱和配位的金属外层 3d 轨道的 e_g 占据态将发生改变，实现催化剂与中间体相互作用的优化[1]。当不饱和的金属空位形成后，金属中心趋向于发生氧化，从而导致以金属中心为催化活性位的电荷分布发生改变，如图 6.2 所示。研究者将金属有机框架 ZIF-67 进行刻蚀处理，脱去部分配体后，金属中心和剩余配体电荷分布发生明显变化，当配位数由起初的 4 变为 3 或者 2 时，金属中心电荷从原始的+0.8e 分别降为+0.73e 和+0.33e。改变的电荷密度将有利于改善金属中心在催化过程中对反应物和中间体的吸附特性[2]。

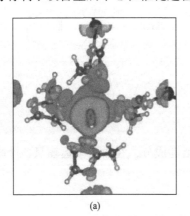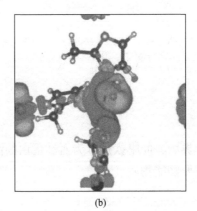

(a)　　　　　　　　　　(b)

图 6.2　配位不饱和 ZIF-67 中 ZIF-67-4N(a)和 ZIF-67-3N(b)金属钴位点吸附羟基后的电荷分布
(扫码见彩图)

ZIF 为金属有机骨架中的一种——沸石咪唑酯骨架

虽然通过降低金属中心配位数，制造不饱和金属配位可为催化反应提供更多活性位点，以及改变活性中心电子特性从而促进催化反应发生，但这并不意味着降低配位是提升金属有机配合物催化剂活性的唯一途径。与此策略相对，通过增加配位数有时同样可以实现催化活性的提升。例如，国家纳米科学中心唐志勇教授团队的研究发现，在卟啉钴（Ⅱ）平面构型的轴向上对金属中心进行额外的吡啶分子配位后，金属中心的平均配位数由 4 提升至 5.5。由于吡啶分子的引入，使该配位材料中最高占据分子轨道中金属钴的 dz^2 能级在整个轨道中的占比明显提升，因此更容易实现该轨道能级的填充状态，从而促进电荷从金属钴中心到反应物的转移，进而实现催化反应的高效进行[3]。另外，Hod 课题组在金属有机框架 UIO-66（一种以 Zr 为金属中心，对苯二甲酸为有机配体的刚性金属有机骨架材料）中锚定的卟啉铁的轴向上进一步配位 2-甲基咪唑分子（图 6.3），增强了相邻卟啉铁催化中心间的电荷跃迁动力学，从而调控卟啉铁中 $Fe^{2+/3+}$ 的形成电位，增强了材料在电催化氧还原过程中的催化电流，降低过电势，增强催化活性[4]。

　　虽然金属有机配合物的配位数无论增加或减少均可能增强催化活性，但针对具体的反应类型需具体综合分析所使用策略的可行性。那么，金属有机配合物催化剂的配位数调控常见的方法有哪些？在此，笔者列举常见的几种进行有效调控配合物配位数的方法。

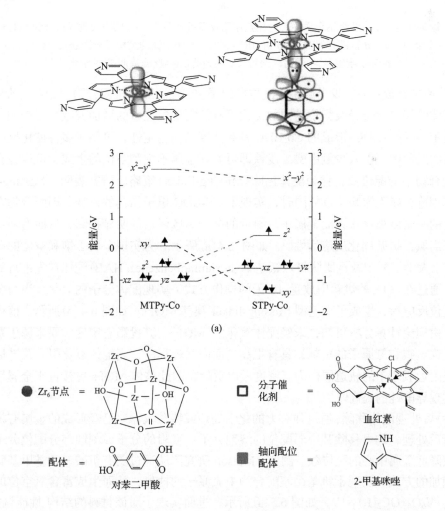

(a)

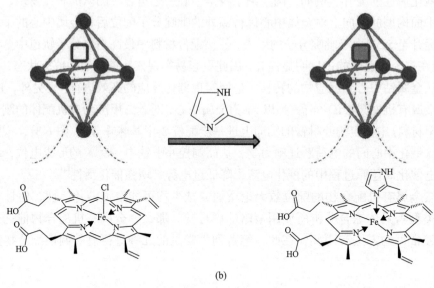

(b)

图 6.3　轴向吡啶分子与卟啉钴金属中心的相互作用及通过金属中心的 L-边吸收峰拟合的 MTPy-Co 与 STPy-Co 中金属中心 3d 轨道分裂对比 (a) 和 UIO-66 中锚定卟啉铁的结构示意图 (b)；MTPy-Co 为分子的四(4-吡啶基)卟啉钴；STPy-Co 为超薄四(4-吡啶基)卟啉钴纳米片

（1）原位合成：为实现金属中心配位数的调控，在金属有机配合物初始合成阶段，通过对配体的特异性选择及配位基团的优化可有效实现配位数的增加或减少。例如，金属钴与对苯二甲酸(BDC)形成的 Co-BDC 具有高度结构稳定性，可用于多种催化反应。在其制备的过程中，引入少量甲酸二茂铁即可实现金属不饱和空位的生成，该途径有效降低了配合物中的配位数，称为配体消除(Missing-linker)策略。研究表明，Missing-linker 策略在创造金属不饱和位点的同时，实现了 Co-BDC 电子结构的改变，即配合物在费米能级处的态密度被优化，而金属中心附近的电子离域函数值明显提高，从而增强钴中心的电子离域，提升催化反应活性[5]，如图 6.4(a) 所示。为实现金属不饱和空位的有效构筑，南京大学丁梦宁教授团队将六氨基苯(hexaminobenzene，HAB)配体首先进行氧化预处理，通过在 30℃的烘箱中放置 10 天的操作方式，实现配体分子的氧化，当与金属镍进行配位反应后，生成了无定型 Missing-linker 镍基 MOFs，如图 6.4(b) 所示。值得注意的是，由理论计算分析可知，未经配体氧化的 MOFs，其投影态密度主要来源于费米能级附近镍、碳和氮原子的贡献，具有很高的面内共轭程度，当配体氧化引入羟基后，费米能级附近氧原子的轨道同样为态密度做出贡献，因此整体 MOFs 更接近于金属性质，从而实现导电性的提高[6]。

（2）后处理配体移除：通过强有力的化学处理或特殊仪器对已经形成的金属有机配合物进行后处理，均可移除其中弱配位的溶剂分子、吸附的分子或刻蚀部分配位分子，从而有效降低金属中心的配位数。例如，Matson 研究团队通过弱有机酸三乙基甲基胺四氟硼酸滴加的方式，实现了钒基团簇配合物中氧原子的抽离，从而生成富含氧空位的氧化钒团簇 $[V_6O_6(OC_2H_5)_{12}]^{1-}$，如图 6.5(a) 所示，进而实现了对该材料的结构-性能调控[7]。

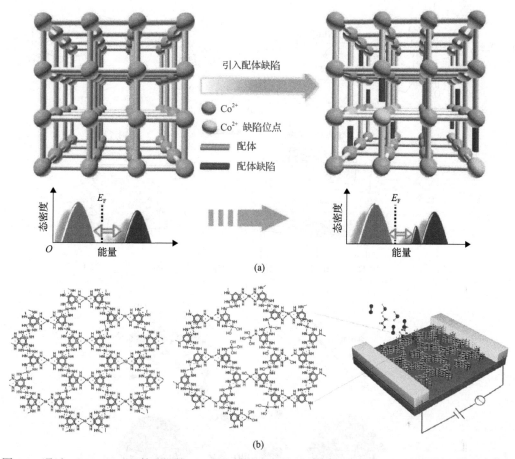

图 6.4　通过 Missing-linker 策略调控 Co-BDC 金属中心的电子结构(a)和 Ni-HAB 的晶体结构及组装的器件示意图(b)(扫码见彩图)

另外，等离子技术被认为是实现材料表面刻蚀的有力工具，将其用于对配位化合物材料进行后处理，可快速实现配体的部分剥离。由于等离子体氛围下高能电子的轰击，可打破金属中心与配位间的配位键，从而构筑金属不饱和空位(悬键、配体空位等)，降低配位数。Chen 团队利用氩气氛围下的辉光放电等离子体技术对 MOFs 材料 MIL-101 进行室温处理制造缺陷，赋予该 Fe-MOF 负的 Zeta 电位及更高的比表面积，从而有利于有机污染物的处理[8]，如图 6.5(b)所示。与其相似，Tao 等利用氩气氛围的介质阻挡放电(dielectric barrier discharge, DBD)等离子体对已合成的 ZIF-67 进行室温处理，刻蚀配体形成金属不饱和配位，进而使该位点作为催化活性中心催化氧析出反应的发生[2]，如图 6.5(c)所示。澳大利亚昆士兰大学的朱中华团队进一步采用微波-等离子联用技术，分别使用氢气和氩气作为载气，对金属钴基的 MOFs(Co-MOF-74)进行处理，诱导产生大量的配体空位及金属不饱和缺陷(CUMSs)，从而实现 Co-MOF-74 电催化性能的提高[9]，如图 6.5(d)所示。

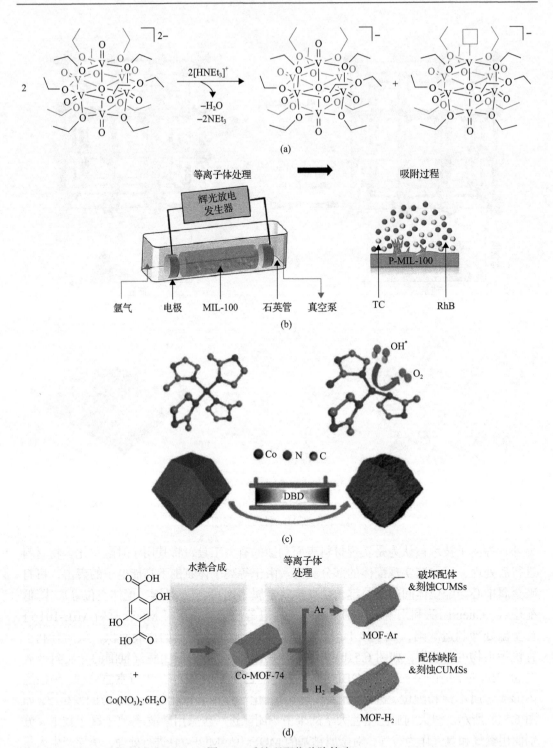

图 6.5　后处理配位移除策略

(a) 1-$V_6O_7^{2-}$ 与 [HNEt₃]BF₄ 反应示意图；(b) 通过辉光放电等离子体室温下在 MIL-101 中制造缺陷；(c) 通过介质阻挡放电等离子体室温下在 ZIF-67 中制造缺陷；(d) 通过等离子体刻蚀在 Co-MOF-74 中制造缺陷；MIL 为金属有机骨架的一种——拉瓦锡材料研究所骨架，可以使用三价过渡金属离子与羧酸基配体配位而成

2. 多金属中心

在过去几十年中,基于多金属化合物及合金,如双金属氧化物[10]、层状双金属氢氧化物[11]、多金属硫化物/磷化物[12]及高熵合金[13]等材料为代表的非均相催化剂的开发,为高活性催化反应进行提供了有力的帮助。另外,Sabatier 原理也明确表明,只有当催化活性位与所吸附的反应中间体具有最佳的化学键合时,才能有效实现反应的高效性,吸附太弱或太强都不利于催化反应的进行[14]。而多金属中心材料的构型可有效调控活性位点 3d 轨道的电子结构,从而获得对反应中间体更为优异的吸附特性。凭借此原理,在金属配位化合物中引入额外金属离子或原子的策略同样可赋予配合物材料更加优异的催化特性。例如,通过在以 Fe_3 簇为多金属中心的配位聚合物 $Fe_3(\mu_3\text{-}O)(CH_3COO)_6(H_2O)_3$ 中引入过渡金属离子 Co、Zn 和 Ni 可以诱使原本铁簇中心的活性位点的 d 带中心迁移到更高的能级,从而改善其与反应物和中间体的相互作用[图 6.6(a)]。与此同时,研究表明在 MOFs 中引入第二或者第三金属,产生不同金属间的电子相互作用,也可用于调控活性中心的 e_g 轨道填充状态,从而实现高于单金属中心的催化活性[图 6.6(b)][1]。

额外引入的金属中心在特定金属有机配合物中还可起到第二活性中心的作用。通过对特异性金属及配位环境的选择,可实现在同一反应过程中双产物的生成,例如,在电催化二氧化碳还原反应中,通过多金属中心调节,可调控各产物中一氧化碳和氢气比例,从而制备合成气[图 6.6(c)][15]。

对于某些金属有机配合物材料,其稳定性常常是限制其广泛应用的瓶颈,特别是部分配位聚合物 MOFs 材料。决定 MOFs 稳定性的关键主要为其次级结构单元的刚性,以及组成次级结构单元的金属中心的配位构型。而额外引入的金属离子若能实现次级结构单元中配位构型的改变可使原本并不稳定的次级结构单元变得更加稳定[16]。

为获得金属原子/离子掺杂的配合物催化剂,常见的方法与 6.2.1 节中 "配位数调控" 手段相似,也可以分为原位合成与后处理途径,具体的阐述如下。

(1) 原位合成:即在配合物合成过程中通过加入少量第二金属离子组分从而实现最终产物中金属分子的掺杂。例如,在合成钼基杂多酸的初始阶段,在反应物氧化钼的投入阶段同时加入少量五氧化二钒,经过化学反应后便可获得金属钒掺杂的钼杂多酸,从而增强该材料的亲电特性,促进需氧氧化脱硫反应的催化活性[17]。Xing 等[18]以泡沫镍为基底,经过酸洗去除表面氧化层后,加入二价铁离子(Fe^{2+}),而 Fe^{2+} 在水氧存在条件下会缓慢氧化生成 Fe^{3+},进而与泡沫镍进行氧化还原刻蚀反应生成 Ni^{2+}。加入有机配体 2,5-二羟基对苯二甲酸后进行水热反应,最后在泡沫镍上稳定生长出镍铁双金属 MOFs,NiFe-MOF-74,如图 6.7(a)所示。研究结果表明,与在泡沫镍上生长出的单一金属基 MOFs(Ni-MOF-74)相比,铁的引入对镍中心 3d 轨道的电子结构实现了调控,令其具有富电子特性,从而增强催化效果。与此相似,Kern 研究团队[19]将吡啶基卟啉铁或钴与第二金属通过升华的手段在单晶金基底上沉积并发生配位反应,生成双金属卟啉配位聚合物,如图 6.7(b)所示。通过卟啉分子的 π 电子体系可使双金属间产生弱的偶联效应,从而产生使活性位点更加有利于稳定反应的中间体。黄小青教授与合作者在水热法合成双金属有机框架 Fe/Ni-MIL-53 中进一步引入第三金属掺杂(Co 或 Mn),三元金属的 MOFs 催

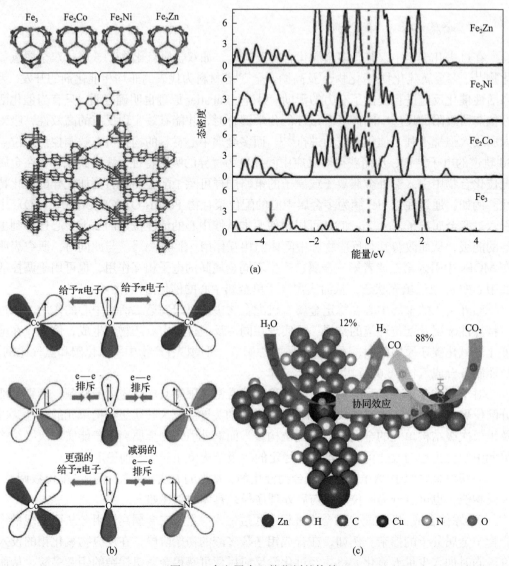

图 6.6 多金属中心催化剂的构筑

(a) 由均苯三酸链接的多金属中心 MOFs 示意图及 Fe₂M 簇的态密度结构(右图箭头显示为 d 带中心)；(b) 金属 Co 和 Ni 在 MOFs 中的电子耦合作用示意图；(c) PcCu-O₈-Zn 的双金属中心配位化合物展示出的电催化氢析出和二氧化碳还原性能

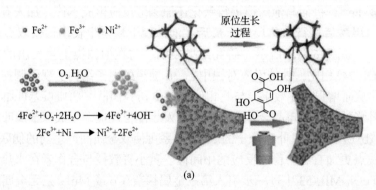

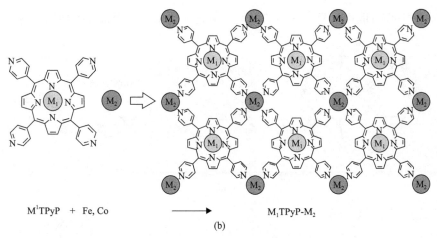

M^{I}TPyP　+　Fe, Co　　　　　　$\longrightarrow$　　　　　　M$_1$TPyP-M$_2$

(b)

图 6.7　泡沫镍基底原位生长 NiFe-MOF-74 的反应示意图(a)和双金属卟啉配合物的结构示意图(b)

M$_1$ 和 M$_2$ 表示两种不同的金属

化剂凭借各金属间的高效协同效应致使该材料展现出优异的电催化活性[20]。

（2）金属离子交换：对于金属有机配合物材料的后处理改性过程以两类最为常见：一种为针对配体的处理过程，既配体交换；另一种则主要针对其中的金属离子，通过将已合成的配合物置于额外金属盐溶液中，可实现部分金属离子的交换现象。值得注意的是，若想离子交换过程顺利发生，金属盐溶液中所包含的金属离子必须与原本的配合物种金属中心具有相似的配位构型。例如，Ye 等[21]首先将合成出的 MOFs 材料(UiO-66)加入到四氯双(四氢呋喃)合钛[TiCl$_4$(THF)$_2$]的二甲基甲酰胺溶剂中，经过 5 天的静置及 3 天甲醇溶液中的浸泡，最终合成出 Ti 掺杂的 UiO-66 材料。虽然此静置的方法可有效交换原本配合物中的金属离子，但烦琐的合成过程仍需进一步的改进。溶剂热的方式相比常压下的静置加热，在实现离子交换反应过程中具有更加省时的优势。例如，将金属镉的卟啉配位聚合物(MMPF-5)置于含有硝酸钴的二甲基亚砜有机溶液中加热至 85℃并保持48h，即可获得钴掺杂的 MMPF-5 配合物。单晶 X 射线衍射结果显示二价的钴离子成功置换了其中的二价镉离子，从而使得原本并无催化活性的配合物材料具有催化活性[22]。李光琴教授团队近期在镍基 MOFs(Ni-BDC)中通过乙醇溶剂热的方式在 80℃条件下离子交换少量的钌离子。凭借钌与镍金属间的强电子相互作用，使在催化过程中活性中心镍更容易消耗电子，从而有效增强了该材料的电催化氢析出活性[23]。

3. 配位调控与配体功能化

对于金属有机配合物类催化剂，金属中心往往作为催化活性位点，而与其相连的有机配体对于金属中心的电子结构、配合物的稳定性及导电性方面都有不同程度的影响。对于配体的调控主要针对金属中心内配位层和第二配位层的缺陷调控，甚至以功能化的形式调控整个配体分子，从而实现对金属中心性质的改变。如图 6.8 所示，内配位层是指直接与金属中心相连的配位原子部分，通过改变提供孤对电子的原子或者引入辅助配位体使金属中心电子轨道填充态及氧化还原特性发生改变。而针对第二配位层的改变优化可体现为对配体分子的功能化，改变该有机分子的给/拉电子行为、共轭体系等进而影响金属活性中心对催化反应中间体的吸附、氧化还原电位甚至催化反应路径等。

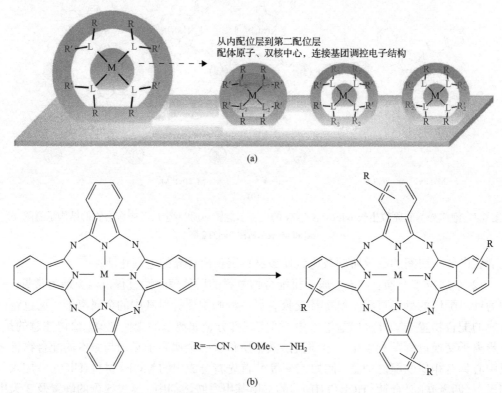

图 6.8　过渡金属配合物从内配位层到第二配位层的配位调控(a)和金属卟啉配合物的配体修饰(b)

　　对于内配位层，最常见的配位原子为氮原子，利用氧、硫、磷等其他原子取代部分氮，可为配合物催化剂带来可调的催化活性[24]。除氮以外其他的配位原子由于具有与氮不同的路易斯碱性，从而改变中间体的吸附行为；且更大的原子直径也可使配位键的键长增长，从而降低空间位阻效应。例如，研究人员将六巯基三亚苯(2,3,6,7,10,11-triphenylenehexathiol, THT)配体与六氨基三苯(2,3,6,7,10,11-triphenylenehexamine, THA)同时与金属钴离子配位制备出内配位层为 CoS_2N_2 结构单元的导电配位聚合物并用作电化学氢析出反应的催化剂。相比于金属 Co 与 THA 所组成的 CoN_4 结构，含硫配位原子的引入显著增强了材料的电催化活性，研究表明，对于 Co-THA 配位聚合物，氢析出反应的关键中间体可吸附于 Co-N 结构单元之上，而引入的硫原子可促进最终产物氢气在钴位点的脱附，从而增强了氢气的析出反应[25]。对于内配位层的修饰掺杂等不仅可影响金属活性中心的电子结构，更可在催化过程中让配位分子参与反应，起到活化反应物、稳定中间体的重要作用。例如，对于催化二氧化碳还原反应，反应物分子二氧化碳的活化为整个反应过程的速控步骤，在配合物催化剂的第二配位层若引入羟基(—OH)可对二氧化碳的活化起到促进作用。相比于其他溶剂分子，带有负电性的羟基离子很容易与带有正电性的金属中心配位。兰亚乾教授课题组将金属有机框架 NNU-15 的金属中心配位羟基，使催化过程中二氧化碳分子直接与羟基相连，实现关键中间体 HCO_3^- 的快速生成[26]。

　　对于第二配位层的调控主要来源于对配体的功能化及在不改变配位原子情况下引入

第二配体等手段，从而调节金属中心电子性质及配合物材料的导电性等。通过对有机配体分子的功能化改性，接枝给/拉电子基团对于金属活性中心的性能调控可起到关键作用。以金属酞菁类配合物催化剂为例，当在配体分子边缘接枝拉电子能力的氰基（—CN）基团时，金属中心的 e_g 能级将出现下降的情况，从而使其所配位金属中心的氧化还原电势趋向阳极方向迁移，促进催化还原反应的活性。相反，若在酞菁配体分子上接枝具有给电子能力的甲氧基基团（—OMe）时，因其配合物最低未占据分子轨道能级显著提升，使在催化过程中，甲氧基功能化的酞菁配合物具有更低的形成反应中间体的能量壁垒[27]。当强给电子能力的氨基（—NH$_2$）被接枝于酞菁配体分子之上，用于电催化二氧化碳还原时，一方面可增强金属-配体分子间的电荷相互作用促进催化过程；另一方面，金属酞菁因氨基的接枝获得了比苯胺更高的共轭性质，意味着其共轭酸的 pK_a 值小于苯胺，因此在二氧化碳饱和的电解液中催化剂的质子化作用可以降到最低，保证了催化剂的高稳定性。

对于以金属卟啉、酞菁等为代表的大环平面配合物催化剂，其 π 电子共轭体系对于金属性质起到至关重要的作用。通过对配体共轭的调控可有效实现金属中心电子结构的改变，优化催化性能。例如，当含苯环配体的 π 电子离域性质增强后（掺杂接枝芘基分子），一种基于铜的配合物（[（L_{py}）Cu（II）]$^{2-}$，L_{py}= 4-芘基-1,2-二苯基草酰胺）电催化氧析出反应的活性得到明显提升[28]。Dou 等[29]在四苯基卟啉钴的配体分子外缘接枝共轭分子芘，从而显著增强配合物催化剂的 π 电子共轭体系。相比于原始四苯基卟啉钴，配合物的 HOMO 能级得到提升，且 HOMO-LUMO 能级带隙得到降低。作为二氧化碳还原催化剂，当反应物二氧化碳分子吸附于活性位点钴之上，其 HOMO 轴向上所具有的 dz^2 轨道与二氧化碳反键轨道 π^* 在该轨道所占百分比升高，也就意味着该策略实现了金属活性中心与反应物间更强的电子相互作用，从而降低催化反应的质子耦合电子转移过程中关键中间体的形成能垒，促进二氧化碳分子的活化和转化，增强了催化活性。

通过配体的掺杂对配合物第二配位层的缺陷调控同样是提高催化性能的有效手段。所掺杂的配体具有与原始配体不同的给/拉电子特性，可实现金属中心及整个配合物催化剂的电子结构的调控。此策略较容易在金属有机框架类的配位聚合物中实现，因为在金属有机框架形成的过程中，会有部分金属中心周围配位溶剂分子或空气中的水分子，通过真空加热活化的手段可脱去弱配位的溶剂分子或水，形成配位不饱和位点，进而将与金属中心具有强配位能力的掺杂配体分子引入。Dou 等[30]在金属有机框架（ZIF-8）中通过该途径，引入掺杂配体 1,10-邻菲罗啉，邻菲罗啉分子与金属中心的强配位能力确保了掺杂反应的顺利进行，而具有强给电子能力的掺杂体增强了该催化剂活性中心电子密度。因此，当用于电催化二氧化碳还原时，活性中心具有更多的电子转移至二氧化碳分子的反键轨道，促进反应物的活化，降低了关键中间体生成的能量壁垒。

配位化合物或配位聚合物催化剂在应用于各类催化反应时具有诸多优点，然而大多数的配合物催化剂的导电性较低，本身多为半导体或绝缘体。因此，在对电荷转移具有高要求的电催化反应中，其优势变得并不明显。近年来许多研究者为获得高导电性的电催化剂，将配合物作为前驱体进行高温碳化处理，虽然可获得高性能电催化活性，但配合物催化剂固有的高比表面积、丰富的孔结构、电子结构可调的催化活性中心等优势在高温处理过程中被完全破坏，造成材料浪费和能耗的提高。基于此，制备出可导电的配合物电催化剂具有重要意义。

为实现导电配合物的制备，一方面可通过配体的选择，直接合成具有导电性的配合物，例如，在 2009 年研究者报道了一种基于铜的配合物 Cu[Cu(pdt)₂](pdt = 2,3-吡嗪二硫酸盐)，该材料具有一定的导电性质[31]。随后，研究者们陆续开发出多种二维π-共轭导电配位聚合物，但由于具有单一氧化还原活性的有机配体分子仅能为配位聚合物提供可调的导电性和拓扑结构，因此使该类材料在电子领域的应用受到一定的限制。为了进一步提高导电配位聚合物的导电性和孔结构特性，Yao 等[32]通过对配体分子的调控，设计出一种含有两种π-共轭配体的导电配位聚合物。通过将六方晶系的 Cu₃(HHTP)₂(HHTP 为 2,3,6,7,10,11-六羟基三苯)和斜方晶系的 Cu₃(THQ)₂(THQ 为二羟基-1,4-醌)共合成，成功实现了三方晶系结构的二维π-共轭导电配位聚合物 Cu₃(HHTP)-(THQ)的制备，该材料展示出了在气体传感中的潜在应用能力。另外，在已合成的配合物中，通过对配体的掺杂同样可以赋予配合物导电性。Allendorf 与合作者就最早报道了在活化后的铜基 MOFs[Cu₃(BTC)₂]中金属空位配位掺杂有机超导体分子 8-四氰基对苯醌二甲烷(TCNQ)的方法赋予了该材料导电性，如图 6.9(a)所示。由于 TCNQ 的引入，配合物 HOMO-LUMO 能级间距减小，致使 MOFs 与 TCNQ 分子间形成了强大的电子耦合效应，也使 MOFs 的电导率达到了 7S/m，相比于原始 Cu₃(BTC)₂(BTC 为均苯三酸)提高了 6 个数量级[33]。He 等[34]进一步对比在 Cu₃(BTC)₂ 中掺杂有机分子配体 TCNQ、苯醌(BQ)和苯四二酰亚胺(PDMI)后对配合物导电性的提升效果，如图 6.9(b)所示。结合电化学测试和理论计算，研究者发现三种有机分子的首个可逆还原电位分别出现在–0.08V、–0.54V 和–0.46V(vs. Ag/AgCl)，与此同时 Cu₃(BTC)₂ 的首个可逆氧化电位为 1.53V，首个可逆还原电位为–1.35V，这也就说明三种配体分子和 Cu₃(BTC)₂ 的 LUMO 能级将分别为–4.68V、–4.22V、–4.30V 及–3.41V。由于 Cu₃(BTC)₂ 的 LUMO 能级高于 TCNQ、BQ 和 PMDI，因此当形成配体掺杂之后三种有机分子都将从 Cu₃(BTC)₂ 处接受电子，也就证明了配合物与有机分子间的电子转移的发生。另一方面，当配体分子掺杂后，三种配合物的 LUMO 能级显著降低，而 HOMO 能级并不会发生明显波动。结合理论计算结果发现，配合物与拉电子分子的能级匹配是实现导电性增强的关键。

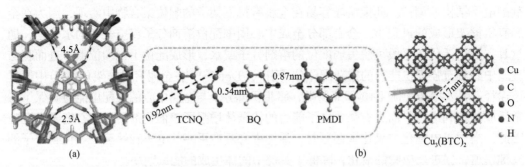

图 6.9　在 MOFs 材料 Cu₃(BTC)₂中引入 TCNQ 分子从而赋予导电性(a)和分别引入 TCNQ、BQ 和 PMDI 分子增强导电性(b)(扫码见彩图)

为成功实现配合物中配体的缺陷调控(如掺杂、配体的功能化)，从而实现配合物电化学性质的改变，其策略同样可分为原位合成与后处理两类途径。

(1)原位合成：顾名思义，即在配合物的合成过程中，同步引入所掺杂的配体，或预先合成功能化的配体，再进一步与金属中心进行配位。正如上述举例中关于增强金属卟啉-π-共轭体系的举例。预先利用化学合成手段，制备出苯基卟啉外缘接枝芘分子的高共轭体系配体。该方法需要一定有机合成基础，首先将 1-溴芘与 4-甲酰苯硼酸作为反应物，在催化剂条件下制备反应中间体 4-芘基苯甲醛，进而与吡咯在磷酸环境下进行回流反应，从而成功制备出芘分子接枝的卟啉大环配体[29]。与单分散的配合物分子催化剂只有配体功能化的可选优化途径相比，MOFs 等配位聚合物更易于实现配体的掺杂，从而赋予 MOFs 本身不同的化学和物理性质。例如，Jia 等同时在 Zr 基 MOFs 的合成阶段引入两种配体，从而获得高活性的光捕获材料。该项研究工作将 $ZrCl_4$ 与 4,4′-(1H-苯并[d] 咪唑-4,7-二基)二苯甲酸(BI)和 4,4′-(苯并[c][1,2,5]-噻二唑-4,7-二基)二苯甲酸 acid(TD) 同时进行反应，双配体的长度、对称性及连接性非常一致，最终成功获得双配体 MOFs (Zr-ML-fcu-MOF)，如图 6.10 所示。两种配体之间苯基咪唑基团与噻二唑基团间高效快速的能量传递效率，成功实现高效光捕获材料的开发[35]。

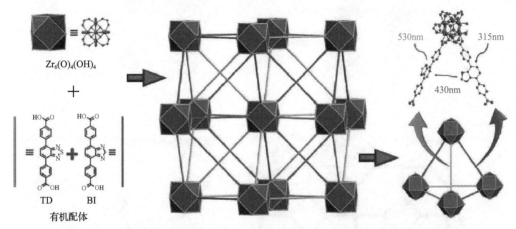

图 6.10　利用金属 Zr 与混合配体 BI 和 TD 形成的 MOFs 结构图(扫码见彩图)

(2)后处理：对于配合物配体的后处理过程主要手段为配体交换。与金属离子交换的方式相似，针对已获得的配合物材料，通过额外配体的交换处理，即可获得在物理和化学性质上具有差异性的产物。例如，金团簇的制备过程中，通过硫醇配体的保护，可使金团簇具有稳定的性质及多功能的应用，但常规的合成途径往往费时费力。利用配体交换的方法对预合成的 Au_{11} 团簇进行处理，即可快速高产量地获得 Au_{25} 团簇材料。Teranishi 课题组[36]将预合成的由磷化氢稳定的低核团簇 Au_{11} 溶于氯仿溶液中，并加入含有硫醇的水溶液，经过冷冻解冻的循环处理，最终获得了由硫醇配体保护的具有高稳定性的 Au_{25} 团簇材料。配体交换过程主要包含旧键断裂和新键生成两个过程，且两个过程相互交织，通过精确控制两个过程发生的动力学平衡，合肥工业大学 Wu 教授团队对 13 类常见 MOFs 在新配体交换的成功性进行了验证，证实该方法的普适性[37]。在此基础上，Ameloot 研究团队开发出 MOFs 中的气相配体交换过程，从而避免了大量溶剂的使用及溶剂效应阻止交换过程取向性的发生。研究中将稳定的 ZIF-8 置于醛基咪唑的蒸气中，由于醛基咪唑与原本 2-甲基咪唑具有相似的空间尺寸，且足以在 ZIF 内实现扩散，通过简单的加热过程即可实现配体的交换，见图 6.11。该方法不只局限于醛基咪唑一种，其他多种具有

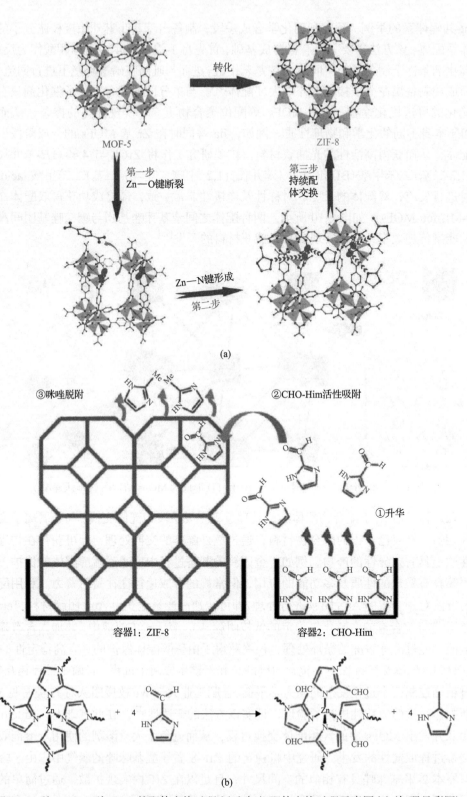

图 6.11　从 MOF-5 到 ZIF-8 的配体交换过程 (a) 和气相配体交换过程示意图 (b) (扫码见彩图)

相似结构的配体分子如苯基咪唑、咪唑、2-硝基咪唑等均可适用[38]。

4. 应力调控

无论是在金属纳米材料还是在金属有机配位材料中引入应力，均可有效影响催化活性中心电子结构，从而提升催化活性。其中，拉伸应力的引入可导致金属活性位 d 带中心位置的提升，而压缩应力的引入可实现相反的结果。对于金属原子电子结构，其 s 带和 p 带较宽，且为无结构的特征，相比之下，d 带较窄。因此，金属原子周围环境较小的变化即可导致其 d 带结构与位置的改变，从而影响其与吸附物间的相互作用。例如，拉伸晶格应力可导致后过渡金属原子的 d 轨道重叠增加，减小带宽，提高 d 带中心位置，增强吸附物种与金属中心的相互作用(图 6.12)[39]。总地来说，在材料中引入的应力可分为可逆的弹性应变和非弹性的塑性应变，虽然二者均可以实现金属中心电子结构的调控，但由于后者常伴随着材料内部晶格的损毁，从而导致金属中心电子结构的严重破坏，因此通常意义上通过晶格应变对金属及配合物材料的缺陷工程改性主要是集中于弹性应变调控。

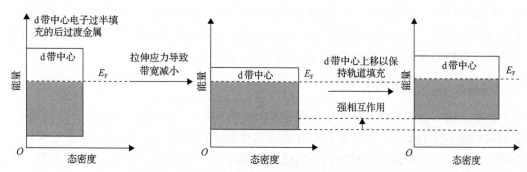

图 6.12　拉伸晶格应力对后过渡金属 d 带位置的改变

李亚飞教授团队用理论计算的方式探究拉伸和压缩应力的引入对卟啉铁在催化氧还原反应中的影响。当−1%的压缩应力和 2%的拉伸应力施加于卟啉铁时，反应关键中间体 OOH^* 生成所需吉布斯自由能(ΔG_{OOH^*})分别随拉伸应力的引入而下降，随压缩应力的引入而上升。当赋予 0.77V 的电势，中间体 OOH^* 在卟啉铁表面的生成分别为放热(拉伸应力存在下)及吸热(压缩应力存在下)。这充分地证明应力的引入对卟啉铁配合物催化剂的活性可以起到明显的调控作用[40]。对于金属有机框架等配位聚合物，由于其有序的周期结构和配体分子的存在，更易于在其表面和内部引入应力。基于金属镍铁的双金属 MOFs 常用于催化水的氧化电解，将晶格拉伸应力引入到材料之中，可使金属中心镍与氧原子之间电子的相互作用增强，也增强 Ni—O 键的共价性，从而促进反应的发生[41, 42]。

为成功在配合物中引入晶格应力，除以上所提到的在金属轴向配位氰基等功能新分子，仍可使用类似于上一节中提到的 Missing-linker 策略，通过对 MOFs 配体和配位原子的部分剥离刻蚀，致使金属中心配位构型改变，实现晶格应力调控。Liu 团队[41]使用紫外光(300～400nm，20mW/cm)对已经合成的镍铁 MOFs 进行照射处理，从而使π-共轭配体分子萘基二羧酸部分发生分解，导致金属氧化物层间距的扩张诱发 MOFs 内的晶格应变。为进一步可控合成晶格应变的镍铁 MOFs，Yan 团队[42]在 MOFs 合成阶段使用部分单配位点的含羧酸配体取代双配位点配体，当 20%的新配体引入后，可获得 6%的晶格应变，从而增强该镍铁 MOFs 的电催化氧析出活性。除此以外，在配位聚合物中填充金属单质或氧化物从而扩张内部孔体积，从而成功实现配位聚合物内部晶格应变。Gu 团队[43]利用蒸气相渗透的方法，在已合成的锌卟啉配位聚合物中灌入过量的锌或氧化锌团簇，使以锌原子为金属中心的金属卟啉配合物发生垂直方向的结构扭曲，引入晶格应变张力的同时促进其二氧化碳还原的电催化活性。

6.2.2　缺陷型金属有机配合物催化剂的表征

探究催化剂材料的"构-效关系"，是理性开发和深入利用催化剂实现生产放大应用的前提。对含缺陷的金属有机配合物催化剂开展行之有效的物理表征是了解缺陷的存在对配合物催化活性影响的重要参考。与其他类含缺陷材料一样，现代的仪器分析测试方法，如 X 射线衍射仪、紫外光谱、热重分析仪、X 射线光电子能谱、X 射线晶体衍射、同步辐射 X 射线吸收谱等，可对各类材料的电子性质、晶体结构、化学组成、空间构成等信息进行表征，从而明确缺陷的存在对于催化剂活性的影响。在本节中，我们将简要介绍用于含缺陷金属有机配合物催化剂的常见表征方法。

1. 傅里叶红外光谱(FT-IR)

红外光谱对金属有机配合物中配体分子的改变具有较高的检测灵敏度。配体的缺失、交换或功能基团的接枝，均可通过红外光谱实现表征和检测。例如，在金属有机配位聚合物中，当采用部分配位体移除策略制造出缺陷时，会形成带有正电荷的金属悬键，但为实现材料自身的电中性，会随即由具有负电性的溶剂分子或离子的官能团(如羟基)与金属中心结合，中和正电性。因此，当对此配合物进行 FT-IR 的表征时，我们可以发现其中 O—H 键伸缩振动峰会明显增强。Ameloot 研究团队利用配体交换的手段将咪唑-2-甲醛配体引入 ZIF-8 中取代 2-甲基咪唑配体。通过红外光谱的表征可以明显发现在 991cm^{-1} 处的甲基咪唑配体特征峰逐步降低，而 1667cm^{-1} 处的醛基吸收振动逐步增强，证明成功地实现了配体交换的过程[38]。

2. 核磁共振光谱(NMR)

同 FT-IR 一样，NMR 是表征配合物有机配体改变的最常规工具。例如，王昕教授团队在将芘基接枝于四苯基卟啉钴配合物后，利用 ^{1}H NMR 对配体的功能化进行表征，在化学位移为约 8.5ppm 附近出现的特征峰明确了研究中配体功能化接枝的成功[29]。

3. X 射线衍射仪(XRD)

XRD 常用于研究结晶化合物的物相分析、晶体结构等。对于金属有机配位聚合物 MOFs，XRD 的表征测试应用广泛。当 MOFs 材料引入缺陷后，其衍生材料仍会保持原始 MOFs 的长程有序性和拓扑结构，但相比于原物质，在短程有序性上将会有所改变。

因此，虽然利用 XRD 对含缺陷 MOFs 进行表征检测，可提供的对称性与晶格信息并不太多。但仍可从 XRD 衍射峰的位移和峰强度的变化中获取一些周期性变化信息。例如，Yaghi 团队[44]在 Cu 基 MOFs 中制造金属不饱和位点前后，XRD 衍射峰位置并未有明显改变，但衍射峰的强度有所降低，且半峰宽增强。通过此现象分析可知金属不饱和位点的形成使 MOFs 的长程有序性有所损失，但其孔结构并未发生明显改变。

4. 单晶 X 射线衍射

单晶 X 射线衍射是研究结晶配位化合物结构和物相的重要手段。通过该测试，可以获得配合物中原子间的键长、键角、堆砌方式等信息，针对单晶配合物中所含有缺陷结构提供极其有价值的表征。Lillerud 课题组利用单晶衍射技术，对 UiO-66 和 UiO-67 两种 MOFs 中可能存在的配体 Missing-linker 进行表征，通过在实验条件下对单晶的 MOFs 进行检测他们发现在 UiO-66 中对苯二甲酸配体的占有率约为 73%，而 UiO-67 中羧酸配体的占有率可达到接近 100% 的水平[45]。

5. 紫外可见吸收光谱(UV-vis)

UV-vis 可对金属有机配合物中配体和金属离子间的电子跃迁产生特征吸收谱带，其中又可分为配体场的吸收及电荷跃迁谱带。当配合物的金属中心与有机配体结合后，在配位体场的作用下，金属离子会发生 d-d 跃迁，从而出现 d-d 跃迁谱带，进而可用于确定配合物的配位立体结构信息。通常来讲，当配合物中有新的配体引入时，d-d 吸收带会在位置上发生移动，且当配合物的对称性降低后 d-d 吸收带会发生一定程度的分裂[46]。

6. 热重分析(TGA)

热重分析常用于追踪材料的热稳定性,通过在程序升温条件下测量材料的质量变化,检测材料的组成、热分解情况及残留物质量等信息。针对金属有机配合物的热重分析测试可了解其中配体的缺失等关键信息。例如对于 UiO-66，其理论单元结构为 $[Zr_6O_4(OH)_4]$ 团簇中心与 12 个对苯二甲酸配体相连，通过观察 TGA 曲线在不同温度区间的热失重情况，对比理论预测的热失重数据，可以获得单位结构内配体的缺失或增多证据[47]。

7. 电子顺磁共振(EPR)

EPR 也称电子自旋共振,可直接用于检测配合物中所含有的未成对电子特征。在 EPR 的吸收曲线中，配合物的未成对电子数与曲线下的面积成正比；其精细结构可以获得配合物中心离子未成对电子离域作用的相关信息。例如，铜基 MOFs(HKUST-1)中二价的 Cu 离子具有电子自旋 $S=1/2$，以及核自旋 $I=3/2$，在 EPR 光谱中均可观测到相应的特征信号曲线[48]。

8. 同步辐射 X 射线吸收谱

对于含缺陷配合物中金属中心配位构型和价态结构的判断需要更加精细的表征检测手段。不只是金属有机配位化合物,近年来同步辐射 X 射线吸收近边结构(X-ray absorption near-edge structure, XANES)和扩展 X 射线吸收精细结构(extended X-ray absorption fine structure, EXAFS)分析在针对各类材料金属中心的电子和化学结构的表征上均具有广泛应用。通过对 XANES 曲线吸收边及吸收峰的位移情况可以明确金属中心在缺陷存在条件下的电子价态等结构变化;而通过对 EXAFS 的拟合可以清晰判断出配位原子及配位构型的改变等关键信息。

除以上简述的表征方法,还有多种技术手段可用于针对含缺陷金属有机配位化合物中金属中心和有机配体的定性和定量分析,如常见的 X 射线光电子能谱(XPS)、扫描隧道显微镜(STM)、原子力显微镜(AFM)、比表面分析(BET)等,以及各种技术的联用。在本书前半部分已有关于缺陷催化剂表征方法的详细描述,因此在本章节中不一一展开讨论。

6.3　缺陷型金属有机配位材料的催化应用

金属有机配位化合物易于调控的电子结构和价带结构等性质,结合"缺陷"的引入,可为催化反应提供本征活性增强及数量增多的催化活性位点。因此,缺陷型金属有机配合物催化剂在多种反应中具有广泛催化应用。

6.3.1　金属有机配位材料在电催化方面的应用

随着工业发展,人类社会对能源的需求日益加深,但由于对传统化石能源(煤、石油、天然气等)的过度开发,以及使用过程中大量温室气体二氧化碳的排放,已经造成了潜在的能源危机和严重的环境污染。利用电化学技术实现能源的供给及碳的循环利用具有无可比拟的清洁、高效等优势。但由于电化学新能源技术中电极反应的动力学惰性,高效电催化剂的参与是获得整体装置高性能的关键因素。现有贵金属催化剂,如铂、铱、钌、金等在各类电化学反应中具有较高的催化活性,但由于此类材料在地球上的储量低、成本高、稳定性差等缺点,难以大规模实际应用于电化学装置之中。为取代各类贵金属基催化剂的使用,近年来,基于过渡金属化合物及配合物的催化剂的开发是该领域的热点研究方向。其中,如金属卟啉配位化合物、MOFs、杂多酸等金属有机配位化合物材料在电催化反应过程中,凭借较高的比活性、较高的比表面积及丰富的孔结构等优势,展示出了优异的催化活性,是未来有望实现大规模生产应用的一类先进材料。为获得高催化活性,基于配合物催化剂的研究往往需要通过"缺陷"工程处理从而获得更高的本征活性或更多的催化活性位点。下面我们将针对几类常见电催化反应举例阐述金属有机配合物材料在其中的应用。

1. 电催化氧还原反应(ORR)

4 电子($4e^-$)电化学氧还原反应是新能源器件燃料电池、金属空气电池阴极部分的核心电极反应;而通过 2 电子氧还原过程是制备重要工业化学品双氧水(H_2O_2)最经济与环境友好的途径。自 1964 年过渡金属酞菁配合物被报道具有 ORR 电催化活性,该类配合物催化剂及衍生的 M-N_4(M=Fe、Co、Ni 等)类 MOFs 或单原子催化剂已受到广泛关注。

为理性调控金属酞菁类配合物电催化剂的 ORR 催化活性,Cao 等将酞菁铁配合物轴向配位吡啶配体[图 6.13(a)],额外引入的轴向配体可为金属中心提供"推力效应"(push

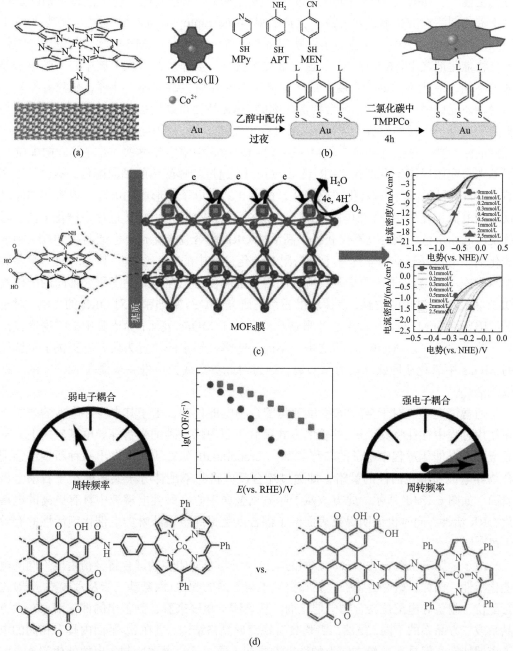

图 6.13　ORR 电催化剂构筑(a)卟啉铁轴向共价配位吡啶分子并连接于碳纳米管示意图;(b)两步法在卟啉钴轴向配位不同有机分子配体;(c)卟啉铁轴向配位 1-甲基咪唑分子增强电催化活性;
(d)通过缩合反应将卟啉钴共轭连接于石墨电极表面增强 ORR 催化活性;
TMPPCo 为 5,10,15,20-四(4-甲基苯基)卟啉钴

effect），即通过向金属中心的 d 轨道提供更多的电子从而使整个大环配合物的电子密度提升。通过该实验途径使酞菁铁催化剂具有优于 Pt/C 的催化活性，以及更为优异的运行稳定性[49]。Zhou 等为进一步了解过渡金属大环配合物轴向配位后产生的"推拉效应"对于催化剂活性的影响，分别将 4-巯基吡啶（4-mercaptopyridine, MPy）、4-巯基苯氨（4-aminothiolphenol, APT）、4-巯基苯甲腈（4-mercaptobenzonitrile, MBN）轴向配位于卟啉钴配合物催化剂之上 [图 6.13（b）]，通过吡啶 N 原子、氨基、氰基在金属中心上给电子能力的不同，对比不同配位强度对最终催化活性的影响。结合理论计算，研究者发现，随着轴向配位强度的增加，配合物催化剂的 ORR 活性得到增强，通过促进金属中心与吸附氧气分子反键的形成，影响 ORR 过程中关键步骤，其中包括氧气的吸附及 O=O 双键的断裂[50]。Hod 课题组[4]在 MOFs 材料 UiO-66 中锚定卟啉铁，并在其轴向配位 2-甲基咪唑配体后用于电催化 ORR [图 6.13（c）]。通过咪唑配体的轴向配位，不仅可以调节 MOFs 材料的电化学氧化还原特性，优化 $Fe^{3+/2+}$ 电子对形成的电势，促进相邻卟啉铁之间电荷相互作用，且轴向的给电子配体的引入成功增大 ORR 过程中催化电流，降低反应起始电位。该研究不仅获得了高活性 ORR 配合物催化剂，也证明在 MOFs 类电催化剂中电荷跃迁动力学速率不只是限制催化过程中的唯一参数，其他的动力学参数如 MOFs 孔内的离子、质子及反应物的传输也需被考虑在内。除了研究轴向的配体对 ORR 催化反应过程的贡献，该课题组还系统研究 MOFs 缺陷密度对 ORR 的影响。对于低缺陷密度的 MOFs，活性中心卟啉铁只能负载于 MOFs 表面，而当其中缺陷密度较高时，卟啉铁可深入 MOFs 晶格之中。不同的卟啉铁锚定的位置为研究者提供了可调控的 MOFs 中氧化还原跃迁动力学参数，通过对此参数调控可进一步提高 MOFs 的本征催化活性[51]。

通常情况下，对于金属卟啉/酞菁类配合物电催化剂，由于其本身导电性的限制，在使用过程中往往将其以 π-π 共轭的方式负载于石墨烯、碳纳米管等导电基底之上，从而增强在电催化过程中电子的转移效率。Surendranath 研究团队开发出一种新型增强配合物导电性和催化活性的策略，即通过缩合反应将卟啉配体分子共轭连接于石墨电极表面，如图 6.13（d）所示。此方式赋予卟啉钴金属中心在酸性电解液中具有更高的电催化 ORR 活性，同时也证明提高表面电子耦合度是提高金属卟啉类电催化剂活性的有效手段[52]。

对于金属有机配合物而言，不同的配位原子与金属中心的键合将会衍生出不同的电催化活性。例如，研究者将镍、钴和铜离子与不同的配体（六氨基三苯及六羧基三苯）进行配位，制备导电配位聚合物电催化剂。从晶体学角度来看，制备出的催化剂存在六方晶系或三方晶系的不同，虽然二者均具有蜂窝形晶格结构，且在 ab 平面内有相同的电子离域特性，但是在 c 轴方向上的堆砌方式却不同，这也导致所制备出的催化剂具有完全不同的活性。其中，基于铜与六氨基三苯所构成的配位聚合物 $Cu_3(HITP)_2$ 具有最低的 ORR 起始电位，但此材料在氧气存在条件下稳定性较差，而镍与六氨基三苯所构成的 $Ni_3(HITP)_2$ 最适合作为 ORR 过程电催化剂[53]。

2. 电催化氢析出反应(HER)

相比于传统化石能源,氢能的大力开发和使用具有无可比拟的前景,由于其高能量密度及零二氧化碳排放,已成为取代化石能源的首选。通过电解水制氢同样受到了越来越多的关注,与电化学 ORR 催化剂相类似,贵金属铂在各类材料中具有低过电位、高活性的特点。但高昂的价格和过低的储量同样是限制其广泛应用的瓶颈。针对 HER 电催化剂的开发,一系列基于金属有机配位化合物催化剂的研究持续被报道。例如,Yilmaz 等使用硫代乙酰胺将钴铁双金属有机配合物进行刻蚀处理,在形成刻蚀缺陷的同时打开配位聚合物的框架。与此同时,利用氰基桥联钴-铁金属中心,使整个体系更加稳定,且形成大量的原子阶梯式的边缘和高指数晶面。凭借金属离子有机配位间所形成的强相互作用,为该配合物具有高 HER 电催化活性提供帮助[54],如图 6.14(a)所示。为提高 MOFs 的 HER 电催化活性,李光琴教授课题组在 Ni 基 MOFs(Ni-BDC)中掺杂原子级分散的金属钌离子,如图 6.14(b)所示。通过对不同钌含量的调控,研究者成功开发出在全 pH 条件下均具有高 HER 活性的催化剂 NiRu$_{0.13}$-BDC。实验和理论研究结果表明,由于单原子Ru 中心的引入,实现其与金属 Ni 之间的电荷相互作用并优化了金属 Ni 中心的电子结构。态密度计算结果进一步证实,当 Ru 掺杂引入到 MOFs 之后,金属 Ni 的 d 带中心位置下移,从而减弱了 HER 过程关键中间体 H*的吸附,与此同时还有利于反应物水的吸附与活化及 H 原子的重组结合[23]。

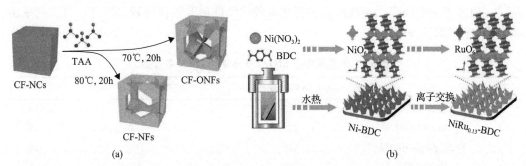

图 6.14　利用硫代乙酰胺刻蚀 MOFs(a)和 Ru 掺杂 MOFs 材料 Ni-BDC(b)

TAA 为硫代乙酰胺;CF-NCs 为 CoFe-普鲁士蓝纳米立方体;CF-NFs 为 CoFe-普鲁士蓝纳米框架;CF-ONFs 为 CoFe-普鲁士蓝八面体纳米框架

3. 电催化氧析出反应(OER)

OER 既是决定水电解制氢过程电位的关键,也是金属空气电池充电过程的重要电极反应。针对金属有机配合物 OER 电催化剂的开发,主要包括金属不饱和缺陷位的制造、多金属中心的掺杂及配体调控引入应力和调控金属中心的电子结构等。

如前所述,通过在配合物或 MOFs 等材料中移除配位的溶剂分子或部分配体制造金属不饱和空位可为反应提供更多的催化活性位点。由于金属不饱和位点的生成,金属中心会倾向于提升到更高的价态,从而有利于 OER 过程的电催化活性。例如,Tao 等通过等离子技术在 ZIF-67 中刻蚀部分配体制造金属不饱和空位,原始配位数为 4 的金属中心在刻蚀作用下部分发生降低，从而调控金属中心的电荷分布，优化活性位点与反应关键中间体的相互作用。凭借此方法，OER 过程在电流密度为 $10mA/cm^2$ 的过电位减少了 $80mV$[2]。通过上一节中所描述的 Missing-linker 策略，研究者在钴基 MOFs（CoBDC）中使用二茂铁羧酸部分取代对苯二甲酸配体制造 Missing-linker 的同时生成金属 Co 中心的配位不饱和位点，从而降低了电流密度为 $10mA/cm^2$ 时 $74\ mV$ 的 OER 过电位[5]。

近些年，各类双金属化合物，如双金属氧化物、氢氧化物/羟基氧化物、磷化物等材料广泛应用于 OER 电化学催化之中。前面曾提到，Sabatier 原理证实催化活性中心与反应关键中间体只有达到最佳的吸附行为时可获得最高的催化活性。而在金属化合物中通过第二金属中心的引入以调控活性中心的 e_g 轨道填充从而优化反应中间体在活性位点的吸附，进而获得更高的催化活性。通过引入第二金属到 MOFs 类配位聚合物是常见的一类提升催化性能的策略。例如，在 MOFs 催化剂 CTGU-10（$[NH_2(CH_3)_2][M_3(\mu_3\text{-}OH)(H_2O)_3(BHB^{①})]$）（M=$Co_3$、$Co_2Ni$、$CoNi_2$、$Ni_3$））中通过引入并调控不同的金属 Co 和 Ni 的含量，调节活性中心 Co 的 d 带中心位置；与此同时，镍的掺杂也使催化剂结构发生少量扭曲，最终获得高转换频率的 OER 电催化剂[55]。在此基础上，将第三金属离子 Co 掺杂入 Fe^{3+}/Ni-MIL-53 MOF 有效调控了金属中心 Ni 电子结构，在提高催化活性的同时，也为催化剂运行稳定性的提高提供帮助[20]。金属离子的掺杂不仅可以调节活性中心的电子结构，同时也可为催化剂提供额外的催化活性位点[19]。研究者也发现当掺杂额外的金属离子进入 MOFs 催化剂中，可有效提高电化学活性面积和导电性，实现催化性能的提高[56]。通过掺杂金属离子实现配合物催化剂催化活性提升的研究较为广泛，再次列举出部分代表性工作见表 6.1。

表 6.1　多金属中心 MOFs 在电催化 OER 中性能

序号	催化剂	过电位/(mV@10mA/cm²)	塔费尔斜率/(mV/dec)	引文
1	Fe₂Ni-BPTC	365	81.8	[14]
2	NiFe-MOF-74	223	71.6	[18]
3	Fe/Ni₂.₄/Co₀.₄-MIL-53	219	53.5	[20]
4	CoNi₂-MOF	240	58	[55]
5	NiFe-NFF	227	38.9	[57]
6	Ni/Co(10∶1)-MOFs	248	40.92	[58]
7	Ni-Fe-MOFs	221	56	[59]
8	MIL-53(Co-Fe)	262	69	[60]
9	Fe/Ni-BTC	270	47	[61]
10	Co₀.₆Fe₀.₄-MOF-74	280	56	[62]

注：BPTC 为联苯-3,4′,5-三羧酸；NFF 为镍铁合金泡沫。

4. 电催化二氧化碳还原反应（CO₂RR）

随着工业进程的发展，传统化石能源的使用，温室气体 CO_2 的大量排放导致了严重

---

① BHB 为 4,4′,4″-苯-1,3,5-三基-六苯甲酸

的环境和气候问题。根据国际能源署公布的数据，在 2000 年，全球的 CO_2 排放量为 231 亿吨，二十年后的 2020 年排放量已经增长为 315 亿吨，36.4%的增长率给人类社会的生产生活敲响警钟。在减少传统化石能源利用的同时，寻求 CO_2 的转化实现碳的闭环利用是目前研究者们关注的热点问题之一。通过化学方法将 CO_2 转化为工业原料，如一氧化碳、甲醇、乙烯等具有高度的可行性，也是实现碳循环利用的有效途径。其中通过电化学方式实现 CO_2 的还原转化具有高效、清洁的优势，但与其他电催化反应相同，高效电催化剂的开发是影响该反应未来大规模推广的核心因素。

相比于金属单质或金属合金等催化剂，配合物分子催化剂凭借易于调控的初级和次级配位层，以及明确的分子结构，成为广泛关注的一类 CO_2RR 高效电催化剂。早在 1974 年，日本科学家 Meshitsuka 研究团队研究表明，金属酞菁配合物具有高效催化 CO_2RR 的潜力[63]。Daasbjerg 团队简单地将四苯基卟啉钴负载于碳纳米管之后，凭借 π 电子的相互作用，进一步证明该类材料优异的 CO_2 电还原活性[64]。为了最大化金属卟啉、酞菁等配合物催化剂的活性，研究者们通过对金属中心和配位分子分别进行缺陷功能化改性，成功为该类材料在电催化 CO_2RR 领域未来的大规模应用提供了理论可行性。Han 等通过使用 4-吡啶基卟啉钴组装不定形的二维超薄配合物，利用配体分子外接的吡啶基团，可在轴向上与金属钴中心进行额外配位，因此提升原本卟啉钴配合物 HOMO 中金属钴的 dz^2 能级占比，进而促进电荷从钴中心到催化反应物的转移，实现催化反应的高效性[3]。除在金属中心轴向配位增强催化活性以外，Robert 课题组在配合物酞菁钴的分子外缘接枝正电性的三甲基胺与四正丁基官能团[图 6.15(a)]，通过该配体分子功能化的改性，赋予酞菁钴配合物催化剂优异的 CO_2RR 电催化活性。尤其在中性电解液(pH=7.3)环境中，与常规酞菁钴相比，在相近的过电位下实现了电流 25%的增长，同时，其性能也优于氰基功能化的酞菁钴及酞菁钴的配位聚合物。在碱性溶液(pH=14)中，该催化剂在过电位仅为 200mV 时即展示出 $20mA/cm^2$ 的高电流密度[65]。为进一步检验更大电流密度下此类配合物分子催化剂在 CO_2RR 过程中所发挥的功效，更加接近于大规模应用，Liang 团队在酞菁镍配合物催化剂周围接枝具有不同给电子/拉电子特性功能基团，并负载于碳纳米管之上[图 6.15(b)]。研究表明，当酞菁镍周围接枝甲氧基之后，成功解决原始酞菁镍配合物催化剂在使用过程中的稳定性问题，且该配合物催化剂在气体扩散电极装置中，展示出优异的电催化选择性与稳定性，在最高 $300mA/cm^2$ 的电流密度下，具有高于 99.5%的 CO 法拉第效率，在 $150mA/cm^2$ 的电流密度下，可以稳定运行 40h[27]。常见过渡金属卟啉/酞菁配合物在催化 CO_2RR 过程中往往通过 2 电子反应过程生成产物 CO，Wu 等[66]研究发现，配合物酞菁钴在高过电位下可催化 CO_2RR 过程经历类多米诺效应最终产生液态产物甲醇。由于 Co-N_4 结构对于 CO 有适中的结合能，在还原过程中，CO_2 首先经历 2 电子反应生成 CO，随后 CO 作为反应物继续经历额外的 4 电子反应生成甲醇[图 6.15(c)]。但由于在高过电位下，酞菁分子自身发生还原反应，从而导致配合物催化剂整体的运行稳定性有所下降。因此，研究者进一步在其外缘 β 位接枝氨基，凭借氨基的给电子特性，降低酞菁钴的还原电势，提高催化剂的运行稳定性。在 -1.00V(vs. RHE)的电位下，通过该催化剂电还原 CO_2 制备甲醇的法拉第效率为 32%，经过 12h 的运行测试后，仍可保持 28%的选择性，且总电流密度保持在 30~33mA/cm²。

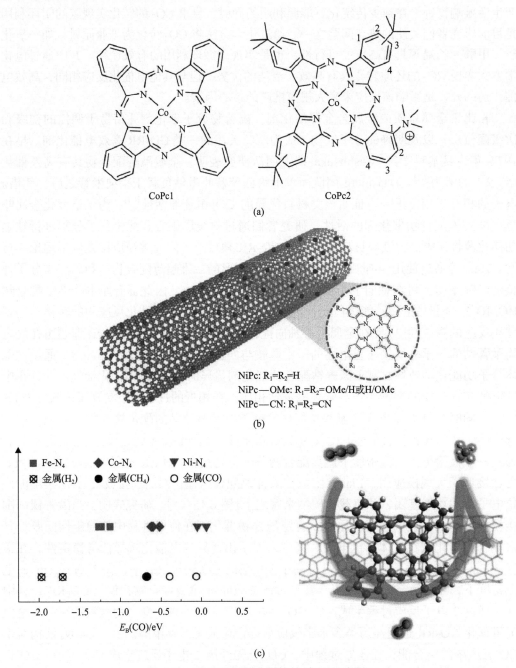

图 6.15　CO₂RR 电催化剂构筑(扫码见彩图)

(a)用于电催化 CO₂ 还原的卟啉咕配合物经有机基团接枝前后的结构示意图；(b)不同取代基接枝卟啉镍用于电催化 CO₂ 还原；(c)不同 M-N₄ 中金属中心与 CO 分子的结合能及卟啉钴以 CO 为中间体电催化 CO₂ 还原制备甲酸

针对金属酞菁/卟啉类配合物分子催化剂，除单分散配合物分子为催化剂以外，还可通过化学手段合成配合物分子间的交联配位聚合物,由此可更易于通过引入空位、掺杂等缺陷手段从而提高催化活性。Dai 与合作者在合成聚酞菁钴催化剂时,通过使用邻苯二甲酸酐取代部分苯四甲酸二酐从而在配位聚合物中打破连续的聚酞菁钴单体分子间共价键,成功地引入缺陷,如图 6.16(a)所示。缺陷的存在使活性位点与反应物分子 CO_2 具有更强的相互作用,结合由缺陷而导致的活性位点电子特征的改变使该材料具有优异的 CO_2RR 活性(法拉第效率为 97%;低过电位为 490mV)[67]。为进一步对比配位聚合物

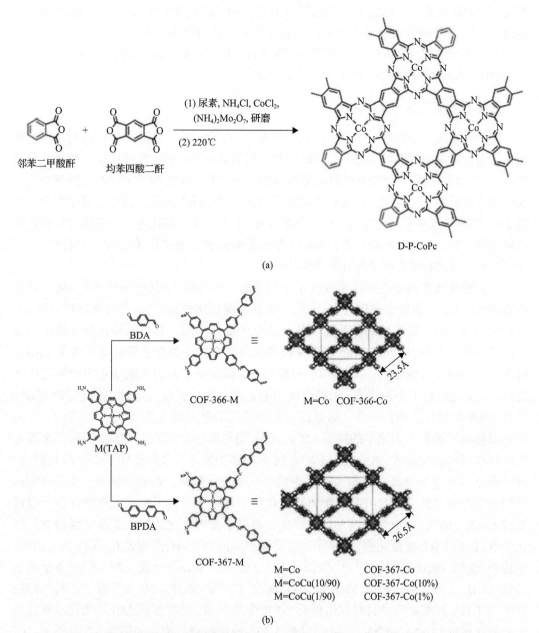

图 6.16　富缺陷聚酞菁钴的合成途径示意图(a)和基于金属卟啉的二维 COFs 电催化剂(b)

BDA 为 1,4-对苯二甲醛;BPDA 为联苯-4,4′-二甲醛

与单分散配合物分子催化剂在 CO_2RR 过程中的优势，Lin 等将边缘带有氨基的金属卟啉与桥联配体相连制备出共价有机框架(COFs)结构电催化剂，并通过桥联配体长度调控 COFs 结构，从而影响金属中心电子结构，如图 6.16(b)所示。研究结果表明，一系列的 COFs 电催化剂展示出最多 26 倍于金属卟啉的电催化活性，优于现有最先进的分子态或固态电催化剂。同时，该研究还发现 COFs 的框架结构可直接对分子中心的电子性质构成影响，且改变卟啉钴电催化过程中的路径机理[68]。除改变配位聚合物的配位环境，从而改变催化活性外，Nakanishi 课题组[69]以共价三嗪配位过渡金属离子(钴、镍、铜)，并通过特殊的分子结构制造出金属配位不饱和缺陷。通过此策略在金属镍的配位聚合物(Ni-CTF)上促进了 CO_2RR 过程关键中间体 $COOH^*$ 在活性中心的吸附，当电势为–0.8V (vs. RHE)时具有 90%的高 CO 生成法拉第效率。

5. 电催化氮还原反应(NRR)

氮肥的使用对于促进农作物生长具有重要作用，因此氨(NH_3)的生产制造可视为保证人类粮食需求的关键环节之一。不仅如此，凭借其高能量密度及碳中性的特征，氨同样展示出在新一代可再生能源燃料电池的应用潜力。传统哈伯-博士方法利用氮气与氢气反应制备氨获得广泛应用，但该过程需在高温高压的条件下进行，占据全球年能源消耗的 2%，同时伴随每年产生超过 3 亿 t 的碳排放。相比之下，利用电化学催化方式催化氮气还原制备氨已成为全球研究者们共同关注的前沿课题，通过电催化剂的合理开发，可为制氨工业领域提供新的绿色可持续路径。

为实现高效高选择性的催化氮气还原制备氨，各类催化剂(如贵金属金、钯、钌等单质纳米颗粒)、非贵金属化合物(铋基、钼基、镍基化合物等)及非金属材料(C_3N_4、NB、石墨烯等)已在实验阶段验证了其所具有的优良性能，其中同样包括富缺陷的过渡金属基配合物材料。例如，Yan 团队在钴基配位聚合物中掺杂金属铁离子制备 Co_3Fe-MOF 作为 NRR 电催化剂，如图 6.17(a)所示。凭借杂原子的引入制造更多的催化活性位点、最大化活性中心利用率、调控金属中心电子构型以提高导电性，最终实现 MOFs 材料 NRR 电催化活性的提升。通过该团队的研究结果可以发现当 Fe：Co 为 1：3 时的金属铁离子被引入到原本的钴基 MOFs 后，仍与原始 $Co_2(OH)_2BDC$ 同构。金属与配体存在两种配位方式，第一种中 Co 或 Fe 与配体中的 4 个羧酸基团和 2 个羟基配位；另一种是与 4 个羟基及 2 个羧酸基团中的氧原子进行配位。最重要的是，由于 MOFs 表面金属原子与部分 NH_2-BDC 配体直接配位，导致了金属不饱和位点的存在。通过金属 Fe 离子的引入，最终使该 MOFs 催化剂具有丰富的催化活性位点及增强的本征催化活性。作为 NRR 电催化剂，其展示出 8.79μg/(h·mg)的 NH_3 产率及在–0.2V(vs. RHE)电位下 25.64%的法拉第效率[70]，如图 6.17(b)所示。Zhao 等合成三种不同过渡金属基经典 MOFs，分别为 Fe 基 MOFs(MIL-100)、Co 基 MOFs(ZIF-67)和 Cu 基 MOFs (HKUST-1)，并探寻三种材料在电催化 NRR 中的应用。研究发现 MIL-100(Fe)具有最优的催化活性[$2.12×10^{-9}mol/(s·cm^2)$]及 1.43%的法拉第效率，如图 6.17(b)所示。研究推断，在合成 MIL-100(Fe)的过程中，由于氢氟酸的使用，使 MOFs 催化剂在形成过程中产生了缺陷结构，从而暴露更多的催化活性中心，促进活性的提高[71]。

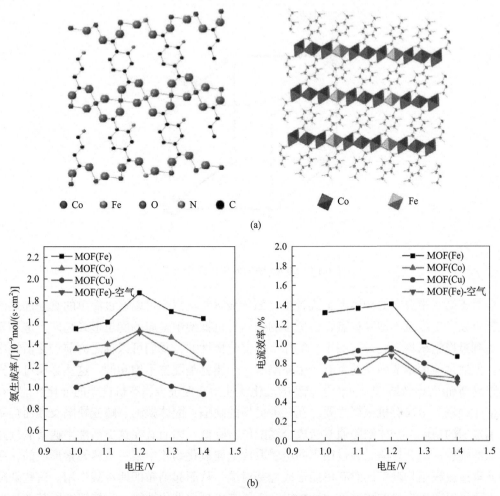

图 6.17 Co₃Fe-MOF 的晶体结构(a)和不同电压下各 MOFs 材料电催化 NRR 产率及电流效率(b)

6.3.2 金属有机配合物材料在热催化方面的应用

在热催化领域，金属有机框架材料具有较为广泛的应用，该材料是由金属离子(或簇)和有机配体之间通过配位作用形成高度有序的多孔材料。它具有化学修饰性、丰富的金属活性位点及高度有序的孔结构。金属有机框架的催化活性中心主要来源于三个方面(图 6.18)。第一来源是处于结点位置的金属离子或者簇。这些金属离子或者簇具有潜在的配位不饱和位点，这些位点通常会和一些易离去的溶剂分子结合，通过真空热活化就可以产生配位不饱和位点。第二来源是有机配体，一方面这些有机配体自身可以构建成无金属催化活性中心，另一方面可以通过有机配体中活性官能团与金属离子配位产生催化活性中心。第三来源是有序空腔中的活性客体组分。活性客体组分可以是小分子、金属氧化物簇，甚至是纳米颗粒。这些种类丰富的催化活性中心及其可设计性，吸引了众多催化领域的科研工作者展开相关工作。

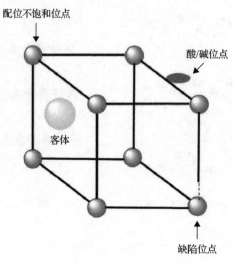

图 6.18　MOFs 中的各催化活性位点

　　对于第一来源中的金属离子或者簇，部分金属有机框架可以通过简单的真空加热活化就可以产生配位不饱和位点，但更多的金属有机框架中金属的配位形式趋向于饱和从而达到最稳定结构，此时这些组分实际上是催化惰性的，我们可以称之为前催化活性中心。但通过前面章节描述的策略产生缺陷时，金属就是配位不饱和的，这些金属可以充当路易斯/布朗斯特酸/碱，从而形成新的催化活性中心促进金属有机框架的催化性能。在热催化领域，金属有机框架主要存在三种类型的缺陷：配体缺陷、畸变缺陷及表面羟基封端造成的缺陷。配体缺陷通常造成金属配位数降低，因而其在这类活性中通常展现路易斯酸性能；畸变缺陷是通过用不同金属取代金属氧化物簇中某一金属元素形成的，新的元素造成簇结构畸变同时有可能形成羟基封端，从而起到布朗斯特酸作用。这些缺陷一方面可以通过自身的酸碱催化性能提升金属有机框架催化性能，还能够协同其他活性组分从而实现催化性能的提升。本节将根据缺陷金属有机框架的催化反应类型，系统描述缺陷金属有机框架的催化性能。

　　1. 路易斯酸催化反应

　　金属有机框架的路易斯酸性主要起源于低配位数的金属位，也可称为配位不饱和位点。通常我们可以通过三种方式实现：热处理去除不稳定配体、脱水或者配体缺失。不稳定配体一般指一些作为辅助配体的小分子，如水、醇类、DMF 等。沸点较低的水或者醇类分子可以直接通过真空热处理去除，而高沸点的 DMF 等就需要通过溶剂置换和真空热处理共同作用去除。脱水是针对某些含有羟基基团的金属氧化物，这些羟基在较高温度（250～300℃）条件下容易失水从而产生配位不饱和位点。配体缺失主要是依赖一些外界条件，如酸碱处理，或者在合成时通过动力学控制造成配体缺失。这些形成的路易斯酸可以催化多种反应，如氰硅化反应、环氧化合物的开环反应、缩醛/缩酮化反应、傅克(Freidel-Crafts)烷基化反应、α-哌烯环氧化物重排反应、羟醛缩合反应、(Henry)反应(硝醇反应)及香茅醛环化反应，因而可以通过这些反应来评估缺陷金属有机框架的催化性能。

（1）氰硅化反应：氰醇是一类非常重要的有机中间体，可以用来制备很多重要的有机化合物，如α-氨基酸、α-羟基醛/酮/酯、β-氨基醇。氰硅化反应是制备氰醇的重要途径，是指氰基与醛基或者羰基之间的加成反应，这类反应只需常规的路易斯酸在温和条件就可以进行。HKUST-1是由Cu和H_3BTC组成的金属有机框架，其首先在气体吸附方面展现出独特的性能。因为HKUST-1包含了一种轮桨式铜氧化物簇，水分子通过配位作用与簇中铜结合，而其中的水分子可以通过简单的真空热处理去除从而暴露出配位不饱和位点。2004年，Kaskel研究团队[72]首次报道了这种富含缺陷的金属有机框架在催化氰硅化反应方面的研究。首先，HKUST-1在120℃真空条件下，配位水分子被除去，从而暴露出丰富的Cu活性位。活化的HKUST-1可以催化摩尔比为1∶2的苯甲醛和三甲基氰硅烷的反应，在40℃下反应72 h后，产率达到50%～60%，选择性超过88%。他们还研究了溶剂对催化效率的影响，发现正戊烷、正己烷、甲苯等非极性溶剂有利于催化反应的进行，但极性强的溶剂，如四氢呋喃会重新修复缺陷位从而堵住催化活性位点导致催化剂活性降低，这也证明了缺陷对有机催化反应的促进作用(图6.19)。其他含不稳定配体的金属有机框架也具有类似的催化性能。例如，苏成勇研究团队在2012年制备了一种含Zn_3(COO)$_6$簇的金属有机框架Zn-tcpbtcpb为1,3,5-三(4羧基苯氧基)苯，这类材料中Zn_3(COO)$_6$簇中两端的Zn^{2+}各自有一个水分子与之配位。经过130℃真空活化后，Zn-tcpb中配位的水分子可以充分被去除从而得到富含Zn活性位的催化剂。这种催化剂具有很高的催化活性，催化苯甲醛与三甲基氰硅烷的氰硅化反应，氰硅化产物的产率可以达到100%。而且由于这类催化剂是一类介孔材料，可以有效地催化体积更大的醛，如1-萘甲醛和4-苯基苯甲醛。Zn-tcpb具有很好的催化稳定性，经过

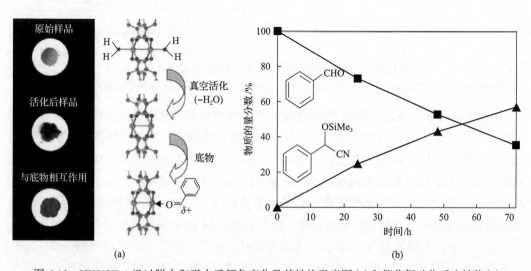

(a)　　　　　　　　　　　　　　　　　　(b)

图6.19　HKUST-1经过脱水和吸水后颜色变化及其结构示意图(a)和催化氰硅化反应性能(b)

四次循环使用后，催化转化率基本保持不变[73]。

　　(2)α-哌烯环氧化物重排反应：在路易斯酸的催化作用下，α-哌烯环氧化物会发生重排反应生成一种重要的香料——龙脑烯醛。Vos课题组[74]发现经过真空热活化的HKUST-1可以有效地催化α-哌烯环氧化物的重排反应，转化率达到70%，龙脑烯醛的选择性也超过80%。其他课题组发现MIL系列金属有机框架经过真空热活化后，也能暴露出丰富的催化活性中心，从而展现出优异的催化α-哌烯环氧化物重排性能，但是生成龙脑烯醛的选择性远不如活化的HKUST-1。UiO-66是含Zr簇的金属有机框架，是对酸、碱及热都较为稳定的一类材料。但其中Zr和配体已经形成饱和的六配位结构，因而结构完整的UiO-66难以显示较好的催化性能。霍甲研究团队[75]发现通过微波辅助酸处理，UiO-66中产生高含量的配体缺陷，缺陷化的UiO-66对α-哌烯环氧化物重排反应表现出优异的催化效率(图6.20)。将UiO-66分散在0.5mol/L HCl溶液中，再经过微波100W、100℃处理，可以得到充分缺陷化的UiO-66，而且结构保持稳定。相比较未处理的UiO-66，缺陷化UiO-66催化α-哌烯环氧化物转化为龙脑烯醛的转化率从5.4%提高至68.1%，比通过水热法处理得到缺陷化UiO-66转化率高13.5%，如图6.20(b)所示。这说明缺陷化UiO-66的活性位点得到充分暴露，而且微波能够进一步促进活性位点的产生，从而提高催化剂活性。

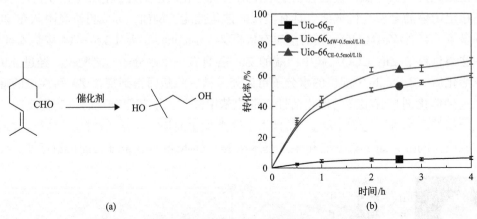

(a)　　　　　　　　　　　　　　(b)

图6.20　香茅醛催化转化(a)和不同UiO-66催化效率(b)

ST表示溶剂热反应；MW-0.5 mol/L 1h表示0.5mol/L HCl微波处理1h；CE-0.5 mol/L 1h表示0.5mol/L HCl化学处理1h

　　(3)羰基-烯加成反应：羰基-烯加成反应是一种非常重要且原子经济性C—C键形成反应，一旦选用可回收的催化剂，此类反应可以得到无需进一步纯化步骤的有机产物且无需任何纯化步骤。Wright课题组研究一种含Sc的金属有机框架(MIL-100(Sc))在催化三氟丙酮酸乙酯和2-苯基-1-丙烯之间的羰基-烯加成反应方面的应用。由于三氟丙酮酸乙酯中三氟甲基的存在，其在酸催化中容易发生异构反应。Wright课题组通过甲醇交换-真空热处理可以得到路易斯酸充分暴露、富含5配位Sc的金属有机框架。当该催化剂应用于催化三氟丙酮酸乙酯和2-苯基-1-丙烯反应时，室温下就可以达到99%的产率，几乎没有其他副产物的产生。而Sc交换的沸石只能得到20%的产率，产物中更多的是水解产物(45%)[76]。

2. 布朗斯特酸催化反应

在沸石中，当 Si(Ⅳ)被三价金属阳离子如 Al^{3+}取代时，骨架本身会产生负电荷，为了维持骨架的电中性，就会通过质子来平衡电荷，从而产生布朗斯特酸位点。而在金属有机框架中，当产生配体缺陷时，骨架可能被羟基化，从而产生布朗斯特酸位点。布朗斯特酸可以催化很多反应，如弗里德-克拉夫茨(Friedel-Crafts)反应、二氧化碳和环氧化合物共聚反应等。

(1)Friedel-Crafts 反应：Friedel-Crafts 反应就是芳香烃的烷基化反应，在工业上有着很广泛的应用，烷基化试剂主要包括烯烃、醇、氯代烷烃和氯代芳烃，最常用的多相催化剂是酸性沸石。Férey 课题组研究了两种含有不同金属但相同拓扑结构的金属有机框架 MIL-100(Fe)和 MIL-100(Cr)在 Friedel-Crafts 苄基化反应中的应用。其中 MIL-100(Fe)显示了优异的催化性能，甚至超过了酸性沸石。该课题组还采用低温 CO 化学吸附确认了 MIL-100(Cr)中含有丰富的 Cr-OH 布朗斯特酸活性位及其他几种路易斯活性位[77]。由于金属有机框架中通常包含多种酸性位，在催化中具体哪种活性中心起主导作用还需进一步研究。MOF-5 是一种由 Zn$_4$O 为簇形成的金属有机框架，其中 Zn 是六配位结构，这就导致完美的 MOF-5 框架中没有可暴露的活性中心。Thallapally 课题组将 MOF-5 应用于催化甲苯和叔丁基氯之间的 Friedel-Crafts 反应时(图 6.21)，发现 MOF-5 具有很好的活性和选择性，转化率和对位取代的产物选择性分别达到 99.6%和 99.9%，这些性能远超酸性沸石(60%和 72%)和常用的路易斯酸，如 AlCl$_3$(60%和 46%)。他们通过实验证明 Friedel-Crafts 反应过程中原位产生的 HCl 对 MOF-5 有着蚀刻作用产生配体缺陷从而形成较强的布朗斯特酸活性位 Zn-OH[78]。Phan 课题组研究 IRMOF-8 催化甲苯和苯甲酰氯发生 Friedel-Crafts 反应时也发现了类似的现象[79]。

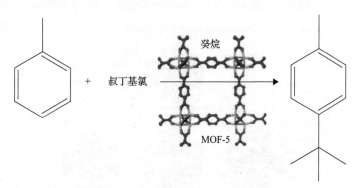

图 6.21　MOF-5 催化甲苯和叔丁基氯之间的 Friedel-Crafts 反应(扫码见彩图)

(2)二氧化碳和环氧化合物共聚反应：二氧化碳和环氧化合物共聚反应既是一种能充分利用二氧化碳实现碳中和的较好手段，同时也是一条产生可生物降解塑料的绿色途径。Chisholm 等研究了一种由 Zn 和二羧酸配体配位形成的层状金属有机框架在催化二氧化碳和环氧丙烷的共聚反应(图 6.22)。在 50bar(1bar=10^{5}Pa)、60℃且催化剂含量为 5%的条件下，可以得到较高产率的交替共聚丙烯碳酸酯，且聚合物的含量随着反应时间的延长而增加，在反应 40h 后，聚碳酸酯的含量高达 90.5%。而发生共聚反应的机理是布朗斯特酸活性位 Zn-OH 能够同时活化二氧化碳和环氧丙烷从而发生共聚反应[80]。

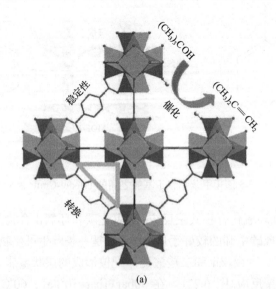

图 6.22　Zn 和二羧酸配体配位形成的层状金属有机框架催化二氧化碳和环氧丙烷的共聚反应
（扫码见彩图）

（3）叔丁醇脱水反应：叔丁醇脱水可以用来制备异丁烯，常用的催化剂为布朗斯特酸，包括金属氧化物和固体酸，如沸石和阳离子交换树脂等。Gates 课题组利用调制剂，如甲酸和乙酸，在含 Zr_6O_8 簇的金属有机框架（UiO-66 和 MOF-808）中引入配体缺陷，再通过甲醇交换获得富含布朗斯特酸（Zr-OH）的金属有机框架。经过处理后的金属有机框架显示了优异的催化叔丁醇脱水性能，反应活性是不含羟基的金属有机框架的 4 倍左右，证实了金属有机框架中起催化作用的主要是布朗斯特酸（Zr-OH）。随后他们结合密度泛函理论证明在缺陷位的羟基起到布朗斯特酸的作用，并主要以 E1 机理形成碳正离子中间体从而有利于叔丁醇脱水（图 6.23）[81]。

3. 缺陷辅助催化

金属有机框架中的缺陷除了能起路易斯酸或布朗斯特酸作用以外，还能起到其他辅助催化作用。例如，金属有机框架产生较多的配体缺陷，有利于将框架中微孔转化为介

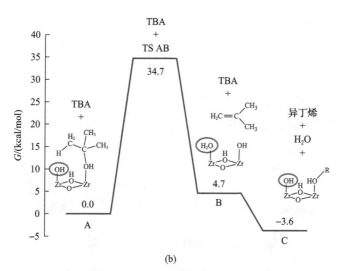

(b)

图 6.23　含 Zr_6O_8 簇的金属有机框架的布朗斯特酸活性位(a)和布朗斯特酸(Zr-OH)催化叔丁醇脱水反应的能级图(b)

孔,从而能够将原来不能装载的客体填充在空腔内部,拓展金属有机框架在催化方面的应用;缺陷有可能增强与底物的直接相互作用,可以起到协同催化的作用。

　　(1)缺陷调节孔径:分子催化剂具有很高的催化活性,但难以回收使催化成本提高,难以实现工业化应用。金属有机框架就是一种很好的载体,可以负载分子催化剂从而实现贵重催化剂的可重复使用。金属有机框架多为微孔材料,而分子催化剂尺寸较大,难以直接进入金属有机框架空腔内部,这就限制了其作为载体负载分子催化剂的范围。江海龙课题组通过调制剂调控的办法将一系列微孔金属有机框架,如 UiO-66、MIL-53、DUT-5(一种含铝的金属有机框架材料)、MOF-808 等,转化为富含微孔和介孔的多级孔金属有机框架,并用多级孔 UiO-66 负载分子催化剂磷钨酸(HPW/HP-UiO-66)。HPW/HP-UiO-66 显示了优异的氧化苯乙烯醇解性能,20min 后该反应的转化率即可接近100%,而无缺陷的 UiO-66 表面吸附磷钨酸后,催化性能很低,20min 后,反应转化率约为 8%[82]。Tsung 研究团队采用类似的原理,首先利用 UiO-66 在极性溶剂中发生配体解离从而产生配体缺陷,再将钌配合物装载进缺陷化的 UiO-66,最后通过配体修复得到负载有钌配合物的 UiO-66。该催化剂可以催化二氧化碳为甲酸盐,且该催化剂可以重复使用(图 6.24)[83]。

　　(2)缺陷协同催化性能:富含缺陷的金属有机框架暴露出更多吸附位点,从而增强催化剂与底物之间的相互作用,有望起到协同催化作用。Olsbye 课题组将 Pt 负载到富含配体缺陷的 Zr 基金属有机框架 UiO-67 中,得到催化剂 UiO-67(LD)-Pt。实验和理论计算相结合证明了由于缺陷的存在增强反应中间体与催化剂 Pt 之间的相互作用力,从而起到协同催化作用,相比没有缺陷的 UiO-67 载体,UiO-67(LD)-Pt 具有较高的甲醇和甲烷生成速率(图 6.25)[84]。

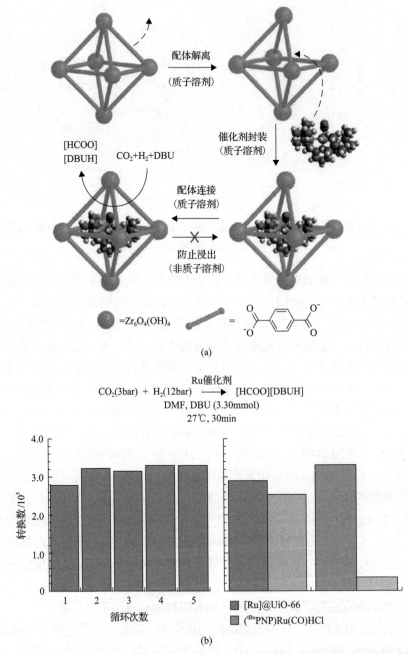

图 6.24 分子催化剂填充 UiO-66 的示意图（a）和负载有钌配合物的 UiO-66 催化二氧化碳氢化反应（b）

DBU 为 1,8-二氮杂双环[5.4.0]十一烯；DBUH 为 1,8-二氮杂双环[5.4.0]十一烯的加氢产物；DMF 为 N, N-二甲基甲酰胺

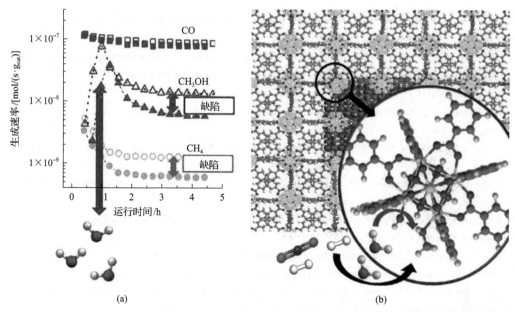

图 6.25　UiO-67(LD)-Pt 催化二氧化碳氢化反应(a)和 UiO-67(LD)-Pt 中的缺陷结构示意图(b)

LD 为配体缺陷

6.4　结论与展望

本章中，笔者通过对金属有机配位化合物的定义、组成、分类及缺陷处理的方法等介绍，加深了读者对于富缺陷配合物催化剂的认识。利用原位合成、配体/金属中心交换、外部能量刻蚀等手段在配合物中实现缺陷制造，调控金属中心或配体的同时，使催化活性位点的电子/价带结构发生改变，从而有利于催化活性的提高。缺陷的制造方式不仅针对配合物这一种催化剂的开发，其高效性的优势，可扩展到其他类型的催化剂中。而通过缺陷的制造，所衍生的配合物催化剂在多种反应应用中均表现出更高的催化活性、更高的选择性，甚至更高稳定性等。

基于富缺陷金属有机配位化合物催化剂的研究远不止于此，如在光催化 HER、OER、CO_2RR 等领域均有报道。但整体而言，制备缺陷配位化合物与配位聚合物的策略、表征方法等均与本章已描述的内容相通，作为缺陷位易于调控、成本低廉的非贵金属配合物材料在未来的工业化应用之路具有光明的前景，但目前针对实际应用中大多数催化剂的稳定性、导电性等方面的不足，仍有待研究者投入更多的关注。无论如何，开发配合物催化剂的研究始终在奔向更高效、更低成本、更高稳定性的路上。

参 考 文 献

[1] Zhao S, Wang Y, Dong J, et al. Ultrathin metal-organic framework nanosheets for electrocatalytic oxygen evolution[J]. Nature Energy, 2016, 1(12): 16184.

[2] Tao L, Lin C, Dou S, et al. Creating coordinatively unsaturated metal sites in metal-organic-frameworks as efficient electrocatalysts for the oxygen evolution reaction: Insights into the active centers[J]. Nano Energy, 2017, 41: 417-425.

[3] Han J, An P, Liu S, et al. Reordering d orbital energies of single-site catalysts for CO_2 electroreduction[J]. Angewandte Chemie International Edition, 2019, 58(36): 12711-12716.

[4] Liberman I, Shimoni R, Ifraemov R, et al. Active-site modulation in an Fe-porphyrin-based metal-organic framework through ligand axial coordination: Accelerating electrocatalysis and charge-transport kinetics[J]. Journal of the American Chemical Society, 2020, 142(4): 1933-1940.

[5] Xue Z, Liu K, Liu Q, et al. Missing-linker metal-organic frameworks for oxygen evolution reaction[J]. Nature Communications, 2019, 10(1): 5048.

[6] Liu C, Gu Y, Liu C, et al. Missing-linker 2D conductive metal organic frameworks for rapid gas detection[J]. ACS Sensors, 2021, 6(2): 429-438.

[7] Schreiber E, Petel B E, Matson E M. Acid-induced, oxygen-atom defect formation in reduced polyoxovanadate-alkoxide clusters[J]. Journal of the American Chemical Society, 2020, 142(22): 9915-9919.

[8] Wu J, Gao Y, Wei S, et al. Plasma modification of Fe-MOF for efficient organic pollutants removal[J]. Journal of Solid State Chemistry, 2021, 302: 122350.

[9] Jiang Z, Ge L, Zhuang L, et al. Fine-tuning the coordinatively unsaturated metal sites of metal-organic frameworks by plasma engraving for enhanced electrocatalytic activity[J]. ACS Applied Materials & Interfaces, 2019, 11(47): 44300-44307.

[10] Sulmonetti T P, Pang S H, Claure M T, et al. Vapor phase hydrogenation of furfural over nickel mixed metal oxide catalysts derived from layered double hydroxides[J]. Applied Catalysis A: General, 2016, 517: 187-195.

[11] Dresp S, Thanh T N, Klingenhof M, et al. Efficient direct seawater electrolysers using selective alkaline NiFe-LDH as OER catalyst in asymmetric electrolyte feeds[J]. Energy & Environmental Science, 2020, 13(6): 1725-1729.

[12] Zhang L, Wang X, Li A, et al. Rational construction of macroporous CoFeP triangular plate arrays from bimetal-organic frameworks as high-performance overall water-splitting catalysts[J]. Journal of Materials Chemistry A, 2019, 7(29): 17529-17535.

[13] Gu K, Wang D, Xie C, et al. Defect-rich high-entropy oxide nanosheets for efficient 5-hydroxymethylfurfural electrooxidation[J]. Angewandte Chemie, 2021, 133(37): 20415-20420.

[14] Wang X L, Dong L Z, Qiao M, et al. Exploring the performance improvement of the oxygen evolution reaction in a stable bimetal-organic framework system[J]. Angewandte Chemie International Edition, 2018, 57(31): 9660-9664.

[15] Zhong H, Chorbani-Asl X, Ly K H, et al. Synergistic electroreduction of carbon dioxide to carbon monoxide on bimetallic layered conjugated metal-organic frameworks[J]. Nature Communications, 2020, 11(1): 1409.

[16] Yang J, Yang J, Wang X, et al. Improving the porosity and catalytic capacity of a zinc paddlewheel metal-organic framework (MOF) through metal-ion metathesis in a single-crystal-to-single-crystal fashion[J]. Inorganic Chemistry, 2014, 53(19): 10649-10653.

[17] Zhang M, Liu J, Li H, et al. Tuning the electrophilicity of vanadium-substituted polyoxometalate based ionic liquids for high-efficiency aerobic oxidative desulfurization[J]. Applied Catalysis B: Environmental, 2020, 271: 118936.

[18] Xing J, Guo K, Zou Z, et al. *In situ* growth of well-ordered NiFe-MOF-74 on Ni foam by Fe^{2+} induction as an efficient and stable electrocatalyst for water oxidation[J]. Chemical Communications, 2018, 54(51): 7046-7049.

[19] Wurster B, Grumelli D, Hötger D, et al. Driving the oxygen evolution reaction by nonlinear cooperativity in bimetallic coordination catalysts[J]. Journal of the American Chemical Society, 2016, 138(11): 3623-3626.

[20] Li F L, Shao Q, Huang X, et al. Nanoscale trimetallic metal-organic frameworks enable efficient oxygen evolution electrocatalysis[J]. Angewandte Chemie International Edition, 2018, 57(7): 1888-1892.

[21] Ye G, Qi H, Li X, et al. Enhancement of oxidative desulfurization performance over UiO-66(Zr) by titanium ion exchange[J]. ChemPhysChem, 2017, 18(14): 1903-1908.

[22] Wang X S, Chrzanowski M, Wojtas L, et al. Formation of a metalloporphyrin-based nanoreactor by postsynthetic metal-ion exchange of a polyhedral-cage containing a metal-metalloporphyrin framework[J]. Chemistry-A European Journal, 2013, 19(10): 3297-3301.

[23] Sun Y, Xue Z, Liu Q, et al. Modulating electronic structure of metal-organic frameworks by introducing atomically dispersed Ru for efficient hydrogen evolution[J]. Nature Communications, 2021, 12(1): 1369.

[24] Chen Y, Gao R, Ji S, et al. Atomic-level modulation of electronic density of metal-organic frameworks-derived Co single-atom sites to enhance oxygen reduction performance[J]. Angewandte Chemie (International ed. in English), 2020, 60161: 3212-3221.

[25] Dong R, Zheng Z, Tranca D C, et al. Immobilizing molecular metal dithiolene-diamine complexes on 2D metal-organic frameworks for electrocatalytic H_2 production[J]. Chemistry-A European Journal, 2017. 23(10): 2255-2260.

[26] Huang Q, Li Q, Liu J, et al. Disclosing CO_2 activation mechanism by hydroxyl-induced crystalline structure transformation in electrocatalytic process[J]. Matter, 2019, 1(6): 1656-1668.

[27] Zhang X, Wang Y, Gu M, et al. Molecular engineering of dispersed nickel phthalocyanines on carbon nanotubes for selective CO_2 reduction[J]. Nature Energy, 2020, 5(9): 684-692.

[28] Gimbert-Surinach C, Moonshiram D, Picon A, et al. Electronic π-delocalization boosts catalytic water oxidation by Cu(Ⅱ) molecular catalysts heterogenized on graphene sheets[J]. Journal of the American Chemical Society, 2017, 139(37): 12907-12910.

[29] Dou S, Sun L, Xi S, et al. Enlarging the π-conjugation of cobalt porphyrin for highly active and selective CO_2 electroreduction[J]. ChemSusChem, 2021, 14(9): 2126-2132.

[30] Dou S, Song J, Xi S, et al. Boosting electrochemical CO_2 reduction on metal-organic frameworks via ligand doping[J]. Angewandte Chemie, 2019, 131(12): 4081-4085.

[31] Takaishi S, Hosoda M, Kajiwara T, et al. Electroconductive porous coordination polymer Cu[Cu(pdt)$_2$] composed of donor and acceptor building units[J]. Inorganic Chemistry, 2009, 48(19): 9048-9050.

[32] Yao M S, Zheng J J, Wu A Q, et al. A dual-ligand porous coordination polymer chemiresistor with modulated conductivity and porosity[J]. Angewandte Chemie International Edition, 2020, 59(1): 172-176.

[33] Talin A A, Centrone A, Ford A C, et al. Tunable electrical conductivity in metal-organic framework thin-film devices[J]. Science, 2014, 343(6166): 66-69.

[34] He Y, Yang S, Fu Y, et al. Electronic doping of metal-organic frameworks for high-performance flexible micro-supercapacitors[J]. Small Structures, 2021, 2(3): 2000095.

[35] Jia J, Gutiérre-Arzaluz L, Shekhah O, et al. Access to highly efficient energy transfer in metal-organic frameworks via mixed linkers Approach[J]. Journal of the American Chemical Society, 2020, 142(19): 8580-8584.

[36] Shichibu Y, Negishi Y, Tsukuda T, et al. Large-scale synthesis of thiolated Au25 clusters via ligand exchange reactions of phosphine-stabilized Au11 clusters[J]. Journal of the American Chemical Society, 2005, 127(39): 13464-13465.

[37] Yu D, Shao Y, Song Q, et al. A solvent-assisted ligand exchange approach enables metal-organic frameworks with diverse and complex architectures[J]. Nature Communications, 2020, 11(1): 927.

[38] Marreiros J, van Dommelen L, Fleury G, et al. Vapor-phase linker exchange of the metal-organic framework ZIF-8: A solvent-free approach to post-synthetic modification[J]. Angewandte Chemie International Edition, 2019, 58(51): 18471-18475.

[39] Luo M, Guo S. Strain-controlled electrocatalysis on multimetallic nanomaterials[J]. Nature Reviews Materials, 2017, 2(11): 17059.

[40] Luo G, Wang Y, Li Y. Two-dimensional iron-porphyrin sheet as a promising catalyst for oxygen reduction reaction: A computational study[J]. Science Bulletin, 2017, 62(19): 1337-1343.

[41] Cheng W, Zhao X, Su H, et al. Lattice-strained metal-organic-framework arrays for bifunctional oxygen electrocatalysis[J]. Nature Energy, 2019, 4(2): 115-122.

[42] Ji Q, Kong Y, Wang C, et al. Lattice strain induced by linker scission in metal-organic framework nanosheets for oxygen evolution reaction[J]. ACS Catalysis, 2020, 10(10): 5691-5697.

[43] Yang F, Hu W, Yang C, et al. Tuning internal strain in metal-organic frameworks via vapor phase infiltration for CO_2

reduction[J]. Angewandte Chemie International Edition, 2020, 59(11): 4572-4580.

[44] Chen B, Ockwig N W, Millward A R, et al. High H_2 adsorption in a microporous metal-organic framework with open metal sites[J]. Angewandte Chemie International Edition, 2005, 44(30): 4745-4749.

[45] Øien S, Wragg D, Reinsch H, et al. Detailed structure analysis of atomic positions and defects in zirconium metal-organic frameworks[J]. Crystal Growth & Design, 2014, 14(11): 5370-5372.

[46] 陶李. 二维纳米材料表面改性及其在电催化中的应用研究[D]. 长沙: 湖南大学, 2016.

[47] Ren J, Langmi H W, Musyoka N M, et al. Tuning defects to facilitate hydrogen storage in core-shell MIL-101(Cr)@ UiO-66(Zr) nanocrystals[J]. Materials Today: Proceedings, 2015, 2(7): 3964-3972.

[48] Fleker O, Borenstein A, Lavi R, et al. Preparation and properties of metal organic framework/activated carbon composite materials[J]. Langmuir, 2016, 32(19): 4935-4944.

[49] Cao R, Thapa R, Hyejung K, et al. Promotion of oxygen reduction by a bio-inspired tethered iron phthalocyanine carbon nanotube-based catalyst[J]. Nature Communications, 2013, 4(1): 2076.

[50] Zhou Y, Xing Y F, Wen J, et al. Axial ligands tailoring the ORR activity of cobalt porphyrin[J]. Science Bulletin, 2019, 64(16): 1158-1166.

[51] Shimoni R, He W, Liberman I, et al. Tuning of redox conductivity and electrocatalytic activity in metal-organic framework films via control of defect site density[J]. The Journal of Physical Chemistry C, 2019, 123(9): 5531-5539.

[52] Kaminsky C J, Wright J, Surendranath Y. Graphite-conjugation enhances porphyrin electrocatalysis[J]. ACS Catalysis, 2019, 9(4): 3667-3671.

[53] Miner E M, Wang L, Dincă M. Modular O_2 electroreduction activity in triphenylene-based metal-organic frameworks[J]. Chemical Science, 2018, 9(29): 6286-6291.

[54] Yilmaz G, Tan C F, Hong M, et al. Functional defective metal-organic coordinated network of mesostructured nanoframes for enhanced electrocatalysis[J]. Advanced Functional Materials, 2018, 28(2): 1704177.

[55] Zhou W, Huang D D, Wu Y P, et al. Stable hierarchical bimetal-organic nanostructures as high performance electrocatalysts for the oxygen evolution reaction[J]. Angewandte Chemie International Edition, 2019, 58(13): 4227-4231.

[56] Xue Z, Li Y, Zhang Y, et al. Erratum to supporting information of modulating electronic structure of metal-organic framework for efficient electrocatalytic oxygen evolution[J]. Advanced Energy Materials, 2020, 10(3): 1903904.

[57] Cao C, Ma D D, Xu Q, et al. Semisacrificial template growth of self-supporting MOF nanocomposite electrode for efficient electrocatalytic water oxidation[J]. Advanced Functional Materials, 2019, 29(6): 1807418.

[58] Xiao X, Li Q, Yuan X, et al. Ultrathin nanobelts as an excellent bifunctional oxygen catalyst: Insight into the subtle changes in structure and synergistic effects of bimetallic metal-organic framework[J]. Small Methods, 2018, 2(12): 1800240.

[59] Li F L, Wang P, Huang X, et al. Large-scale, bottom-up synthesis of binary metal-organic framework nanosheets for efficient water oxidation[J]. Angewandte Chemie International Edition, 2019, 58(21): 7051-7056.

[60] Xie M, Ma Y, Lin D, et al. Bimetal-organic framework MIL-53(Co-Fe): An efficient and robust electrocatalyst for the oxygen evolution reaction[J]. Nanoscale, 2020, 12(1): 67-71.

[61] Wang L, Wu Y, Cao R, et al. Fe/Ni metal-organic frameworks and their binder-free thin films for efficient oxygen evolution with low overpotential[J]. ACS Applied Materials & Interfaces, 2016, 8(26): 16736-16743.

[62] Zhao X, Pattengale B, Fan D, et al. Mixed-node metal-organic frameworks as efficient electrocatalysts for oxygen evolution reaction[J]. ACS Energy Letters, 2018, 3(10): 2520-2526.

[63] Meshitsuka S, Ichikawa M, Tamaru K. Electrocatalysis by metal phthalocyanines in the reduction of carbon dioxide[J]. Journal of the Chemical Society, Chemical Communications, 1974, (5): 158-159.

[64] Hu X M, Rønne M H, Pedersen S U, et al. Enhanced catalytic activity of cobalt porphyrin in CO_2 electroreduction upon immobilization on carbon materials[J]. Angewandte Chemie International Edition, 2017, 56(23): 6468-6472.

[65] Wang M, Torbensen K, Salvatore D, et al. CO_2 electrochemical catalytic reduction with a highly active cobalt phthalocyanine[J]. Nature Communications, 2019, 10(1): 3602.

[66] Wu Y, Jiang Z, Lu X, et al. Domino electroreduction of CO_2 to methanol on a molecular catalyst[J]. Nature, 2019, 575(7784): 639-642.

[67] Wu H, Zeng M, Zhu X, et al. Defect engineering in polymeric cobalt phthalocyanine networks for enhanced electrochemical CO_2 reduction[J]. ChemElectroChem, 2018, 5(19): 2717-2721.

[68] Lin S, Diercks C S, Zhang Y B, et al. Covalent organic frameworks comprising cobalt porphyrins for catalytic CO_2 reduction in water[J]. Science, 2015, 349(6253): 1208-1213.

[69] Su P, Iwase K, Harada T, et al. Covalent triazine framework modified with coordinatively-unsaturated Co or Ni atoms for CO_2 electrochemical reduction[J]. Chemical Science, 2018, 9(16): 3941-3947.

[70] Li W, Fang W, Wu C, et al. Bimetal-MOF nanosheets as efficient bifunctional electrocatalysts for oxygen evolution and nitrogen reduction reaction[J]. Journal of Materials Chemistry A, 2020, 8(7): 3658-3666.

[71] Zhao X, Yin F, Liu N, et al. Highly efficient metal-organic-framework catalysts for electrochemical synthesis of ammonia from N_2 (air) and water at low temperature and ambient pressure[J]. Journal of Materials Science, 2017, 52(17): 10175-10185.

[72] Schlichte K, Kratzke T, Kaskel S. Improved synthesis, thermal stability and catalytic properties of the metal-organic framework compound $Cu_3(BTC)_2$[J]. Microporous and Mesoporous Materials, 2004, 73(1): 81-88.

[73] Lin X M, Li T T, Wang Y W, et al. Two Zn^{II} metal-organic frameworks with coordinatively unsaturated metal sites: Structures, adsorption, and catalysis[J]. Chemistry-An Asian Journal, 2012, 7(12): 2796-2804.

[74] Heinz W R, Junk R, Agirrezabal-Telleria I, et al. Thermal defect engineering of precious group metal-organic frameworks: impact on the catalytic cyclopropanation reaction[J]. Catalysis Science & Technology, 2020, 10(23): 8077-8085.

[75] Liang Y, Li C, Chen L, et al. Microwave-assisted acid-induced formation of linker vacancies within Zr-based metal organic frameworks with enhanced heterogeneous catalysis[J]. Chinese Chemical Letters, 2021, 32(2): 787-790.

[76] Mitchell L, Gonzalez-Santiago B, Wowat J P S, et al. Remarkable Lewis acid catalytic performance of the scandium trimesate metal organic framework MIL-100 (Sc) for C—C and C=N bond-forming reactions[J]. Catalysis Science & Technology, 2013, 3(3): 606-617.

[77] Horcajada P, Surblé S, Seire C, et al. Synthesis and catalytic properties of MIL-100 (Fe), an iron (III) carboxylate with large pores[J]. Chemical Communications, 2007, (27): 2820-2822.

[78] Fernandez C A, Thallapally P K, Liu J, et al. Effect of produced HCl during the catalysis on micro-and mesoporous MOFs[J]. Crystal Growth & Design, 2010, 10(9): 4118-4122.

[79] Nguyen L L T, Nguyen C V, Dang G H, et al. Towards applications of metal-organic frameworks in catalysis: Friedel-Crafts acylation reaction over IRMOF-8 as an efficient heterogeneous catalyst[J]. Journal of Molecular Catalysis A: Chemical, 2011, 349(1-2): 28-35.

[80] Chisholm M H, Navarro-Llobet D, Zhou Z. Poly(propylene carbonate). 1. More about poly(propylene carbonate) formed from the copolymerization of propylene oxide and carbon dioxide employing a zinc glutarate catalyst[J]. Macromolecules, 2002, 35(17): 6494-6504.

[81] Yang D, Gaggioli C A, Ray D, et al. Tuning catalytic sites on Zr_6O_8 metal-organic framework nodes via ligand and defect chemistry probed with tert-butyl alcohol dehydration to isobutylene[J]. Journal of the American Chemical Society, 2020, 142(17): 8044-8056.

[82] Cai G, Jiang H L. A modulator-induced defect-formation strategy to hierarchically porous metal-organic frameworks with high stability[J]. Angewandte Chemie International Edition, 2017, 56(2): 563-567.

[83] Li Z, Rayder T, Luo L, et al. Aperture-opening encapsulation of a transition metal catalyst in a metal-organic framework for CO_2 hydrogenation[J]. Journal of the American Chemical Society, 2018, 140(26): 8082-8085.

[84] Gutterød E S, Pulumati S H, Kaur G, et al. Influence of defects and H_2O on the hydrogenation of CO_2 to methanol over Pt nanoparticles in UiO-67 metal-organic framework[J]. Journal of the American Chemical Society, 2020, 142(40): 17105-17118.

第 7 章 负载型材料缺陷与催化

7.1 引　言

缺陷对材料的物理化学性质具有显著的影响，前面几章我们分别详细讨论了碳材料、金属材料、过渡金属化合物及金属有机框架中缺陷的相关情况、对相关材料物理化学性质的影响，以及其在不同催化反应中起到的作用。催化剂中缺陷对其催化活性、选择性、稳定性具有较大的影响，因此合理调控缺陷尤为重要。在多个催化领域中，通常将催化组分尤其贵金属催化剂分散在高比表面积的载体上，使其高度分散，提高质量活性，降低成本，其称为负载型催化剂。对于不同的应用场景，自然对于载体的要求也不同，如光催化剂载体需要具有良好的透光性，而电催化剂载体需要较好的导电性，热催化剂则需要较好的热稳定性等。目前在国内外使用较多的催化剂载体包括活性炭、氧化铝、SiO_2、层状石墨、空心玻璃珠、石英玻璃管(片)、导电玻璃片、有机玻璃、光导纤维、天然矿物、泡沫塑料、陶瓷材料等。对于负载型催化剂而言，载体缺陷及活性组分缺陷均会对其物理化学性质产生一定的影响，进而改变其催化活性等。在本章节中，我们主要从负载型缺陷材料的合成与表征方面，总结缺陷基复合材料的常用合成方法以及表征手段，系统阐述该方向的相关进展，为想从事该领域的工作人员提供一定的指导和帮助。本章进一步结合相关负载型缺陷材料在电催化、光(电)催化、热催化中的相关应用，详细阐述其在不同催化领域的作用，讨论相关设计理念及催化机制，深入理解催化过程。

7.2　负载型缺陷材料的合成与表征

随着缺陷化学的快速发展，以及纳米科技的突飞猛进，研究者开发了各种各样的方法制备富缺陷催化剂，这在前面几章中我们进行了详细的分析、讨论。在此基础上，负载型缺陷材料的制备也取得了很大的进步，包括传统的碳基材料、氧化物材料、新型二维材料等，它们在不同催化领域起着重要作用。另外，随着纳米科技的快速发展及仪器设备的更新换代，对相关负载型缺陷催化剂的认识逐步深入，促进了新型材料的设计开发与对其性质的理解分析。

7.2.1　负载型缺陷材料可控合成与制备

1. 碳负载型催化剂

碳材料是应用最广泛的载体材料，其在能量储存与转化领域中起着重要的作用，成为研究最为广泛的载体材料。碳基材料具有良好的导电性、耐酸碱能力，高温下结构稳定，结构从零维、一维、二维到三维具有可调性，且成本低廉。在碳材料的发展历程中，碳负载贵金属(Pd、Pt、Rh、Ru、Ir 等)催化剂被广泛用于多种催化反应，如选择性氢化、氢解、脱氢、偶联反应及氧还原等电催化反应[1-3]。另外，碳基材料负载非贵金属同样应用广泛，在碱性电解水、二氧化碳还原等领域具有很好的应用[4-6]。对于负载型催化剂而言，其通常由两部分组成，载体与活性组分，因此在讨论缺陷基负载型材料时，同样包括载体中缺陷及活性组分缺陷。本章中我们重点讨论负载型缺陷的制备方法，即如何负载等成为关注点，而对于单一载体或活性组分的缺陷，则可参见前面章节中相关内容。

1)静电相互作用组装

碳基材料，尤其是石墨烯基二维材料，能够通过强的 π-π 相互作用与金属基活性组分耦合，进而形成高活性催化剂。以石墨烯为例，如图 7.1 所示，姚向东教授及其团队先用高温热解制备了富缺陷的石墨烯纳米片，其表面带有负电荷，进而与表面呈正电荷的层状双金属氢氧化物通过静电自组装，在原子水平形成负载型复合材料，使其具有多功能的催化活性[7]。该方法需要对载体及组分分别进行预处理，使其层状结构更薄，更易于组装，且可拓展性强，只要表面电负性相反，即可进行自组装复合，但是也面临难以规模化制备等缺点。组装完成后，可以进一步在活性组分中引入缺陷才能提升催化活性，当然也可以先引入缺陷后再进行自组装，从而实现对载体缺陷、活性组分缺陷双重调控的目的，最大限度优化催化活性。

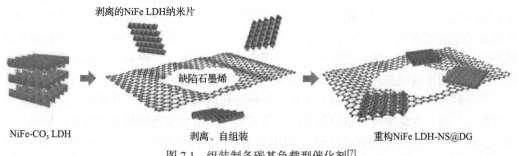

图 7.1　组装制备碳基负载型催化剂[7]

2)吸附还原法

碳基载体负载金属纳米颗粒在多个催化领域均表现优异的催化活性，吸附还原法是被广泛使用的成熟制备方法。通常先对碳基载体进行预氧化，在其表面形成大量含氧官能团，使其能够吸附大量的金属离子，进而采用高温热还原或者是湿化学法还原制备负载型催化剂。为了优化载体与金属之间的相互作用，可以对碳载体进行改性，如杂原子掺杂和引入本征缺陷，使其对负载的金属催化剂电子结构产生影响，进而改变其催化活性。另外，研究者还可以对碳基载体孔结构进行优化，使其具有丰富缺陷，通过吸附搅拌就可将贵金属还原，形成单原子或者原子簇负载的催化剂，过程更加节能环保。优化设计使材料本身具有氧化还原电势的差异，将单原子贵金属固定在缺陷碳表面，该方法操作条件温和，成本低，便于大规模制备。南京大学胡征团队设计了一种多孔掺杂型碳材料[8]，仅通过溶液低温搅拌的方式就可以制备出单原子 Pt 修饰的缺陷碳催化剂，该过程绿色环保，能耗较低且易于规模化制备，具有很大的指导意义。所制备的 Pt 修饰的缺陷碳催化剂表现出最优的 HER 活性，远高于其他的 Pt 基催化剂。世界知名碳材料专家戴黎明教授团队同样设计富缺陷碳[9]，进而利用其自身氧化还原电势的差异，仅仅通过超声就能制备出高活性缺陷碳锚定金属基催化剂，如图 7.2 所示。与热还原或者化学还原相比，该过程无需高温和化学试剂，显然具有很大的优势，但是该过程通常只对贵金属起作用，对于过渡金属很难实现自发还原。

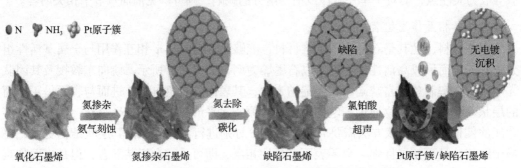

图 7.2　吸附还原法制备碳基负载型催化剂[9]（扫码见彩图）

3) 电沉积方法

电化学方法具有条件温和、电位可调、操作简单节能等优点，在碳基复合材料制备方面同样发挥一定的作用。用电化学方法，可以通过调节电解质溶液、氧化还原电位、金属离子浓度等方式，进而优化制备的金属或者金属化合物结构和组成，使其具有丰富缺陷结构，调节催化活性。通常电化学沉积主要分为两种，一种是在基底上先滴涂或者化学气相沉积形成碳基材料，进而用作工作电极，在碳材料表面电还原制备负载型催化剂；另一种是在电解质中直接加入氧化石墨烯分散液和金属离子，其表面具有大量的含氧官能团，通过优化浓度、电位等条件，可实现一步电化学还原制备碳基复合材料。如图 7.3 所示，湖南大学刘承斌教授及其团队使用一步电沉积方法制备了系列负载型催化剂，包括金属 Au/还原氧化石墨烯[10]、氧化物 MnO_x/还原氧化石墨烯等[11, 12]。所制备的复合材料，具有一定的阵列结构，活性材料负载在石墨烯两侧，形成三维多孔结构，有利于电解质及反应物的充分扩散、接触，提升催化活性。但该方法对于石墨烯氧化程度具有一定的要求，因此存在一定的局限性，重现性不是很好。总体来说，电沉积方法可以较好地控制负载的金属或者氧化物结构、组成等，可以实现对活性组分的缺陷调控，如控制其为无定型或者引入杂原子掺杂或者控制其结构生长使其形成富缺陷结构。

4) 前驱体热解法

上述几种方式均为先合成碳基载体，再进一步复合其他催化活性组分，也可以称为自上而下的方法，另外也可以通过自下而上的方法，通过不同的碳前驱体进而合成富缺陷碳材料，或者一步合成碳负载型催化材料。碳前驱体种类繁多，如生物质材料[13]、高分子聚合物[14]、金属有机框架材料等[15]，因此通过热解碳化制备碳负载型催化剂复杂多样，种类繁多。生物质碳化制备可以将废物再利用，变废为宝，将其与金属盐溶液预处

图 7.3　电化学还原法制备碳基负载型催化剂示意图(a)和所制备各种样品扫描电镜图片(b)～(f)[12]

理干燥，进一步热解碳化，便可获得缺陷丰富的碳负载催化剂。另外还可以加入一定量的氢氧化钾活化，引入更多孔结构、缺陷结构，增加其比表面积等[16]。近些年来，众多研究者采用多种多样的生物质材料制备碳基复合材料，如树叶、虾壳、果皮、木头等[17]，但其也存在一定的问题，如结构组分复杂，还有不定量的杂原子掺杂，不同地区的前驱体可能存在天然差异等，不太适用于基础研究。除此之外，直接使用含碳有机小分子，如双氰胺、尿素等，与金属盐通过研磨混合，可进一步碳化制备碳基负载型材料，该方法操作简单，易于规模化制备，并且可以组合其他原料，实现碳载体、活性组分的双重缺陷调控，具有一定的优势。另外，部分研究者将重心放在聚合物体系中，如聚苯胺、聚吡咯等，聚合物长链中的氮原子能与金属离子有效配位，吸附金属离子，进一步碳化可以实现一步制备缺陷碳负载型催化剂。制备聚合物的过程中还可以引入其他杂原子掺杂，或辅助形成金属 MX 化合物(X=P、S 等)，调控缺陷碳载体及活性组分[18, 19]。聚合物可调性较强，可以合理设计，对其结构、组成进行控制，根据不同催化领域，满足不同的要求。另外，聚合物高分子也可以用来进行静电纺丝，制备一维纳米纤维薄膜，并且纺丝的同时同样可以引入不同的金属离子，进一步碳化制备一维缺陷碳基负载型催化剂。随着技术的发展，设计越来越多样化，可以实现纤维的多级控制。该方法可控性强，金属组分随意调控，且能够设计制备一体化自支撑电极，近年来备受关注，取得了丰富的成果，在多个催化领域均表现出一定的优势[20, 21]。

金属有机框架材料，是由金属离子和有机小分子通过配位形成的框架材料，其组成具有金属源、碳源，因此是制备碳负载催化剂很好的前驱体。金属有机框架材料种类繁多，金属和有机配体种类繁多，可以组合制备成千上万种材料，因此进一步碳化即可制备多种碳负载型催化剂。金属框架材料中，孔道尺寸可控，因此可以利用孔道特性，限域特定离子，进而制备独特的催化剂[22-24]。清华大学李亚栋院士团队采用 MOFs 热解转化方法制备了一系列 M-N-C 碳基催化剂，通过前驱体调控和后期热解优化等可以制备一系列 M-N-C 碳基催化剂。后期可以通过酸洗去除多余的颗粒组分，制备出单原子催化剂。他们将其应用于多个催化领域，如电解水、热催化加氢等，均表现出一定的优势，尤其具有较高的质量活性[25, 26]。纽约州立大学石溪分校 Wu Gang 教授团队也用金属有机框架材料制备了系列 M-N-C 材料，如图 7.4 所示，该团队系统研究了不同金属等在燃料电池 ORR 反应中的应用，不仅取得较好的半电池的性能，在全电池器件中同样表现出优异的性能。还可以调控组分，进而制备双金属 M-N-C 催化剂，可以研究双金属之间的相互作用，进一步促进其催化活性等[27-30]。

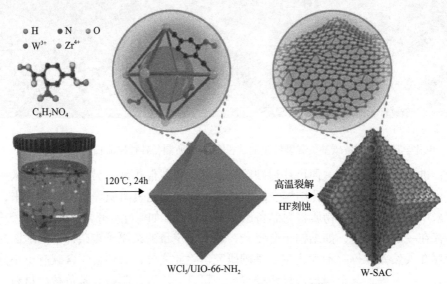

图 7.4　金属有机框架衍生制备碳基负载型催化剂[30]（扫码见彩图）

5）化学气相沉积法

化学气相沉积通常用来制备高质量石墨烯，将碳源气体分子引入惰性气氛中，在金属基底催化作用下，直接生长复合材料，可以有效避免混合过程中石墨烯质量受损及均匀性等问题，被认为是有效制备高质量石墨烯的方法，采用直接生长的方式可以避免石墨烯混合过程所带来的质量下降及分布问题等弊端，大大简化复合材料的制备过程。该方法是制备高质量石墨烯的有效途径，并且能够调控生长环境，在高质量石墨烯表面复合其他金属活性组分。北京大学刘忠范院士团队在化学气相沉积制备石墨烯基材料方面做了系统性的研究工作，如图 7.5 所示，该团队利用化学气相沉积技术，在碳布衬底上实现了二维过渡金属硒化物与垂直石墨烯形成异质结的复合材料的可控构筑[31]，并在金属硒化物表面形成了很多缺陷，可以促进其对多硫化物的吸附和转化，进而调节和改善锂硫电池的倍率性能和循环稳定性。

6）原子层沉积法

原子层沉积是一种可以将物质以单原子膜形式一层一层地镀在基底表面的方法。原子层沉积与普通的化学沉积有相似之处。但在原子层沉积过程中，如图 7.6 所示，新一层原子膜的化学反应是直接与之前一层相关联的，这种方式使每次反应只沉积一层原子。该方法可控性较强，可以实现原子水平的精准控制，便于设计一些模型催化剂，用于相关催化反应的机理研究[32]。

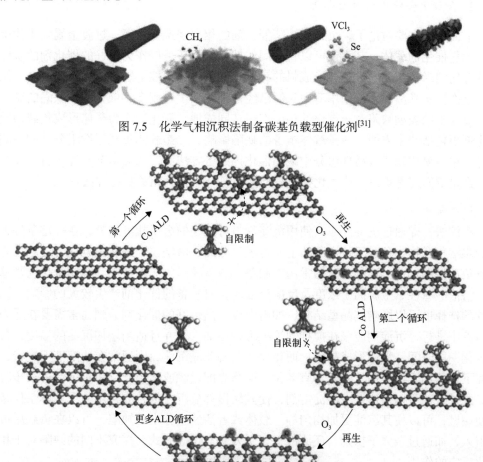

图 7.5　化学气相沉积法制备碳基负载型催化剂[31]

图 7.6　原子层沉积法制备碳基负载型催化剂[32]

ALD 为原子层沉积

碳基材料是应用最为广泛的载体材料，近年来随着研究人员的不断探索，以及二维材料的快速发展，一批新型非金属二维载体材料同样表现出很大的潜力用于负载型催化剂，如黑磷烯、硅烯、硼烯、氮化硼等新型二维层状材料。这些二维材料在催化领域同样具有广泛的应用，其负载复合其他活性组分，制备方法大体与上述碳基负载型催化剂类似。需要指出的是，这些二维材料，通常是通过对其体相材料进行剥离，从而获得超薄富缺陷的少层材料，其可以作为很好的载体，在电催化、光催化、光电催化及热催化等都展现出一定的应用潜力，受到广泛关注。这里我们简单介绍一下常用的剥离方法，以便读者更好地了解，负载的方法与上述碳基载体类似，可参考前述讨论。常用的剥离方法包括超声波处理剥离、溶剂分子插层剥离、电化学剥离、球磨等离子剥离等。在剥离条件下，通常剥离所得的薄层纳米片表面具有一定的缺陷结构，可以进一步复合其他金属组分。

2. 金属化合物负载型催化剂

上面我们主要讨论了碳负载型缺陷催化剂的相关制备方法等，过渡金属氧化物也被广泛用作催化剂载体，其不仅可以直接用作催化剂，还可以作为良好的催化剂的载体，负载金属纳米粒子或原子簇，形成强的载体相互作用，调控了表面活性组分的电子结构等，进而影响其活性。前面章节中我们已经详细介绍了过渡金属催化剂中缺陷的制备方法，以及不同类型缺陷对于催化的相关作用。同样地，氧化物作为载体形成负载型缺陷催化剂也包括两个方面，一是载体本身的缺陷影响，二是载体负载活性组分中的缺陷作用等。单一氧化物或者活性组分中缺陷催化剂制备方法等，前面章节已经进行了详细分析，这里我们还是重点讨论氧化物负载型缺陷复合材料的相关制备方法。

1) 沉淀法

沉淀法，即通过沉淀反应，使用沉淀剂将可溶性的金属盐等组分，在一定条件下转变为难溶化合物，负载于特定载体上，再经过分离、清洗、干燥和煅烧或者还原等方式制备负载型催化剂。这种方法通常用来制备负载量较高的非贵金属、金属氧化物基催化剂。溶液酸碱性、金属离子浓度及反应温度均会对制备的催化剂产生较大的影响。沉淀条件的选择也可以影响其晶型结构，如需形成结晶较好的催化剂，则通常需要在适当的稀溶液中进行，沉淀剂应该在搅拌的情况下缓慢加入，并且适当增加沉淀的温度，最后再老化一段时间，慢慢形成晶体。而相反，制备非晶沉淀，则通常在浓溶液下进行，在搅拌下迅速加入沉淀剂，另外不宜老化，应当立即过滤或离心，以防止沉淀进一步凝聚等。此外，还可以通过调节沉淀溶剂，使其缓慢释放沉淀剂，如常用的尿素体系代替直接使用碱，可以使其沉淀更加均匀等。载体或者活性组分中的缺陷，可以在负载后进一步引入，如通过杂原子掺杂、还原性气氛引入氧空位等方式，探究不同的缺陷对于相应催化反应的作用。

2) 浸渍吸附法

浸渍法即通过选取某一载体，将其浸泡入含有过量活性组分的可溶性金属盐溶液中，待吸附平衡后过滤、干燥、焙烧或还原等方式即可制备氧化物负载型催化剂。该方法通常用于负载量较小的贵金属基催化剂及载体氧化物颗粒较大的情况。浸渍法具有以下几个方面的优点：①其可以选择合适的载体，从外形和尺寸等方面选取在相应催化体系中最合适的载体，省去成型过程；②用量少，活性组分利用率高，这对于一些贵金属来说尤为重要；③其负载量可以通过优化浸渍条件来很好地控制，如浓度、体积、时间等反应因数。对于贵金属负载型催化剂，由于负载量较低，要想获得高比表面积上均匀负载纳米颗粒，通常引入除活性组分外的第二组分，载体吸附活性组分的同时吸附引入的第二组分，称为竞争吸附剂，从而使活性组分在载体上更加均匀地分布。通过调节竞争吸附剂的类型，可以得到不同类型的颗粒负载型催化剂，如均匀型、蛋壳型等。该方法后期进一步煅烧或者结合其他方式进行还原制备负载型纳米颗粒又可以分为很多种，如直接惰性气体热还原、化学试剂还原、等离子还原等。通过调控其条件，在制备的同时还可以进一步引入一定的缺陷。当然在载体选择时也可以提前对载体进行处理，从而得到富缺陷的氧化物载体，在前面章节我们已经讨论过其制备方法。

3) 化学试剂还原

化学试剂还原，即选择氧化物载体分散在某一溶剂中，加入金属盐，搅拌使其与载体充分作用，吸附在催化剂缺陷或不饱和位点，进一步加入具有还原该金属盐的化学试剂，在相应条件下经过回流等处理，形成负载型催化剂，通常也被用来合成贵金属基催化剂。可以事先对载体进行预处理，使其表面富缺陷，提供充足的位点与金属盐作用，进而还原成核形成稳定的负载型催化剂。在载体中引入缺陷同样能够有效调控其电子结构，所以研究载体中缺陷对催化的作用显得同样重要。过渡金属氧化物通常与表面贵金属具有强相互作用，得到广泛的关注与研究。笔者课题组使用等离子技术制备出系列富缺陷的过渡金属氧化物载体，如 CeO_2、WO_3 等，并进一步将其用作贵金属 Pt 纳米粒子的载体，研究其对甲醇小分子的电氧化催化性能的影响[33, 34]。以 WO_3 纳米片载体为例，如图 7.7 所示，等离子刻蚀作用，能够有效剥离 WO_3 纳米片，使其形成超薄片，暴露更多的催化活性位点。另外，等离子放电过程具有一定的还原性，能够有效地在剥离的薄片表面产生一定数量的氧空位。再将制备出的富缺陷的 WO_3 超薄纳米片负载 Pt 纳米粒子，可以发现氧空位的存在为 Pt 的负载提供了更多的位点，因此其制备出的催化剂，Pt 金属颗粒分散性更均匀。另外，氧空位的存在有效地调控其电子结构，与 Pt 金属颗粒之间具有一定的电荷转移，形成强相互作用，从而影响其催化性能。电化学测试结果证实了氧空位的积极作用，富缺陷的 WO_3 超薄纳米片负载的 Pt 纳米粒子具有明显优于本征 WO_3 纳米片负载的 Pt 纳米粒子的甲醇氧化性能，显示出载体缺陷的积极作用。该课题组同样深入研究了使用富氧缺陷 CeO_2 负载 Pt 的催化性能，发现氧缺陷的存在，能够有效调控载体本身及催化剂 Pt 的电子结构，界面相互作用促进电荷转移，进一步提升其甲醇氧化性能。除等离子制造氧化物载体缺陷外，众多研究者使用还原气氛处理氧化物[35]，形成氧空位等，如 Al_2O_3 载体负载 Ni 基催化剂在 CO_2 加氢催化中，载体 CeO_2 中氧空位对其加氢性能具有很大的影响[36]。

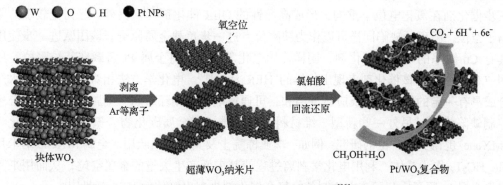

图 7.7　化学试剂还原法制备氧化物负载型催化剂[33](扫码见彩图)

4) 电化学还原法

电化学方法具有条件温和、电位可调、操作简单、节能等优点，在金属化合物负载型催化剂合成方面同样起到重要的作用。该方法可以通过调节活性金属离子的浓度、电化学的反应窗口、工作时间等多个因素，从而对负载的活性组分的形貌结构、组分、化学形态进行一定的控制，满足不同催化情况下的需求。载体可以通过其他方法生长于某一基底，也可以通过滴涂的方式负载在电极表面，再将其用作工作电极，实现活性组分的负载。另外也可以通过优化条件，同时加入载体的金属盐离子和活性组分的金属盐离子，通过优化电沉积条件，实现一步制备金属化合物负载型催化剂。电化学方式也可以在电解质中加入其他杂原子试剂，从而实现在活性组分中引入缺陷，进而优化其催化性能。对于载体而言，同样可以在负载前对其进行缺陷构筑，也可以在负载后对于载体及活性组分同时进行缺陷调控。该方法可以实现金属化合物负载金属单质、金属氧化物或者 MX(X=N、P、S、Se 等)及金属单原子等可控制备，其反应条件温和，易于规模化制备，近年来取得了迅速的发展。

对于过渡金属化合物，某些缺陷位点处可以有效锚定金属原子，从而负载单原子或者原子簇。单原子基催化剂现在发展迅猛，成为研究热点，在催化领域发挥重要的作用，其区别于体相材料的性质，在某些反应中能够表现出独特的催化活性，且可以实现原子百分之百利用。电化学方法在制备单原子基或者原子簇基催化剂方面也发挥了一定的作用。过渡金属硫化物近年来同样受到广泛的关注，其在多个催化领域均表现出优异的性质。在其表面引入硫空位能够一定程度上提升其催化性能。前面我们也进行了相关讨论，如在 MoS_2 中引入 S 空位，可以显著增强其氢气析出活性。进一步，研究人员在引入硫空位的同时能够使用金属原子修饰，改变缺陷位点的催化特性。南京大学夏兴华教授及其团队采用欠电位沉积的方式先在硫化钼表面修饰单原子 Cu[37]，进一步结合自发氧化还原，如图 7.8(a) 所示，原位形成贵金属 $Pt-MoS_2$ 修饰的催化剂，同样该催化剂表现出优异的 HER 性能。并且该团队进一步对比贵金属 Pt 负载于不同硫化物基底，研究其载体相互作用，具有可拓展性[37, 38]。结合电化学方法原位制备金属负载型缺陷过渡金属化合物是一种很好的通用方法，谭勇文及其团队采用磷化物合金为载体材料，经过电化学循环伏安扫描，可以将 Ru 金属原子引入多孔磷化物中，调控其电子结构、催化特性，进一步催化剂在氧化电位下重构，形成高活性的 OER 催化剂[39]。另外，除讨论较多的阴离子空位，阳离子缺陷同样可以作为缺陷位点进一步负载金属原子。该团队进一步使用具有 Co 缺陷的硒化钴催化剂，同样使用电化学的方法将金属 Pt 负载在其缺陷位，如图 7.8(b) 所示，该催化剂表现出优异的 HER 活性[40]。电化学方法相对高温热解、水热合成具有一定的优势，其反应条件温和，可通过电压、循环时间、金属离子的量等合理控制缺陷修饰。另外一些新型二维材料载体二维过渡金属碳化物、氮化物或碳氮化物 (MXene) 也得到了广泛的研究，例如，李亚栋院士及其合作团队用双金属 MXene 纳米片 $Mo_2TiC_2T_x$ 作为载体，利用电化学剥离过程使其表面产生大量的金属空位，从而用来固定贵金属 Pt 原子，利用该方法制备的复合催化剂表现出极佳的 HER 活性[41]。

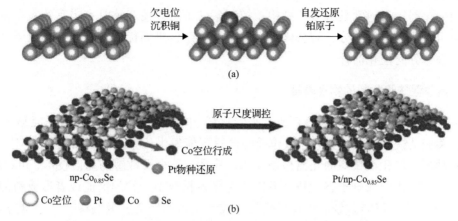

图 7.8　电化学还原法制备氧化物负载型催化剂[37,40]（扫码见彩图）

5）水热、溶剂热法

水热与溶剂热合成是指在一定温度（373～1273 K）和压力（1～100 MPa）条件下，反应物在溶剂中借助特定的化学反应所进行的合成。合成反应一般是在密闭容器或高压釜中进行，反应处于亚临界或超临界条件。此时水或其他溶剂反应活性提高，物质在溶剂中的物理性质和化学性能也有很大改变，有助于生成具有新颖结构的亚稳态物质。目前水热与溶剂热合成已用于制备无机功能材料，如微孔与多孔物质材料、特种组成与结构的无机化合物及特种凝聚态材料。近年来，水热、溶剂热合成在纳米材料的制备方面也表现出一定的优势，其能够实现载体上负载活性组分的尺寸调控、界面优化等，进而制备高活性的催化剂。同样以负载单原子为例，包信和及其团队利用水热方法制备出 Pt 单原子负载的 MoS_2 催化剂，可以用高分辨电镜观测到 Pt 单原子在 MoS_2 晶格当中。所制备的 Pt 单原子负载的 MoS_2 催化剂表现出极佳的 HER 活性[42]。

6）静电纺丝法

静电纺丝就是通过静电将高分子流体雾化分裂出聚合物微小射流，其运行相当长的距离，最终固化成纤维膜。静电纺丝是一种特殊的纤维制造工艺，聚合物溶液或熔体在强电场中进行喷射纺丝。在电场作用下，针头处的液滴会由球形变为圆锥形（即"泰勒锥"），并从圆锥尖端延展得到纤维细丝。这种方式可以生产出纳米级直径的聚合物细丝。随着纳米技术的快速发展，运用静电纺丝技术制备纳米纤维材料是近十几年来世界材料科学技术领域的最重要的学术与技术活动之一。静电纺丝以其制造装置简单、纺丝成本低廉、种类可调性广、工艺可控性强等优点，已成为有效制备纳米纤维材料的主要途径之一。相关纳米纤维复合材料在催化领域也起到重要作用，我们都知道纳米材料由于其尺寸较小，容易发生团聚，导致其性能下降，而静电纺丝纤维材料可用作模板并起到一定的均匀分散作用，另外还能发挥聚合物载体的柔韧性等，控制其形成柔性薄膜，还可以利用催化材料和聚合物微纳米尺寸的表面复合产生较强的协同效应，提高催化性能。静电纺丝可操作空间大，可以在前驱体中组合金属盐前驱体，一步静电纺丝合成，进而在空气中煅烧，便可制备一维纳米纤维负载的氧化物负载型催化剂，且通常具有多孔结构，控制条件也可以使载体具有丰富的氧空位等，也可以引入多种金属组分，对载体进行一定的掺杂，进而优化活性组分的电子结构，调控负载组分的催化活性。

7.2.2　负载型缺陷材料的物理表征

拉曼光谱是常见的评价材料(尤其是碳材料)中缺陷的有用工具。缺陷能够引起材料中相关振动模式发生变化，导致拉曼峰位置可能发生位移或出现新的峰[43, 44]。XPS是另一种测量催化剂缺陷的光谱检测技术，其是一种表面敏感的光谱技术，可以测量材料表面元素化学和电子态。缺陷可以改变原始材料中元素的键能或者形成新的键，因此，XPS 结果可能会显示额外的峰值，或者原始的峰会发生偏移[45, 46]。电子自旋共振谱(ESR)可以用来研究材料中未成对电子，通常是由于其含有不饱和配位的原子。例如，在过渡金属氧化物中引入氧空位，其 ESR 信号会发生明显的变化[47]。随着同步辐射光源的迅速发展，X 射线吸收光谱(XAS)技术得到了广泛的研究，用来获得材料表面更精确的信息。X 射线吸收精细结构(XAFS)可以表征原子价态、键长及元素的配位环境情况[48]，帮助研究者深入探究缺陷引起催化剂微观环境的变化，深入理解催化活性中心。另外，正电子湮没技术也可以有效测量材料中缺陷情况，其主要通过探测正电子来直接获得缺陷类型和浓度的相关信息，具有灵敏度高的特点[49, 50]。随着电子显微技术的迅速发展，研究者开发出各种条件下的具有原子分辨率的电镜技术，可以直接观测晶体的原子结构，帮助研究者直接观测缺陷位点结构，如硫化物中硫空位、金属催化剂边缘台阶位等[51]。我们都知道，缺陷种类繁多，构型复杂，因此单一技术很难获得缺陷的精准信息，有必要多种技术结合，相互佐证，进而精准表征出缺陷结构。另外，尽管缺陷表征技术发展迅速，针对一些复杂体系，仍然具有一定的挑战及发展空间。因此，研究者同样需要努力开发更先进的表征方法来研究缺陷，争取在时间分辨和空间分辨获取更加精确的信息，从而获得明确的结构与催化活性的构效关系。

7.3　负载型缺陷材料在催化领域的应用

缺陷材料由于其独特的电子特性而备受研究者关注。通常地，在催化剂中引入缺陷可以有效地调控材料的局域原子排序、电子结构、化学性质等，从而进一步影响材料的物理化学性能及催化性能。尽管缺陷的存在可以对催化剂表面的电子结构及物理化学特性有积极的影响作用，然而，材料中的缺陷位点通常存在独特的电子结构而被认为具有高的反应活性，即缺陷位点更容易与其他原子或分子发生相互作用。因此，缺陷结构的稳定性是经常被考虑到需要解决的问题。将缺陷材料作为载体并通过表面重构或用其他原子、分子或官能团对其进行原位负载，将缺陷转化为具有不同电子结构的稳定活性中心，成为解决这一问题的有效方法。

7.3.1　碳基负载型缺陷材料

碳基材料作为最常见的非金属材料，具有良好的导电性、高的比表面积和在酸性/碱性条件下的良好稳定性。因此，将缺陷碳基材料作为载体分散负载金属原子是一种非常普遍和常用的策略，并且得到催化领域研究者们的广泛认可。最近，缺陷碳材料（包括固有缺陷和杂原子掺杂）被发现是捕获单个金属原子的极好的载体。此外，许多研究表明，碳材料的本征缺陷或杂原子掺杂可能为孤立金属原子提供更有效的锚定位点，并通过与杂原子的强金属载体相互作用或配位效应来改变电荷转移和电子结构，从而稳定孤立金属基底上的单个原子，这些属性可能导致高催化性能，并伴随着更多活性位点的生成。

正如前文所述，碳基材料本征缺陷具有电催化活性而备受关注。事实上，由于锚定位点这一独特作用，将缺陷碳材料作为载体用来稳定金属物种也越来越受到广大科研工作者关注。为了更好地理解缺陷碳载体与金属原子相互作用，Yao 和他的合作者们报道了一种锚定在石墨烯缺陷位点的高稳定的镍单原子催化剂材料[52]。如图 7.9（a）所示，研究者提出了三种不同类型的单原子镍被石墨烯上缺陷位点锚定得到的稳定的 Ni-C 配位结构。HADDF-STEM 图像进一步证明，原子分散的镍物种（ANi）被固定在缺陷石墨烯中，形成 ANi@Defect（单原子镍负载在缺陷碳结构）催化剂，如图 7.9（b）所示。此外，对同步辐射 X 射线吸附谱实验结果进行分析，进一步阐明了镍物种的配位环境及原子键合等特性。这些结果表明了 Ni-C 配位的存在及石墨烯中各种缺陷作为捕获单原子镍的锚定位点，导致 ANi 的电子密度不同，说明 ANi@Defect 可以作为电化学反应的活性位点，如图 7.9（c）所示。

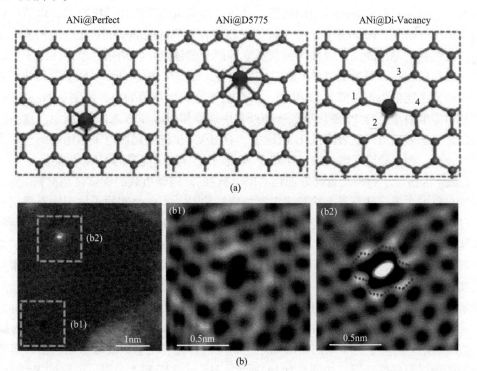

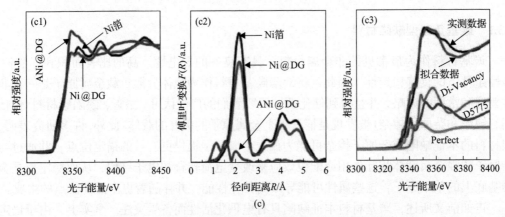

图 7.9　镍单原子被锚定在石墨烯碳缺陷位点的不同位置

(a) 三种不同类型的催化活性位点的插图；(b) ANi@DG 的高角度环形暗场扫描透射电子显微镜图像，(b1) 有空位的缺损区域，(b2) 单个镍原子固定的缺陷区；(c) 不同样品的 X 射线吸收近边结构光谱 (c1)，样品 k^2 加权傅里叶变换曲线 (c2)，X 射线吸收近边结构理论建模的线性组合拟合分析图 (c3)[52]；ANi@Perfect 为单原子镍负载在完整石墨烯碳结构；ANi@D5775 为单原子镍负载在 5775 型缺陷碳结构；ANi@Di-Vacany 为单原子镍负载在双缺陷碳结构；ANi@DG 为单原子镍负载在缺陷石墨烯碳结构；Ni@DG 镍负载在缺陷石墨烯碳结构；Di-vacancy 为双缺陷碳结构；D5775 为 775 型缺陷碳结构；Perfect 为完整石墨烯碳结构

　　此外，石墨烯材料中碳骨架的晶格位错、膨胀和扭曲等缺陷会诱发额外的电子态，也会影响载体与负载原子的电子结构。Chen 课题组报道，他们成功地将单个镍原子锚定在具有晶格缺陷的石墨烯上。由于金属与载体之间的强相互作用，该缺陷石墨烯负载的镍原子催化剂显示出良好的 HER 催化活性[53]。透射电子显微镜 (TEM) 图像显示，三维纳米多孔石墨烯具有良好的六边形结构，并在弯曲区域出现拓扑晶格缺陷，以适应较大的曲率梯度。如图 7.10(a) 所示，单个镍原子稳定在石墨烯的晶格碳位上。他们从理论上证明，石墨烯的晶格缺陷可以作为捕获孤立镍原子的锚点。特别是，单个镍原子可以作为杂原子取代碳在石墨烯晶格 (Ni_{sub}-G) 中的位置，如图 7.10(b) 所示。Ni_{ab}-G 和纯石墨烯的吉布斯自由能值为正，Ni_{sub}-G 和 Ni_{def}-G 的吉布斯自由能值为负，特别是 Ni_{sub}-G 的吉布斯自由能值最小，与 Pt 催化剂的吉布斯自由能值相似，如图 7.10(c) 所示。这些结果表明，化学态效应可以显著降低 H^* 吸附能，具有 C-Ni 键的局域电子结构倾向于成为催化活性位点，明显稳定了酸性溶液中单个 Ni 原子，导致了优异的 HER 性能。

　　Zhang 等报道了一种具有高效催化 ORR 活性的缺陷碳负载的铌催化剂材料。他们首先在碳材料的主要层状石墨上构筑出丰富的碳缺陷[54]。当单个铌原子被引入石墨层表面时，它们将占据替代碳原子位点而不是碳层与碳层之间的插层位。X 射线衍射分析表明，其结构成分为碳化铌和石墨碳，晶格膨胀明显，有利于提高催化性能。这种独特的结构不仅提高了导电率，增强了电荷转移，而且还防止了活性粒子的化学团聚或热团聚。他们的实验结果和理论计算表明，单个铌原子固定在石墨层上可以引起 d 带电子分布的重新配置，并显著提高氧气分子的吸附和解离能力，从而获得良好的电化学性能。相似地，Liu 和他的合作者们报道了 Pd 单原子被捕获在纳米金刚石石墨烯载体上的缺陷 (Pd_1/ND@G)[55]。为了制备缺陷石墨烯结构，他们首先利用退火处理策略，形成具有高度缺陷的少层石墨烯外层。如图 7.10(d) 所示，HAADF-STEM 表明了孤立的 Pd 原子良好分散在缺陷ND@G上。Pd₁/ND@G的小波变换图显示了Pd-C/O结构的贡献[图7.10(e)]，而Pdₙ/ND@G的小波变换图显示了Pd纳米团簇的形成。此外，Pd₁/ND@G的DFT结果表明，缺陷石墨烯上的Pd单个原子与3个碳原子相连，倾向于通过与碳原子键合作用来形成配位结构，如图7.10(f)插图所示。值得注意的是，Pd₁/ND@G由于独特的原子结构，表现出了优异的催化反应选择性[图7.10(f)]，对乙烯的选择性超过90%。

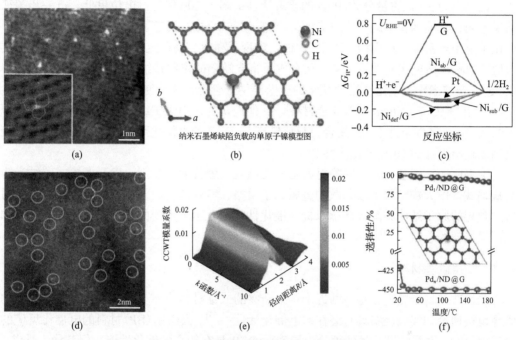

图 7.10　石墨烯晶格碳缺陷锚定单个镍原子

(a)镍掺杂石墨烯的高角度环形暗场扫描透射电子显微镜图像；(b)Ni_sub掺杂石墨烯模型及相应的氢吸附位点；(c)计算的平衡势下样品的吉布斯自由能图[53]；(d)Pd₁/ND@G的高角度环形暗场扫描透射电子显微镜图像；(e)Pd₁/ND@G的小波变换(WT)图；(f)催化剂的选择性性能(扫码见彩图)[54]

　　近年来，杂原子的掺杂是调节碳原子电子性能的有利策略，从而提高碳原子的催化性能。正如前文所述，晶体中的杂原子通常被称为一种缺陷，它可以有效地改变相邻碳原子的电子结构，因为它们的原子大小和电负性不同。杂原子掺杂在碳基材料中也被证明是一种优秀的载体，可以很好地锚定单个金属原子。碳纳米管作为一种特殊的碳基负载型缺陷材料逐渐被广大研究者们关注。自从 Dai 和他的合作者们报道了氮掺杂碳纳米管用于改进电催化 ORR 活性的研究工作后，杂原子掺杂的碳纳米管作为负载型缺陷载体也被广泛研究[56]。值得注意的是，暴露更多的活性位点和增强所有活性中心的固有电子性质对催化活性是至关重要的。因此，进行杂原子掺杂后，碳基材料活性位点实际上是增多的，这对于缺陷位点进行负载单原子来说，是更加有利的途径。氮掺杂碳材料由于其丰富的氮物种和结构缺陷，可以很容易地与孤立的金属原子结合形成配位结构来捕获金属位点，因此是捕获单个位点的极具吸引力的载体。最近，Li 课题组指出了氮掺杂碳(Ni/NC)上捕获的单个 Ni 原子的分组效应和电子相互作用,通过调节 Ni/NC 的电子结构,显著促进了氢物种转移耦合反应中氢物种的活化[57]。

在载体缺陷位点上为支撑金属团簇提供特定的电子结构调节对于揭示金属结构缺陷的作用机理和制备优良催化剂至关重要。除了石墨烯作为碳基材料的缺陷载体，缺陷碳纳米管作为载体也同样受到研究者们的关注。Bao 等通过一种简单和可扩展的原位电化学策略，成功制备一种通过碳纳米管结构缺陷捕获的稳定铂族金属簇(Pt、Pd 和 Au)[58]。他们的研究结果显示，这种特定的缺陷负载 Pt 簇合物对于 HER 表现出优异的电催化活性，比基准的 20%(质量分数)Pt/C 的质量活性提高了 100 倍，过电位更低。进一步表征结果证明，碳纳米管中的空位缺陷结构(二空位和单空位)稳定了 Pt 团簇的迁移和氧化，优化了电子态密度，从而激活了 Pt 物种，实现了高效、高稳定性的 HER 催化活性。类似地，Thebo 研究团队通过 CVD 法合成了富含缺陷的多壁碳纳米管(MWCNTs)，并将 CoFe 合金纳米颗粒锚定在富含缺陷的多壁碳纳米管上，成功制备出缺陷碳管负载的钴-铁-二氧化硅(CoFe-silica)纳米复合材料[59]。他们认为，由于碳纳米管的缺陷位对负载原子的锚定，在碱性条件下，该复合材料比铱碳(Ir/C)基准电催化剂和许多其他报道的电催化剂表现出更好的 OER 催化活性。

综上所述，碳基负载型缺陷材料是一类高效、廉价的催化剂。以石墨烯或碳纳米管的缺陷载体作为锚定原子级分散的金属原子策略，特别是空位及不饱和配位的存在，对形成独特的原子结构和配位环境以提高催化性能起着至关重要的作用，这为制备新型催化剂提供新的思路。

7.3.2　二维磷基材料

二维磷基材料黑磷，是一种近十年来新兴的二维材料[60]，其暴露的边缘和功能化的边缘也被理论和实验证实具有潜在的电催化活性[61-63]。黑磷基(BP)材料的电催化反应的研究由 Wang 等首创[64]。虽然理论上黑磷对 OER 具有较高的催化性能，但其稳定性差、导电性低限制了其在电催化领域的应用。近年来，人们致力于创建更多的暴露边，并用官能团修饰黑磷的暴露边缘缺陷，负载其他化合物，协调复合物的电子结构，提高材料的活性和稳定性[65-67]。在缺陷黑磷上负载金属磷化物作为催化剂的研究越来越受到关注。例如，Wang 课题组最近通过在黑磷边缘缺陷位直接负载 Co_2P 制备了 BP/Co_2P 纳米片[67]。所得的 BP/Co_2P 纳米片主要来源于 Co_2P，具有较高的导电性和更多的活性位点，对 HER 和 OER 均具有较好的催化性能。Yan 研究团队通过超声辅助剥离和溶剂热法制备了超薄二维黑磷异质结构的过渡金属磷化(TMPs)纳米晶(NCs)[66]。与黑磷相比，特别设计的 Ni_2P@BP 架构可以提高导电率并且能够优化电荷载体浓度，具有更低的导热系数，可以应用于多种催化反应体系。他们的实验结果表明，Ni_2P@BP 表现出优异的锂存储性能和高的析氢反应电催化活性。Ni_2P@BP 显示了显著改善的 Li^+ 扩散动力学。此外，Ni_2P@BP 电极在上千次循环测试中维持了几乎不变的产氢活性，这表明它在强还原性环境下运行时具有良好的化学稳定性。类似地，除了将过渡金属磷化物负载在缺陷黑磷上，其他过渡金属硫化物的负载也同样受到研究者们的关注。例如，Zeng 课题组将具有催化活性的 MoS_2 薄片沉积在具有丰富本征缺陷的黑磷纳米薄片上，构建 MoS_2/BP 界面[65]。在这种情况下，由于 BP 比 MoS_2 具有更高的费米能级，所以在 MoS_2/BP 纳米片中，电子从 BP 转移到 MoS_2。MoS_2/BP 纳米片表现出显著降低的催化析氢过电位性能。此外，由于 BP

对 MoS$_2$ 的电子贡献，MoS$_2$/BP 的交换电流密度显著提升，比纯 MoS$_2$ 的提高 22 倍。而连续循环伏安和恒电位测试表明，这种缺陷负载的纳米片具有良好的电催化稳定性。

7.3.3 过渡金属化合物负载型缺陷材料

正如前文所述，稳定在金属化合物载体上的高分散活性物质已被成功制备出来。对于这类催化剂，金属化合物载体的表面缺陷可以用来捕获金属单原子或金属团簇。与二维碳材料、黑磷及金属单质相比较，过渡金属化学物在多相电催化领域同样具有很大的应用潜力。不同于金属单质组分催化剂，过渡金属化合物由于组成元素的多样性、结构多样性，具有多种多样的性质。近年来，过渡金属氧化物、磷化物、硫化物、氮化物等及其相关的复合材料被广泛用作 ORR、OER 反应催化剂。随着研究的逐步深入，缺陷在过渡金属电催化剂中的作用也被广泛报道。与此同时，过渡金属化合物中引入缺陷后再进行负载或修饰，可以进一步调控电子结构，提高其催化活性。

富含氧缺陷的 CeO$_2$ 是一种经典的缺陷载体材料，在(光)电催化、热催化等多方面均被广泛研究。Wang 等[68]报道，用不同量的硼氢化钠(NaBH$_4$)进行化学刻蚀氧化铈纳米棒(CeO$_2$)，以了解刻蚀对改性 CeO$_2$ 纳米棒载体在结构、表面缺陷和还原性等方面的影响。他们将具有丰富氧缺陷的 CeO$_2$ 负载过渡金属(TM 为 Cu、Co、Ni、Fe 和 Mn)催化剂，研究载体蚀刻对 CeO$_2$ 纳米棒负载的过渡金属化合物催化剂的还原性和催化性能的影响。他们进一步的研究结果证实，氧缺陷丰富的 CeO$_2$ 负载过渡金属作为催化剂，在较低温度下催化 CO 氧化的性能明显提高。这主要是由 NaBH$_4$ 化学刻蚀过程中掺杂硼的 CeO$_2$ 表面产生的表面缺陷及金属与载体的强相互作用造成的。Liu 研究团队[69]为了揭示在制备、活化和反应测试过程中铈粒径对负载 Pt 催化剂分散性和结构的影响，采用胶体 CeO$_2$ 前驱体制备了一种 CeO$_2$/Al$_2$O$_3$ 载体，该载体具有更小的 CeO$_2$ 粒径和更多的表面缺陷。并与以硝酸铈为前驱体的传统 CeO$_2$ 载体进行了比较。由缺陷 CeO$_2$ 作为 Pt 负载载体的催化剂比无缺陷 CeO$_2$ 作为载体的 Pt/CeO$_2$ 催化剂具有更多的原子分散 Pt 和丰富的 Pt—O—Ce 结构，具有更高的催化 CO 氧化活性。经过深入研究，他们认为，活化后的 Pt/CeO$_2$ 催化剂上生成了更小的 Pt 团簇，具有更多的活性离子位。此外，新制备的 Ce^{3+} 易于形成也表明活化后的 Pt/CeO$_2$ 催化剂中金属载体界面更加活跃。这一结果证明，调节氧化铈载体的氧空位对实现可控锚定和随后活化铂单原子具有非常重要作用。

进一步地，Schilling 和 Hess 的研究表明，缺陷载体材料，如氧化铈或二氧化钛，可显著改变催化性能[70]。他们首次提供了氧化铈(CeO$_2$)在 Au/CeO$_2$ 催化剂中室温 CO 氧化过程中的支持动力学及其相关性的直接证据。特别是采用拉曼光谱和紫外可见光谱相结合的方法，对氧化铈的表面和亚表面缺陷动态进行了实时定量监测。结果清楚地表明，催化活性与氧化铈载体的缺陷程度密切有关。事实上，具有丰富氧缺陷的 CeO$_2$ 催化剂载体在 CO 氧化过程中比纯 CeO$_2$ 的活性提高了 100%。由于氧缺陷丰富的 CeO$_{2-x}$ 中的氧迁移和电荷转移，电荷转移作用不仅局限于 CeO$_2$ 表面，而且还影响 CeO$_2$ 次表面。类似地，Wang 课题组合成了具有控制粒径和特定晶面(100)的 CeO$_2$ 纳米立方体作为钒氧化物催化剂的缺陷载体[71]。结合 TEM、SEM、XRD 和 Raman 的研究结果，表明 CeO$_2$ 载体的氧空位密度可以通过调整颗粒尺寸而不改变主导面来调节，颗粒尺寸越小，氧空位密度越大。在钒覆盖率相同的情况下，H_2-TPR 和甲醇 TPD 的研究表明，负载在氧缺陷密度较高的小型 CeO_2 载体上的钒氧化物催化剂具有较好的氧化还原性能和较低的甲氧基分解活化能。这些结果进一步证实载体材料中的氧空位对甲醇氧化过程中钒氧化物作为催化物种的活性起着重要的促进作用。

　　金属氧化物缺陷载体材料的尺寸效应对催化活性和选择性具有重要意义，也同样被广泛研究。然而，在不含表面活性剂和/或添加剂的情况下，粒径可控地合成均匀负载的金属纳米颗粒仍然是一个巨大的挑战。Cao 等开发了一种绿色、无表面活性剂、通用的策略，通过缺陷工程的载体，采用化学沉积方法来定制金属氧化物上均匀的钯纳米颗粒的尺寸[72]。从成核和生长机理可以看出，钯前驱体与低缺陷 CeO_2 之间存在很强的静电相互作用，对低缺陷 CeO_2 具有较弱的还原能力，从而形成较小的 Pd 纳米颗粒。相反，大的钯纳米颗粒形成在高度缺陷的 CeO_2 表面。结合各种原位和非原位表征，发现在高电子密度的大 Pd 纳米颗粒上，由于其较强的氢气分子解离能力和氢离子溢出效应，以及氢化条件下 CO_2 活化过程中产生的大量氧空位，最终使 Pd 具有较高的 CO_2-CO 加氢本征活性。Liang 等以 $Ag@CeO_2$ 核-壳纳米球为前驱体，通过"爆炸"反应合成了纳米级的丰富缺陷的 CeO_2[73]。随后他们采用湿法浸渍法制备了 CeO_2 负载的 RuO_2 复合电催化剂。在 0.3V 和 0.4V 的过电位 (η) 下，缺陷 CeO_2 负载的 RuO_2 的 OER 活性比原始 RuO_2 提高了 2.38～2.45 倍。此外，缺陷的 CeO_2 载体也提高了 RuO_2 的稳定性。在 OER 过程中，缺陷 CeO_2 中形成的高价态氧物种 O_2^{2-}/O^- 很容易从 CeO_2 迁移并"溢出"到 RuO_2 表面，从而促进水的氧化。

　　众所周知，铱或钌的氧化物是电催化 OER 的基准催化剂，具有很高的催化活性。铱氧化物的活性仅次于钌氧化物，但它是酸性介质中最稳定的氧化物电催化剂。另外，催化剂失活的主要问题之一是电解质复杂环境中电化学过程的表面蚀刻或原子键断裂将孤立的金属原子从载体浸到溶液中，这将导致催化剂活性损失。此外，如果金属离子与载体之间的相互作用不强，在苛刻的反应条件下可能会发生孤立金属原子的聚集。因此，制备具有稳定配体和金属与支撑体强相互作用的单原子催化剂对于实际应用至关重要。例如，Xi 研究团队通过电沉积的方法将原子 Ir 负载和固定在超薄多孔、缺陷丰富的 $NiCo_2O_4$ 纳米薄片上，显示出低的 OER 过电位和超高的稳定性[74]。类似地，虽然 Pt 具有良好的 H_2 吸附-脱附能力，但其 H—O 键的解离活性较差，这使整个 HER 具有较大的动能势垒。同时，金属氧化物或氢氧化物具有较低的水解离能垒，表现出优异的 OER 活性。因此，合理设计电催化剂，结合 Pt 和氧化物/氢氧化物的优点，有望协同催化 H—O 键的裂解，促进 H—H 键的形成，从而提高 HER 的整体性能。Li 和合作者通过 Pt 电极的阳极氧化和生成的 Pt^{2+} 的阴极还原，将单原子 Pt 固定在具有缺陷结构的氢氧化镍/氢氧化钌载体上，展示出卓越的 HER 和 OER 双功能催化活性[75]。

　　此外，将非贵金属负载到缺陷金属氧化物载体上，也可达到类似作用。例如，Ding 课题组报道了一种由纳米多孔片状富缺陷的 Co_3O_4 负载锌原子的复合物电催化剂[76]。该催化剂侧表面暴露相当充分，与传统的基底和顶部相比，侧表面暴露出更多的氧空位。当该薄片催化 OER 时，具有无与伦比的催化性能。它们还能有效催化 HER，使其成为全面水分解的双功能电极且具有优秀的稳定性。类似地，Wang 课题组采用水热和热退火的方法将贵金属 Pd 负载在多孔的富缺陷的氧化铁镍纳米片上[77]。这种 2D 纳米结构的 Pd/NiFeOx 纳米片具有多孔结构，导致更大的比表面积，活性中心暴露，显著提高了导电性，促进了电解质的扩散，以及催化剂表面气泡的析出和释放。此外，Pd 原子主要分布在多孔 2D 结构的孔隙或纳米片的边缘，为 NiFe 基材料提供了活性中心。这些都是提高其电催化活性的关键。

与金属氧化物不同，过渡金属硫化物，如二硫化钼（MoS_2），具有典型的三明治层状结构，其中一个六方钼原子面通过强共价键楔入另外两个六方硫原子面之间。邻近层在弱范德瓦耳斯力作用下固定。过渡金属硫化物的惰性基面（M = Mo、W 或 V; X = S 或 Se）由于电子转移性能差，严重限制了电催化活性，导致动力学迟缓[78]。对于催化 HER，Mo 位点和边缘 S 位点为活性中心。因此，通过暴露了更多的活性位点来实现增强的二维 MoS_2HER 活性。为了在 MoS_2 基面上创造更多的活性位点，一般采用缺陷工程和单原子掺杂策略改善过渡金属二卤族化合物上 HER 性能。例如，通过锂插层，Tsang 课题组[79]剥离了块状 MoS_2 制备单分子层且具有丰富缺陷的 MoS_2 纳米片。然后，他们通过水热反应将 Fe、Co、Ni 和 Ag 原子负载到这种缺陷 MoS_2 纳米薄片，可实现金属单原子负载的 MoS_2，其具有显著增强的催化活性。事实上，作为 HER 催化活性中心 MoS_2 的边缘，由于有限的数量而限制了氢物种吸附和解吸的调节，这是影响催化 HER 活性的关键。

因此，通过缺陷工程来创建大量具有高度 HER 活性的边缘位点，或者进一步负载其他金属原子或者非金属原子，调控 MoS_2 电子结构，将极大地改善材料的催化性能。鉴于此，厦门大学曹阳教授团队[80]开发了一种等离子体蚀刻策略，通过暴露出更多数量的活性位点的 MoS_2 边缘，然后负载电负性强的氟离子，使 MoS_2 电子结构发生显著变化。为了研究负载的氟离子对蚀刻边缘 HER 性能的关键作用，他们开发了电化学微器件来测量单个 MoS_2 纳米片蚀刻边缘位点的催化活性，如图 7.11 所示。他们证明，具有较大电负性的氟原子被负载在缺陷 MoS_2 边缘位点上。与原始边缘相比，其 HER 催化活性增强了 5 倍，这归因于氢物种的更适度的结合能。

类似地，Wang 课题组通过碳诱导的表面轨道定向调制，成功地赋予了缺陷 MoS_2 纳米片优异的碱性 HER 活性[81]。具体地，研究者通过独特的不完全硫化的方式将含碳的 Mo_2C 原位负载到缺陷 MoS_2 中，制备出碳负载的 MoS_2（C-MoS_2）纳米片，表现出前所未有的卓越的过电位和超好的塔费尔斜率，这是目前报道的所有基于 MoS_2 的催化剂中碱性 HER 活性最好的物质。随后用 XPS 和 XAS 系统地揭示了碳负载在缺陷 MoS_2 的结构和电子演化过程。最后，研究者还通过 DFT 分析表明，碳负载后 MoS_2 的电子结构和配位结构发生了明显的变化，他们认为碳负载可以产生垂直于 MoS_2 基平面的空 2p 轨道，用于水的吸附和离解，而这对于碱性 HER 催化是必不可少的。更重要的是，通过合理的轨道调制使材料具有自然界中不容易获得的特性，这一能力为 HER 催化剂的设计提供了新的前景。

近年来，过渡金属磷化物（TMPs）作为缺陷载体材料也引起了人们的广泛关注。然而，与 Pt 基催化剂相比，TMPs 由于其动力学较慢而通常表现出差的 HER 活性。为了提高 HER 活性，通常将高活性贵金属原子负载到 TMPs 的框架中。例如，Chen 和合作者通过将负载钌的 FeOOH 前驱体进行磷化，获得了在 FeP 上原子分散负载的 Ru（图 7.12）[82]。

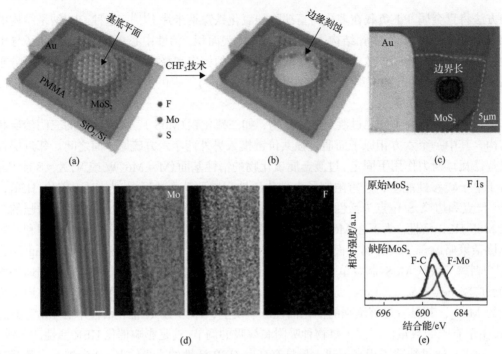

图 7.11 缺陷二维材料二硫化钼负载杂原子氟

（a）、（b）CHF₃ 等离子体对 MoS₂ 边缘蚀刻并原位负载氟的示意图；（c）与金电极接触的二硫化钼薄片的光学图像；（d）CHF₃ 刻蚀的 MoS₂ 边缘的 SEM 图像及 Mo、S、F 对应的元素成像（比例标尺为 500 nm）；（e）原始 MoS₂ 样品和缺陷 MoS₂ 负载氟的 F 1s 的高分辨率 XPS 光谱图[80]

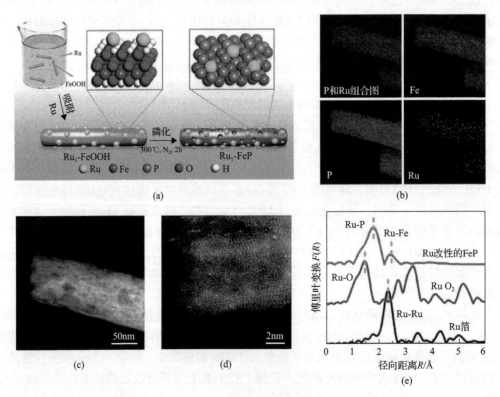

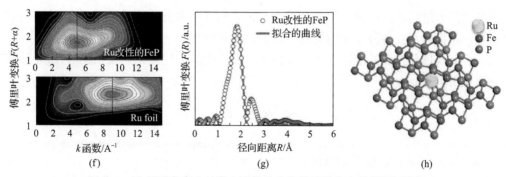

图 7.12　杂原子负载在过渡金属磷化合物的缺陷位点(扫码见彩图)

(a)制备单原子钌均匀负载在 FeP 的示意图[82]；(b)负载 Ru 的 FeP 的 X 射线能谱仪成像图像，负载 Ru 的 FeP 中的 Fe、P 和 Ru；单原子钌负载的 FeP 的透射电子显微镜(c)和高角度环形暗场扫描透射电子显微镜(d)图像；(e)单原子 Ru 负载在 FeP、Ru 箔和 RuO_2 的 Ru 元素的 K 边傅里叶变换-扩展 X 射线吸收精细结构光谱；(f)Ru 改性 FeP 和 Ru 箔的小波变换-扩展 X 射线吸收精细结构光谱；(g)Ru 改性 FeP 的傅里叶变换-扩展 X 射线吸收精细结构光谱拟合曲线；(h)单原子 Ru 负载在 FeP 上的原子结构模型

他们发现，在催化条件下，键长延长的 $Ru^{(+3)}$-P_4-Fe 孤立物种在 HER 中起到了促进活性位点的作用，导致了催化剂原子界面上的电荷重分布，同时改善了 H 物种吸附和 H_2 脱附行为，进一步促进了 HER 动力学。类似地，将非贵金属原子负载到 TMPs 的框架中也能降低水离解的能垒。例如，Zhu 研究团队将碳负载到丰富缺陷的 Co_2P 纳米孔道中，可作为碱性淡水和模拟海水电解质中 HER 的高效电催化剂[83]。他们的实验分析和理论计算表明，电负性强、原子半径小的 C 原子可以调节 Co_2P 的电子结构，导致 Co—H 键减弱，促进 HER 动力学。

7.4　结论与展望

缺陷对材料的物理化学性质具有显著的影响，催化剂中缺陷对其催化活性、选择性、稳定性具有较大的影响，因此合理调控缺陷尤为重要。负载型缺陷材料，主要包括缺陷碳基材料(石墨烯、碳纳米管)、新型二维材料黑磷及过渡金属(氢)氧化物等。负载型催化剂在多个催化领域有非常广泛的应用和重要的意义，如选择性氢化、氢解、脱氢、偶联反应及氧气还原等电催化反应。负载型缺陷材料的合成，目前有多种手段，包括静电相互作用组装、吸附还原法、电沉积方法、前驱体热解法、化学气相沉积法、原子层沉积法、浸渍吸附法及化学试剂还原等多种策略。而对负载型缺陷材料的表征技术，目前常规技术主要有拉曼光谱、X 射线光电子能谱、电子自旋共振谱、透射电子显微镜、X 射线吸收光谱等。事实上，缺陷种类繁多，在缺陷材料上负载其他原子、分子或者官能团，将使催化剂复合材料更加复杂。单一的表征技术很难获得缺陷载体与负载物的精准信息。因此，有必要多种物化表征技术结合，相互佐证，进而精准表征出缺陷结构。

当前，随着众多的原位表征技术迅速发展，针对一些复杂体系获得了较好的动态跟踪结果，但仍然具有一定的挑战。特别地，研究负载型缺陷材料催化机理，更加需要在时间分辨和空间分辨获取更加精确的信息，从而获得明确的载体缺陷结构、负载物与催化活性之间的结构-效率关系。尽管负载型缺陷材料在很多催化体系得到了空前发展和广泛研究，但仍然存在各种未知的挑战，也同时存在很多机遇。对缺陷载体的结构设计、合成、表征及催化反应的应用，多方面协同发展将为新一代催化剂在相关研究领域的广泛应用做出贡献。

参 考 文 献

[1] Xie J, Li B Q, Peng H J, et al. From supramolecular species to self-templated porous carbon and metal-doped carbon for oxygen reduction reaction catalysts[J]. Angewandte Chemie, 2019, 131: 5017-5021.

[2] Yang Y, Chiang K, Burke N. Porous carbon-supported catalysts for energy and environmental applications: A short review[J]. Catalysis Today, 2011, 178: 197-205.

[3] Salgado J, Paganin V, Gonzalez E, et al. Characterization and performance evaluation of Pt-Ru electrocatalysts supported on different carbon materials for direct methanol fuel cells[J]. International Journal of Hydrogen Energy, 2013, 38: 910-920.

[4] Zhang L, Ye D, Huang Q A, et al. Pyrolyzed Co-N$_x$/C electrocatalysts supported on different carbon materials for oxygen reduction reaction in neutral solution[J]. Journal of the Electrochemical Society, 2020, 167: 024509.

[5] Liu X, Dai L. Carbon-based metal-free catalysts[J]. Nature Reviews Materials, 2016, 1: 16064.

[6] Wang W, Shang L, Chang G, et al. Intrinsic carbon-defect-driven electrocatalytic reduction of carbon dioxide[J]. Advanced Materials, 2019, 31: 1808276.

[7] Jia Y, Zhang L, Gao G, et al. A heterostructure coupling of exfoliated Ni-Fe hydroxide nanosheet and defective graphene as a bifunctional electrocatalyst for overall water splitting[J]. Advanced Materials, 2017, 29: 1700017.

[8] Zhang Z, Chen Y, Zhou L, et al. The simplest construction of single-site catalysts by the synergism of micropore trapping and nitrogen anchoring[J]. Nature Communications, 2019, 10: 1657.

[9] Cheng Q, Hu C, Wang G, et al. Carbon-defect-driven electroless deposition of pt atomic clusters for highly efficient hydrogen evolution[J]. Journal of the American Chemical Society, 2020, 142: 5594-5601.

[10] Liu C, Wang K, Luo S, et al. Direct electrodeposition of graphene enabling the one-step synthesis of grapheme-metal nanocomposite films[J]. Small, 2011, 7: 1203-1206.

[11] Yan D, Li F, Xu Y, et al. Three-dimensional reduced graphene oxide-Mn$_3$O$_4$ nanosheet hybrid decorated with palladium nanoparticles for highly efficient hydrogen evolution[J]. International Journal of Hydrogen Energy, 2018, 43: 3369-3377.

[12] Yang L, Tang Y, Luo S, et al. Palladium nanoparticles supported on vertically oriented reduced graphene oxide for methanol electro-oxidation[J]. ChemSusChem, 2014, 7: 2907-2913.

[13] Li X, Guan B Y, Gao S, et al. A general dual-templating approach to biomass-derived hierarchically porous heteroatom-doped carbon materials for enhanced electrocatalytic oxygen reduction[J]. Energy & Environmental Science, 2019, 12: 648-655.

[14] Wu G, More K L, Johnston C M, et al. High-performance electrocatalysts for oxygen reduction derived from polyaniline, iron, and cobalt[J]. Science, 2011, 332: 443-447.

[15] Shen K, Chen X, Chen J, et al. Development of MOF-derived carbon-based nanomaterials for efficient catalysis[J]. ACS Catalysis, 2016, 6: 5887-5903.

[16] Li S, Han K, Li J, et al. Preparation and characterization of super activated carbon produced from gulfweed by KOH activation[J]. Microporous and Mesoporous Materials, 2017, 243: 291-300.

[17] Chen C, Hu L. Nanoscale ion regulation in wood-based structures and their device applications[J]. Advanced Materials, 2021, 33: 2002890.

[18] Yan D, Dou S, Tao L, et al. Electropolymerized supermolecule derived N, P co-doped carbon nanofiber networks as a highly efficient metal-free electrocatalyst for the hydrogen evolution reaction[J]. Journal of Materials Chemistry A, 2016, 4: 13726-13730.

[19] Zhang J, Zhao Z, Xia Z, et al. A metal-free bifunctional electrocatalyst for oxygen reduction and oxygen evolution reactions[J].

Nature Nanotechnology, 2015, 10: 444-452.

[20] Ko F, Gogotsi Y, Ali A, et al. Electrospinning of continuous carbon nanotube-filled nanofiber yarns[J]. Advanced Materials, 2003, 15: 1161-1165.

[21] Zhu J, Zhang S, Wang L, et al. Engineering cross-linking by coal-based graphene quantum dots toward tough, flexible, and hydrophobic electrospun carbon nanofiber fabrics[J]. Carbon, 2018, 129: 54-62.

[22] Cruz-Navarro J A, Hernandez-Garcia F, Romero G A A. Novel applications of metal-organic frameworks(MOFs) as redox-active materials for elaboration of carbon-based electrodes with electroanalytical uses[J]. Coordination Chemistry Reviews, 2020, 412: 213263.

[23] Qian Y, Zhang F, Pang H. A review of MOFs and their composites-based photocatalysts: Synthesis and applications[J]. Advanced Functional Materials, 2021, 31(37): 2104231.

[24] Yang D, Chen Y, Su Z, et al. Organic carboxylate-based MOFs and derivatives for electrocatalytic water oxidation[J]. Coordination Chemistry Reviews, 2021, 428: 213619.

[25] Li Z, Chen Y, Ji S, et al. Iridium single-atom catalyst on nitrogen-doped carbon for formic acid oxidation synthesized using a general host-guest strategy[J]. Nature Chemistry, 2020, 12: 764-772.

[26] Sun T, Xu L, Wang D, et al. Metal organic frameworks derived single atom catalysts for electrocatalytic energy conversion[J]. Nano Research, 2019, 12: 2067-2080.

[27] Miao Z, Wang X, Zhao Z, et al. Improving the stability of non-noble-metal M—N—C catalysts for proton-exchange-membrane fuel cells through M—N bond length and coordination regulation[J]. Advanced Materials, 2021, 33(39): 2006613.

[28] He Y, Shi Q, Shan W, et al. Dynamically unveiling metal-nitrogen coordination during thermal activation to design high-efficient atomically dispersed CoN_4 active sites[J]. Angewandte Chemie International Edition, 2021, 60: 9516-9526.

[29] Xie X, He C, Li B, et al. Performance enhancement and degradation mechanism identification of a single-atom Co—N—C catalyst for proton exchange membrane fuel cells[J]. Nature Catalysis, 2020, 3: 1044-1054.

[30] Chen W, Pei J, He C T, et al. Single tungsten atoms supported on MOF-derived N-doped carbon for robust electrochemical hydrogen evolution[J]. Advanced Materials, 2018, 30: 1800396.

[31] Ci H, Cai J, Ma H, et al. Defective VSe_2-graphene heterostructures enabling in situ electrocatalyst evolution for lithium-sulfur batteries[J]. ACS Nano, 2020, 14: 11929-11938.

[32] Yan H, Zhao X, Guo N, et al. Atomic engineering of high-density isolated Co atoms on graphene with proximal-atom controlled reaction selectivity[J]. Nature Communications, 2018, 9: 3197.

[33] Zhang Y, Shi Y, Chen R, et al. Enriched nucleation sites for Pt deposition on ultrathin WO_3 nanosheets with unique interactions for methanol oxidation[J]. Journal of Materials Chemistry A, 2018, 6: 23028-23033.

[34] Tao L, Shi Y, Huang Y C, et al. Interface engineering of Pt and CeO_2 nanorods with unique interaction for methanol oxidation[J]. Nano Energy, 2018, 53: 604-612.

[35] Zhuang L, Jia Y, Liu H, et al. Sulfur-modified oxygen vacancies in iron-cobalt oxide nanosheets: Enabling extremely high activity of the oxygen evolution reaction to achieve the industrial water splitting benchmark[J]. Angewandte Chemie International Edition, 2020, 59: 14664-14670.

[36] Winter L R, Chen R, Chen X, et al. Elucidating the roles of metallic Ni and oxygen vacancies in CO_2 hydrogenation over Ni/CeO_2 using isotope exchange and in situ measurements[J]. Applied Catalysis B: Environmental, 2019, 245: 360-366.

[37] Shi Y, Huang W M, Li J, et al. Site-specific electrodeposition enables self-terminating growth of atomically dispersed metal catalysts[J]. Nature Communications, 2020, 11: 4558.

[38] Shi Y, Ma Z R, Xiao Y Y, et al. Electronic metal-support interaction modulates single-atom platinum catalysis for hydrogen evolution reaction[J]. Nature Communications, 2021, 12: 1-11.

[39] Jiang K, Luo M, Peng M, et al. Dynamic active-site generation of atomic iridium stabilized on nanoporous metal phosphides for water oxidation[J]. Nature Communications, 2020, 11: 2701.

[40] Jiang K, Liu B, Luo M, et al. Single platinum atoms embedded in nanoporous cobalt selenide as electrocatalyst for accelerating

hydrogen evolution reaction[J]. Nature Communications, 2019, 10: 1743.

[41] Zhang J, Zhao Y, Guo X, et al. Single platinum atoms immobilized on an MXene as an efficient catalyst for the hydrogen evolution reaction[J]. Nature Catalysis, 2018, 1: 985-992.

[42] Deng J, Li H, Xiao J, et al. Triggering the electrocatalytic hydrogen evolution activity of the inert two-dimensional MoS_2 surface via single-atom metal doping[J]. Energy & Environmental Science, 2015, 8: 1594-1601.

[43] Eckmann A, Felten A, Mishchenko A, et al. Probing the nature of defects in graphene by Raman spectroscopy[J]. Nano Letters, 2012, 12: 3925-3930.

[44] Tuinstra F, Koenig J L. Raman spectrum of graphite[J]. The Journal of Chemical Physics, 1970, 53: 1126-1130.

[45] Göpel W, Anderson J, Frankel D, et al. Surface defects of TiO_2(110): A combined XPS, XAES and ELS study[J]. Surface Science, 1984, 139: 333-346.

[46] Estrade-Szwarckopf H. XPS photoemission in carbonaceous materials: A "defect" peak beside the graphitic asymmetric peak[J]. Carbon, 2004, 42: 1713-1721.

[47] Zheng J, Lyu Y, Wang R, et al. Crystalline TiO_2 protective layer with graded oxygen defects for efficient and stable silicon-based photocathode[J]. Nature Communications, 2018, 9: 3572.

[48] Zhao Y, Jia X, Chen G, et al. Ultrafine NiO nanosheets stabilized by TiO_2 from monolayer NiTi-LDH precursors: An active water oxidation electrocatalyst[J]. Journal of the American Chemical Society, 2016, 138: 6517-6524.

[49] Fan S, Zhang J, Xiao C, et al. Defect evolution during the phase transition of hexagonal nickel sulfide studied by positron annihilation spectroscopy[J]. Solid State Communications, 2015, 202: 64-68.

[50] Liu Y, Cheng M, He Z, et al. Pothole-rich ultrathin WO_3 nanosheets that trigger N≡N bond activation of nitrogen for direct nitrate photosynthesis[J]. Angewandte Chemie International Edition, 2019, 58: 731-735.

[51] Li H, Tsai C, Koh A L, et al. Activating and optimizing MoS_2 basal planes for hydrogen evolution through the formation of strained sulphur vacancies[J]. Nature Materials, 2016, 15: 48-53.

[52] Zhang L, Jia Y, Gao G, et al. Graphene defects trap atomic Ni species for hydrogen and oxygen evolution reactions[J]. Chem, 2018, 4: 285-297.

[53] Qiu H J, Ito Y, Cong W, et al. Nanoporous graphene with single-atom nickel dopants: an efficient and stable catalyst for electrochemical hydrogen production[J]. Angewandte Chemie International Edition, 2015, 54: 14031-14035.

[54] Zhang X, Guo J, Guan P, et al. Catalytically active single-atom niobium in graphitic layers[J]. Nature Communications, 2013, 4: 1924.

[55] Huang F, Deng Y, Chen Y, et al. Atomically dispersed Pd on nanodiamond/graphene hybrid for selective hydrogenation of acetylene[J]. Journal of the American Chemical Society, 2018, 140: 13142-13146.

[56] Gong K, Du F, Xia Z, et al. Nitrogen-doped carbon nanotube arrays with high electrocatalytic activity for oxygen reduction[J]. Science, 2009, 323: 760-764.

[57] Su H, Gao P, Wang M Y, et al. Grouping effect of single nickel-N_4 sites in nitrogen-doped carbon boosts hydrogen transfer coupling of alcohols and amines[J]. Angewandte Chemie International Edition, 2018, 57: 15194-15198.

[58] Bao X, Gong Y, Chen Y, et al. Carbon vacancy defect-activated Pt cluster for hydrogen generation[J]. Journal of Materials Chemistry A, 2019, 7: 15364-15370.

[59] Ali Z, Mehmood M, Ahmed J, et al. CVD grown defect rich-MWCNTs with anchored CoFe alloy nanoparticles for OER activity[J]. Materials Letters, 2020, 259: 126831.

[60] Sun T, Zhang G, Xu D, et al. Defect chemistry in 2D materials for electrocatalysis[J]. Materials Today Energy, 2019, 12: 215-238.

[61] Wu S, Hui K S, Hui K N. 2D black phosphorus: From preparation to applications for electrochemical energy storage[J]. Advanced Science, 2018, 5: 1700491.

[62] Pang J, Bachmatiuk A, Yin Y, et al. Applications of phosphorene and black phosphorus in energy conversion and storage devices[J]. Advanced Energy Materials, 2018, 8: 1702093.

[63] Chowdhury C, Datta A. Exotic physics and chemistry of two-dimensional phosphorus: Phosphorene[J]. The Journal of Physical Chemistry Letters, 2017, 8: 2909-2916.

[64] Jiang Q, Xu L, Chen N, et al. Facile synthesis of black phosphorus: An efficient electrocatalyst for the oxygen evolving reaction[J]. Angewandte Chemie International Edition, 2016, 55: 13849-13853.

[65] He R, Hua J, Zhang A, et al. Molybdenum disulfide-black phosphorus hybrid nanosheets as a superior catalyst for electrochemical hydrogen evolution[J]. Nano Letters, 2017, 17: 4311-4316.

[66] Luo Z Z, Zhang Y, Zhang C, et al. Multifunctional 0D-2D Ni$_2$P nanocrystals-black phosphorus heterostructure[J]. Advanced Energy Materials, 2017, 7: 1601285.

[67] Wang J, Liu D, Huang H, et al. In-plane black phosphorus/dicobalt phosphide heterostructure for efficient electrocatalysis[J]. Angewandte Chemie International Edition, 2018, 57: 2600-2604.

[68] Wang Y, Liu Z, Wang R. NaBH$_4$ surface modification on CeO$_2$ nanorods supported transition-metal catalysts for low temperature CO oxidation[J]. ChemCatChem, 2020, 12: 4304-4016.

[69] Tan W, Alsenani H, Xie S, et al. Tuning single-atom Pt$_1$-CeO$_2$ catalyst for efficient CO and C$_3$H$_6$ oxidation: Size effect of ceria on Pt structural evolution[J]. ChemNanoMat, 2020, 6: 1797-1805.

[70] Schilling C, Hess C. Real-time observation of the defect dynamics in working Au/CeO$_2$ catalysts by combined operando Raman/UV-vis spectroscopy[J]. The Journal of Physical Chemistry C, 2018, 122: 2909-2917.

[71] Li Y, Wei Z, Gao F, et al. Effect of oxygen defects on the catalytic performance of VO$_x$/CeO$_2$ catalysts for oxidative dehydrogenation of methanol[J]. ACS Catalysis, 2015, 5: 3006-3012.

[72] Cao F, Song Z, Zhang Z, et al. Size-controlled synthesis of Pd nanocatalysts on defect-engineered CeO$_2$ for CO$_2$ hydrogenation[J]. ACS Applied Materials & Interfaces, 2021, 13: 24957-24965.

[73] Liang F, Yu Y, Zhou W, et al. Highly defective CeO$_2$ as a promoter for efficient and stable water oxidation[J]. Journal of Materials Chemistry A, 2015, 3: 634-640.

[74] Yin J, Jin J, Lu M, et al. Iridium single atoms coupling with oxygen vacancies boosts oxygen evolution reaction in acid media[J]. Journal of the American Chemical Society, 2020, 142: 18378-18386.

[75] Li D, Chen X, Lv Y, et al. An effective hybrid electrocatalyst for the alkaline HER: Highly dispersed Pt sites immobilized by a functionalized NiRu-hydroxide[J]. Applied Catalysis B: Environmental, 2020, 269: 118824.

[76] Liu X, Xi W, Li C, et al. Nanoporous Zn-doped Co$_3$O$_4$ sheets with single-unit-cell-wide lateral surfaces for efficient oxygen evolution and water splitting[J]. Nano Energy, 2018, 44: 371-377.

[77] Zhang W, Jiang X, Dong Z, et al. Porous Pd/NiFeO$_x$ nanosheets enhance the pH-universal overall water splitting[J]. Advanced Functional Materials, 2021, 31 (51): 2107181.

[78] Guan J, Bai X, Tang T. Recent progress and prospect of carbon-free single-site catalysts for the hydrogen and oxygen evolution reactions[J]. Nano Research, 2022, 15: 818-837.

[79] Lau T H M, Lu X, Kulhavý J, et al. Transition metal atom doping of the basal plane of MoS$_2$ monolayer nanosheets for electrochemical hydrogen evolution[J]. Chemical Science, 2018, 9: 4769-4776.

[80] Zhang R, Zhang M, Yang H, et al. Creating fluorine-doped MoS$_2$ edge electrodes with enhanced hydrogen evolution activity[J]. Small Methods, 2021, 5 (11): 2100612.

[81] Zang Y, Niu S, Wu Y, et al. Tuning orbital orientation endows molybdenum disulfide with exceptional alkaline hydrogen evolution capability[J]. Nature Communications, 2019, 10: 1217.

[82] Shang H, Zhao Z, Pei J, et al. Dynamic evolution of isolated Ru-FeP atomic interface sites for promoting the electrochemical hydrogen evolution reaction[J]. Journal of Materials Chemistry A, 2020, 8: 22607-22612.

[83] Xu W, Fan G, Zhu S, et al. Electronic structure modulation of nanoporous cobalt phosphide by carbon doping for alkaline hydrogen evolution reaction[J]. Advanced Functional Materials, 2021, 31 (48): 2107333.